# Premiere+After Effects+Photoshop 一站式 高效学习一本通

博蓄诚品 魏砚雨 编著

U0207648

化学工业出版社

·北 京·

# 内容简介

Premiere、After Effects、Photoshop 是影视设计相关行业常用的三大软件。本书通过大量的实战案例，系统讲述了利用这三款软件进行影视设计的方法和技巧。

全书分 3 篇：第 1 ～ 10 章为 Premiere 篇，从 Premiere 基础知识讲起，全面介绍了 Premiere 在影视剪辑、广告动画等行业的应用；第 11 ～ 21 章为 After Effects 篇，详细介绍了 After Effects 在影视剪辑、特效制作方面的应用；第 22 ～ 32 章为 Photoshop 篇，介绍了 Photoshop 在平面设计等方面的应用。

本书内容丰富实用，知识体系完善，讲解循序渐进，操作步步图解。同时，本书配备了极为丰富的学习资源，有上百集的高清教学视频、全部案例的素材和源文件；拓展学习资源有各类设计模板、案例库、素材库、工具库，各类速查手册、配色宝典等电子书。

本书适合影视设计、视频剪辑、特效制作、广告动画等行业的人员以及想要学习设计知识的零基础读者自学使用，也可用作高等院校、职业院校或培训学校相关专业的教材及参考书。

**图书在版编目（CIP）数据**

Premiere+After Effects+Photoshop 一站式高效学习一本通 /
博蓄诚品，魏砚雨编著 . —北京：化学工业出版社，2021.6
ISBN 978-7-122-38619-9

Ⅰ . ①P… Ⅱ . ①博…②魏… Ⅲ . ①视频编辑软件②图像
处理软件 Ⅳ . ①TN94 ②TP391.413

中国版本图书馆 CIP 数据核字（2021）第 035487 号

责任编辑：耍利娜　　　　　　　　　　　　　　装帧设计：王晓宇
责任校对：李雨晴

出版发行：化学工业出版社（北京市东城区青年湖南街 13 号　邮政编码 100011）
印　　装：北京缤索印刷有限公司
787mm×1092mm　1/16　印张 44¾　字数 1144 千字　2021 年 6 月北京第 1 版第 1 次印刷

购书咨询：010-64518888　　　　　　　　　售后服务：010-64518899
网　　址：http://www.cip.com.cn
凡购买本书，如有缺损质量问题，本社销售中心负责调换。

定　　价：198.00 元

# 前言

# PREFACE

## 1. 选择本书的理由

Premiere、After Effects 以及 Photoshop 是影视剪辑与特效领域常用的三大软件。这三者各有侧重，又相辅相成。为方便读者系统掌握这三个软件的使用技巧，我们组织一线设计师、高校教师共同编写了本书。本书主要有如下特色。

（1）内容全面系统，知识"一站配齐"

本书以凝练的语言，结合影视设计行业的特点，对 Premiere、After Effects 以及 Photoshop 进行了全方位的讲解。书中几乎囊括了三种软件的大部分应用知识点，从而保证读者能够更快地入门。

（2）理论实战紧密结合，摆脱纸上谈兵

本书包含大量的案例，既有针对某个知识点的小案例，也有综合性强的大案例，所有的案例均经过了精心设计。读者在学习本书的时候，可以通过案例更好、更快地理解所学知识并加以应用。这些案例也可以在日后的设计过程中合理引用。

（3）学习 + 练习 + 作业为一体

本书采用基础知识 + 课堂练习 + 综合实战 + 课后作业的编写模式，内容循序渐进，从实战应用中激发学习兴趣。

## 2. 本书包含哪些内容

本书是一本介绍 Premiere、After Effects 以及 Photoshop 操作知识的实用图书，全书可分为 3 个部分。

第 1 ～ 10 章是对 Premiere 知识的讲解，从 Premiere 基础知识讲起，全面介绍了 Premiere 在影视剪辑、广告动画等行业的应用，内容包括 Premiere 基础入门、基本操作、视频剪辑、视频特效及过渡特效、音频特效、关键帧动画、字幕特效以及渲染与输出等。

第 11 ～ 21 章是对 After Effects 知识的讲解，详细介绍了 After Effects 在影视剪辑、特效制作方面的应用，内容涵盖了 After Effects 基础知识、项目的创建与管理、图层的应用、文字特效、颜色校正、蒙版、特效、抠像与跟踪、渲染与输出等。

第 22 ~ 32 章是对 Photoshop 知识的讲解，介绍了 Photoshop 在平面设计等方面的应用，包括 Photoshop 基础知识、选区与填色、路径与钢笔工具、绘图与编辑工具的应用、文字工具的应用、图层、色调与滤镜等。

书中几乎每个章节都有二维码，手机扫一扫，可以随时随地看视频，体验感非常好。从配套到拓展，资源库一应俱全。全书上百个案例丰富详尽，跟着案例边学边做，学习可以更高效。读者可联系 QQ1908754590，获取相应学习资源。

### 3. 学习本书的方法

关于如何用好本书、学好设计，有以下建议提供给读者。

（1）学习设计要从概念入手

在学习本书之前，读者应先了解 Premiere、After Effects 以及 Photoshop 这三款软件之间的联系，读懂行业术语，才能更好地与实际相结合。

（2）多动手实践

三款软件的快捷键都很多，只有多上手操作，才能在设计过程中更加得心应手。起步阶段问题肯定不少，要做到沉着镇定，不慌不乱，先自己思考问题出在何处，并试着动手去解决。可能有多种解决方法，但总有一种更高效。

（3）多与他人交流

每个人的思维方式不同，所以解决方法也不尽相同，通过交流可不断吸取别人的长处，提高自身水平。可以找一个一起学习的人，水平高低不重要，重要的是能够志同道合地一起向前走。

### 4. 本书的读者对象

➢ 从事影视设计工作的人员
➢ 高等院校相关专业的师生
➢ 培训班中学习影视设计的学员
➢ 对设计有着浓厚兴趣的爱好者
➢ 零基础想转行到影视设计行业的人员
➢ 有空闲时间想掌握更多技能的办公室人员

本书在编写过程中力求严谨细致，但由于时间与精力有限，疏漏之处在所难免，望广大读者批评指正。

编著者

# 目 录

# CONTENTS

## Premiere 篇

---

第 4 章

# 制作视频效果

## 第8章
# 制作音频效果

## 第9章
# 渲染与输出

## 第10章
# 综合实战案例

# After Effects 篇

Ps Photoshop 篇

////// 第 22 章 //////
Photoshop 新手入门

////////// 第 32 章 //////////

## 综合实战案例

# 第1章
# Premiere 学前准备

**★ 内容导读**

Premiere 软件是目前非常常用的视频编辑软件。本章主要讲解了 Premiere 软件的基础知识，包括视频编辑的常用术语、常见的视频类型、视频剪辑的流程等。通过本章的介绍，用户可以全面认识和掌握 Premiere 软件的工作界面及视频剪辑的基本流程。

**学习目标**

○ 了解 Premiere 软件的基本操作
○ 学会设置 Premiere 软件的工作界面

## 1.1 视频编辑常识

视频编辑可以对现有的视频文件进行新的排列、混合等操作，从而创作出拥有不同表现效果的新视频。本节将针对视频编辑的常识进行讲解。

### 1.1.1 视频编辑术语

视频编辑的常用术语包括帧、分辨率、电视制式、转场等。本节将针对常用的视频编辑术语进行讲解。

- 帧：帧是影像动画中最小的时间单位，类似于电影胶片上每一格静止的画面。我们通常说的帧速率（FPS）是指画面中每秒刷新图片的帧数，简单来说就是影像动画的画面数，数值越大，播放越流畅。
- 分辨率：分辨率是指图像内包含的像素数量。
- 电视制式：电视信号的标准，是用来实现电视图像或声音信号所采用的一种技术标准。世界上主要使用的电视广播制式分为 PAL、NTSC、SECAM 三种。其中 PAL 制式为中国大部分地区所使用。
- 转场：视频中段落之间、场景之间的过渡或转换即为转场。

### 1.1.2 常见视频、音频及图像格式

在使用编辑视频之前，我们需要先了解常用的视频、音频和图像格式，才能更好地编辑组合，达到更好的效果。接下来将对常用的音视频、图像格式进行讲解。

（1）视频格式

视频格式本质是视频编码方式，常用的有以下几种。

- MPEG 格式：运动图像专家组格式，常用于 VCD、SVCD、DVD。
- AVI 格式：该格式允许音视频同步播放，应用较为广泛。
- ASF 格式：该格式可以在网上实时观看，但图像质量略逊于 VCD。
- MOV 格式：该格式可用于存储常用数字媒体类型。
- WMV 格式：该格式与 ASF 格式相似，同等质量下，该格式体积小，很适合在网上传输和播放。
- 3GP 格式：该格式是手机中最为常见的视频格式。
- FLV 格式：该格式形成的文件较小、加载速度很快，适用于上网观看视频文件，应用较为广泛。
- RM 格式：该格式可以实现在低速率的网络上进行影像数据实时传送和播放，也可以在不下载音视频的情况下在线播放，是目前主流的网络视频格式。

（2）音频格式

音频格式即音乐格式，常用的有以下几种。

- CD 格式：该格式近似于无损，声音贴近原声，音质比较高。文件类型为 "*.cda"，该格式文件并不包含声音信息，需要专门的抓音轨软件将该格式转换为其他格式才可以播放。
- WAVE 格式：该格式用于保存 Windows 平台的音频信息资源，被 Windows 平台及

其应用程序所支持。声音文件质量和 CD 格式相似，是目前 PC 机上广为流行的声音文件格式，几乎适用于所有的音频编辑软件。

- AIFF 格式：音频交换文件格式，是苹果电脑上的标准音频格式。
- MPEG 格式：动态图像专家组，以极小的声音失真换来较高的压缩比。
- MP3 格式：该格式指的是 MPEG 标准中的音频部分，也就是 MPEG 音频层，音质略次于 CD 格式和 WAV 格式，该格式的音频文件尺寸小，音质好，较为流行。
- VQF 格式：该格式通过减少数据流量但保持音质的方法来达到更高的压缩比，但大众认知程度较低。
- MIDI 格式：该格式（*.mid）允许数字合成器和其他设备交换数据，在电脑作曲方面作用极大。
- WMA 格式：该格式通过减少数据流量但保持音质的方法来达到比 MP3 压缩率更高的压缩比。该格式内置了版权保护技术，且适合在线播放。
- AMR 格式：适用于移动设备的音频，压缩比较大但质量较差。
- APE 格式：该格式为无损压缩音频技术，但压缩率较低。

（3）图像格式

图像格式即图像存放的格式，常用的有 JPEG、TIFF、PNG 等。接下来将针对这些常用的图像格式进行讲解。

- RAW 格式：该格式为无损压缩格式，文件大小略小于 TIFF 格式。
- BMP 格式：位图格式，是 Windows 系统中最常见的图像格式，该格式与硬件设备无关，应用广泛。
- TIFF 格式：标签图像文件格式，是现存图像文件格式中最复杂的一种。
- GIF 格式：图形交换格式，是一种基于 LZW 算法的连续色调的无损压缩格式。压缩率一般在 50% 左右。
- JPEG 格式：联合照片专家组格式，是最常用的图像格式。
- PNG 格式：便携式网络图形格式，是网上接受的最新图像文件格式，能够提供无损压缩图像文件。
- EXIF 格式：可交换的图像文件格式，是一种数码相机图像格式。
- FPX 格式：闪光照片格式，拥有多重分辨率，当放大图像时仍可以保持图像的质量。
- SVG 格式：可缩放矢量图形格式，适用于设计高分辨率的 Web 图形页面。
- PSD 格式：Photoshop 图像处理软件的专用文件格式。
- CDR 格式：CorelDRAW 软件的专用图形文件格式。
- DXF 格式：图纸交换格式，是 AutoCAD 软件中的图形格式。
- EPS 格式：封装式页描述语言格式，常用于印刷或打印输出。

## 1.1.3 视频编辑类型

视频编辑类型主要包括线性编辑和非线性编辑两种。接下来，将针对这两种类型进行讲解。

（1）线性编辑

线性编辑是一种磁带的编辑方式，利用电子手段，根据内容需要将素材顺序编辑成新的连续画面，但是无法随意做出删除、插入等操作，所需设备也较多，优点在于可以很好地保护原素材，多次使用。

（2）非线性编辑

非线性编辑是借助计算机进行数字化制作，突破了单一的时间顺序编辑限制，且信号质量高，制作水平高。非线性编辑需要专用的编辑软件、硬件，现在大部分电视电影制作机构都采用了非线性编辑。

## 1.2  了解Premiere

Premiere 软件是功能非常强大的音视频编辑软件，编辑画面质量较高，兼容性也较好，应用范围非常广泛，包括字幕制作、视频短片编辑与输出、专业视频数码处理、广告和电视节目制作等。如图 1-1、图 1-2 所示为视频片段。

图 1-1                                   图 1-2

### 1.2.1  Premiere 主要功能

Premiere 软件在视频剪辑方面的功能十分强大，通过对不同素材的剪切、组合、拼接等，创作出不同于原视频效果的新视频，带来不同的视觉感受。

除了剪辑功能，Premiere 软件中还有一个非常重要的功能，即特效制作。通过 Premiere 软件，用户可以对视频进行各种编辑修改操作，从而制作出自己想要的效果。

### 1.2.2  Premiere 操作界面

Premiere 软件的用户界面由多个活动面板组成，包括标题栏、菜单栏、工具面板、项目面板、时间轴面板、节目监视器等，本节将针对部分常用面板进行讲解。

（1）标题栏

"标题栏"主要用于显示程序、文件名称及位置。

（2）菜单栏

"菜单栏"包括文件、编辑、剪辑、序列、标记、图形、窗口、帮助等菜单选项，每个菜单选项代表一类命令，如图 1-3 所示。

文件(F)　编辑(E)　剪辑(C)　序列(S)　标记(M)　图形(G)　窗口(W)　帮助(H)

图 1-3

图 1-4

（3）工具面板

工具面板中包括多种操作工具，可以对时间轴面板中的音视频参数进行编辑操作，如图 1-4 所示为该面板。

（4）项目面板

项目面板主要用于对素材进行导入、存放及管理，如图 1-5 所示为该面板。

（5）时间轴面板

时间轴面板主要用于编辑及剪辑音视频素材，是 Premiere 软件中最主要的编辑面板，如图 1-6 所示。时间轴还可多层嵌套，对制作影视长片或特效非常有用。

（6）节目监视器

节目监视器面板可以显示音视频素材编辑合成后的最终效果，以便用户预览后进行调整和修改。节目监视器面板如图 1-7 所示。

图 1-5

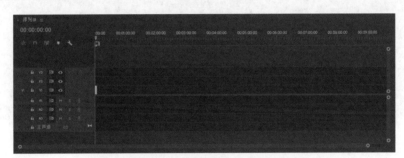

图 1-6

图 1-7

 **知识点拨**

执行"窗口＞源监视器"命令，在弹出的菜单中选择相应的素材，即可打开"源监视器"面板，在时间轴中双击素材文件，即可在"源监视器"面板中显示未添加特效的原始状态。

扫一扫 看视频

Premiere 软件中的面板可以根据用户的操作需求与习惯重新排列，接下来将练习如何自定义面板。

**Step01** 打开 Premiere 软件，执行"文件＞新建＞项目"命令，新建一个项目，如图 1-8 所示。

图 1-8

**Step02** 选中"效果控件"面板，在名称处单击鼠标右键，在弹出的菜单栏中执行"浮动面板"命令或鼠标置于名称处，按住 Ctrl 键拖动，即可将面板浮动显示，如图 1-9、图 1-10 所示。

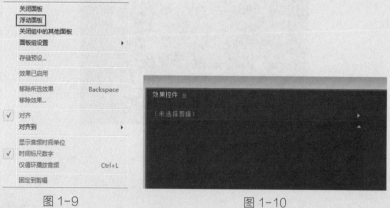

图 1-9　　　　　　　　　　　　图 1-10

**Step03** 鼠标置于"效果控件"面板名称处，按住并拖动至合适位置，即可将"效果控件"面板固定，如图 1-11、图 1-12 所示。

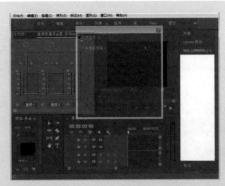

图 1-11

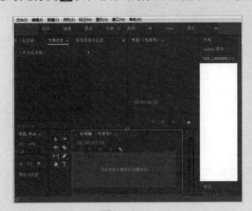

图 1-12

**Step04** 当鼠标光标置于面板组交界处时，光标变为 ⊕ 状，按住鼠标左键进行拖动，即可改变面板组的大小，如图 1-13 所示。若鼠标位于相邻面板组之间的隔条处，此时光标为 ◫ 状，按住鼠标左键拖动可改变该相邻面板组的大小，如图 1-14 所示。

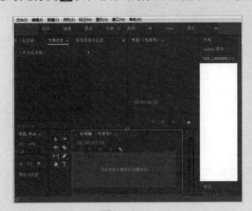

图 1-13

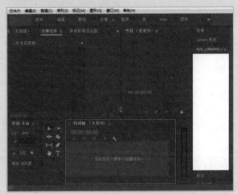

图 1-14

**Step05** 若想关闭某一面板组，如"音频剪辑混合器"面板，移动鼠标至该面板顶部，单击鼠标右键，在弹出的菜单栏中执行"关闭面板"命令即可，如图 1-15、图 1-16 所示。若想打开某一面板组，执行"窗口"命令，选择要打开的面板组即可。

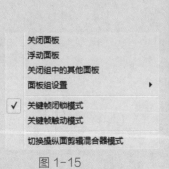

图 1-15

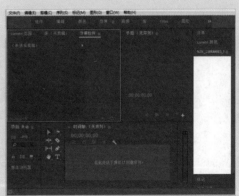

图 1-16

至此，面板自定义设置完成。

## 1.2.3 首选项设置

执行"编辑>首选项"命令，在弹出的菜单栏中选择相应的子命令，即可打开"首选项"对话框，如图1-17所示。在该对话框中，可对Premiere软件的一些常规选项、外观选项等进行调整。

图 1-17

 **知识点拨**

启动程序时按住Alt键至出现启动画面，即可恢复首选项默认设置。

**课堂练习** 调整界面亮度

扫一扫 看视频

通过"首选项"面板可以对Premiere软件中的一些选项进行设置，接下来将练习如何通过"首选项"面板调整界面亮度。

**Step01** 打开Premiere软件，执行"编辑>首选项>外观"命令，打开"首选项"对话框，如图1-18所示。

**Step02** 选中亮度下方的滑块，向右拖动，即可调亮界面亮度，如图1-19所示。

图 1-18

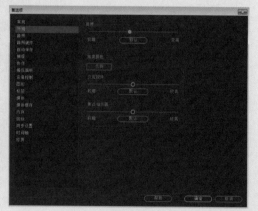

图 1-19

**Step03** 若移动滑块至最右方，则界面为最亮状态，如图 1-20、图 1-21 所示。为便于观察与操作，本书保持界面最亮状态。

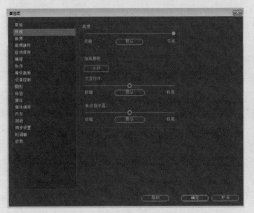

图 1-20

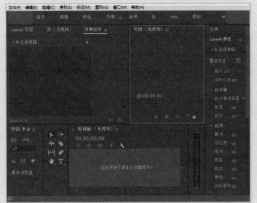

图 1-21

至此，界面亮度调整完成。

## 1.3 视频剪辑基本流程

Premiere 软件的主要功能之一就是剪辑视频，接下来将介绍如何用 Premiere 软件对影片进行编辑，从而将零散的素材制作成完整的视频。

（1）准备工作

要制作一个完整的视频，首先要有一个优秀的创作构思，确定大纲、脚本，然后根据脚本的需要准备素材。素材的准备是一个复杂的过程，一般需要单反、摄像机拍摄大量的视频素材，同时还需要收集相关的音频、图像等素材。

（2）建立项目

前期准备工作做完之后，就可以创建符合要求的项目文件，同时将准备好的素材文件导入到"项目"面板中备用。执行"文件>新建>项目"命令，弹出"新建项目"对话框，在该对话框中可以更改项目名称和存储路径，如图 1-22 所示。

项目新建后，执行"文件>新建>序列"命令，在弹出的"新建序列"对话框中，对序列的编辑模式、帧大小、轨道等参数进行调整，如图 1-23 所示。

 **知识点拨**

NTSC 制式频率为 29.97 帧 / 秒，电影为 24 帧 / 秒，PAL 制式频率为 25 帧 / 秒，一般情况下中国大部分地区采用 PAL 制式。采样率是指它的数值越高，音频的分析能力越强，编辑时一般选择 44100Hz 或 48000Hz。有些读者应该会发现选项中有 1080i 和 1080p，i 是指隔行扫描，主要运用在过去设备落后的高清电视上；p 是指逐行扫描，为现在媒体所使用。

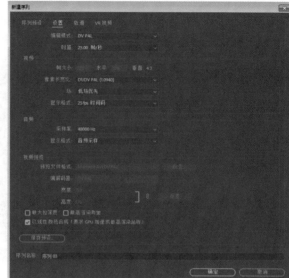

图 1-22                                    图 1-23

（3）素材管理

项目和序列新建完成后，就可以将需要编辑的素材导入到"项目"面板中，为视频编辑做准备。

Premiere 软件中，导入素材有多种方法，执行"文件＞导入"命令或按 Ctrl+I 组合键，在弹出的"导入"对话框中选取需要的素材，单击"确定"按钮即可，如图 1-24、图 1-25 所示。

图 1-24                                    图 1-25

也可以直接在"项目"面板中序列旁的空白处双击，打开"导入"对话框，选取需要的素材，单击"确定"按钮即可。

（4）素材编辑

素材导入后，就可以在"时间轴"面板中对素材进行编辑。编辑素材是使用 Premiere 编辑影片的主要内容，包括设置素材的帧频及画面比例、素材的三点和四点插入法等。

（5）生成影片

项目编辑完成后，即可以进行导出操作。导出项目有两种情况：导出媒体和导出编辑项目。导出媒体是将编辑好的项目文件导出为视频文件，一般为有声视频文件，且应根据需要为导出的视频设置合理的压缩格式。导出编辑项目则是为了方便其他编辑软件编辑。

编辑完项目后，执行"文件＞导出＞媒体"命令，弹出"导出设置"对话框，如图1-26所示。在该对话框中可对导出格式、音频等媒体参数进行设置，完成后单击"导出"按钮即可。

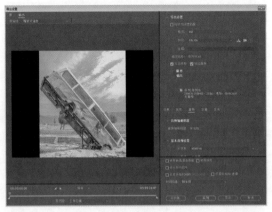

图1-26

---

课堂练习　制作并导出简单视频

接下来练习制作并导出简单视频。这里会用到建立项目、导入素材、编辑素材、生成影片等操作。

扫一扫 看视频

**Step01** 执行"文件＞新建＞项目"命令，弹出"新建项目"对话框，在该对话框中更改项目名称和存储路径，如图1-27所示。

**Step02** 执行"文件＞新建＞序列"命令，在弹出的"新建序列"对话框中，选中"HDV 720p25"序列预设，单击"确定"按钮，如图1-28所示。

图1-27

图1-28

**Step03** 执行"文件＞导入"命令，在弹出的"导入"对话框中选择本章素材"森林.jpg"，单击"确定"按钮，如图1-29、图1-30所示。

**Step04** 在"项目"面板中选中导入的素材文件，拖拽至"时间轴"面板中的"V1"轨道，此时，该素材文件占时5秒，如图1-31所示。同时，"节目监视器"面板中可以预览素材效果，如图1-32所示。

图 1-29

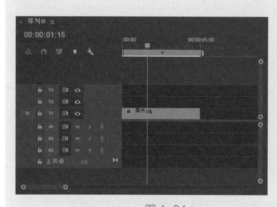

图 1-30

图 1-31

图 1-32

**Step05** 执行"文件＞导出＞媒体"命令，弹出"导出设置"对话框，设置格式为"AVI"，预设为"自定义"，视频编解码器为"None"，宽度高度为图像尺寸，场序为"逐行"，长宽比为"方形像素（1.0）"，单击"导出"按钮，即可导出一条时长 5 秒的视频，如图 1-33、图 1-34 所示。

图 1-33

图 1-34

**综合实战** 制作并导出配乐视频

接下来练习制作并导出配乐视频。本练习运用到的命令有：建立项目、导入素材、编辑素材、生成影片等。

**Step01** 执行"文件＞新建＞项目"命令，弹出"新建项目"对话框，在该对话框中更改项目名称和存储路径，如图 1-35 所示。

**Step02** 执行"文件＞新建＞序列"命令，在弹出的"新建序列"对话框中，选中"HDV 720p25"序列预设，单击"确定"按钮，如图 1-36 所示。

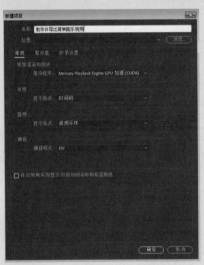

图 1-35　　　　　　　　　　　　　　　　图 1-36

**Step03** 执行"文件＞导入"命令，在弹出的"导入"对话框中选择本章素材"雨 .jpg""水声 .mp3"，单击"确定"按钮，如图 1-37、图 1-38 所示。

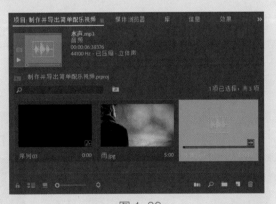

图 1-37　　　　　　　　　　　　　　　　图 1-38

**Step04** 在"项目"面板中选中导入的图像文件，拖拽至"时间轴"面板中的"V1"轨道，选中音频文件，拖拽至"时间轴"面板中的"A1"轨道，如图 1-39 所示。

**Step05** 单击"工具"面板中的"剃刀工具"按钮 ，移动鼠标至音频文件上方的合适位置单击，将音频文件剪辑至与图片文件等长，如图 1-40 所示。

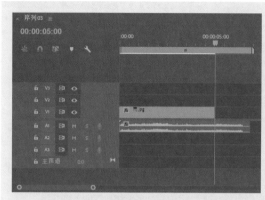

图 1-39 图 1-40

**Step06** 单击"工具"面板中的"选择工具"按钮▶，选中音频文件多余的部分，按 Delete 键删除，如图 1-41 所示。此时，"节目监视器"面板中可以预览素材效果，如图 1-42 所示。

图 1-41 图 1-42

**Step07** 执行"文件>导出>媒体"命令，弹出"导出设置"对话框，设置格式为"AVI"，预设为"自定义"，视频编解码器为"None"，宽度高度为图像尺寸，场序为"逐行"，长宽比为"方形像素（1.0）"，单击"导出"按钮，即可导出一条时长 5 秒的视频，如图 1-43、图 1-44 所示。

图 1-43 图 1-44

## 课后作业　调整素材尺寸

### 项目需求

在 Premiere 软件中导入素材文件后，若素材文件尺寸和预设的序列尺寸不一致，往往需要调整素材文件的尺寸，以匹配预设的序列尺寸。

### 项目分析

导入素材文件并拖拽至"时间轴"面板中后，在"节目"监视器中可以看到素材明显偏小，在"节目"监视器中选中并双击素材文件，对其尺寸进行调整，使素材尺寸与序列尺寸相匹配。

### 项目效果

项目制作效果如图 1-45、图 1-46 所示。

图 1-45

图 1-46

### 操作提示

**Step01** 新建项目文件和序列后，导入本章素材，并拖拽至"时间轴"面板中。

**Step02** 在"节目"监视器中预览效果，双击素材图像，拖拽控制框角点，调整至合适尺寸。

# 第2章
# Premiere 基本操作

**★ 内容导读**

本章将简单介绍一下 Premiere 软件的基础操作，如项目文件的新建、保存，素材文件的导入、打包、嵌套、替换等。希望通过对本章内容的学习，读者能够熟练掌握软件的入门操作，从而为以后的剪辑打好基础。

**⚡ 学习目标**

○ 学会创建项目文件
○ 学会导入素材
○ 学会管理素材

# 2.1 项目文件的基本操作

下面介绍项目文件的一些最基本的操作应用，例如新建、打开、保存和关闭等操作。

## 2.1.1 新建项目文件

在编辑视频文件之前，首先要新建项目文件。执行"文件＞新建＞项目"命令或打开 Ctrl+Alt+N 组合键，弹出"新建项目"对话框，如图 2-1 所示。在"新建项目"对话框中可以设置项目的名称及位置，设置完成后单击"确定"按钮，即可创建新项目，如图 2-2 所示。

图 2-1                                             图 2-2

项目文件创建后，就可以新建序列。执行"文件＞新建＞序列"命令或打开 Ctrl+N 组合键或在"项目"面板的空白处右击，在弹出的菜单栏中执行"新建项目＞序列"命令，即可弹出"新建序列"对话框，如图 2-3 所示。

在"新建序列"对话框中，可以选择合适的序列预设，也可以对序列的编辑模式等进行设置，设置完成后单击"确定"按钮，即可创建新序列，如图 2-4 所示。

图 2-3                                             图 2-4

**知识点拨**

　　新建序列时，要根据输出视频的要求选择或自定义合适的序列。如对输出视频没有特殊的要求，也可以根据主要素材的规格选择合适的序列。

### 2.1.2 打开项目文件

　　在 Premiere 软件中，若要打开创建好的项目文件，有多种方法。接下来将针对比较常用的方法进行讲解。

　　（1）打开项目

　　执行"文件>打开项目"命令或按 Ctrl+O 组合键，在弹出的"打开项目"对话框中选择要打开的 Premiere 项目文件，单击"打开"按钮即可，如图 2-5、图 2-6 所示。

| 图 2-5 | 图 2-6 |

　　（2）在文件夹中打开

　　打开项目文件所在的文件夹，选中项目文件，双击即可打开，如图 2-7 所示。

　　（3）打开最近使用的内容

　　执行"文件>打开最近使用的内容"命令，在子命令菜单中选择要打开的项目文件，即可打开项目文件。

图 2-7

### 2.1.3 保存项目文件

　　使用 Premiere 软件制作作品时，要及时对文件进行保存，以避免文件丢失等问题。执行"文件>保存"命令或打开 Ctrl+S 组合键，即可以新建项目时设置的文件名称及位置保存项目文件。

　　除此之外，也可以执行"文件>另存为"命令或打开 Ctrl+Shift+S 组合键，在弹出的"保存项目"对话框中选择存储位置，设置文件名称及保存类型，设置完成后单击"保存"按钮即可，如图 2-8、图 2-9 所示。

图 2-8                                          图 2-9

## 2.1.4 关闭项目文件

项目文件制作并保存完成后，执行"文件＞关闭项目"命令或打开 Ctrl+Shift+W 组合键，即可关闭当前项目文件。若要关闭所有项目文件，执行"文件＞关闭所有项目"命令即可。

📝 **课堂练习** 制作电影格式片段

下面将制作电影格式片段。这里会根据输出视频的要求选择合适的序列，导入素材并将之保存。

扫一扫 看视频

**Step01** 打开 Premiere 软件，单击"开始"中的"新建项目"按钮，在弹出的"新建项目"对话框中输入名称和位置，单击"确定"按钮，即可新建项目，如图 2-10、图 2-11 所示。

图 2-10                                          图 2-11

**Step02** 执行"文件＞新建＞序列"命令，在弹出的"新建序列"对话框中选择"设置"选项卡并设置参数，完成后单击"确定"按钮，如图 2-12、图 2-13 所示。

**Step03** 执行"文件＞导入"命令，在弹出的"导入"对话框中选中本章素材文件"海声 .mp3""海边 .mp4"，单击"打开"按钮，将素材导入，如图 2-14、图 2-15 所示。

图 2-12

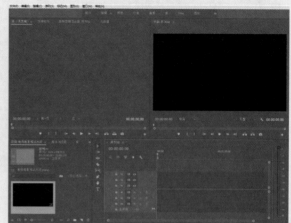

图 2-13

图 2-14

图 2-15

**Step04** 在"项目"面板中选中导入的"海边 .mp4"素材文件，将其拖入"时间轴"面板中的 V1 轨道，在弹出的"剪辑不匹配警告"对话框中单击"保持现有设置"按钮，将素材导入，如图 2-16 所示。

**Step05** 在"时间轴"面板中选中素材"海边 .mp4"，单击鼠标右键，在弹出的菜单栏中执行"缩放为帧大小"命令，即可调整素材尺寸匹配序列，效果如图 2-17 所示。

图 2-16

图 2-17

Step06 在"项目"面板中选中导入的"海声 .mp3"素材文件，将其拖入"时间轴"面板中的 A1 轨道，如图 2-18 所示。

Step07 单击"工具箱"面板中的"剃刀工具"按钮，在音频文件上切割至与视频文件等长并删除多余部分，如图 2-19 所示。

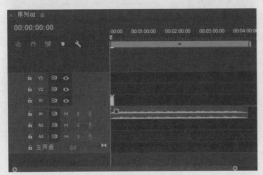
图 2-18

图 2-19

Step08 按 Ctrl+S 组合键保存文件。

至此，电影格式片段制作完成。

## 2.2 捕捉素材

视频的编辑离不开素材。Premiere 软件素材的来源有很多种，本节将针对捕捉素材进行讲解。

### 2.2.1 视频采集卡

视频采集卡又名视频捕捉卡，可以将模拟摄像机、录像机、电视信号、数码摄像机等输出的视频数据或者视频音频的混合数据输入电脑，并转换成电脑可辨别的数字数据，存储在电脑中，成为可编辑处理的视频数据文件。

采集卡按照视频信号源来分的话，可以分为数字采集卡和模拟采集卡两类。数字采集卡可以无损采集数据，模拟采集卡采集的视频信号会有一定损耗。

### 2.2.2 视频捕捉界面

执行"文件＞捕捉"命令，打开"捕捉"面板，如图 2-20 所示。该面板中包括用于显示捕捉视频的预览，以及用于带和不带设备控制录制的控件。

### 2.2.3 设置视频捕捉参数

打开"捕捉"面板后，选择"设置"选项卡，单击"捕捉设置"下的"编辑"按钮，弹出"捕捉设置"对话框，如图 2-21 所示。在该对话框中可以选择"捕捉格式"，完成后单击"确定"按钮即可。

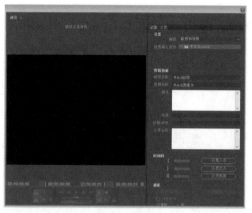

图 2-20 图 2-21

**知识延伸**

捕捉 DV 格式时，在 Mac OS 中，Premiere 软件将使用 QuickTime 作为 DV 编解码器的容器；在 Windows 中则使用 AVI。捕捉 HDV 格式时，Premiere 将使用 MPEG 作为格式。对于其他格式，必须使用视频捕捉卡来进行数字化或捕捉。

### 2.2.4 捕捉视频文件

要将非文件形式提供的素材导入 Premiere 软件中，可以根据源材料的类型对其进行捕捉或数字化。

（1）捕捉

捕捉主要针对的是电视实况广播摄像机或磁带中的数字视频，可以将视频从来源录制到硬盘。Premiere 软件会通过安装在计算机上的数字端口（如 FireWire 或 SDI 端口）捕捉视频。捕捉的素材将以文件形式保存到磁盘上，然后再将文件以剪辑形式导入项目中。

（2）数字化

数字化主要针对的是电视实况广播模拟摄像机源或模拟磁带设备的模拟视频。在计算机中安装数字化卡或设备时，捕捉命令就会对视频进行数字化。Premiere 软件会先将数字化素材以文件形式保存到磁盘中，再将文件以剪辑形式导入项目中。

## 2.3 管理素材文件

编辑视频的过程中，常常会使用很多素材，在搜集素材时，对素材文件有效管理，可以帮助用户更方便地查找与使用。

### 2.3.1 导入素材

Premiere 软件支持导入视频、图像、音频等多种类型的素材，且导入方式基本相同。本小节将针对导入素材的方法进行讲解。

执行"文件＞导入"命令或打开 Ctrl+I 组合键，弹出"导入"对话框，如图 2-22、图 2-23 所示。选中要导入的素材文件，单击"打开"按钮，即可将选中的素材导入至 Premiere 软件中。

图 2-22

图 2-23

也可以右键单击"项目"面板中的空白处，在弹出的菜单栏中执行"导入"命令或双击"项目"面板的空白处，弹出"导入"对话框，如图 2-24、图 2-25 所示。选中要导入的素材文件，单击"打开"按钮，即可将选中的素材导入至 Premiere 软件中。

图 2-24

图 2-25

执行"窗口＞媒体浏览器"命令，打开"媒体浏览器"面板，在"媒体浏览器"面板中找到要导入的素材文件，选中后单击鼠标右键，在弹出的菜单栏中执行"导入"命令亦可导入选中的素材文件，如图 2-26、图 2-27 所示。

图 2-26

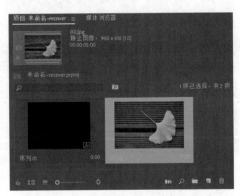

图 2-27

若不想采取以上导入方式，也可以打开素材文件所在的文件夹，直接将要导入的素材文件拖入"项目"面板或"时间轴"面板，即可快速导入素材。

### 2.3.2 打包素材

在使用 Premiere 软件制作视频时，为避免移动位置后出现的素材丢失等问题，可以将文件打包。

打开本章素材"素材 03 .prproj"，执行"文件＞项目管理"命令，弹出"项目管理器"对话框。勾选该对话框中的"序列 01"复选框，选择"收集文件并复制到新位置"，选择合适的目标路径，单击"确定"按钮，即可完成打包素材的操作，如图 2-28、图 2-29 所示。

图 2-28

图 2-29

### 2.3.3 编组素材

在制作视频的过程中对素材进行编组，可以方便同时操作素材，做出选中或为其添加视频效果等操作。

打开本章素材"素材 04 .prproj"，在"时间轴"面板中选中任意两个素材，单击鼠标右键，在弹出的菜单栏中执行"编组"命令，此时选中的两个素材可以同时选中并移动，如图 2-30、图 2-31 所示。

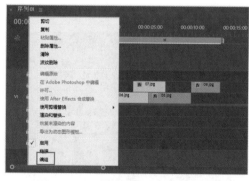
图 2-30

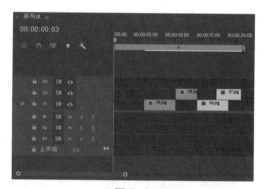
图 2-31

也可以同时为编组素材添加视频效果，如图 2-32、图 2-33 所示。

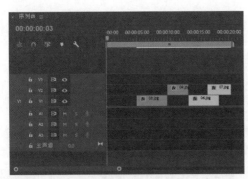

图 2-32

图 2-33

### 2.3.4 嵌套素材

在 Premiere 软件中可以将多个素材嵌套为一个素材，以方便操作。

打开本章素材"素材 05 .prproj"，在"时间轴"面板中选中两个素材，单击鼠标右键，在弹出的菜单栏中执行"嵌套"命令，在弹出的"嵌套序列名称"对话框中设置名称，然后单击"确定"按钮，此时选中的两个素材合并为一个嵌套素材，如图 2-34、图 2-35 所示。

图 2-34

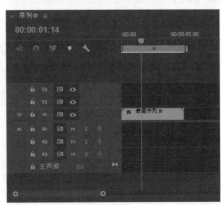

图 2-35

此时，可在"项目"面板中看到"嵌套序列 01"，双击可在"时间轴"面板中显现出嵌套序列内的素材，如图 2-36、图 2-37 所示。

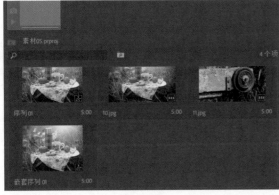

图 2-36

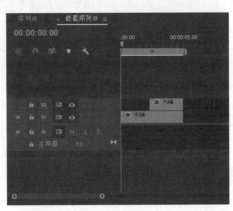

图 2-37

### 2.3.5 重命名素材

素材文件导入到"项目"面板后，为便于在"项目"面板中识别操作，可以重命名素材文件，且不会改变源文件的名称。

在"项目"面板中选中素材，执行"剪辑>重命名"命令，或单击鼠标右键，在弹出的菜单栏中执行"重命名"命令，或按 Enter 键，或单击素材名称，当素材名称变成可编辑的状态时输入新的名称即可，如图 2-38、图 2-39 所示。

图 2-38

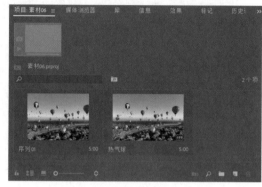

图 2-39

若此时素材文件已经添加到"时间轴"面板中，则"时间轴"面板中的素材名称不会随着"项目"面板中素材名称的改变而更新。

在"时间轴"面板中选中素材，执行"剪辑>重命名"命令或单击鼠标右键，在弹出的菜单栏中执行"重命名"命令，弹出"重命名剪辑"对话框，在该对话框中设置素材名称即可，如图 2-40、图 2-41 所示。

图 2-40

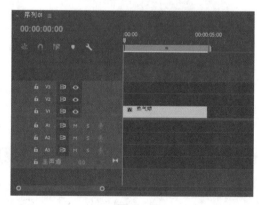

图 2-41

### 2.3.6 替换素材

编辑视频时，若在已经对素材添加效果、调整参数的情况下想要更换素材，就可以使用"替换素材"命令。

打开本章素材"素材 06 .prproj"，在"项目"面板中选中"13.jpg"素材文件，单击鼠标右键，在弹出的菜单栏中执行"替换素材"命令，在弹出的"替换 13.jpg 素材"对话框中选择用来替换的素材，单击"选择"按钮即可，如图 2-42、图 2-43 所示。

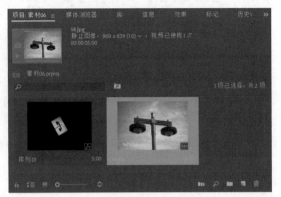

图 2-42　　　　　　　　　　　　　　　　　图 2-43

### 2.3.7　失效和启用素材

在 Premiere 软件中，失效素材画面效果为黑色，若想恢复失效素材，可以重新启用失效的素材。在"时间轴"面板中选中素材文件，单击鼠标右键，在弹出的菜单栏中取消勾选"启用"命令，即可使素材失效，如图 2-44、图 2-45 所示。

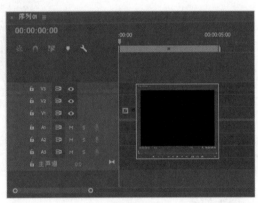

图 2-44　　　　　　　　　　　　　　　　　图 2-45

若需要重新启用素材，在"时间轴"面板中选中素材文件，单击鼠标右键，在弹出的菜单栏中勾选"启用"命令即可。

### 2.3.8　链接素材

"链接媒体"命令可以直观地查看链接丢失的文件，并帮助用户快速查找和链接文件。

在项目中有处于脱机状态的素材时，选中该素材，单击鼠标右键，在弹出的菜单栏中执行"链接媒体"命令，在弹出的"链接媒体"对话框中，单击"查找"按钮，弹出"查找文件"对话框，在该对话框中选择合适的素材，即可重新链接素材，如图 2-46、图 2-47 所示。

### 2.3.9　离线素材

当素材文件源文件路径、名称改变或被删除时，对素材进行移动等操作会提示找不到素材，可以通过"离线素材"功能为找不到的素材重新指定路径。

图 2-46 图 2-47

在"项目"面板中选中要脱机的素材，单击鼠标右键在弹出的菜单栏中执行"设为脱机"命令，在弹出的"设为脱机"对话框中勾选对应的选项，即可将选中的素材设为脱机。如图 2-48、图 2-49 所示。

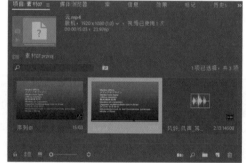

图 2-48 图 2-49

扫一扫 看视频

下面将使用链接素材功能来练习链接脱机素材操作。

**Step01** 打开 Premiere 软件，执行"文件＞打开项目"命令，在弹出的"打开项目"对话框中选择本章素材"素材 07.prproj"，单击"打开"按钮，打开项目文件，如图 2-50、图 2-51 所示。

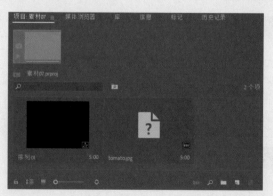

图 2-50 图 2-51

**Step02** 选中脱机素材，单击鼠标右键，在弹出的菜单栏中执行"链接媒体"命令，在弹出的"链接媒体"对话框中，单击"寻找"按钮，打开"查找文件"对话框，选中要链接的素材，单击"确定"按钮，如图2-52、图2-53所示。

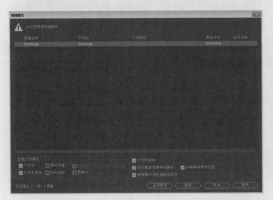

图 2-52                                          图 2-53

**Step03** 此时可在"项目"面板中看到链接效果，如图2-54所示。

**Step04** 为避免素材再次缺失，执行"文件＞项目管理"命令，在弹出的"项目管理器"对话框中勾选"序列01"复选框，选择"收集文件并复制到新位置"，选择合适的目标路径，单击"确定"按钮，完成打包素材的操作，如图2-55所示。

图 2-54                                          图 2-55

至此，链接脱机素材完成。

---

📋 **综合实战** 制作风景切换短片

学习完本章内容后，下面利用替换素材、打包素材等操作来制作风景切换短片。

**Step01** 执行"文件＞打开项目"命令，在弹出的"打开项目"对话框中选中本章素材"素材08.prproj"，单击"打开"按钮，打开项目文件，如图2-56、图2-57所示。

扫一扫 看视频

图 2-56　　　　　　　　　　　　　　　　　图 2-57

**Step02** 在"项目"面板中选中"水果-1.jpg"素材文件，单击鼠标右键，在弹出的菜单栏中执行"替换素材"命令，在弹出的"替换水果-1.jpg 素材"对话框中选择"风景-1.jpg"素材，单击"选择"按钮即可，如图 2-58、图 2-59 所示。

图 2-58　　　　　　　　　　　　　　　　　图 2-59

**Step03** 重复上一步骤，替换其余素材，如图 2-60、图 2-61 所示。

图 2-60　　　　　　　　　　　　　　　　　图 2-61

**Step04** 在"节目"监视器中预览效果，如图 2-62、图 2-63 所示。

图 2-62

图 2-63

**Step05** 为方便对素材进行处理，执行"文件＞项目管理"命令，弹出"项目管理器"对话框。勾选该对话框中的"序列 01"复选框，选择"收集文件并复制到新位置"，选择合适的目标路径，单击"确定"按钮，完成打包素材的操作，如图 2-64、图 2-65所示。

图 2-64

图 2-65

至此，风景切换短片制作完成。

## 📖 课后作业　制作季节变换短片

### 项目需求

根据提供的素材制作一个季节交替的短片，为其添加文字和视频过渡效果，视频尺寸为1920×1080，帧速率为 30。

### 项目分析

导入素材文件，根据素材文件的时间长短添加同样时长的矩形和文字。嵌套素材，添加整体过渡效果。

031

## 项目效果

项目制作效果如图 2-66、图 2-67 所示。

图 2-66

图 2-67

## 操作提示

 新建项目文件和序列后，导入本章素材，并拖拽至"时间轴"面板中。

**Step02** 使用"矩形工具" ◻ 和"文字工具" ⊤ 绘制装饰和文字。

**Step03** 嵌套素材中添加视频过渡效果。

# 第3章
# 视频剪辑

**内容导读**

视频剪辑即为重新编辑组合视频，在剪辑的过程中，用户可以重新排列组合素材以生成更精彩的视频。本章主要介绍视频剪辑的工具使用方法，通过对本章内容的学习，相信读者能够自己动手对一些视频或影片进行简单的剪辑操作。

**学习目标**

○ 了解视频剪辑
○ 认识视频剪辑相关的工具
○ 学会创建素材

# 3.1 创建素材

在使用 Premiere 软件编辑视频的过程中，除了导入或采集素材外，还可以在"项目"面板中创建素材。本节将针对如何在"项目"面板中创建素材进行讲解。

## 3.1.1 彩条测试卡

单击"项目"面板下方的"新建项"按钮，在弹出的菜单栏中执行"彩条"命令，弹出"新建彩条"对话框，在该对话框中设置参数后，单击"确定"按钮即可创建带有音频信息的彩条素材，如图 3-1、图 3-2 所示。

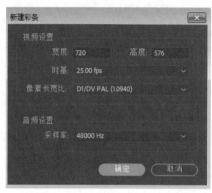

图 3-1

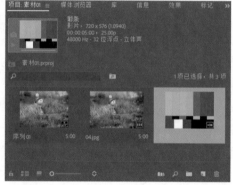

图 3-2

也可以在"项目"面板空白处单击鼠标右键，在弹出的菜单栏中执行"新建项目>彩条"命令，弹出"新建彩条"对话框，在该对话框中设置参数后，单击"确定"按钮即可。

## 3.1.2 黑场

单击"项目"面板下方的"新建项"按钮，在弹出的菜单栏中执行"黑场视频"命令，弹出"新建黑场视频"对话框，在该对话框中设置参数后，单击"确定"按钮即可创建黑场素材，如图 3-3、图 3-4 所示。

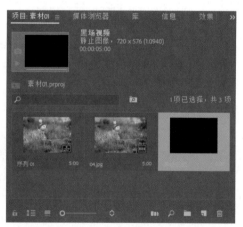

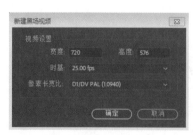

图 3-3

图 3-4

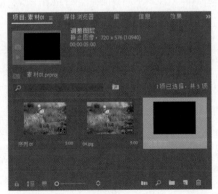

也可以在"项目"面板空白处单击鼠标右键，在弹出的菜单栏中执行"新建项目＞黑场视频"命令，弹出"新建黑场视频"对话框，在该对话框中设置参数后，单击"确定"按钮即可。

### 3.1.3 彩色遮罩

单击"项目"面板下方的"新建项"按钮，在弹出的菜单栏中执行"颜色遮罩"命令，弹出"新建颜色遮罩"对话框，在该对话框中设置参数后，单击"确定"按钮，在弹出的"拾色器"对话框中选择颜色，单击"确定"按钮，在弹出的"选择名称"对话框中设置颜色遮罩的名称，单击"确定"按钮即可创建颜色遮罩，如图3-5、图3-6所示。

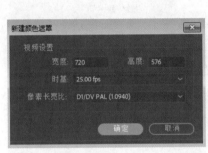

图3-5

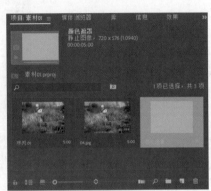

图3-6

也可以在"项目"面板空白处单击鼠标右键，在弹出的菜单栏中执行"新建项目＞颜色遮罩"命令，弹出"新建颜色遮罩"对话框，在该对话框中设置参数后，单击"确定"按钮，在弹出的"拾色器"对话框中选择颜色，在弹出的"选择名称"对话框中设置颜色遮罩的名称，单击"确定"按钮即可。

### 3.1.4 调整图层

通过使用调整图层，可以将同一效果应用至"时间轴"面板上的多个素材轨道。

单击"项目"面板下方的"新建项"按钮，在弹出的菜单栏中执行"调整图层"命令，弹出"调整图层"对话框，在该对话框中设置参数后，单击"确定"按钮即可创建调整图层，如图3-7、图3-8所示。

图3-7

图3-8

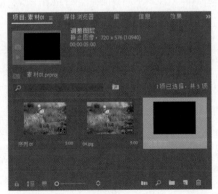

也可以在"项目"面板空白处单击鼠标右键，在弹出的菜单栏中执行"新建项目＞调整图层"命令，弹出"调整图层"对话框，在该对话框中设置参数后，单击"确定"按钮即可。

## 3.1.5 倒计时导向

单击"项目"面板下方的"新建项"按钮，执行"通用倒计时片头"命令，在弹出的"新建通用倒计时片头"对话框中设置参数后，单击"确定"按钮，弹出"通用倒计时设置"对话框，设置参数后单击"确定"按钮即可创建通用倒计时片头，如图3-9、图3-10所示。

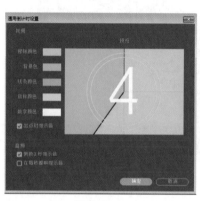

图3-9

图3-10

其中，各选项作用如下。
- 擦除颜色：用于为圆形一秒擦除区域指定颜色。
- 背景色：用于为擦除颜色后的区域指定颜色。
- 线条颜色：用于指定指示线颜色。
- 目标颜色：用于为数字周围的双圆形指定颜色。
- 数字颜色：用于指定倒数数字颜色。
- 出点时提示音：勾选该复选框后将在片头的最后一帧中显示提示圈。
- 倒数2秒提示音：勾选该复选框后将在数字2后播放提示音。
- 在每秒都响提示音：勾选该复选框后将在每秒开始时播放提示音。

---

📋 **课堂练习** 制作视频故障及恢复效果

下面将练习制作视频故障及恢复效果，在操作过程中运用到的命令有：新建"彩条"、新建"黑场视频"等。

扫一扫 看视频

**Step01** 执行"文件＞新建＞项目"命令，创建项目文件，如图3-11所示。

**Step02** 执行"文件＞新建＞序列"命令，创建序列，自定义帧大小为"1920×1080"，像素长宽比为"方形像素（1.0）"，如图3-12所示。

图 3-11　　　　　　　　　　　　　　　　　图 3-12

**Step03** 执行"文件＞导入"命令，打开"导入"对话框，选中本章素材"面团.mp4"，单击"打开"按钮，如图 3-13 所示。

**Step04** 在项目面板中选中素材，拖拽至"时间轴"面板中的 V1 轨道中，在弹出的"剪辑不匹配警告"中选择"保持现有设置"按钮，如图 3-14 所示。

图 3-13　　　　　　　　　　　　　　　　　图 3-14

**Step05** 单击工具箱中的"剃刀工具"按钮，移动鼠标至"时间轴"面板中的素材处，在要剪切的位置单击，将素材剪切为两段，如图 3-15 所示。

**Step06** 将素材后一段后移，如图 3-16 所示。

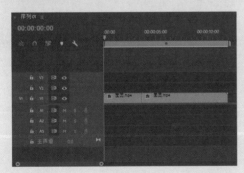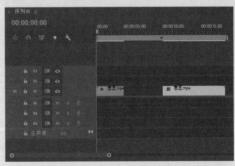

图 3-15　　　　　　　　　　　　　　　　　图 3-16

**Step07** 单击"项目"面板下方的"新建项"
按钮，在弹出的菜单栏中执行"彩条"命令，弹
出"新建彩条"对话框，在该对话框中设置参数
后，单击"确定"按钮创建带有音频信息的彩条
素材，如图 3-17、图 3-18 所示。

**Step08** 拖拽"彩条"素材至"时间轴"面
板中的 V1 轨道上，如图 3-19 所示。

**Step09** 单击"项目"面板下方的"新建项"
按钮，在弹出的菜单栏中执行"黑场视频"命令，
弹出"新建黑场视频"对话框，在该对话框中设

图 3-17

置参数后，单击"确定"按钮创建黑场素材，并拖拽至"时间轴"面板中的 V2 轨道上，
如图 3-20 所示。

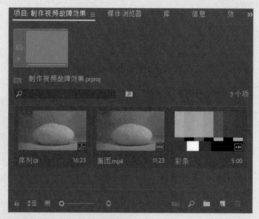

图 3-18

图 3-19

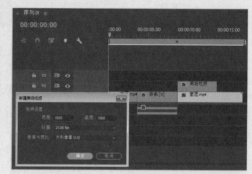

图 3-20

**Step10** 在"时间轴"面板中选中"黑场视频"素材，执行"窗口＞效果控件"
命令打开"效果控件"面板，移动"效果控件"面板中的时间标记至最左端，设置
不透明度为 80%，移动时间标记至最右端，设置不透明度为 0，如图 3-21、图 3-22
所示。

**Step11** 在"节目"监视器中预览效果，如图 3-23、图 3-24 所示。

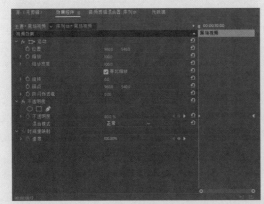

图 3-21

图 3-22

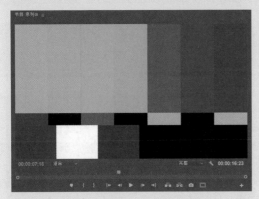

图 3-23

图 3-24

至此，视频故障及恢复效果制作完毕。

# 3.2 使用剪辑工具编辑视频

Premiere 软件中提供了多种工具及命令用于在"时间轴"面板中剪辑素材，下面将针对一些常用的工具及命令进行讲解。

## 3.2.1 选择工具和轨道选择工具

"选择工具" ▶ 和"选择轨道工具" ⏩ 都可以调整素材片段在"时间轴"面板中的轨道上的位置，但"选择轨道工具"可以选中箭头方向的全部素材进行移动。

单击"工具"面板中的"向前选择轨道工具"按钮 ⏩ ，移动鼠标至素材上，单击素材，可以选中以箭头所在位置为界同方向所有的素材，如图 3-25、图 3-26 所示。

## 3.2.2 剃刀工具

"剃刀工具" ◈ 可以剪切"时间轴"面板中的素材，剪切后的每段素材均可以单独调整编辑。

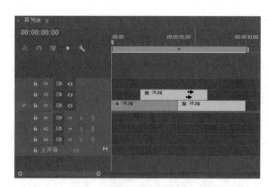

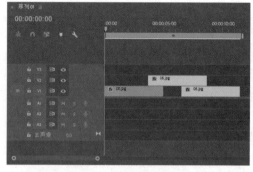

图 3-25 图 3-26

单击"工具"面板中的"剃刀工具"按钮█，移动鼠标至"时间轴"面板中的素材处，在要剪切的位置单击，即可将素材剪切为两段，如图 3-27、图 3-28 所示。

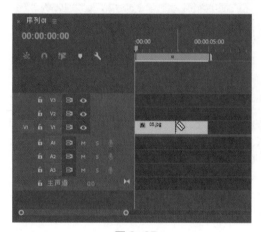

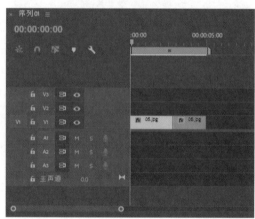

图 3-27 图 3-28

当"剃刀工具"█靠近时间标记█时，剪切点会自动移动至时间标记所在处，并从该处剪切素材，如图 3-29、图 3-30 所示。

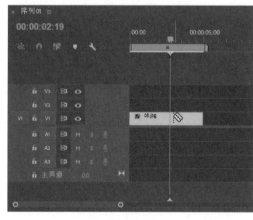

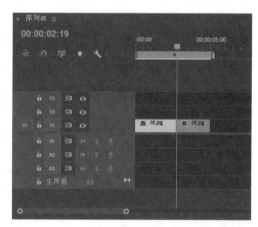

图 3-29 图 3-30

也可以移动时间标记█至要剪切的位置，打开 Ctrl+K 组合键，即可在时间标记所在处剪切素材。

**操作提示**

使用"剃刀工具"时，移动鼠标至"时间轴"面板的素材上，按住 Shift 键单击鼠标左键，可剪切"剃刀工具"所在处所有素材。

### 3.2.3 外滑工具

当一个素材片段出点后和入点前有余量时，使用"外滑工具" 在该轨道素材中拖动，可以同时改变该素材的出点和入点，而片段长度不变，相邻片段的出入点及长度也不变。

单击"工具"面板中的"外滑工具"按钮 ，在"时间轴"面板中找到需要剪辑的素材，移动鼠标至素材片段上，当鼠标呈 状时，按住鼠标左键并拖动鼠标即可对素材进行修改，如图 3-31 所示。

拖拽鼠标时，"节目"监视器面板中会依次显示前一片段的出点和后一片段的入点并显示画面帧数，如图 3-32 所示。

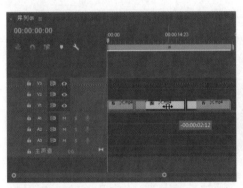

图 3-31

图 3-32

### 3.2.4 内滑工具

"内滑工具"和"外滑工具"相反，使用"内滑工具"在轨道素材中拖动，被拖动的素材片段出入点和长度不变，前一相邻片段的出点和后一相邻片段的入点会随之变化，但影片长度不变。

单击"工具"面板中的"内滑工具"按钮 ，在"时间轴"面板中找到需要剪辑的素材，移动鼠标至两个素材片段的交界处，当鼠标呈 状时，按住鼠标左键并拖动鼠标即可对素材进行修改，如图 3-33 所示。

拖拽鼠标时，"节目"监视器面板中会显示被调整片段的出点与入点以及未被编辑的出点与入点，如图 3-34 所示。

 **知识点拨**

使用"内滑工具" 拖动素材时，前一段相邻素材的出点后与后一相邻素材的入点前，要空出一些余量，以方便调节使用。

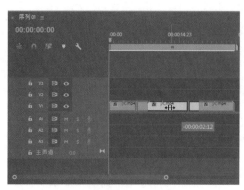
图 3-33

图 3-34

### 3.2.5 滚动编辑工具

"滚动编辑工具"可以改变某一素材片段的入点或出点，同时相邻素材的入点或出点也随之改变，影片总长度不变。

单击"工具"面板中的"滚动编辑工具"按钮，移动鼠标至"时间轴"面板中一个素材的起始处（该素材入点前有余量），当光标变为状时，按住鼠标向左拖动可使入点提前，素材片段增长，同时前一相邻片段的出点随之提前，长度变短，如图 3-35、图 3-36 所示。

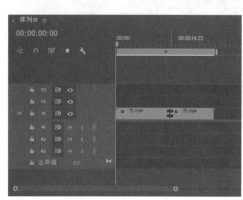
图 3-35

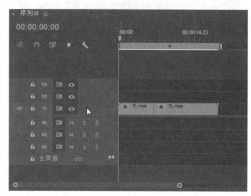
图 3-36

若前一素材片段出点后有余量，按住鼠标左键向右拖动可使当前素材片段缩短，同时前一素材片段的出点延后，长度变长，如图 3-37、图 3-38 所示。

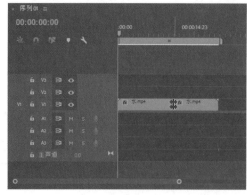
图 3-37

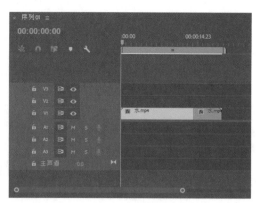
图 3-38

当鼠标呈 ❖ 状时，双击鼠标左键，"节目"监视器面板中会弹出修整面板，在该面板中可对素材进行细调，如图3-39所示。

### 3.2.6 比率拉伸工具

"比率拉伸工具"可以在不改变素材片段出点入点的情况下，加快或减慢播放速度，从而缩短或增加素材时间长度。

单击"工具"面板中的"比率拉伸工具"按钮 ，移动光标至"时间轴"面板中其中一个素材片段的开始或结尾处，当鼠标变为 状

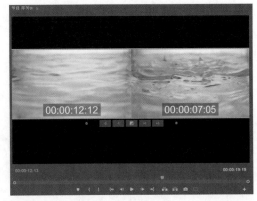

图3-39

时，按住鼠标左键向左或向右拖动即可使该素材片段缩短或延长，而素材的出点入点不变，当片段缩短时播放速度加快，片段延长时播放速度变慢，如图3-40所示。

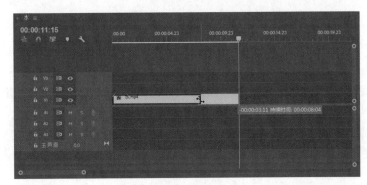

图3-40

若想精确控制素材播放速度，可以在"时间轴"面板中选中要调整的素材片段，单击鼠标右键，在弹出的菜单栏中执行"速度/持续时间"命令，在弹出的"剪辑速度/持续时间"对话框中设置参数，完成后单击"确定"按钮即可调整素材速度，如图3-41、图3-42所示。

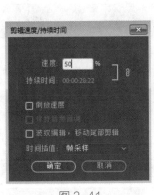

图3-41

图3-42

其中，主要选项作用如下。

* 速度：用于调整素材片段播放速度。大于100%为加速播放，小于100%为减速播

放，等于 100% 为正常速度播放。

- 持续时间：用于显示更改后的素材片段的持续时间。
- 倒放速度：勾选该复选框后，将反向播放素材片段。
- 保持音频音调：勾选该复选框后，素材片段的音频播放速度不变。
- 波纹编辑，移动尾部剪辑：勾选该复选框后，片段加速导致的缝隙处将被自动填补上。

## 3.3 使用时间轴管理视频

### 3.3.1 帧定格

帧定格是指将素材片段中的某一帧冻结，即将帧作为静止图像导入，片段的出点或入点都可以冻结。本小节将针对如何使帧定格来进行讲解。

在"时间轴"面板中选择要冻结的素材片段，单击"工具"面板中的"剃刀工具"按钮，在需要冻结的画面处剪切，选中剪切好的片段，单击鼠标右键，在弹出的菜单栏中执行"添加帧定格"命令即可，如图 3-43、图 3-44 所示分别为添加帧定格前后效果。

图 3-43

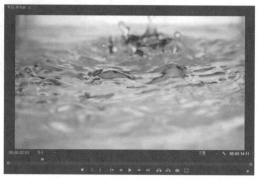

图 3-44

### 3.3.2 帧混合

帧混合可以平滑帧与帧之间的过渡，以提升动作的流畅度。当素材的帧速率和序列的帧速率不同时，软件会自动补充缺少的帧或跳跃播放，但在播放时会产生画面抖动，此时即可使用帧混合命令消除抖动，使画面流畅。

移动鼠标至"时间轴"面板中的素材上，单击鼠标右键，在弹出的菜单栏中执行"时间插值>帧混合"命令即可，如图 3-45 所示为执行"帧混合"命令后效果。

图 3-45

**知识点拨**

当改变速度时，利用"帧混合"命令可以减轻画面抖动，但输出时间会变长。

### 3.3.3 复制 / 粘贴 / 删除

在 Premiere 软件中，若想要复制粘贴素材，同样可以使用 Ctrl+X、Ctrl+C、Ctrl+V 等 Windows 中常用的组合键。

在"时间轴"面板中，选中需要复制的素材，按 Ctrl+C 组合键复制，移动时间标记至粘贴的位置，按 Ctrl+Shift+V 组合键粘贴插入，此时时间标记后面的素材向后移动，如图 3-46 所示；若按 Ctrl+V 组合键粘贴，则时间标记后面的素材被覆盖，如图 3-47 所示。

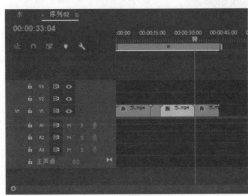

图 3-46                                         图 3-47

通过"时间轴"面板，也可以删除一些不再需要的素材，从"时间轴"面板中删除的素材不会在"项目"面板中删除。

删除素材有"清除"和"波纹删除"两种方式。在"时间轴"面板中选中要删除的素材，执行"编辑＞清除"命令或按 Backspace 键或 Delete 键，即可删除选中的素材，且"时间轴"面板中的轨道上会留下该素材的空位，如图 3-48 所示。

在"时间轴"面板中选中要删除的素材，执行"编辑＞波纹删除"命令或按 Shift+Delete 组合键，即可删除素材且后面的素材会自动补上空位，如图 3-49 所示。

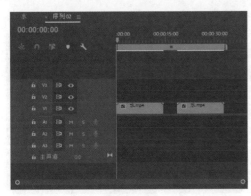
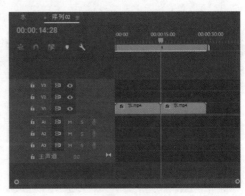

图 3-48                                         图 3-49

### 3.3.4 场的设置

在使用视频素材时，有时会因为交错视频场的问题影响最后视频的合成质量。由于剪辑的场序和序列的场序之间的不匹配，将产生一个意外的隔行扫描伪像。场序指定了先绘制奇数行的场（高场）还是偶数行的场（低场）。

若场序反转，运动会僵持和闪烁。在剪辑中，反向播放片段或冻结视频帧、改变片段速度、输出胶片带，都有可能遇到场处理问题，此时就需要正确地处理场设置来保证影片质量。

移动鼠标至"时间轴"面板中需要设置的素材上，单击鼠标右键，在弹出的菜单栏中执行"场选项"命令，弹出"场选项"对话框，如图 3-50、图 3-51 所示。

图 3-50

图 3-51

其中，各选项作用如下。

- 交换场序：当素材场序与视频采集卡顺序相反时，勾选该复选框。
- 无：不做任何处理。
- 始终去隔行：将隔行扫描场转换为非隔行扫描的逐行扫描帧。此选项会丢弃一个场，然后在控制场的行的基础上插补缺失的行。
- 消除闪烁：通过稍微使两个场一起变模糊，可防止图像细小的水平细节出现闪烁。

### 3.3.5 分离 / 链接视音频

如果遇到一些音视频链接在一起不方便编辑的情况，那么用户可以自主取消或链接素材。在"时间轴"面板中选中要链接的素材文件，单击鼠标右键，在弹出的菜单栏中执行"链接"命令，即可链接素材，如 3-52、图 3-53 所示。

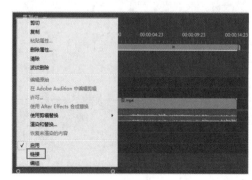

图 3-52

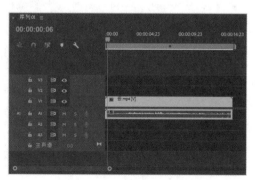

图 3-53

若要取消链接，在"时间轴"面板中选中链接的素材文件，单击鼠标右键，在弹出的菜单栏中执行"取消链接"命令即可。

**📑 课堂练习** 为电子产品动态视频添加慢镜头

下面将为电子产品动态视频添加慢镜头效果，其中所运用到的工具有：选择工具、剃刀工具、比率拉伸工具等。

**Step01** 执行"文件＞新建＞项目"命令，创建项目文件，如图 3-54 所示。

扫一扫 看视频

**Step02** 执行"文件＞新建＞序列"命令，创建序列，自定义帧大小为"1920×1080"，像素长宽比为"方形像素（1.0）"，如图 3-55 所示。

图 3-54　　　　　　　　　　　　　图 3-55

**Step03** 执行"文件＞导入"命令，打开"导入"对话框，选中本章素材"电子产品 .mp4"，单击"打开"按钮，如图 3-56 所示。

**Step04** 在项目面板中选中素材，拖拽至"时间轴"面板中的 V1 轨道中，在弹出的"剪辑不匹配警告"中选择"保持现有设置"按钮，如图 3-57 所示。

图 3-56　　　　　　　　　　　　　图 3-57

**Step05** 在"时间轴"面板中移动时间标记至"00:00:01:12"处，单击"工具"面板中的"剃刀工具"按钮，在时间标记处单击剪切素材，如图 3-58 所示。

**Step06** 重复上一步骤，在"00:00:03:07"处剪切素材，并使用"选择工具" ▶ 移动最右端素材至"00:00:07:12"处，如图 3-59 所示。

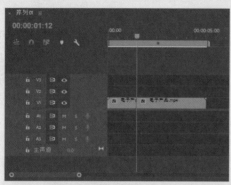
图 3-58

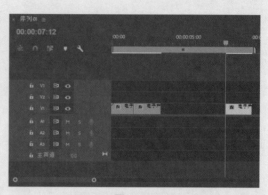
图 3-59

**Step07** 单击"工具"面板中的"比率拉伸工具"按钮 ，移动鼠标至"时间轴"面板中第 2 段视频结尾处，待鼠标变为 状时，按住鼠标左键向右拖动至第 3 段视频开始处，如图 3-60 所示。

**Step08** 在"节目"监视器中预览节目效果，如图 3-61 所示。

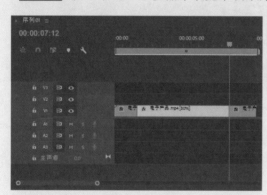
图 3-60

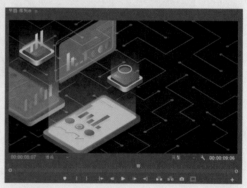
图 3-61

至此，慢镜头添加完毕。

## 3.4 使用监视器窗口管理视频

Premiere 软件包括"源"监视器和"节目"监视器两个面板。用户可以通过监视器面板浏览素材，并根据监视器内容调整素材长短和切换的位置，从而制作一个完成的影片。本节将针对如何使用监视器进行讲解。

### 3.4.1 监视器窗口

监视器窗口共有左、右两个监视器。左侧的是"源"监视器，用于预览和剪裁"项目"

面板中选中的原始素材。右侧的是"节目"监视器，用于预览"时间轴"面板中编辑好的素材，即最终输出视频效果的预览窗口，如图3-62、图3-63所示。

图 3-62

图 3-63

监视器中可以设置素材的安全区域，来保证图像元素在屏幕范围之内，包括节目安全区和字幕安全区两种。

当制作的节目是用于广播电视时，由于多数电视机会切掉图像外边缘的部分内容，所以需要参考安全区域编辑素材。其中，内方框是字幕安全区，需要保证字幕在字幕安全区之内。外方框是节目安全区，需要保证重要节目内容在节目安全区之内。

单击监视器面板底部的"按钮编辑器"按钮➕，在弹出的"按钮编辑器"对话框中选中"安全边距"按钮▣，按住鼠标左键拖拽至按钮栏内，单击"安全边距"按钮▣，即可看到监视器中出现安全框，如图3-64、图3-65所示。

图 3-64

图 3-65

### 3.4.2 播放预览功能

若在视频编辑过程中，想使用"源"监视器播放素材，可以在"项目"面板或"时间轴"面板中选择要播放的素材并双击，或者直接拖拽至"源"监视器面板中即可。

监视器面板上方分别为播放指示器位置、选择缩放级别、选择回放分辨率、设置、入点/出点持续时间；中间是时间标尺、时间标尺缩放器以及时间编辑滑块；最底部为监视器的控制器及功能按钮，如图3-66所示。

图 3-66

其中，左侧的蓝色时间数值是表示时间标记███所在位置的时间，右侧的白色时间数值是表示视频入点和出点之间的时间长度。

若想调整窗口中视频显示的大小，可以在左侧的"选择缩放级别"列表中选择合适的参数即可。若选择"适合"选项，无论窗口大小，影片显示的大小都将与显示窗口匹配，从而显示完整的影片内容。

单击右侧时间数值旁边的"选择回放分辨率"，在弹出的下拉列表中可以选择数值来改变素材在监视器中显示的清晰程度。

若想播放监视器中的素材，单击监视器面板中的"播放 - 停止切换（Space）"按钮███或按空格键即可。

### 3.4.3　入点和出点

入点即素材开始帧的位置，出点则为素材结束帧的位置，设置出点和入点后，"源"监视器面板中入点至出点范围以外的素材便可切除，在"时间轴"面板中切除部分不再出现。改变监视器中入点、出点的位置即可改变素材在时间轴上的长度。

### 3.4.4　设置标记点

在编辑视频的过程中，用户可以为素材添加标记，以方便更好地管理编辑素材。接下来将对如何设置标记点进行讲解。

（1）添加标记

在监视器面板或"时间轴"面板中，移动时间标记███至需要标记的位置，单击"添加标记"按钮███或按 M 键，即可在时间标记处添加标记点，如图 3-67 所示。

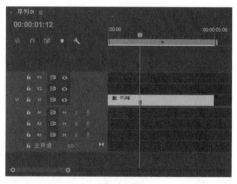

图 3-67

（2）跳转标记

在监视器面板或"时间轴"面板中，移动鼠标至标尺上，单击鼠标右键，在弹出的菜单栏中执行"转到下一个标记"或"转到上一个标记"命令，即可跳转时间标记至对应的位置。

（3）备注标记

双击标记按钮，在弹出的"标记"菜单栏中可以设置该标记的名称、注释及颜色。

（4）删除标记

在监视器面板或"时间轴"面板中，移动鼠标至标尺上，单击鼠标右键，在弹出的菜单栏中执行"清除所选的标记"命令即可删除当前选中的标记；执行"清除所有标记"命令则所有标记均被删除。

## 3.4.5 插入和覆盖

若想将"项目"面板或"源"监视器面板中的素材放入时间轴，可以通过"插入"命令或"覆盖"命令来实现。

在"源"监视器面板中选中素材，单击鼠标右键，在弹出的菜单栏中执行"插入"命令或单击"源"监视器面板底部的"插入"按钮 📥，即可将素材插入至"时间轴"面板的时间标记处，"时间轴"面板中的原素材在时间标记处断开，时间标记后的素材则向后推移，如图 3-68、图 3-69 所示。

图 3-68                                          图 3-69

"覆盖"命令的操作与"插入"命令类似，但是"覆盖"命令插入的素材会将时间标记后的原素材覆盖，如图 3-70、图 3-71 所示。

图 3-70                                          图 3-71

## 3.4.6 提升和提取

"提升"和"提取"只能在"节目"监视器中操作。在"节目"监视器面板中添加"入点"和"出点"，单击鼠标右键，在弹出的菜单栏中执行"提升"或"提取"命令即可删除该段素材，或通过"节目"监视器面板底部的"提升"按钮 📤 和"提取"按钮 📥 实现操作。

"提升"命令只会删除目标轨道中选定范围内的素材片段，对其前后的素材以及其他轨道上的素材的位置都不产生影响，如图 3-72、图 3-73 所示为执行"提升"命令前后效果。

利用"提取"命令修改素材时，会将"时间轴"面板中位于选择范围内的所有轨道的片段删除，且会将后面的素材前移，如图 3-74、图 3-75 所示为执行"提取"命令前后效果。

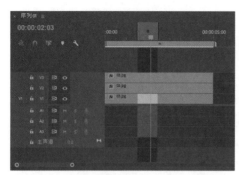

图 3-72

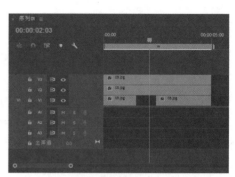

图 3-73

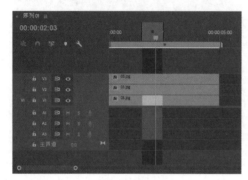

图 3-74

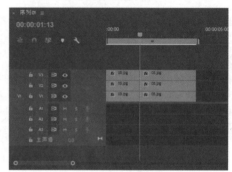

图 3-75

扫一扫 看视频

　　下面将利用"提取"及设置"出点""入点"等命令来制作提取跳舞视频片段的效果。

**Step01** 执行"文件>新建>项目"命令，创建项目文件，如图 3-76 所示。

**Step02** 执行"文件>新建>序列"命令，创建序列，自定义帧大小为"1920×1080"，如图 3-77 所示。

图 3-76

图 3-77

Step03 执行"文件>导入"命令。打开"导入"对话框，选中本章素材"跳舞1.mp4"和"跳舞 2.mp4"，单击"打开"按钮，如图 3-78 所示。

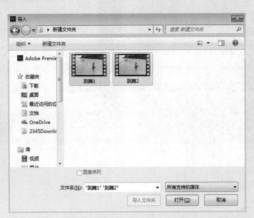

图 3-78

Step04 在项目面板中选择素材，拖拽至"时间轴"面板中的 V1 轨道中，在弹出的"剪辑不匹配警告"中单击"保持现有设置"按钮，如图 3-79 所示。

Step05 移动"时间轴"面板中的时间标记至"00:00:01:04"处，在"节目"监视器面板中单击"标记入点"按钮{，如图 3-80 所示。

Step06 移动"时间轴"面板中的时间标记至"00:00:01:16"处，在"节目"监视器面板中单击"标记出点"按钮{，如图 3-81 所示。

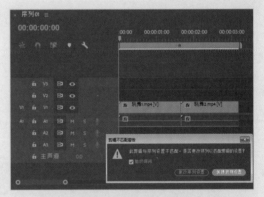

图 3-79

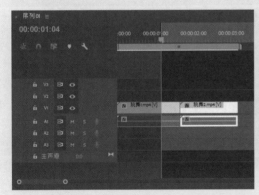

图 3-80

图 3-81

Step07 单击"节目"监视器面板底部的"提取"按钮，提取视频，如图 3-82 所示。

Step08 在"节目"监视器中预览节目效果，如图 3-83 所示。

图 3-82

图 3-83

至此，完成提取跳舞视频片段的效果。

---

**综合实战** 制作宠物狗微视频

扫一扫 看视频

学习完本章内容后，下面将利用"选择工具""剃刀工具"等命令来制作宠物狗微视频。

**Step01** 执行"文件＞新建＞项目"命令，创建项目文件，如图 3-84 所示。

**Step02** 执行"文件＞新建＞序列"命令，创建序列，自定义帧大小为"1920×1080"，像素长宽比为"方形像素（1.0）"，如图 3-85 所示。

图 3-84

图 3-85

**Step03** 执行"文件＞导入"命令。打开"导入"对话框，选中所需用的素材文件，单击"打开"按钮，如图 3-86 所示。

**Step04** 在项目面板中选中素材，拖拽至"时间轴"面板中的 V1 轨道中，在弹出的"剪辑不匹配警告"中选择"保持现有设置"按钮，如图 3-87 所示。

图 3-86　　　　　　　　　　　　　　　图 3-87

**Step05** 单击"项目"面板下方的"新建项"按钮，在弹出的菜单栏中执行"黑场视频"命令，在弹出的"新建黑场视频"对话框中设置参数后，单击"确定"按钮创建黑场素材，并拖拽至"时间轴"面板中的 V2 轨道中，调整时长为 8 秒，如图 3-88、图 3-89 所示。

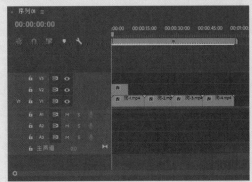

图 3-88　　　　　　　　　　　　　　　图 3-89

**Step06** 选中"时间轴"面板中的"黑场"素材，执行"窗口>效果控件"命令，打开"效果控件"面板，移动"效果控件"面板中的时间标记至中间位置，设置不透明度为 100%；移动时间标记至最右端，设置不透明度为 0，如图 3-90、图 3-91 所示。

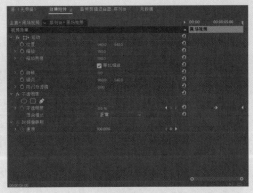

图 3-90　　　　　　　　　　　　　　　图 3-91

**Step07** 单击"工具"面板中的"文字工具"按钮 **T**，移动鼠标至"节目"监视器面板中，单击并输入文字 1，如图 3-92 所示。

**Step08** 单击"工具"面板中的"选择工具"按钮 ▶，将输入的文字 1 移至合适位置，并在"时间轴"面板中设置文字 1 时长为 4 秒，如图 3-93 所示。

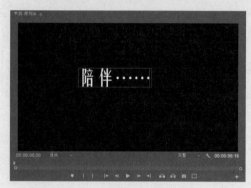

图 3-92　　　　　　　　　　　　　　图 3-93

**Step09** 在"时间轴"面板中选中文字 1，打开"效果控件"面板，设置文字 1 在"00:00:00:00"处和"00:00:04:00"处不透明度为 0，"00:00:02:00"处不透明度为 100%，如图 3-94、图 3-95 所示。

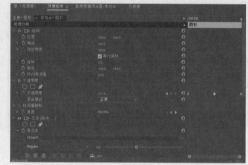

图 3-94　　　　　　　　　　　　　　图 3-95

**Step10** 移动"时间轴"面板中的时间标记至"00:00:09:00"处，使用"文字工具" **T** 在"节目"监视器面板中输入文字 2，在"效果控件"面板中设置文字 2 字体字号，在"时间轴"面板中设置文字 2 时长为 4 秒，移动至 V3 轨道，如图 3-96、图 3-97 所示。

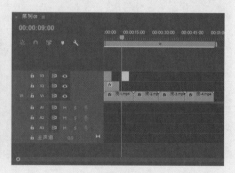

图 3-96　　　　　　　　　　　　　　图 3-97

**Step11** 选中文字2，打开"效果控件"面板，设置文字2"00:00:09:00"处和"00:00:13:00"处不透明度为0，"00:00:11:00"处不透明度为100%，如图3-98、图3-99所示。

图 3-98　　　　　　　　　　　　　　　　　　图 3-99

**Step12** 重复上述步骤，继续添加文字，如图3-100、图3-101所示。

图 3-100　　　　　　　　　　　　　　　　　　图 3-101

**Step13** 选中"项目"面板中的"黑场"素材，拖拽至"时间轴"面板中的V2轨道，调整"黑场"素材时长为3s，移动至该素材结尾处与素材"狗-1.mp4"结尾处对齐，如图3-102所示。

**Step14** 选中上步中的"黑场"素材，打开"效果控件"面板，设置"黑场"素材最左端不透明度为0，最右端不透明度为100%，如图3-103所示。

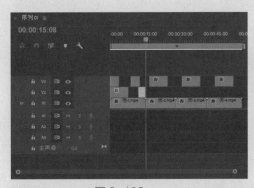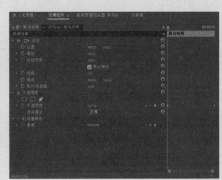

图 3-102　　　　　　　　　　　　　　　　　　图 3-103

**Step15** 选中"项目"面板中的"黑场"素材，拖拽至"时间轴"面板中的V2轨道，调整"黑场"素材时长为3s，移动至该素材开头处与素材"狗-2.mp4"开头处对齐，如图3-104所示。

**Step16** 选中上步中的"黑场"素材,打开"效果控件"面板,设置"黑场"素材最左端不透明度为100%,最右端不透明度为0,如图3-105所示。

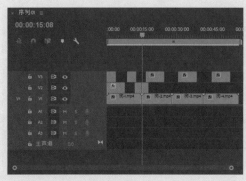

图 3-104            图 3-105

**Step17** 复制上述步骤中插入的"黑场"素材,如图3-106、图3-107所示。

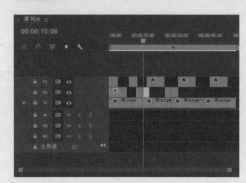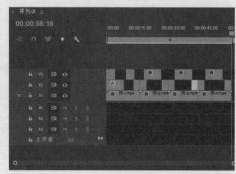

图 3-106            图 3-107

**Step18** 执行"文件>导入"命令。打开"导入"对话框,选中本章素材"陪伴.mp3",单击"打开"按钮,如图3-108所示。

**Step19** 在项目面板中选中素材,拖拽至"时间轴"面板中的A1轨道中,单击"工具"面板中的"剃刀工具" ,在音频素材上合适位置单击,并删除多余部分,如图3-109所示。

图 3-108            图 3-109

至此,完成宠物狗微视频的制作。

# 课后作业 制作倒计时效果

## 项目需求

本项目要求根据提供的素材制作老式电视机片头倒计时效果，倒计时时间不宜过长，结束时带有一定的音效。

## 项目分析

本项目的难点在于调整倒计时效果的大小及长度。置入素材文件后，新建倒计时效果，通过"效果"面板中的"设置遮罩"效果隐藏倒计时效果多余部分，使倒计时效果与电视机界面大小一致，再对倒计时效果的长度进行修改，使视频流畅自然。

## 项目效果

项目制作效果如图 3-110、图 3-111 所示。

图 3-110

图 3-111

## 操作提示

**Step01** 新建项目和序列后，导入本章素材，并调整至合适大小。

**Step02** 添加"设置遮罩"效果，绘制路径，掩盖上层轨道中图像的多余部分。

**Step03** 新建通用倒计时片头，剪切掉多余部分，添加"设置遮罩"效果。

# 第4章
# 制作视频效果

**★ 内容导读**

视频效果是 Premiere 软件中非常实用的功能，其种类繁多，可以帮助用户在图像、视频、字幕等对象上模拟各种视觉变化效果。本章将向读者介绍 Premiere 软件中常见的视频效果、特效剪辑等功能的应用操作。

**⊘ 学习目标**

○ 了解视频效果
○ 学会编辑视频效果
○ 学会应用视频效果

# 4.1 视频特效概述

Premiere 软件中包括多种视频特效，在编辑素材时，这些特效可以帮助用户调整原始素材，制作更为震撼的视觉效果。本节将针对软件中的视频特效进行简单讲解。

（1）内置视频特效

Premiere 软件中含有 19 组内置视频特效，如图 4-1 所示，包括"变换"组、"扭曲"组、"时间"组、"颜色校正"组等特效组。

（2）外挂视频特效

外挂视频特效是指第三方提供的插件特效，用户可以通过插件制作出 Premiere 自身不易制作或者无法实现的某些特效。

图 4-1

# 4.2 编辑视频特效

在 Premiere 软件中用户可以为原始素材添加多种视频特效，并对添加的视频特效进行编辑以达到需要的效果。本节将针对如何添加及编辑视频效果进行讲解。

## 4.2.1 添加视频效果

为视频添加效果，可以丰富人们的视觉感受，使视频片段更具冲击力。接下来将讲解如何添加视频效果。

打开 Premiere 软件，新建项目和序列后，导入素材文件并拖拽至"时间轴"面板中，执行"窗口＞效果"命令，打开"效果"面板，选中要添加的视频效果，拖拽至"时间轴"面板中的素材上即可，如图 4-2 所示。

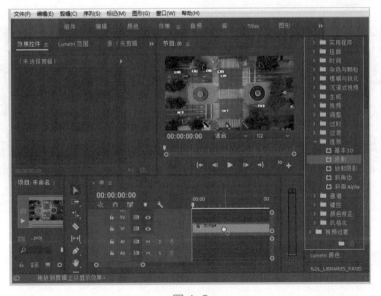

图 4-2

## 4.2.2 修改视频效果

为视频素材添加效果后，可在"效果控件"面板中修改效果参数，从而修改视频效果。接下来将讲解如何修改视频效果。

为"时间轴"面板上的素材添加效果后，执行"窗口>效果控件"命令，打开"效果控件"面板，如图 4-3 所示为添加"裁剪"效果的"效果控件"面板。此时，在"节目"监视器面板中预览素材效果如图 4-4 所示。

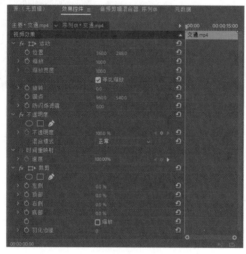

图 4-3　　　　　　　　　　　　　　　　图 4-4

在"效果控件"面板中，对添加的视频效果的参数进行修改，如图 4-5 所示。此时，在"节目"监视器面板中预览素材效果如图 4-6 所示。

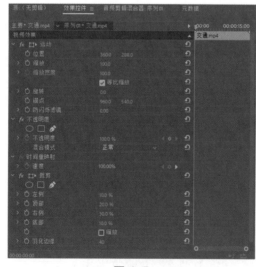

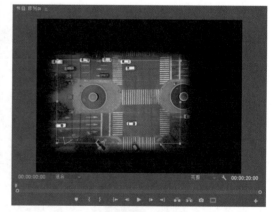

图 4-5　　　　　　　　　　　　　　　　图 4-6

**操作提示**

"效果控件"面板中蓝色部分参数可以修改。

### 4.2.3 视频效果参数动画

通过在"效果控件"面板中为素材的位置、缩放等基本属性添加关键帧，可以创建简单的动画效果。本节将讲解如何利用关键帧制作特效。

（1）位置

通过在不同时间节点上创建关键帧并调整"位置"参数，可以使当前素材对象移动。

（2）缩放

通过在不同时间节点上创建关键帧并调整"缩放"参数，可以使当前素材对象大小产生变化。

（3）旋转

通过在不同时间节点上创建关键帧并调整"旋转"参数，可以旋转当前素材对象。

（4）防闪烁滤镜

显示在隔行扫描显示器（如许多电视屏幕）上时，图像中的细线和锐利边缘有时会闪烁。防闪烁滤镜可以减少甚至消除这种闪烁，但随着其强度的增加，闪烁消除变多，图像变淡。

（5）不透明度

通过在不同时间节点上创建关键帧并调整"不透明度"参数，可以制作当前素材对象显示或消失的效果。

### 4.2.4 复制视频效果

用户可将一个素材的视频效果复制到其他素材上。下面将讲解如何复制粘贴视频效果。

在"时间轴"面板中，选择一个带有视频效果的素材，执行"编辑＞复制"命令或打开 Ctrl+C 组合键，选中要被粘贴效果的素材，执行"编辑＞粘贴属性"命令或打开 Ctrl+Alt+V 组合键，打开"粘贴属性"对话框，在该对话框中选择要粘贴的属性，单击"确定"按钮即可，如图 4-7 所示。

图 4-7

**知识点拨**

用户可以在"效果"面板顶部的搜索栏中输入效果名称，即可查找到相应的视频效果。

**课堂练习** 制作钟表指针运动动画

下面将利用"旋转"关键帧的方法来制作钟表指针运动动画效果。

**Step01** 执行"文件＞新建＞项目"命令，创建项目文件，如图 4-8 所示。

扫一扫 看视频

**Step02** 执行"文件＞新建＞序列"命令，在打开的"新建序列"对话框中选择"DV-PAL"中的"标准 48kHz"预设，单击"确定"按钮新建序列，如图 4-9 所示。

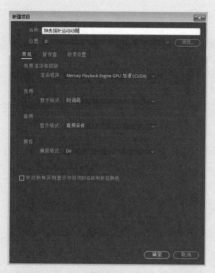

图 4-8　　　　　　　　　　　　　　　　　图 4-9

**Step03** 单击"项目"面板中的"新建项"按钮![icon]，在弹出的菜单栏中执行"颜色遮罩"命令，如图 4-10 所示。在弹出的"新建颜色遮罩"菜单栏中设置参数后，单击"确定"按钮，在弹出的"拾色器"对话框中选取颜色，单击"确定"按钮，在弹出的"选择名称"对话框中设置名称，创建颜色遮罩，如图 4-11 所示。

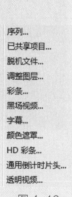

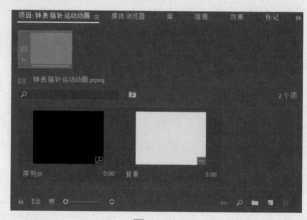

图 4-10　　　　　　　　　　　图 4-11

**Step04** 执行"文件＞导入"命令，打开"导入"对话框，选中本章素材文件，单击"打开"按钮，如图 4-12 所示。

**Step05** 在项目面板中选中素材，分别拖拽至"时间轴"面板中的 V1、V2、V3、V4 轨道中，如图 4-13 所示。按住 Shift 键单击"时间轴"面板中的"表盘 .png""分针 .png""时针 .png"素材，单击鼠标右键，在弹出的菜单栏中执行"缩放为帧大小"命令。

**Step06** 选中"时间轴"面板中的"分针 .png"素材，打开"效果控件"面板，拖动时间标记至"00:00:00:00"处，设置"旋转"为"0.0°"，单击"旋转"前的"切换动画"按钮![icon]，添加关键帧，如图 4-14 所示。

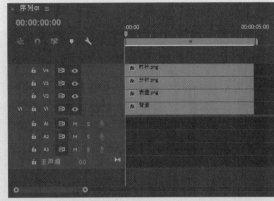

图 4-12　　　　　　　　　　　　　　　　　　　图 4-13

**Step07** 拖动时间标记至"00:00:05:00"处，设置"旋转"为"1*0.0°"，单击"旋转"前的"切换动画"按钮⏱，添加关键帧，如图 4-15 所示。

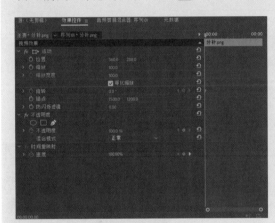

图 4-14　　　　　　　　　　　　　　　　　　　图 4-15

**Step08** 重复上述步骤，为"时针 .png"素材添加旋转动画，如图 4-16、图 4-17 所示。

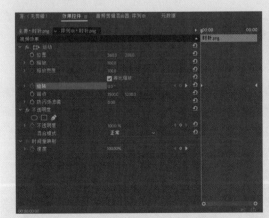

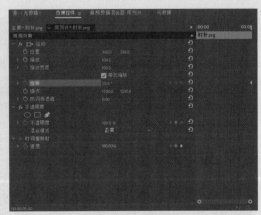

图 4-16　　　　　　　　　　　　　　　　　　　图 4-17

图 4-18                     图 4-19

至此，钟表指针动画制作完毕。

## 4.3 视频效果组

视频效果是 Premiere 软件中重要的功能之一，可以应用在视频、图像及字幕等素材上，种类繁多，功能齐全。本节将针对比较常用的视频效果组进行讲解。

### 4.3.1 Obsolete

Obsolete 视频效果组中只包含"快速模糊"一种视频效果，如图 4-20 所示。

打开素材文件，在"效果"面板中选中"快速模糊"效果并拖拽至"时间轴"面板中的素材上，在"效果控件"面板中设置"快速模糊"效果的参数，如图 4-21 所示。在"节目"监视器面板中预览效果，如图 4-22 所示。

图 4-20

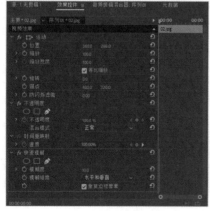

图 4-21

图 4-22

其中，"快速模糊"效果的参数作用如下。

- 模糊度：用于设置素材模糊程度。
- 模糊维度：用于设置素材模糊方向，包括水平和垂直、水平、垂直三种。
- 重复边缘像素：勾选该复选框后，素材边缘不被模糊。

### 4.3.2 变换

图 4-23

"变换"视频效果组中包括"垂直翻转""水平翻转""羽化边缘""裁剪"四种效果，如图 4-23 所示。该组视频效果可以使素材产生变换效果，接下来将针对这四种视频效果进行讲解。

（1）垂直翻转

"垂直翻转"效果可以为素材添加垂直翻转的效果。选中"效果"面板中的"垂直翻转"效果并拖拽至"时间轴"面板中的素材上，即可使素材翻转，如图 4-24、图 4-25 所示为应用该效果的前后效果。

图 4-24

图 4-25

（2）水平翻转

"水平翻转"效果可以为素材添加水平翻转的效果。选中"效果"面板中的"水平翻转"效果并拖拽至"时间轴"面板中的素材上，即可使素材翻转，如图 4-26、图 4-27 所示为应用该效果的前后效果。

图 4-26

图 4-27

（3）羽化边缘

"羽化边缘"效果可以在画面边缘产生像素羽化的效果。选中"效果"面板中的"羽化边缘"效果并拖拽至"时间轴"面板中的素材上，在"效果控件"面板中设置"羽化边缘"效果的参数，如图4-28所示，在"节目"监视器面板中预览效果，如图4-29所示。

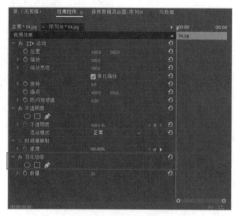

图4-28

图4-29

其中，"羽化边缘"效果参数中的"数量"用于设置素材边缘的羽化程度。

（4）裁剪

"裁剪"效果可以对素材进行裁剪。选中"效果"面板中的"裁剪"效果并拖拽至"时间轴"面板中的素材上，在"效果控件"面板中设置"裁剪"效果的参数，如图4-30所示，在"节目"监视器面板中预览效果，如图4-31所示。

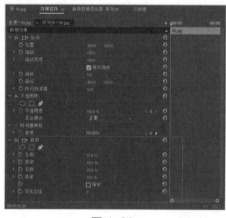

图4-30

图4-31

其中，"裁剪"效果的参数作用如下。

- 左侧：用于设置画面左侧的裁剪大小。
- 顶部：用于设置画面顶部的裁剪大小。
- 右侧：用于设置画面右侧的裁剪大小。
- 底部：用于设置画面底部的裁剪大小。
- 缩放：勾选该复选框后，将根据画布大小平铺裁剪后的素材。
- 羽化边缘：用于设置裁剪后的素材边缘羽化程度。

### 4.3.3　图像控制

"图像控制"视频效果组可以对图像中的特定颜色进行处理，从而制作特殊的视觉效果。接下来将针对该效果组进行讲解。

（1）灰度系数校正

"灰度系数校正"效果可以通过调整"灰度系数"参数的数值，在不改变图像高亮区域的情况下使图像变亮或变暗。如图 4-32 所示为"灰度系数"效果的参数面板。

（2）颜色平衡（RGB）

"颜色平衡（RGB）"效果可以通过分别调整素材的 RGB 值来调整素材颜色。如图 4-33 所示为"颜色平衡（RGB）"效果的参数面板。

图 4-32

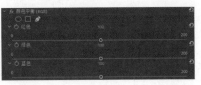
图 4-33

（3）颜色替换

"颜色替换"效果可以将素材中的一种颜色替换为另一种指定颜色，而其他颜色不变。如图 4-34 所示为"颜色替换"效果的参数面板。

（4）颜色过滤

"颜色过滤"效果可以使素材中只保留指定的颜色，而其他颜色以灰度模式显示。如图 4-35 所示为"颜色过滤"效果的参数面板。

图 4-34

图 4-35

（5）黑白

"黑白"效果可以去除素材中的颜色信息，使素材呈黑白灰显示。

### 4.3.4　扭曲

"扭曲"视频效果组可以通过对素材进行几何变形来制作各种画面变形效果。接下来针对该效果组进行讲解。

（1）位移

"位移"效果可以设置素材进行水平或垂直方向位移，移出的部分将在位移方向的对面显示。

（2）变形稳定器 VFX

"变形稳定器 VFX"效果可以消除因摄像机移动造成的抖动，使素材变为稳定、流畅的拍摄内容。

（3）变换

"变换"效果可以对素材做出缩放、倾斜等操作，如图 4-36 所示为"变换"效果的参数面板。

（4）放大

"放大"效果可以放大素材的局部效果，如图 4-37 所示为"放大"效果的参数面板。

图 4-36                              图 4-37

（5）旋转

"旋转"效果可以使素材产生旋转变形的效果。

（6）果冻效应修复

"果冻效应修复"效果可以修复由于扫描之间的时间延迟，图像的所有部分不能同时录制而导致的果冻效应扭曲。

（7）波形变形

"波形变形"效果可以使素材产生水波状的波浪形状。

（8）球面化

"球面化"效果可以将素材的局部进行变形，产生类似球面的变形效果。

（9）紊乱置换

"紊乱置换"效果可以使素材扭曲变形。

（10）边角定位

"边角定位"效果可以改变素材四个边角的位置，从而改变素材图像的形状。

（11）镜像

"镜像"效果可以使素材对称翻转。

（12）镜头扭曲

"镜头扭曲"效果可以调整素材图像在水平或垂直方向的扭曲效果。如图 4-38、图 4-39 所示为添加镜头扭曲效果的前后对比。

图 4-38                              图 4-39

### 4.3.5　时间

"时间"视频效果组可以对素材的帧做出操作，包括"像素运动模糊""抽帧时间""时间扭曲""残影"四种效果。接下来针对该效果组进行讲解。

（1）像素运动模糊

"像素运动模糊"效果可以使素材画面在播放时模拟像素运动的模糊效果。

（2）抽帧时间

"抽帧时间"效果可以通过抽帧改变素材画面的色彩层次数量。

（3）时间扭曲

"时间扭曲"效果可以在改变素材回放速度的同时精确控制各种参数。如图 4-40、图 4-41 为添加"时间扭曲"效果的前后对比效果。

图 4-40　　　　　　　　　　　　　　图 4-41

（4）残影

"残影"效果可以混合素材中的不同帧像素。

### 4.3.6　杂色与颗粒

"杂色与颗粒"视频效果组可以为素材画面添加杂色，对素材画面进行柔和处理，也可以去除素材画面中的噪点。接下来针对该效果组进行讲解。

（1）中间值

"中间值"效果可以将素材画面中的每个像素都用一定半径内的相邻像素的中间颜色值代替。

（2）杂色

"杂色"效果可以在素材画面中添加模拟的噪点。如图 4-42、图 4-43 为添加"杂色"效果的前后对比效果。

（3）杂色 Alpha

"杂色 Alpha"效果可以在图像的 Alpha 通道上生成杂色。

（4）杂色 HLS

"杂色 HLS"效果可以设置素材画面中生成的杂色噪点的色相、亮度、饱和度等参数。

（5）杂色 HLS 自动

"杂色 HLS 自动"效果和"杂色 HLS"效果类似，可以通过设置参数调整生成的杂色噪点。

图 4-42

图 4-43

但"杂色 HLS 自动"效果可以自动创建动画化的杂色。

（6）蒙尘与划痕

"蒙尘与划痕"效果将位于指定半径之内的不同像素更改为更类似邻近的像素，从而减少杂色和瑕疵。

### 4.3.7 模糊与锐化

"模糊和锐化"视频效果组可以模糊或锐化素材画面，包括"复合模糊""方向模糊""相机模糊"等七种效果。接下来针对该效果组进行讲解。

（1）复合模糊

"复合模糊"效果可以根据控制剪辑（也称为模糊图层或模糊图）的明亮度值使像素变模糊。

（2）方向模糊

"方向模糊"效果可以使素材画面产生指定方向的模糊。

（3）相机模糊

"相机模糊"效果可以模拟离开相机焦点范围的图像，使剪辑变模糊。

（4）通道模糊

"通道模糊"效果可以分别对素材中的红、绿、蓝、Alpha 通道进行模糊处理。

（5）钝化蒙版

"钝化蒙版"效果可以提高素材画面中相邻像素的对比程度，使素材画面变清晰。

（6）锐化

"锐化"效果可以增加颜色变化位置的对比度，使素材画面变清晰。

（7）高斯模糊

"高斯模糊"效果可以模糊、柔化素材画面并消除杂色。如图 4-44、图 4-45 为添加"高斯模糊"效果的前后对比效果。

### 4.3.8 生成

"生成"视频效果组可以通过对光和颜色的应用，使素材画面视觉效果更好。接下来针对该效果组进行讲解。

图 4-44

图 4-45

（1）书写

"书写"效果可以在素材画面上创建画笔运动的关键帧动画并记录运动路径，模拟出书写绘画效果。

（2）单元格图案

"单元格图案"效果可以通过调整参数在素材画面中模拟生成不规则单元格的效果。

（3）吸管填充

"吸管填充"效果可以将采样点的颜色应用于整个画面。

（4）四色渐变

"四色渐变"效果可以为素材画面添加四种颜色的渐变效果。

（5）圆形

"圆形"效果可以在素材画面中制作圆形，并通过调整参数来设置圆形效果。

（6）棋盘

"棋盘"效果可以在素材画面中制作棋盘效果。

（7）椭圆

"椭圆"效果可以在素材画面中绘制椭圆。

（8）油漆桶

"油漆桶"效果可以使用纯色来填充区域，是非破坏性的油漆效果。

（9）渐变

"渐变"效果可以在素材画面上方填充线性渐变或径向渐变。

（10）网格

"网格"效果可以创建可自定义的网格。

（11）镜头光晕

"镜头光晕"效果可以模拟摄像机镜头拍摄出的强光折射效果。如图 4-46、图 4-47 为添加"镜头光晕"效果前后的对比效果。

（12）闪电

"闪电"效果可以在素材画面中模拟闪电的效果。

### 4.3.9 视频

"视频"视频效果组可以显示素材剪辑的名称、时间码等信息。包括"SDR遵从情况""剪

图 4-46　　　　　　　　　　　　　　　　图 4-47

辑名称""时间码""简单文本"四种效果。接下来针对该效果组进行讲解。

（1）SDR 遵从情况

"SDR 遵从情况"效果可以将 HDR 媒体转换为 SDR。

（2）剪辑名称

"剪辑名称"效果可以在素材画面上显示素材名称。

（3）时间码

"时间码"效果可以在素材画面上显示素材的时间码。如图 4-48、图 4-49 为添加"时间码"效果前后的对比效果。

图 4-48　　　　　　　　　　　　　　　　图 4-49

（4）简单文本

"简单文本"效果可以在素材上方简单地编辑文字。

### 4.3.10　调整

"调整"视频效果组可以调整素材的亮度、对比度等参数，来制作特殊的色彩效果，或用于修复原素材在色彩、曝光等方面的缺陷。接下来针对该效果组进行讲解。

（1）ProcAmp

"ProcAmp"效果可以整体调整素材画面的亮度、对比度、色相等参数。

（2）光照效果

"光照效果"效果可以在素材画面中添加模拟灯光照射的效果。

（3）卷积内核

"卷积内核"效果可以根据卷积来更改剪辑中每个像素的亮度值。

（4）提取

"提取"效果可以去除素材中的颜色，创建灰度图像。

（5）色阶

"色阶"效果可以调整素材画面中的亮度和对比度。如图 4-50、图 4-51 为添加"色阶"效果前后的对比效果。

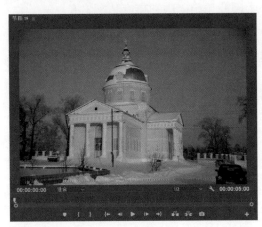

图 4-50

图 4-51

## 4.3.11 过时

"过时"视频效果组包括"RGB 曲线""亮度曲线""自动颜色"等十种视频效果。接下来针对该效果组进行讲解。

（1）RGB 曲线

"RGB 曲线"效果可以针对每个颜色通道使用曲线调节颜色。如图 4-52、图 4-53 为添加"RGB 曲线"效果前后的对比效果。

图 4-52

图 4-53

（2）RGB 颜色校正器

"RGB 颜色校正器"效果可以通过调整高光、中间调和阴影定义的色调范围，调整剪辑中的颜色。

（3）三向颜色校正器

"三向颜色校正器"效果可以针对阴影、中间调和高光调整素材的色相、饱和度和亮度，从而进行精细校正。

（4）亮度曲线

"亮度曲线"效果可以通过曲线调整来调整素材的亮度和对比度。

（5）亮度校正器

"亮度校正器"效果可以调整素材的高光、中间调和阴影中的亮度和对比度。

（6）快速颜色校正器

"快速颜色校正器"效果可以通过调整素材的色相和饱和度来调整素材的颜色。

（7）自动对比度

"自动对比度"效果可以自动调整素材的对比度。

（8）自动色阶

"自动色阶"效果可以自动调整素材的色阶。

（9）自动颜色

"自动颜色"效果可以自动调节素材的颜色。

（10）阴影／高光

"阴影／高光"效果可以调整素材的阴影和高光部分。

### 4.3.12 过渡

"过渡"视频效果组可以在素材画面中制作过渡的效果，包括"块溶解""渐变擦除""百叶窗"等五种效果。接下来将针对该效果组进行讲解。

（1）块溶解

"块溶解"效果可以制作素材在画面中逐渐消失或显现的溶解效果。

（2）径向擦除

"径向擦除"效果可以围绕指定点擦除素材画面。

（3）渐变擦除

"渐变擦除"效果可以使剪辑中的像素根据另一视频轨道（即渐变图层）中的相应像素的明亮度值变透明。

（4）百叶窗

"百叶窗"效果可以以指定方向和宽度的条纹来显示下面的素材。如图 4-54、图 4-55 为添加"百叶窗"效果前后的对比效果。

（5）线性擦除

"线性擦除"效果可以以指定的方向擦除素材。

### 4.3.13 透视

"透视"视频效果组可以为素材添加三维立体效果和空间效果。接下来针对该效果组进

图 4-54

图 4-55

行讲解。

（1）基本 3D

"基本 3D"效果可以使素材产生透视的效果，且伴有灯光照射效果。

（2）投影

"投影"效果可以为素材添加投影。

（3）放射阴影

"放射阴影"效果可以使指定位置产生的光源照射到图像上，在下层图像上投射出阴影的效果。

（4）斜角边

"斜角边"效果可以使素材边缘处产生雕刻状三维外观效果。如图 4-56、图 4-57 为添加"斜角边"效果前后的对比效果。

图 4-56

图 4-57

（5）斜面 Alpha

"斜面 Alpha"效果可以通过 Alpha 通道使 2D 元素呈现 3D 外观。

## 4.3.14 通道

"通道"视频效果组可以通过图像通道的转换和插入等方式改变素材，制作各种特殊效果。接下来针对该效果组进行讲解。

（1）反转

"反转"效果可以反转素材的颜色，产生负片效果。

（2）复合运算

"复合运算"效果可以用数学运算的方式合成当前层和指定层的图像。

（3）混合

"混合"效果可以制作两个素材在进行混合时的叠加效果。

（4）算术

"算术"效果可以调整素材颜色通道的参数来调整素材显示效果。

（5）纯色合成

"纯色合成"效果可以指定一种颜色与素材混合。

（6）计算

"计算"效果可以将一个素材文件的通道和另一个素材的通道混合。

（7）设置遮罩

"设置遮罩"效果将素材的 Alpha 通道（遮罩）替换成另一视频轨道的剪辑中的通道，使之产生运动屏蔽的效果。

### 4.3.15 键控

"键控"视频效果组可以使两个重叠的素材产生叠加效果，也可以清除指定位置的内容。接下来针对该效果组进行讲解。

（1）Alpha 调整

"Alpha 调整"效果可以将上层素材中的 Alpha 通道设置遮罩叠加效果。

（2）亮度键

"亮度键"效果可以将生成图像中的灰度像素设置为透明且保持色度不变。

（3）图像遮罩键

"图像遮罩键"效果可以选择外部素材作为遮罩，控制两个图层中图像的叠加效果。

（4）差值遮罩

"差值遮罩"效果可以叠加两个图像中相互不同部分的纹理，保持对方的纹理颜色。

（5）移除遮罩

"移除遮罩"效果可以清除图像遮罩边缘的颜色残留。

（6）超级键

"超级键"效果可以将图像中的指定颜色范围生成遮罩，并通过参数设置对遮罩效果进行精细调整，得到需要的抠像效果。

（7）轨道遮罩键

"轨道遮罩键"效果可以在素材特定的区域内显示效果。

（8）非红色键

"非红色键"效果可以去除素材图像中除红色以外的其他颜色。

（9）颜色键

"颜色键"效果可以清除指定颜色的像素。如图 4-58、图 4-59 为通过"颜色键"效果清除绿色像素的对比效果。

图 4-58                                    图 4-59

## 4.3.16 颜色校正

"颜色校正"视频效果组包括"亮度与对比度""更改颜色""颜色平衡"等十二组效果。接下来针对该效果组进行讲解。

（1）ASC CDL

"ASC CDL"效果可以通过调整红绿蓝和饱和度来校正素材颜色。

（2）Lumetri 颜色

"Lumetri 颜色"效果可以应用 Lumetri Looks 颜色分级引擎链接文件中的色彩校正预设项目，对图像进行色彩校正。

（3）亮度与对比度

"亮度与对比度"效果可以通过控制"亮度"和"对比度"参数调整画面的亮度和对比度效果。

（4）分色

"分色"效果可以从素材中移除所有颜色，要保留的颜色除外。

（5）均衡

"均衡"效果可以改变图像的像素值，平均化分布亮度或颜色分量。

（6）更改为颜色

"更改为颜色"效果可以更改图像中指定颜色的色相、饱和度和亮度至另一种颜色。

（7）更改颜色

"更改颜色"效果可以调整指定颜色的色相、饱和度和亮度。

（8）色彩

"色彩"效果可以将素材中的黑色调和白色调映射转化为其他颜色。

（9）视频限幅器

"视频限幅器"效果可以通过限制视频的亮度、色度来调整图像颜色。

（10）通道混合器

"通道混合器"效果可以通过调整 RGB 各个通道中的 RGB 颜色参数控制画面的整体色彩效果。

（11）颜色平衡

"颜色平衡"效果可以通过更改图像阴影，中间调和高光中的红色、绿色和蓝色所占的量来调整图像色彩。如图 4-60、图 4-61 为添加"颜色平衡"效果前后的对比效果。

图 4-60

图 4-61

（12）颜色平衡（HLS）

"颜色平衡（HLS）"效果可以通过更改图像色相、明亮度和饱和度来调整图像色彩。

### 4.3.17　风格化

"风格化"视频效果组主要用于对图像进行艺术风格的美化处理，该特效组包含了 13 个效果。

（1）Alpha 发光

"Alpha 发光"效果可以在素材上制作发光效果。

（2）复制

"复制"效果可以复制素材，复制得到的每个区域都显示完整的画面效果。

（3）彩色浮雕

"彩色浮雕"效果可以在素材上制作彩色浮雕的效果。

（4）抽帧

"抽帧"效果可以为图像中的每个通道指定色调级别，改变素材画面的色彩层次数量。

（5）曝光过度

"曝光过度"效果可以创建正像和负像之间的混合，产生类似相机底片曝光的效果。

（6）查找边缘

"查找边缘"效果可以识别有明显过渡的图像区域并突出边缘，产生类似彩铅绘制的线条图效果。

（7）浮雕

"浮雕"效果可以使素材产生灰色浮雕效果。

（8）画笔描边

"画笔描边"效果可以模拟画笔绘制的粗糙外观，得到类似油画的效果。

（9）粗糙边缘

"粗糙边缘"效果可以使素材边缘粗糙化，模拟腐蚀感效果。

（10）纹理化

"纹理化"效果可以为当前素材提供其他素材的纹理的外观。

（11）闪光灯

"闪光灯"效果可以为素材添加闪光灯效果。

（12）阈值

"阈值"效果可以将素材转换为黑白模式。

（13）马赛克

"马赛克"效果可以在素材画面上产生马赛克效果。如图 4-62、图 4-63 为添加"马赛克"效果前后的对比效果。

图 4-62

图 4-63

---

**课堂练习** 制作铅笔画效果

下面将利用"黑白""查找边缘""高斯模糊"等视频效果来制作铅笔效果。

**Step01** 执行"文件＞新建＞项目"命令，创建项目文件，如图 4-64 所示。

扫一扫 看视频

**Step02** 执行"文件＞新建＞序列"命令，创建序列，自定义帧大小为"1920×1080"，像素长宽比为"方形像素（1.0）"，如图 4-65 所示。

图 4-64

图 4-65

**Step03** 执行"文件＞导入"命令，打开"导入"对话框，选中本章素材"手风琴 .mp4"，单击"打开"按钮，如图 4-66 所示。

**Step04** 在项目面板中选中素材，拖拽至"时间轴"面板中的 V1 轨道中，在弹出的"剪辑不匹配警告"中选择"保持现有设置"按钮，如图 4-67 所示。

图 4-66          图 4-67

**Step05** 打开"效果"面板，选中"黑白"视频效果，如图 4-68 所示，拖拽至素材上，在"节目"监视器中预览效果，如图 4-69 所示。

图 4-68          图 4-69

**Step06** 在"效果"面板中，选中"查找边缘"视频效果，拖拽至素材上，在"效果控件"面板中调整参数，如图 4-70 所示，在"节目"监视器中预览效果，如图 4-71 所示。

图 4-70          图 4-71

**Step07** 在"效果"面板中，选中"色阶"视频效果，拖拽至素材上，在"效果控件"面板中调整参数，如图 4-72 所示，在"节目"监视器中预览效果，图 4-73 所示。

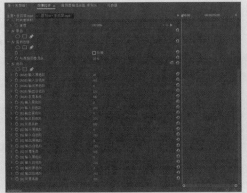

图 4-72　　　　　　　　　　　　　　　图 4-73

**Step08** 按空格键播放预览效果，如图 4-74、图 4-75 所示。

图 4-74　　　　　　　　　　　　　　　图 4-75

至此，铅笔画效果制作完成。

# 4.4 预设效果

"预设"效果组中包含有常见效果的预设，通过使用相应的预设可以很快得到对应的效果，节省操作时间。本节将针对这些预设效果进行讲解。

## 4.4.1 卷积内核

"卷积内核"预设效果组中包括"卷积内核查找边缘""卷积内核模糊""卷积内核浮雕""卷积内核灯光浮雕""卷积内核进一步模糊""卷积内核进一步锐化""卷积内核锐化"等十种预设效果，如图 4-76 所示。

图 4-76

选中"卷积内核"预设效果组中的效果，拖拽至"时间轴"面板中的素材上，即可在"节目"监视器中看到添加的效果，如图 4-77、图 4-78 所示为添加"卷积内核灯光浮雕"预设前后的效果。

图 4-77

图 4-78

### 4.4.2 去除镜头扭曲

"去除镜头扭曲"预设效果组中包含多种效果预设，如图 4-79 所示。使用需要的预设效果，可以去除素材图像中的镜头扭曲。

### 4.4.3 扭曲

"扭曲"预设效果组中包括"扭曲入点"和"扭曲出点"两种效果。将这两种效果拖拽至"时间轴"面板中的素材上，可以为素材添加预设的效果，如图 4-80、图 4-81 所示。

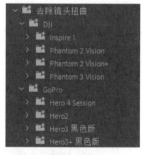

图 4-79

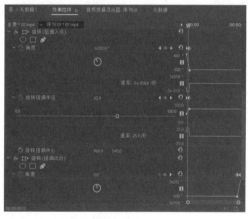

图 4-80

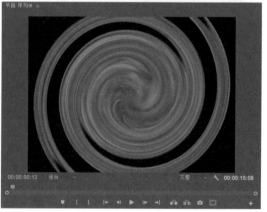

图 4-81

### 4.4.4 斜角边

"斜角边"预设效果组中包括"厚斜角边"和"薄斜角边"两种效果。拖拽"厚斜角边"效果至"时间轴"面板中的素材上，可为素材添加厚斜角边效果，如图 4-82、图 4-83 所示。

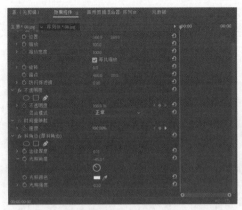

图 4-82

图 4-83

## 4.4.5 模糊

"模糊"预设效果组中包括"快速模糊入点"和"快速模糊出点"两种效果。拖拽"快速模糊入点"效果至"时间轴"面板中的素材上，为素材入点处添加模糊效果，如图 4-84、图 4-85 所示。

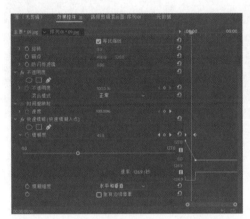

图 4-84

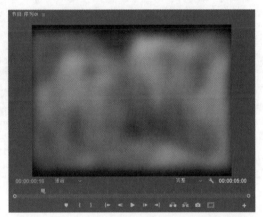

图 4-85

## 4.4.6 画中画

"画中画"预设效果组中包括多组画中画效果，如图 4-86 所示。

通过选择需要的预设效果，可以为素材图像添加画中画效果，如图 4-87、图 4-88 所示为添加"画中画 25%UR 从完全按比例缩小"的参数与效果。

图 4-86

## 4.4.7 过度曝光

"过度曝光"预设效果组中包括"过度曝光入点"和"过度曝光出点"两种效果。拖拽"快速曝光入点"效果至"时间轴"面板中的素材上，为素材入点处添加过度曝光效果，如图 4-89、图 4-90 所示。

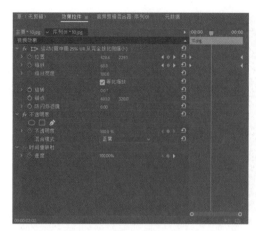

图 4-87

图 4-88

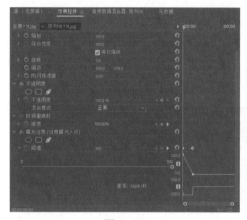

图 4-89

图 4-90

### 4.4.8 马赛克

"马赛克"预设效果中包括"马赛克入点"和"马赛克出点"两种效果。拖拽"马赛克入点"效果至"时间轴"面板中的素材上，为素材入点处添加马赛克效果，如图 4-91、图 4-92 所示。

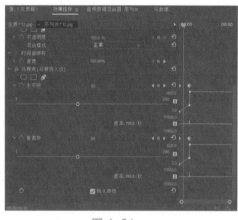

图 4-91

图 4-92

**课堂练习** 为旅行动画添加预设效果

下面将为旅行动画添加画中画预设效果。具体操作如下。

**Step01** 执行"文件＞新建＞项目"命令，创建项目文件，如图4-93所示。

**Step02** 执行"文件＞新建＞序列"命令，创建序列，自定义帧大小为"1920×1080"，像素长宽比为"方形像素（1.0）"，如图4-94所示。

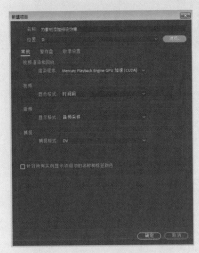

图 4-93                                      图 4-94                              扫一扫 看视频

**Step03** 执行"文件＞导入"命令，打开"导入"对话框，选中本章素材"动画旅行.mp4"，单击"打开"按钮，如图4-95所示。

**Step04** 在项目面板中选中素材，拖拽至"时间轴"面板中的V2轨道中，在弹出的"剪辑不匹配警告"中选择"保持现有设置"按钮，如图4-96所示。

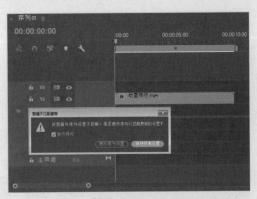

图 4-95                                      图 4-96

**Step05** 单击"工具"面板中的"剃刀工具"按钮，在"00:00:02:06""00:00:05:24""00:00:08:02"处单击以剪切素材，如图4-97所示。

**Step06** 执行"窗口＞效果"命令，打开"效果"面板，选中"预设"中"画中画"效果组中的"画中画25%LL从完全按比例缩小"效果，按住鼠标左键拖拽至第一段素材上，如图4-98所示为添加效果后的"效果控件"面板。

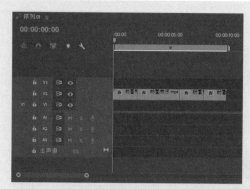

图 4-97                        图 4-98

**Step07** 重复上述步骤，在第二段素材上添加"画中画 25%LL 按比例放大至完全"效果，如图 4-99 所示为添加效果后的"效果控件"面板。

**Step08** 重复上述步骤，在第三段素材上添加"画中画 25%LR 从完全按比例缩小"效果，如图 4-100 所示为添加效果后的"效果控件"面板。

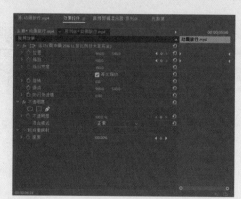

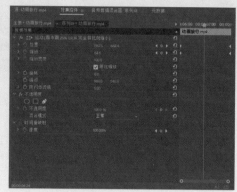

图 4-99                        图 4-100

**Step09** 重复上述步骤，在第四段素材上添加"画中画 25%LR 按比例放大至完全"效果，如图 4-101 所示为添加效果后的"效果控件"面板。

**Step10** 在"项目"面板中单击"新建项"按钮，在弹出的菜单栏中执行"颜色遮罩"命令，创建浅黄色颜色遮罩，如图 4-102 所示。

图 4-101                        图 4-102

**Step11** 选中"项目面板"中的"颜色遮罩"素材，拖拽至"时间轴"面板中的 V1 轨道中，并调整时长与 V2 轨道上的素材时长相等，如图 4-103 所示。

**Step12** 在"节目"监视器面板中预览效果，如图 4-104 所示。

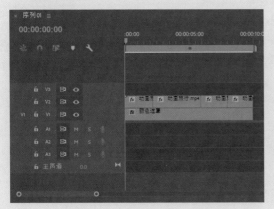

图 4-103

图 4-104

---

**综合实战** 制作羊皮纸短视频效果

学习完本章内容后，下面将利用"亮度曲线""亮度与对比度""羽化"等效果来制作羊皮纸短视频效果。

扫一扫 看视频

**Step01** 执行"文件＞新建＞项目"命令，创建项目文件，如图 4-105 所示。

**Step02** 执行"文件＞新建＞序列"命令，创建序列，自定义帧大小为"1920×1080"，像素长宽比为"方形像素（1.0）"，如图 4-106 所示。

图 4-105

图 4-106

**Step03** 执行"文件＞导入"命令，打开"导入"对话框，选中本章素材"海风 .mp4""海风 .mp3"和"羊皮纸 .jpg"，单击"打开"按钮，如图 4-107 所示。

**Step04** 在"项目"面板中选中图片素材，拖拽至"时间轴"面板中的 V1 轨道中；选中视频素材，拖拽至"时间轴"面板中的 V2 轨道中；选中音频文件，拖拽至"时间轴"面板中的 A1 轨道中，效果如图 4-108 所示。

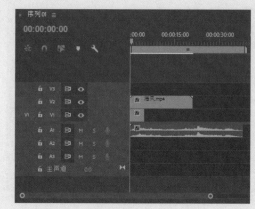

图 4-107　　　　　　　　　　　　　　　　　　图 4-108

**Step05** 单击"工具"面板中的"比率拉伸工具"按钮 ，移动鼠标至"时间轴"面板中的"海风 .mp4"素材结尾处，当鼠标变为 状时，按住鼠标左键向左拖动减少持续时间至"00:00:15:00"处，如图 4-109 所示。

**Step06** 重复上述步骤，延长"羊皮纸 .jpg"素材持续时间至"00:00:15:00"处，单击"工具"面板中的"剃刀工具"按钮 ，移动鼠标至"时间轴"面板中的"海风 .mp3"上，在"00:00:15:00"处单击剪切，并删除多余素材，如图 4-110 所示。

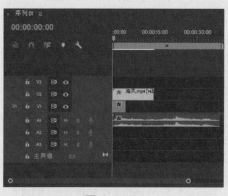

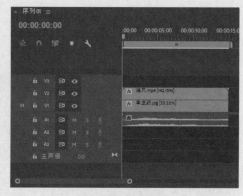

图 4-109　　　　　　　　　　　　　　　　　　图 4-110

**Step07** 在"时间轴"面板中选中"羊皮纸 .jpg"素材，打开"效果控件"面板，取消勾选"等比缩放"，设置"缩放高度"参数为"270.0"，"缩放宽度"参数为"200.0"，"旋转"参数为"90.0°"，如图 4-111 所示。

**Step08** 在"效果"面板中搜索"亮度"，选中"亮度曲线"效果，拖拽至"时间轴"面板中的"海风 .mp4"素材上，如图 4-112 所示。

**Step09** 选中"时间轴"面板中的"海风 .mp4"素材，打开"效果控件"面板，调整亮度曲线，如图 4-113 所示。

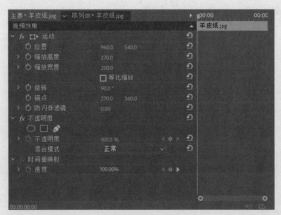

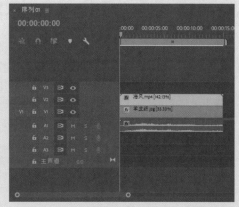

图 4-111

图 4-112

**Step10** 选中"效果"面板中的"亮度与对比度"效果，拖拽至"时间轴"面板中的"海风.mp4"素材上，打开"效果控件"面板，调整"对比度"为"20.0"，如图 4-114 所示。

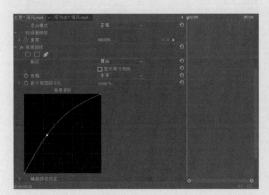

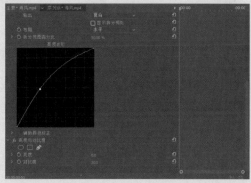

图 4-113

图 4-114

**Step11** 在"效果"面板中搜索"羽化"，选中"羽化边缘"效果，拖拽至"时间轴"面板中的"海风.mp4"素材上，打开"效果控件"面板，调整羽化边缘"数量"为"100"，如图 4-115 所示。在"节目"监视器中预览效果，如图 4-116 所示。

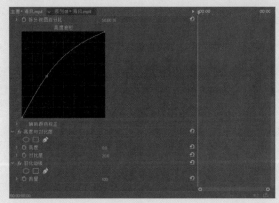

图 4-115

图 4-116

# 课后作业　制作色调分离效果

## 项目需求

根据提供的素材文件制作色调分离效果的视频，调整视频长度并添加音频效果，制作一个完整的视频文件。

## 项目分析

通过色彩平衡效果调整视频素材，使之色调分离，调整混合模式使素材混合融洽，再导入音频文件，使视频完整。

## 项目效果

项目制作效果如图 4-117、图 4-118 所示。

图 4-117　　　　　　　　　　　　　　　　　　图 4-118

## 操作思路

**Step01** 新建项目和序列后，导入本章素材，调整持续时间。

**Step02** 为视频素材添加"颜色平衡（RGB）"效果，在"效果控件"面板设置参数和混合模式。

# 第5章
# 制作视频过渡效果

## ★ 内容导读

视频过渡效果可以使素材剪辑在视频中出现或消失，平滑两个素材间的切换，也可以针对单独素材的出现进行过渡。本章将介绍如何为视频素材添加视频过渡效果并设置相关参数。

## ☾ 学习目标

○ 了解视频过渡效果
○ 学会编辑视频过渡效果
○ 应用视频过渡效果

# 5.1 过渡效果的基本操作

视频过渡可以更好地融合两段素材，使原本不衔接、跳脱感较强的素材过渡得更为顺畅，从而节省时间，提高编辑影片的效率。本节将针对过渡效果的基本操作进行讲解。

## 5.1.1 添加视频过渡效果

视频过渡又被称为视频转场，在制作视频的过程中非常重要，接下来，将讲解如何添加视频过渡效果。

打开 Premiere 软件，新建项目和序列后，导入素材文件并拖拽至"时间轴"面板中，执行"窗口>效果"命令，打开"效果"面板，选中要添加的视频过渡效果拖拽至"时间轴"面板中的素材上即可，如图 5-1、图 5-2 所示为添加"时钟式擦除"视频过渡的效果。

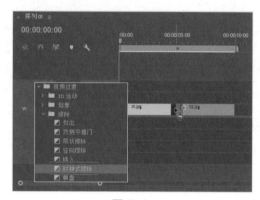

图 5-1

图 5-2

## 5.1.2 替换和删除视频过渡效果

若是添加完视频过渡效果后，对添加的效果不满意，可以进行删除或替换操作。

（1）删除视频过渡效果

在"时间轴"面板中选中要删除的视频过渡效果，单击鼠标右键，在弹出的菜单栏中执行"清除"命令，即可删除添加的视频过渡效果，如图 5-3、图 5-4 所示。

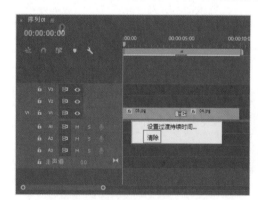

图 5-3

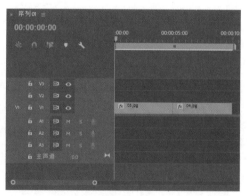

图 5-4

也可以选中要删除的视频过渡效果后，直接按 Delete 键或 Backspace 键删除。

（2）替换过渡效果

视频过渡效果添加完成后，若对添加的效果不满意，可打开"效果"面板，选中合适的过渡效果，拖拽至"时间轴"面板中要替换的视频过渡效果上即可替换原过渡效果，如图5-5、图5-6所示。

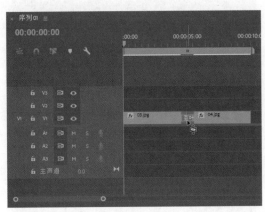
图 5-5

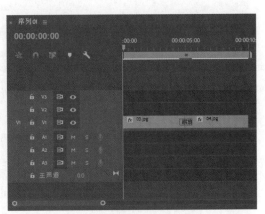
图 5-6

### 5.1.3 在不同轨道中添加过渡效果

除了在相同轨道中为素材添加过渡效果外，不同轨道的素材也能添加视频过渡效果。

（1）上下轨道素材发生交叉或重叠

打开 Premiere，新建项目和序列后，导入素材文件并拖拽至"时间轴"面板中的不同轨道上，执行"窗口>效果"命令，打开"效果"面板，选中要添加的视频过渡效果拖拽至"时间轴"面板中的目标素材上即可，如图5-7、图5-8所示。

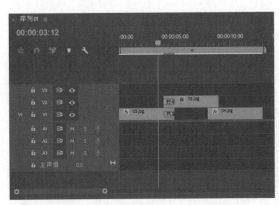
图 5-7

图 5-8

若只添加上层素材效果，则只保留上方过渡效果，如图5-9、图5-10所示。

若只添加下层素材效果，则效果被上层素材遮挡，如图5-11、图5-12所示。

（2）上下轨道素材未发生交叉或重叠

若素材文件未发生交叉或重叠，则添加的视频过渡效果会按照时间顺序依次显示。

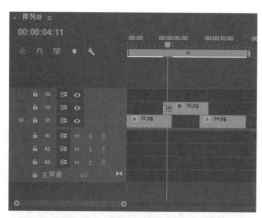

图 5-9

图 5-10

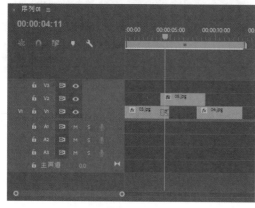

图 5-11

图 5-12

## 5.1.4 修改过渡效果的持续时间

　　视频过渡效果添加后，可以根据需要对其持续时间进行修改，本节将针对如何修改过渡效果的持续时间进行讲解。

　　单击选中"时间轴"中的视频过渡效果，打开"效果控件"面板，即可对"持续时间"参数进行修改，如图 5-13、图 5-14 所示。

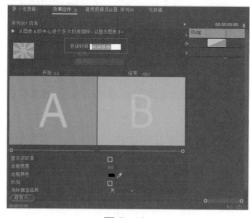

图 5-13

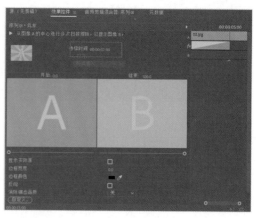

图 5-14

或者移动鼠标至"时间轴"面板中的过渡效果上，单击鼠标右键，在弹出的菜单栏中执行"设置过渡持续时间"命令，在弹出的"设置过渡持续时间"对话框中输入需要的时间，单击"确定"按钮即可，如图 5-15、图 5-16 所示。

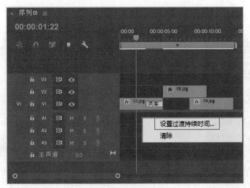

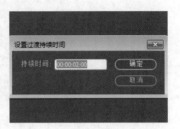

图 5-15　　　　　　　　　　　　　　图 5-16

也可以使用"工具"面板中的"选择工具"，在"时间轴"面板中选中要修改持续时间的视频过渡效果，待鼠标变为 状时，按住鼠标并拖动即可修改选中的过渡效果的持续时间。

## 5.1.5　设置视频过渡特效的开始位置

在"时间轴"面板中选中视频过渡效果，打开"效果控件"面板，在"效果控件"面板的左上角，有一个用于控制视频过渡效果起始位置的控件，单击该控件周围的三角，即可改变视频过渡特效的开始位置，如图 5-17、图 5-18 所示。该控件随着过渡效果的改变而改变。

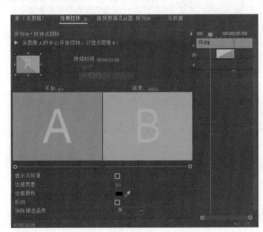

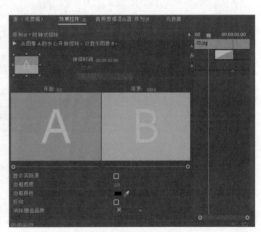

图 5-17　　　　　　　　　　　　　　图 5-18

## 5.1.6　设置视频过渡对齐参数

当视频过渡效果添加至同一轨道的两个相邻素材之间时，可以通过"效果控件"面板中的"对齐"选项对视频过渡的对齐进行设置，包括"中心切入""起点切入""终点切入""自定义起点"四种对齐方式，如图 5-19 所示。接下来针对这四种对齐方式进行讲解。

图 5-19

（1）中心切入

当在相邻的两素材之间插入过渡效果时，视频过渡效果将默认以"中心切入"插入，此时，视频过渡特效位于两素材的中间，占用两素材的时间相等，如图 5-20、图 5-21 所示为添加的视频过渡特效及画面效果。

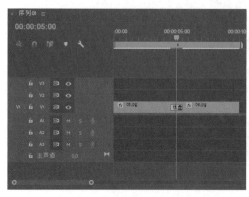

图 5-20　　　　　　　　　　　　　图 5-21

（2）起点切入

若想将视频过渡效果添加至后一段素材的开始处，可以在"效果控件"面板中的"对齐"选项下拉列表中选择"起点切入"，如图 5-22 所示，画面效果如图 5-23 所示。

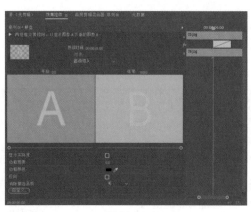

图 5-22　　　　　　　　　　　　　图 5-23

（3）终点切入

若想将视频过渡效果添加至前一段素材的结尾处，可以在"效果控件"面板中的"对齐"选项下拉列表中选择"终点切入"，如图 5-24 所示，画面效果如图 5-25 所示。

（4）自定义起点

在"时间轴"面板中，选中视频过渡效果并拖动，如图 5-26 所示，"效果控件"面板中的"对齐"选项自动切换为"自定义起点"，如图 5-27 所示。

### 5.1.7 显示实际素材

在"时间轴"面板中选中视频过渡效果，打开"效果控件"面板，勾选"显示实际源"复选框，可在预览区中显示素材的实际效果，如图 5-28、图 5-29 所示为勾选前后的效果。

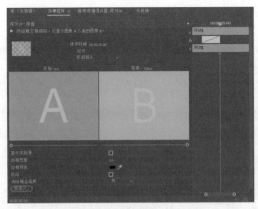

图 5-24

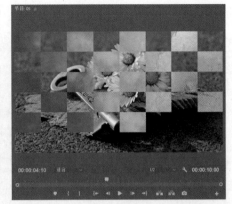

图 5-25

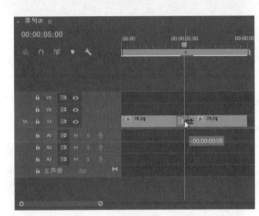

图 5-26

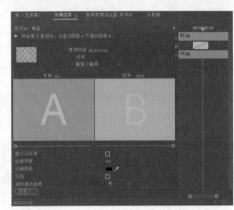

图 5-27

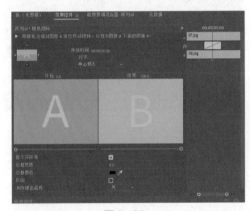

图 5-28

图 5-29

### 5.1.8 控制视频过渡特效开始、结束结果

选中"时间轴"面板中的视频过渡效果，打开"效果控件"面板，在预览区上方，可以调整视频过渡效果开始、结束效果。

（1）开始

"开始"参数可以控制视频过渡效果开始的位置，默认数值为 0，此时将从整个视频过渡过程的开始位置进行过渡；若将该参数数值设置为 10，则从整个视频过渡效果的 10% 位置开始过渡，如图 5-30、图 5-31 所示。

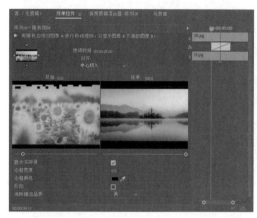

图 5-30

图 5-31

（2）结束

"结束"参数可以控制视频过渡效果结束的位置，默认数值为 100，此时将在整个视频过渡过程的结束位置完成过渡；若将该参数数值设置为 90，则在整个视频过渡效果的 90% 处完成过渡，如图 5-32、图 5-33 所示。

图 5-32

图 5-33

### 5.1.9 设置边框大小及颜色

为素材添加视频过渡效果后，可在"效果控件"面板中对添加的过渡效果的边框宽度及边框颜色进行设置。

（1）边框宽度

"边框宽度"可以控制视频过渡效果的边框宽度。数值越大，边框宽度越大；数值越小，边框宽度越小。如图 5-34、图 5-35 所示为边框宽度分别为 10 和 50 的效果。

（2）边框颜色

"边框颜色"参数可以控制视频过渡效果边框的颜色。单击"边框颜色"参数后的"色块"按钮，在弹出的"拾色器"对话框中设置合适的颜色，或者单击"色块"按钮后的"吸管工具"按钮，吸取合适的颜色，即可修改边框颜色，如图 5-36、图 5-37 所示。

图 5-34

图 5-35

图 5-36

图 5-37

## 5.1.10 反向

选中"时间轴"面板中的视频过渡效果，打开"效果控件"面板，勾选"反向"复选框，可以反转视频过渡效果的方向，如图 5-38、图 5-39 所示为勾选"反向"复选框前后的"圆划像"视频过渡效果画面。

图 5-38

图 5-39

下面将利用视频过渡效果、修改过渡效果的持续时间来制作自然风景短视频。

扫一扫 看视频

**Step01** 执行"文件＞新建＞项目"命令，创建项目文件，如图 5-40 所示。

**Step02** 执行"文件＞新建＞序列"命令，创建序列，自定义帧大小为"1920×1080"，像素长宽比为"方形像素（1.0）"，如图 5-41 所示。

图 5-40

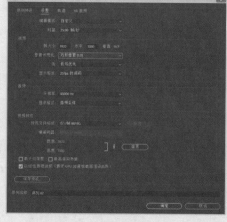

图 5-41

**Step03** 执行"文件＞导入"命令，打开"导入"对话框，选中本章素材"自然 -1.mp4"和"自然 -2.mp4"，单击"打开"按钮，如图 5-42 所示。

**Step04** 在项目面板中选中素材，拖拽至"时间轴"面板中的 V1 轨道中，在弹出的"剪辑不匹配警告"中选择"保持现有设置"按钮，如图 5-43 所示。

图 5-42

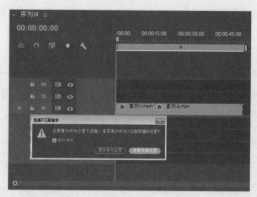

图 5-43

**Step05** 执行"窗口＞效果"命令，打开"效果"面板，选中"缩放"过渡效果组中的"交叉缩放"效果，按住鼠标并拖拽至"时间轴"面板中的素材"自然 -1.mp4"和"自然 -2.mp4"中间位置，在弹出的"过渡"对话框中单击"确定"按钮，效果如图 5-44 所示。

**Step06** 选中"时间轴"面板中的"交叉缩放"效果，打开"效果控件"面板，勾选"显示实际源"复选框，调整"持续时间"为"00:00:03:00："，对齐方式为"中心切入"，如图 5-45 所示。

图 5-44

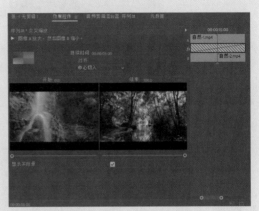

图 5-45

**Step07** 按空格键预览效果，如图 5-46、图 5-47 所示。

图 5-46

图 5-47

## 5.2 视频过渡效果组

Premiere 软件中视频过渡效果包括"3D 运动""划像""擦除""沉浸式视频""溶解""滑动""缩放""页面剥落"八组内置视频过渡效果，如图 5-48 所示。本节将针对常用的几组过渡效果进行讲解。

### 5.2.1 3D 运动

"3D 运动"视频过渡效果组包括"立方体旋转"和"翻转"两种效果，如图 5-49 所示，该视频过渡效果组中的效果可以模仿三维空间的运动，实现二维到三维的过渡效果。接下来将针对该组视频过渡效果进行讲解。

图 5-48

图 5-49

**（1）立方体旋转**

"立方体旋转"视频过渡效果可以模拟空间立方体旋转的效果，如图5-50、图5-51所示。

图 5-50

图 5-51

**（2）翻转**

"翻转"视频过渡效果可以模拟平面翻转的效果进行过渡，如图5-52、图5-53所示。

图 5-52

图 5-53

### 5.2.2 划像

"划像"视频过渡效果组通过分割画面来实现场景转换，包括"交叉划像""圆划像""盒形划像""菱形划像"四种效果，如图5-54所示。接下来将针对该组视频过渡效果进行讲解。

图 5-54

（1）交叉划像

"交叉划像"视频过渡效果中素材 B 将以一个十字形出现并向四角伸展，直至将素材 A 完全覆盖，如图 5-55 所示。

（2）圆划像

"圆划像"视频过渡效果中素材 B 将以圆形出现并向四周扩展，直至完全覆盖素材 A，如图 5-56 所示。

图 5-55　　　　　　　　　　　　　　　图 5-56

（3）盒形划像

"盒形划像"视频过渡效果中素材 B 将以盒形出现并向四周扩展，直至完全覆盖素材 A，如图 5-57 所示。

（4）菱形划像

"菱形划像"视频过渡效果中素材 B 将以菱形出现并向四周扩展，直至完全覆盖素材 A，如图 5-58 所示。

图 5-57　　　　　　　　　　　　　　　图 5-58

## 5.2.3　擦除

"擦除"视频过渡效果组通过擦除图像来完成场景转换，包括"划出""双侧平推门""带状擦除""径向擦除"等 17 个效果，如图 5-59 所示。下面将针对该组视频过渡效果进行讲解。

图 5-59

（1）划出

"划出"效果从左至右擦除素材 A，显示出素材 B，如图 5-60、图 5-61 所示。

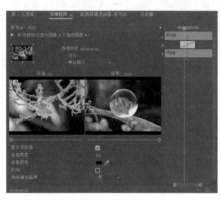

图 5-60

图 5-61

（2）双侧平推门

"双侧平推门"效果从中间向两侧擦除素材 A，显示出素材 B，如图 5-62 所示。

（3）带状擦除

"带状擦除"效果从两侧呈带状擦除素材 A，显示出素材 B，如图 5-63 所示。

图 5-62

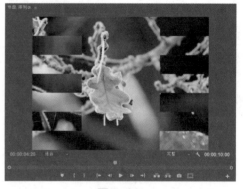

图 5-63

（4）径向擦除

"径向擦除"效果从画面的某一角以射线扫描的状态擦除素材 A，显示出素材 B，如图

5-64 所示。

（5）插入

"插入"视频过渡效果从画面的某一角处擦除素材 A，显示出素材 B，如图 5-65 所示。

图 5-64　　　　　　　　　　　　　图 5-65

（6）时钟式擦除

"时钟式擦除"视频过渡效果将模仿时钟转动效果擦除素材 A，显示出素材 B，如图 5-66 所示。

（7）棋盘

"棋盘"视频过渡效果将以多个方块逐渐擦除素材 A，显示出素材 B，如图 5-67 所示。

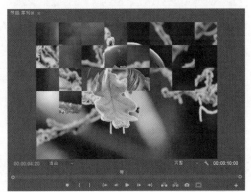

图 5-66　　　　　　　　　　　　　图 5-67

（8）棋盘擦除

"棋盘擦除"视频过渡效果将以棋盘的形式擦除素材 A，显示出素材 B，如图 5-68 所示。

（9）楔形擦除

"楔形擦除"视频过渡效果将以扇形展开的形式擦除素材 A，显示出素材 B，如图 5-69 所示。

（10）水波块

"水波块"视频过渡效果将以类似水波来回往复换行推进的形式擦除素材 A，显示出素材 B，如图 5-70 所示。

（11）油漆飞溅

"油漆飞溅"视频过渡效果将以泼墨的形式擦除素材 A，显示出素材 B，如图 5-71 所示。

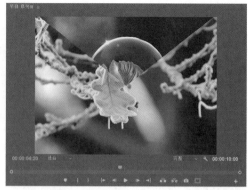

图 5-68                                                图 5-69

图 5-70                                                图 5-71

（12）渐变擦除

"渐变擦除"视频过渡效果将以一个参考图像的灰度值作为渐变依据，根据参考图像由黑到白擦除素材 A，显示出素材 B，如图 5-72 所示。

（13）百叶窗

"百叶窗"视频过渡效果将以百叶窗的形式擦除素材 A，显示出素材 B，如图 5-73 所示。

图 5-72                                                图 5-73

（14）螺旋框

"螺旋框"视频过渡效果将以螺旋框形式擦除素材 A，显示出素材 B，如图 5-74 所示。

（15）随机块

"随机块"视频过渡效果将以随机小方块的形式擦除素材 A，显示出素材 B，如图 5-75 所示。

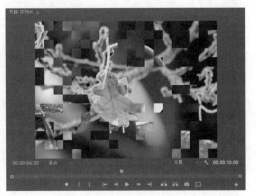

图 5-74                    图 5-75

（16）随机擦除

"随机擦除"视频过渡效果将按照选择的方向以随机小方块的形式擦除素材 A，显示出素材 B，如图 5-76 所示。

（17）风车

"风车"视频过渡效果将以风车转动的方式擦除素材 A，显示出素材 B，如图 5-77 所示。

图 5-76                    图 5-77

## 5.2.4 沉浸式视频

"沉浸式视频"过渡效果组通过 VR 沉浸式进行过渡，包括"VR 光圈擦除""VR 光线""VR 渐变擦除""VR 漏光"等八种效果，如图 5-78 所示。接下来将针对该组视频过渡效果进行讲解。

（1）VR 光圈擦除

"VR 光圈擦除"视频过渡效果用于制作 VR 沉浸式的光圈擦除效果，如图 5-79 所示。

（2）VR 光线

"VR 光线"视频过渡效果用于制作 VR 沉浸式的光线效果，如图 5-80 所示。

图 5-78

109

图 5-79　　　　　　　　　　　　　　　　　图 5-80

（3）VR 渐变擦除

"VR 渐变擦除"视频过渡效果用于制作 VR 沉浸式的渐变擦除效果，如图 5-81 所示。

（4）VR 漏光

"VR 漏光"视频过渡效果用于调整 VR 沉浸式的漏光效果，如图 5-82 所示。

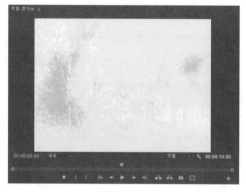

图 5-81　　　　　　　　　　　　　　　　　图 5-82

（5）VR 球形模糊

"VR 球形模糊"视频过渡效果用于制作 VR 沉浸式的球形模糊效果，如图 5-83 所示。

（6）VR 色度泄漏

"VR 色度泄漏"视频过渡效果用于调整 VR 沉浸式的画面颜色，如图 5-84 所示。

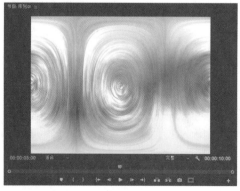

图 5-83　　　　　　　　　　　　　　　　　图 5-84

（7）VR 随机块

"VR 随机块"视频过渡效果用于制作 VR 沉浸式的随机块擦除画面效果，如图 5-85 所示。

（8）VR 默比乌斯缩放

"VR 默比乌斯缩放"视频过渡效果用于制作 VR 沉浸式的默比乌斯缩放效果，如图 5-86 所示。

图 5-85

图 5-86

## 5.2.5 溶解

"溶解"视频过渡效果组通过溶解产生过渡效果，包括"交叉溶解""叠加溶解""渐隐为白色""渐隐为黑色"等七种效果，如图 5-87 所示。接下来将针对该组视频过渡效果进行讲解。

（1）MorphCut

"MorphCut"视频过渡效果可以修复素材间的跳帧现象。

（2）交叉溶解

"交叉溶解"视频过渡效果可以逐渐降低素材 A 的不透明度至透明，显示出素材 B，如图 5-88 所示。

（3）叠加溶解

"叠加溶解"视频过渡效果中素材 A 和素材 B 以亮度叠加的方式相互融合，素材 A 逐渐变亮消失显示出素材 B，如图 5-89 所示。

图 5-87

图 5-88

图 5-89

111

（4）渐隐为白色

"渐隐为白色"视频过渡效果中素材A将逐渐变白而素材B从白色中显现，如图5-90所示。

（5）渐隐为黑色

"渐隐为黑色"视频过渡效果中素材A将逐渐变黑而素材B从黑色中显现，如图5-91所示。

图5-90                       图5-91

（6）胶片溶解

"胶片溶解"视频过渡效果可以逐渐降低素材A的不透明度，显示出素材B，如图5-92所示。

（7）非叠加溶解

"非叠加溶解"视频过渡效果将叠加素材B中最亮的部分至素材A中直到素材B完全显现，如图5-93所示。

图5-92                       图5-93

### 5.2.6 滑动

"滑动"视频过渡效果组通过滑动画面来实现场景转换，包括"中心拆分""带状滑动""拆分""推""滑动"五种效果，如图5-94所示。接下来将针对该组视频过渡效果进行讲解。

（1）中心拆分

"中心拆分"视频过渡效果将素材A分成4部分并向画面的四角处滑动，直至完全显示出素材B，如图5-95、图5-96所示。

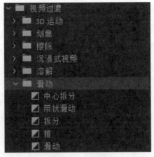

图 5-94

图 5-95

图 5-96

（2）带状滑动

"带状滑动"视频过渡效果中素材 B 将以带状滑动至合成完整图像并完全覆盖住素材 A，如图 5-97 所示。

（3）拆分

"拆分"视频过渡效果将素材 A 分成 2 部分并向画面的两侧滑动，直至完全显示出素材 B，如图 5-98 所示。

图 5-97

图 5-98

（4）推

"推"视频过渡效果将素材 A 和素材 B 向右推动至完全显示出素材 B，如图 5-99 所示。

（5）滑动

"滑动"视频过渡效果将素材 B 向右推动至完全显现，如图 5-100 所示。

113

图 5-99 图 5-100

## 5.2.7 缩放

"缩放"视频过渡效果组通过缩放素材图像来实现场景转换。在"交叉缩放"过渡效果中，素材 A 将逐渐放大至移出画面，素材 B 则由大到小进入画面，如图 5-101、图 5-102 所示。

图 5-101 图 5-102

## 5.2.8 页面剥落

"页面剥落"视频过渡效果组通过翻页效果使素材 A 消失显现出素材 B，包括"翻页"和"页面剥落"两种效果，如图 5-103 所示。接下来将针对该组视频过渡效果进行讲解。

（1）翻页

"翻页"视频过渡效果中素材 A 将以页角对折的形式逐渐消失，显现出素材 B，如图 5-104 所示。

（2）页面剥落

"页面剥落"视频过渡效果中素材 A 将以翻页的形式逐渐消失，显现出素材 B，但卷起时背面为不透明状态，如图 5-105 所示。

图 5-103

Premiere+After Effects+Photoshop 一站式高效学习一本通

图 5-104 图 5-105

📝 **课堂练习** 制作咖啡研磨过程的视频片段

　　下面将利用"渐隐为黑色""叠加溶解""随机块"等视频过渡效果来制作咖啡制作过程视频片段。

扫一扫 看视频

**Step01** 执行"文件>新建>项目"命令，创建项目文件，如图5-106所示。

**Step02** 执行"文件>新建>序列"命令，创建序列，自定义帧大小为"1920×1080"，像素长宽比为"方形像素（1.0）"，如图5-107所示。

图 5-106 图 5-107

**Step03** 执行"文件>导入"命令，打开"导入"对话框，选中本章素材"咖啡 -1.mp4""咖啡 -2.mp4""咖啡 -3.mp4"，单击"打开"按钮，如图5-108所示。

**Step04** 在项目面板中选中素材，依次拖拽至"时间轴"面板中的V1轨道中，在弹出的"剪辑不匹配警告"中选择"保持现有设置"按钮，如图5-109所示。

**Step05** 执行"窗口>效果"命令，打开"效果"面板，选中"溶解"过渡效果组中的"渐隐为黑色"效果，按住鼠标左键并拖拽至"时间轴"面板中的素材"咖啡 -1.mp4"开始处，如图5-110所示。

115

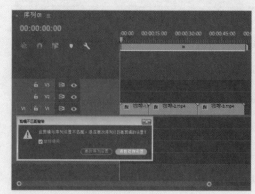

图 5-108　　　　　　　　　　　　　　　　　　　图 5-109

**Step06** 选中"效果"面板中"溶解"过渡效果组中的"叠加溶解"效果，按住鼠标左键并拖拽至"时间轴"面板中的素材"咖啡 -1.mp4"和"咖啡 -2.mp4"中间位置，如图 5-111 所示。

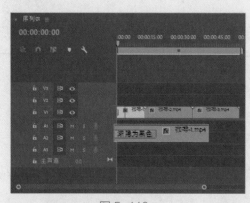
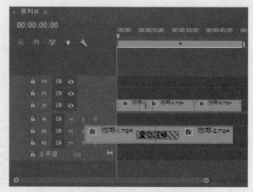

图 5-110　　　　　　　　　　　　　　　　　　　图 5-111

**Step07** 重复上述步骤，在素材"咖啡 -2.mp4"和"咖啡 -3.mp4"中间处添加"擦除"过渡效果组中的"随机块"效果，如图 5-112 所示。

**Step08** 重复上述步骤，在素材"咖啡 -3.mp4"结尾处添加"溶解"过渡效果组中的"渐隐为黑色"效果，如图 5-113 所示。

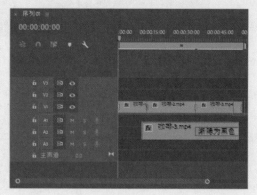

图 5-112　　　　　　　　　　　　　　　　　　　图 5-113

**Step09** 按空格键播放并预览效果，如图 5-114、图 5-115 所示。

图 5-114

图 5-115

**综合实战** 制作披萨烹饪影片

学习完本章内容后，下面将利用修改过渡效果的持续时间等操作以及"风车""渐隐为白色"等过渡效果来制作披萨烹饪影片。

扫一扫 看视频

**Step01** 执行"文件＞新建＞项目"命令，创建项目文件，如图 5-116 所示。

**Step02** 执行"文件＞新建＞序列"命令，创建序列，自定义帧大小为"1920×1080"，像素长宽比为"方形像素（1.0）"，如图 5-117 所示。

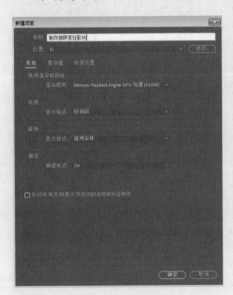

图 5-116

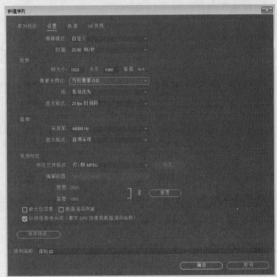

图 5-117

**Step03** 执行"文件＞导入"命令，打开"导入"对话框，选中本章素材，单击"打开"按钮，如图 5-118 所示。

**Step04** 在项目面板中选中素材，依次拖拽至"时间轴"面板中的 V1 轨道中，在弹出的"剪辑不匹配警告"中选择"保持现有设置"按钮，如图 5-119 所示。

图 5-118

图 5-119

**Step05** 执行"窗口＞效果"命令，打开"效果"面板，选中"擦除"过渡效果组中的"风车"效果，按住鼠标左键并拖拽至"时间轴"面板中的素材"披萨 -1.mp4"开始处，如图 5-120 所示。

**Step06** 选中"时间轴"面板中的"风车"效果，打开"效果控件"面板，调整"持续时间"为"00:00:03:00:"，如图 5-121 所示。

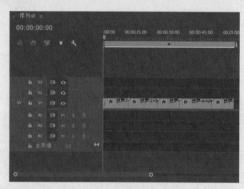

图 5-120

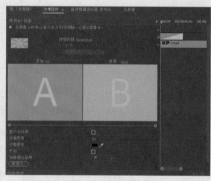

图 5-121

**Step07** 在"效果"面板中选中"溶解"过渡效果组中的"渐隐为白色"效果，按住鼠标左键并拖拽至"时间轴"面板中的素材"披萨 -1.mp4"和"披萨 -2.mp4"中间位置，在弹出的"过渡"对话框中单击"确定"按钮，效果如图 5-122 所示。

**Step08** 选中"时间轴"面板中的"渐隐为白色"效果，打开"效果控件"面板，调整"持续时间"为"00:00:03:00:"，对齐方式为"中心切入"，如图 5-123 所示。

**Step09** 重复上述步骤，在素材"披萨 -2.mp4"和"披萨 -3.mp4"中间位置添加"带状滑动"效果，并在"效果控件"面板中调整"持续时间"为"00:00:03:00:"，对齐方式为"中心切入"，如图 5-124 所示。

**Step10** 重复上述步骤，在素材"披萨 -3.mp4"和"披萨 -4.mp4"中间位置添加"交叉缩放"效果，并在"效果控件"面板中调整"持续时间"为"00:00:01:00:"，对齐方式为"终点切入"，如图 5-125 所示。

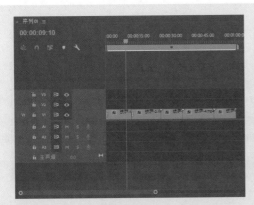

图 5-122

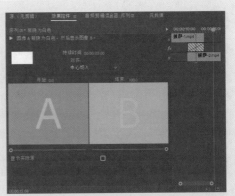

图 5-123

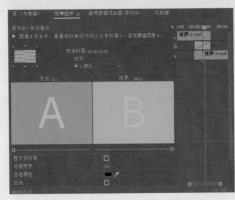

图 5-124

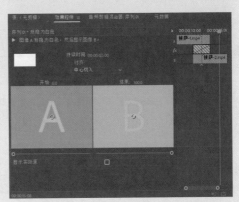

图 5-125

**Step11** 重复上述步骤，在素材"披萨-4.mp4"和"披萨-5.mp4"中间位置添加"随机块"效果，并在"效果控件"面板中调整"持续时间"为"00:00:02:00:"，对齐方式为"中心切入"，如图 5-126 所示。

**Step12** 重复上述步骤，在素材"披萨-5.mp4"结尾处添加"渐隐为黑色"效果，并在"效果控件"面板中调整"持续时间"为"00:00:03:00:"，如图 5-127 所示。

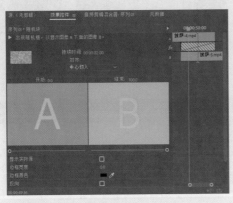

图 5-126

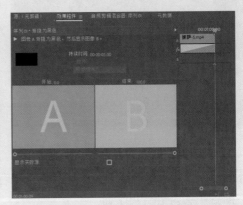

图 5-127

**Step13** 按空格键播放预览效果，如图 5-128、图 5-129 所示。

119

图 5-128                                图 5-129

## 📖 课后作业　制作新鲜水果视频

### 项目需求

根据提供的素材文件制作一组新鲜水果宣传视频，要求时间不能过长，转场要自然，并添加合适的音频效果。

### 项目分析

提供的素材文件足够明亮，不需要再进行后期调色，选择合适的播放顺序，调整每段素材的时间长度，加上自然的视频过渡效果与欢快的音频文件，打造新鲜、自然、阳光的效果。

### 项目效果

项目制作效果如图 5-130、图 5-131 所示。

图 5-130                                图 5-131

### 操作提示

**Step01** 新建项目和序列，导入本章素材。

**Step02** 调整素材持续时间。

**Step03** 添加视频过渡效果。

Premiere 篇

**Pr**

## 第6章
# 制作字幕效果

### ★ 内容导读

文字是设计作品中非常重要的元素，可以帮助视频更全面地展示其内容。在 Premiere 软件中，用户可以创建各种文字并对其进行编辑，美化视频页面。本章将介绍如何为视频添加字幕。

### ↻ 学习目标

○ 了解 Premiere 软件中的字幕
○ 学会编辑字幕文件
○ 学会使用"字幕"面板

## 6.1 字幕的基本操作

文字是设计中必不可少的元素，在影视剪辑中，创建字幕是基础的操作技能。本节将针对字幕的一些基本操作进行讲解。

### 6.1.1 字幕的种类

图 6-1

Premiere 软件中，字幕类型分为"静止图像""滚动""向左游动""向右游动"四种，如图 6-1 所示。下面针对这几种字幕类型进行讲解。

（1）静止图像

"静止图像"字幕即停留在画面中指定位置处不动的字幕，如图 6-2、图 6-3 所示。

图 6-2

图 6-3

（2）滚动

"滚动"字幕为默认在画面中自下而上滚动的字幕，如图 6-4、图 6-5 所示。

图 6-4

图 6-5

（3）向左游动

"向左游动"字幕为在画面中自右向左滑动的字幕，如图 6-6、图 6-7 所示。

图6-6　　　　　　　　　　　　　　　　　　图6-7

（4）向右游动

"向右游动"字幕为在画面中自左向右滑动的字幕，如图6-8、图6-9所示。

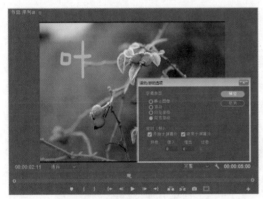

图6-8　　　　　　　　　　　　　　　　　　图6-9

## 6.1.2　字幕的属性面板

在以"旧版标题"创建字幕时，可以通过"字幕"面板创建字幕并对字幕进行调整，如图6-10所示为"旧版标题"的"字幕"面板。

## 6.1.3　新建字幕文件

Premiere软件中有多种创建字幕的方法，本节主要针对其中两种常见的方法进行讲解。

图6-10

（1）通过"文字工具" T 创建字幕

打开Premiere软件，新建项目和序列，导入背景素材后，单击"工具"面板中的"文字工具"按钮 T ，移动鼠标至"节目"监视器面板中，单击并输入文字，即可创建字幕，如图6-11所示。此时，"时间轴"面板中自动出现新创建的字幕素材文件，如图6-12所示。

图 6-11

图 6-12

选中"时间轴"面板中的字幕素材，打开"效果控件"面板，可以对字幕的字体、颜色、大小等参数进行设置，如图 6-13 所示。设置完成后，效果如图 6-14 所示。

图 6-13

图 6-14

（2）通过"旧版标题"命令创建字幕

打开 Premiere 软件，新建项目和序列，导入背景素材后，执行"文件＞新建＞旧版标题"命令，弹出"新建字幕"对话框，如图 6-15 所示。在该对话框中设置完参数后，单击"确定"按钮，弹出"字幕"面板，如图 6-16 所示。

图 6-15

图 6-16

单击"字幕"面板中的"文字工具"按钮T，在工作区域中单击并输入文字，如图6-17所示。单击"字幕"面板中的"选择工具"按钮▶，选中工作区域中的文字，在"旧版标题属性"下方可对文字进行调整，如图6-18所示。

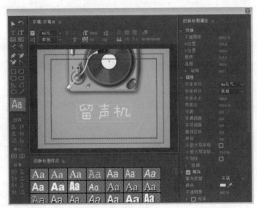

图 6-17

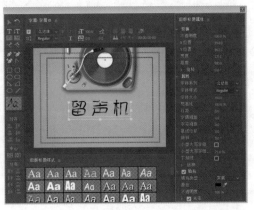

图 6-18

 **知识点拨**

与直接通过"工具"面板中的"文字工具"T创建字幕素材文件不同的是，通过"旧版标题"命令创建字幕文件后，需要从"项目"面板中将字幕素材拖拽至"时间轴"面板中的视频轨道上。

## 6.2 编辑字幕基本属性

使用"旧版标题"命令创建字幕文件后，可以在"字幕"面板中对字幕文件的基本属性进行编辑。本节将针对如何编辑字幕基本属性进行讲解。

### 6.2.1 预设字幕样式

通过"字幕"面板中的"旧版标题样式"，可以快速为输入的字幕添加效果，如图6-19所示为"旧版标题样式"。

图 6-19

在"字幕"面板工作区域中选中输入的文字，单击"旧版标题样式"中预设的字幕样式，即可将输入的文字转换为相应的样式，如图6-20、图6-21所示。

125

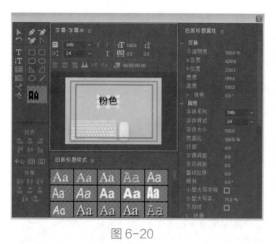

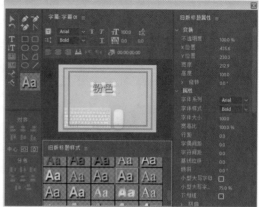

图 6-20                                          图 6-21

**字幕变换效果**

在"字幕"面板中输入文字后，可对文字字幕的不透明度、位置、角度进行设置，如图 6-22 所示。

在该面板中设置参数后即可使工作区域中的文字字幕进行相应的变换。如图 6-23、图 6-24 所示为设置不同不透明度的效果。

图 6-22

图 6-23                                          图 6-24

**6.2.3** **设置字幕间距**

在"字幕"面板中输入文字后，可以通过"旧版标题属性"中的"字偶间距"和"字符间距"对字幕间距进行设置，如图 6-25 所示。

其中，"字偶间距"和"字符间距"作用如下。

- 字偶间距：设置字与字之间的间距，如图 6-26 所示为设置"字偶间距"20 的效果。

- 字符间距：设置字与字之间的间距，如图 6-27 所示为设置"字符间距"20 的效果。

图 6-25

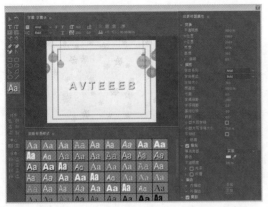

图 6-26

图 6-27

### 6.2.4 调整字幕角度

在"字幕"面板中输入文字后，可以通过"旧版标题属性"中的"旋转"对字幕角度进行设置，如图 6-28所示。

在"旧版标题属性"中修改"旋转"参数数值，即可调整字幕角度，如图 6-29、图 6-30 所示为调整字幕角度前后效果。

图 6-28

图 6-29

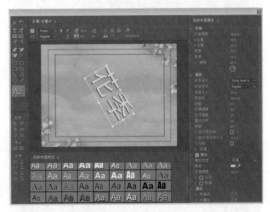

图 6-30

也可以单击选中"字幕"面板中的"选择工具"按钮，选中文字字幕，移动鼠标至文字定界框四角处，待鼠标变为状时按住鼠标左键并拖动，即可旋转字幕，如图 6-31、图 6-32所示。

### 6.2.5 设置字幕大小

在"字幕"面板中，设置字幕大小有多种方式，本节将针对这些方式进行讲解。

（1）通过"变换"中的"宽度"和"高度"设置

选中工作区域中的文字，在"旧版标题属性"中设置"宽度"和"高度"参数，即可调整字幕大小，如图 6-33、图 6-34 所示。

127

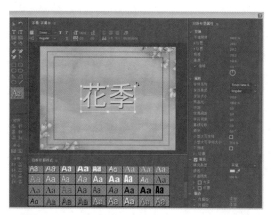

图 6-31

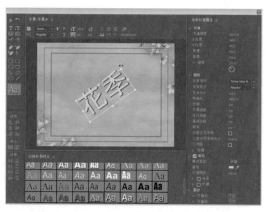

图 6-32

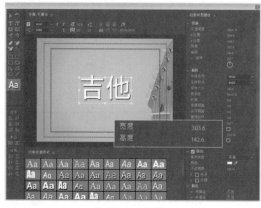

图 6-33

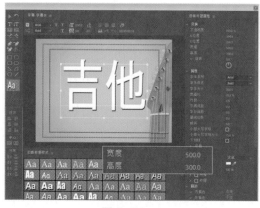

图 6-34

（2）通过"字体大小"设置

选中工作区域中的文字，在"旧版标题属性"中设置"字体大小"参数，或在"字幕栏"中调整"大小" 参数，即可调整字幕大小，如图6-35、图6-36所示。

图 6-35

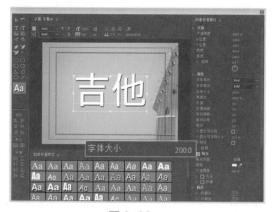

图 6-36

（3）通过"选择工具"设置

单击选中"字幕"面板中的"选择工具"按钮，选中文字字幕，移动鼠标至文字定界框四角处，待鼠标变为 状时按住鼠标左键并拖动，即可改变字幕大小，如图6-37、图6-38所示。

图 6-37

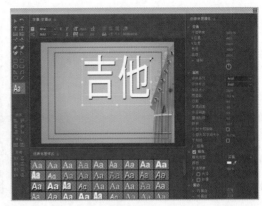

图 6-38

**操作提示**

　　按住 Shift 键拖拽文字定界框可等比例缩放文字大小；按住 Alt 键拖拽文字定界框可从中心缩放文字大小。

## 6.2.6 排列字幕文件

　　若工作区域中有多组字幕文件，可以通过"旧版标题动作"对其进行排列，如图 6-39 所示为"旧版标题动作"栏。

　　其中，各组作用如下。

- 对齐：设置选中对象的对齐方式，包括水平靠左、垂直靠上、水平居中、垂直居中、水平靠右、垂直靠下六种。
- 中心：设置字幕与窗口中心对齐，包括垂直居中和水平居中两种。
- 分布：设置三个以上字幕的分布。

图 6-39

**课堂练习　制作影片谢幕人员名单**

　　下面将利用新建字幕、滚动字幕以及调整字幕间距、大小等操作制作影片谢幕人员名单。

扫一扫 看视频

　　**Step01** 执行"文件＞新建＞项目"命令，创建项目文件。执行"文件＞新建＞序列"命令，创建序列，自定义帧大小为"1920×1080"，像素长宽比为"方形像素（1.0）"。执行"文件＞导入"命令，打开"导入"对话框，选中本章素材"背景.jpg"，单击"打开"按钮，如图 6-40 所示。

　　**Step02** 在"项目"面板中选中素材，拖拽至"时间轴"面板中的 V1 轨道中，选中素材文件，单击鼠标右键，在弹出的菜单栏中执行"缩放为帧大小"命令，效果如图 6-41 所示。

　　**Step03** 执行"文件＞新建＞旧版标题"命令，在弹出的"新建字幕"对话框中设置字幕名称后单击"确定"按钮，弹出"字幕"面板，如图 6-42 所示。

图 6-40　　　　　　　　　　　　　　　图 6-41

**Step04** 单击"字幕"面板中的"区域文字工具"按钮■，移动鼠标至工作区域，绘制文本框并输入文字，如图 **6-43** 所示。

图 6-42　　　　　　　　　　　　　　　图 6-43

---

**操作提示**

　　若在文本框中输入文字过多，超过文本框大小时，可使用"字幕"面板中的"选择工具"▶调整文本框大小。

---

**Step05** 单击"字幕"面板中的"选择工具"按钮▶，选中输入的文字，在"旧版标题样式"中选择合适的样式，效果如图 6-44 所示。

**Step06** 在"旧版标题动作"栏中设置文字字幕"垂直居中"□，在"字幕栏"中设置段落文字"居中对齐"■，如图 6-45 所示。

**Step07** 选中输入的文字，单击"字幕栏"中的"滚动 / 游动选项"按钮■，打开"滚动 / 游动选项"对话框，勾选"滚动"选项，勾选"开始于屏幕外"和"结束于屏幕外"复选框，设置"缓入"和"缓出"数值为 10，如图 6-46 所示，完成后单击"确定"按钮。

**Step08** 在"项目"面板中选中字幕素材，拖拽至"时间轴"面板中的 V2 轨道中，如图 6-47 所示。

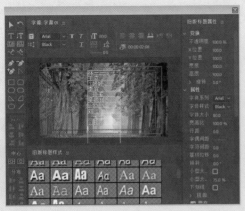

图 6-44

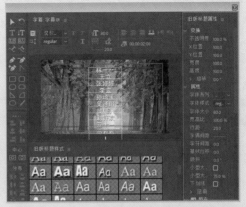

图 6-45

图 6-46

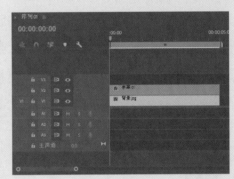

图 6-47

**Step09** 选中"时间轴"面板中的字幕素材，单击鼠标右键，在弹出的菜单栏中执行"速度 / 持续时间"命令，在弹出的"剪辑速度 / 持续时间"对话框中设置持续时间为"00:00:10:00"，如图 6-48 所示，完成后单击"确定"按钮。背景素材重复该步骤。

**Step10** 在"节目"监视器中预览效果，如图 6-49 所示。

图 6-48

图 6-49

至此，影片谢幕人员名单制作完成。

# 6.3 设置字幕效果

使用"旧版标题"命令创建字幕文件后，用户可以在"字幕"面板中对字幕效果进行编辑。本节将针对如何设置字幕效果进行讲解。

## 6.3.1 字幕填充效果

在"字幕"面板工作区域中输入字幕或绘制图形并选中，勾选"旧版标题属性"中的"填充"复选框，可对字幕或图形的填充效果进行设置，如图 6-50 所示为"填充"展开面板。

图 6-50

其中，部分选项作用如下。

- 填充类型：设置颜色在文字或图形中的填充类型，包括实底、线性渐变、径向渐变、四色渐变、斜面、消除、重影七种类型，如图 6-51 所示。
- 颜色：用于设置文字或图形的颜色。
- 不透明度：用于设置文字或图形的不透明度。
- 光泽：用于为文字或图形添加光泽效果，如图 6-52 所示为其展开面板。
- 纹理：用于为文字或图形添加纹理，如图 6-53 所示为其展开面板。

图 6-51

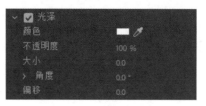

图 6-52

图 6-53

## 6.3.2 字幕描边效果

在"字幕"面板工作区域中输入字幕或绘制图形并选中，勾选"旧版标题属性"中的"描边"复选框，可对字幕或图形的边框进行设置，如图 6-54 所示为"描边"展开面板。

其中，部分选项作用如下。

- 内描边：用于为文字或图形内侧添加描边。
- 外描边：用于为文字或图形外侧添加描边。

图 6-54

**操作提示**

单击"添加"按钮，可为选中的对象多次添加描边效果。

### 6.3.3 字幕阴影效果

在"字幕"面板工作区域中输入字幕或绘制图形并选中，勾选"旧版标题属性"中的"阴影"复选框，可对字幕或图形的阴影进行设置，如图 6-55 所示为"阴影"展开面板。

其中，部分选项作用如下。

- 颜色：用于设置阴影的颜色。
- 不透明度：用于设置阴影的不透明度。
- 角度：用于设置阴影角度。
- 距离：用于设置阴影与文字或图形间的距离。
- 大小：用于设置阴影的大小。
- 扩展：用于设置阴影的模糊程度。

图 6-55

### 6.3.4 字幕背景效果

在"字幕"面板工作区域中输入字幕或绘制图形并选中，勾选"旧版标题属性"中的"背景"复选框，可对工作区域的背景进行设置，如图 6-56 所示为"背景"展开面板。

其中，部分选项作用如下。

- 填充类型：用于设置背景填充类型。
- 颜色：用于设置背景颜色。
- 不透明度：用于设置背景不透明度。
- 光泽：用于为背景添加光泽。
- 纹理：用于为背景添加纹理效果。

图 6-56

---

📋 **课堂练习** 制作封面弹跳字幕效果

下面将利用新建字幕文件、填充、描边等操作来制作封面弹跳字幕。

**Step01** 执行"文件>新建>项目"命令，创建项目文件，如图 6-57 所示。

**Step02** 执行"文件>新建>序列"命令，在弹出的"新建序列"对话框中选择"DV-PAL"中的"标准 48kHz"，如图 6-58 所示，完成后单击"确定"按钮。

图 6-57

图 6-58

扫一扫 看视频

133

**Step03** 执行"文件>导入"命令，打开"导入"对话框，选中本章素材"雪景.jpg"，单击"打开"按钮，如图 6-59 所示。

**Step04** 在"项目"面板中选中素材，拖拽至"时间轴"面板中的 V1 轨道中，效果如图 6-60 所示。

图 6-59          图 6-60

**Step05** 执行"文件>新建>旧版标题"命令，在弹出的"新建字幕"对话框中设置字幕名称后单击"确定"按钮，弹出"字幕"面板，如图 6-61 所示。

**Step06** 单击"字幕"面板中的"垂直文字工具"按钮 ，移动鼠标至工作区域合适位置，单击并输入文字，如图 6-62 所示。

图 6-61          图 6-62

**Step07** 单击"字幕"面板中的"选择工具"按钮 ，选中输入的文字，在"旧版标题属性"中设置输入的文字颜色、字体等参数，调整完后如图 6-63 所示。

**Step08** 勾选"填充"中的"光泽"复选框，设置"颜色"为白色，"不透明度"为 60%，"大小"为 50，"角度"为 60，"偏移"20，效果如图 6-64 所示。

**Step09** 勾选"阴影"复选框，设置"颜色"为黑色，"不透明度"为 50%，"角度"为 135°，"距离"为 10，"扩展"60，效果如图 6-65 所示。

**Step10** 选中"项目"面板中新建的字幕素材，拖拽至"时间轴"面板的 V2 轨道上，并调整字幕素材与雪景素材时长至"00:00:06:00"处，如图 6-66 所示。

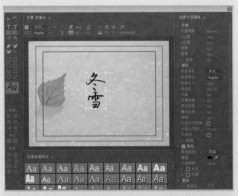

图 6-63

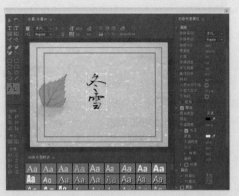

图 6-64

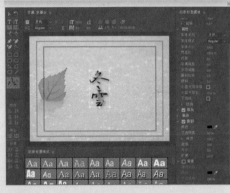

图 6-65

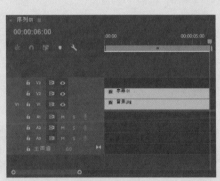

图 6-66

**Step11** 在"时间轴"面板中选中字幕素材，打开"效果控件"面板，移动时间标记至"00:00:00:00"处，在"效果控件"面板中设置"位置"为"360，288"，"缩放"为0，并单击这两项参数前的"切换动画"按钮，添加关键帧，如图6-67所示。

**Step12** 移动时间标记至"00:00:01:00"处，在"效果控件"面板中设置"位置"为"380，288"，"缩放"为60，并添加关键帧，如图6-68所示。

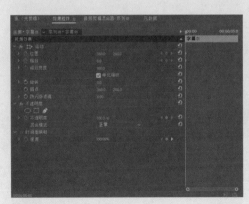

图 6-67

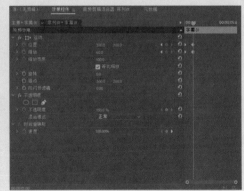

图 6-68

**Step13** 重复上述步骤，在"00:00:02:00"处设置"位置"为"400，288"，"缩放"为0，并添加关键帧，如图6-69所示。

**Step14** 重复上述步骤，在"00:00:03:00"处设置"位置"为"420，288"，"缩放"为80，并添加关键帧，如图6-70所示。

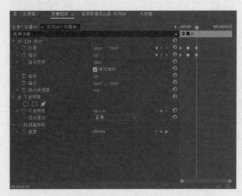

图6-69 　　　　　　　　　　　　　　　图6-70

**Step15** 重复上述步骤，在"00:00:04:00"处设置"位置"为"440，288"，"缩放"为0，并添加关键帧，如图6-71所示。

**Step16** 重复上述步骤，在"00:00:03:00"处设置"位置"为"460，288"，"缩放"为100，并添加关键帧，如图6-72所示。

图6-71 　　　　　　　　　　　　　　　图6-72

**Step17** 在"节目"监视器中预览效果，如图6-73、图6-74所示。

图6-73 　　　　　　　　　　　　　　　图6-74

## 6.4 运动字幕效果

通过为字幕素材文件添加效果，可以创建运动字幕。本节将针对如何添加运动字幕效果进行讲解。

### 6.4.1 流动路径

输入字幕文件后，打开"效果"面板，搜索"紊乱置换"效果，选中"紊乱置换"效果并拖拽至"时间轴"面板中的字幕素材上，打开"效果控件"面板，在"偏移"和"演化"参数上设置关键帧，并调整参数，如图6-75所示，即可创建流动字幕，如图6-76所示。

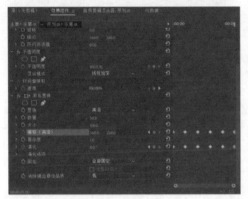

图 6-75                 图 6-76

### 6.4.2 水平翻转

输入字幕文件后，打开"效果"面板，搜索"翻转"效果，选中"水平翻转"效果并拖拽至"时间轴"面板中的字幕素材上，即可水平翻转字幕，如图6-77、图6-78所示。

图 6-77                 图 6-78

### 6.4.3 旋转特效

输入字幕文件后，打开"效果"面板，搜索"旋转"效果，选中"旋转"效果并拖拽至

137

"时间轴"面板中的字幕素材上，打开"效果控件"面板，在"角度"和"旋转扭曲半径"参数上设置关键帧，并调整参数，如图 6-79 所示，即可创建旋转字幕，如图 6-80 所示。

图 6-79　　　　　　　　　　　　　　图 6-80

### 6.4.4 拉伸特效

输入字幕文件后，打开"效果控件"面板，取消勾选"等比缩放"复选框，在"缩放"和"缩放宽度"参数上设置关键帧，并调整参数，如图 6-81 所示，即可拉伸画面中的字幕，如图 6-82 所示。

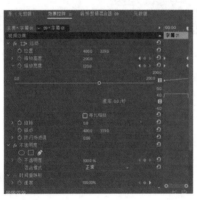

图 6-81　　　　　　　　　　　　图 6-82

### 6.4.5 扭曲特效

输入字幕文件后，打开"效果"面板，搜索"扭曲"效果，选中"扭曲入点"效果并拖拽至"时间轴"面板中的字幕素材上，即可创建扭曲字幕，如图 6-83、图 6-84 所示。

### 6.4.6 发光特效

制作文字发光特效可以通过"快速模糊"效果实现。如图 6-85 所示为添加"快速模糊"效果制作的文字发光特效。

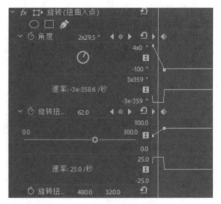

图 6-83

图 6-84                                    图 6-85

## 综合实战　制作 KTV 歌词字幕

下面将利用新建字幕文件、字幕填充等操作及添加"裁剪"等效果制作 KTV 歌词字幕。

扫一扫 看视频

**Step01** 执行"文件>新建>项目"命令，创建项目文件。执行"文件>新建>序列"命令，在弹出的"新建序列"对话框中选择"**DV-PAL**"中的"标准 48kHz"。执行"文件>导入"命令，打开"导入"对话框，选中本章素材"下雪.jpg"和"音频.mp3"，单击"打开"按钮，如图 6-86 所示。

**Step02** 在"项目"面板中选中图片素材，拖拽至"时间轴"面板中的 V1 轨道中，单击鼠标右键，在弹出的菜单栏中执行"缩放为帧大小"命令，在"效果控件"面板中设置"缩放"为 110；选中音频文件，拖拽至"时间轴"面板中的 A1 轨道中，效果如图 6-87 所示。

图 6-86                                    图 6-87

**Step03** 单击"工具"面板中的"剃刀工具"按钮，在音频文件"00:00:05:00"处单击并删除多余的部分，如图 6-88 所示。

**Step04** 执行"文件>新建>旧版标题"命令，在弹出的"新建字幕"对话框中设置字幕名称后单击"确定"按钮，弹出"字幕"面板，如图 6-89 所示。

**Step05** 单击"字幕"面板中的"文字工具"按钮，移动鼠标至工作区域合适位置，

139

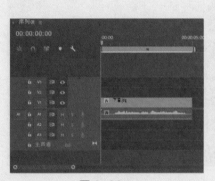

| 图 6-88 | 图 6-89 |

单击并输入文字，如图 6-90 所示。

**Step06** 单击"字幕"面板中的"选择工具"按钮▶，选中输入的文字，在"旧版标题属性"中设置输入的文字大小、填充和描边参数，调整完后如图 6-91 所示。

| 图 6-90 | 图 6-91 |

**Step07** 选中"项目"面板中的字幕素材，拖拽至"时间轴"面板中的 V3 轨道中，如图 6-92 所示。

**Step08** 选中"时间轴"面板中的字幕素材，按住 Alt 键拖拽至 V2 轨道中，即可复制一层字幕素材，如图 6-93 所示。

| 图 6-92 | 图 6-93 |

**Step09** 双击"时间轴"面板 V2 轨道中的字幕素材，打开"字幕"面板，设置字体填充颜色为蓝色，外描边为白色，如图 6-94 所示。

Step10 打开"效果"面板，搜索"裁剪"效果，选中"裁剪"效果，拖拽至"时间轴"面板 V3 轨道上的素材中，如图 6-95 所示。

图 6-94　　　　　　　　　　　　　　　　图 6-95

Step11 选中"时间轴"面板 V3 轨道上的字幕素材，打开"效果控件"面板，移动时间标记至"00:00:00:19"处，单击"左侧"前的"切换动画"按钮 ，设置数值为 0，如图 6-96 所示。

Step12 重复上述步骤，移动时间标记至"00:00:04:16"处，单击"左侧"前的"切换动画"按钮 ，设置数值为 100%，如图 6-97 所示。

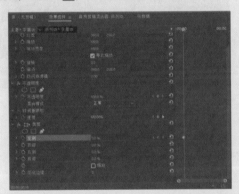
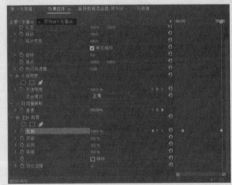

图 6-96　　　　　　　　　　　　　　　　图 6-97

Step13 在"节目"监视器中预览效果，如图 6-98、图 6-99 所示。

图 6-98　　　　　　　　　　　　　　　　图 6-99

至此，KTV 歌词字幕效果制作完成。

141

## 📖 课后作业 制作打字效果

### 项目需求

受某影视公司委托，制作片尾打字效果片段，要求展现打字的节奏感，文字清晰明了，富有韵味。

### 项目分析

添加背景素材和彩色遮罩制作转场效果，使背景自然；文字选择白色，在黑色遮罩中展示清晰；为文字添加效果，营造一字一字打出的效果，添加打字音效，使打字的感觉更真实。

### 项目效果

项目效果如图 6-100、图 6-101 所示。

图 6-100

图 6-101

### 操作提示

**Step01** 新建项目和序列后，导入本章素材。

**Step02** 在"效果控件"面板中设置动态效果。

**Step03** 新建字幕素材，为字幕素材添加"渐变擦除"效果，设置参数，添加打字音频。

# 第7章
# 关键帧动画

★ **内容导读**

在 Premiere 软件中，可以通过为素材添加关键帧，制作旋转、移动、缩放等动画效果。本章将向读者介绍关键帧动画的应用操作，包括管理关键帧、添加关键帧等。希望读者通过对本章知识的学习，能够独立做出一些有意思的特效出来。

**学习目标**

○ 了解什么是关键帧动画
○ 学会添加制作关键帧动画

## 7.1 关键帧

通过为素材添加关键帧，可以设置素材在不同时间的属性，从而制作动画效果。本节将针对关键帧动画及如何添加关键帧进行介绍。

### 7.1.1 关键帧动画

帧是动画中最小单位的单幅影像画面。若想表现动画效果，需要给出两个不同的关键状态，表示关键状态的帧动画即为关键帧动画。

### 7.1.2 添加关键帧

添加关键帧的方法有通过"效果控件"和"节目监视器"两种。下面分别对其操作进行简单介绍。

（1）在"效果控件"面板中添加关键帧

在"时间轴"面板中选中素材，打开"效果控件"面板，可以看到每个参数前都有"切换动画"按钮 🕙，单击该按钮，即可为素材添加关键帧，如图 7-1 所示。在"节目"监视器中预览效果，如图 7-2 所示。

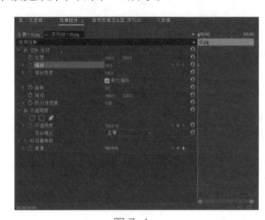

图 7-1                                    图 7-2

移动时间标记至下一处需要添加关键帧的位置，调整参数后，单击相应参数前的"切换动画"按钮 🕙，添加关键帧，如图 7-3 所示，即可在两个关键帧之间创建动画效果，如图 7-4 所示。

（2）在"节目"监视器面板中添加关键帧

在"效果控件"面板中创建第一个关键帧后，在"节目"监视器中选中该素材并双击，打开该素材的控制框，缩放或旋转素材，即可添加关键帧，如图 7-5、图 7-6 所示。

> **知识延伸**
>
> 在"效果控件"面板中创建第一个关键帧后，该参数后会出现"添加/移除关键帧"按钮 🔘，单击该按钮可以添加或移除关键帧。

图 7-3

图 7-4

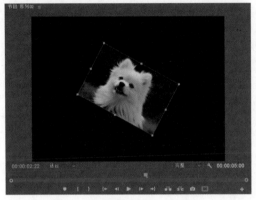

图 7-5

图 7-6

## 7.2　管理关键帧

关键帧添加后，可以在"效果控件"面板中对其进行复制、切换等操作，本节将针对管理关键帧进行讲解。

### 7.2.1　调节关键帧

关键帧创建完成后，可以在"效果控件"面板中进行调节。接下来将讲解如何调节关键帧。

在"时间轴"面板中选中添加了关键帧的素材，打开"效果控件"面板，如图 7-7 所示。单击"旋转"前的箭头，可对旋转的角度和速率进行调节，如图 7-8 所示。

单击"工具"面板中的"选择工具"按钮，移动鼠标至"效果控件"面板中的值

图 7-7

图标和速率图表上，待鼠标变为状时，可调整图表上的控制点，从而改变关键帧属性，如图 7-9、图 7-10 所示。

145

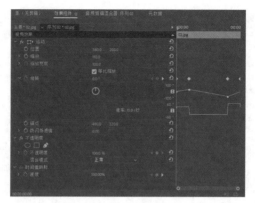

图 7-8

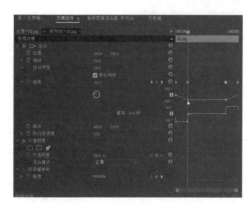

图 7-9

图 7-10

 **知识延伸**

双击"时间轴"面板中素材所在的轨道空白处，如图 7-11 所示，或直接拉宽素材所在的轨道，选中素材并单击鼠标右键，在弹出的菜单栏中执行"显示剪辑关键帧＞运动＞缩放"命令，可在"时间轴"面板中的素材上看到"缩放"图表，如图 7-12 所示。

图 7-11

图 7-12

移动时间标记至要添加关键帧的位置，单击"时间轴"面板中的"添加 - 移除关键帧"按钮 ⬦ ，即可添加关键帧，如图 7-13 所示。单击"工具"面板中的"选择工具"按钮 ▶ ，选中关键帧即可进行调节，如图 7-14 所示。

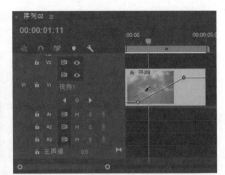

图 7-13 图 7-14

也可以按住 Ctrl 键移动鼠标至图表上，待鼠标变为  状时，单击即可在图表中添加关键帧，如图 7-15 所示。按住 Ctrl 键拖拽关键帧所在的点，可将尖锐点转换为平滑点，如图 7-16 所示。

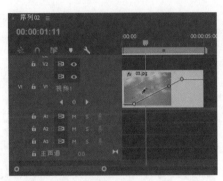

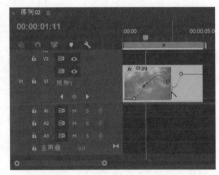

图 7-15 图 7-16

## 7.2.2 复制与粘贴关键帧

Premiere 软件中复制关键帧有多种方法，本节将针对在同一素材中和不同素材中复制粘贴关键帧的方法进行讲解。

（1）在同一素材中复制和粘贴关键帧

在"效果控件"面板中选中关键帧，按住 Alt 键拖拽即可复制选中的关键帧，如图 7-17、图 7-18 所示。

图 7-17 图 7-18

也可以在"效果控件"面板中选中关键帧，按 Ctrl+C 组合键复制，移动时间标记至要粘贴的位置，按 Ctrl+V 组合键粘贴，即可。

或者在"效果控件"面板中选中关键帧，执行"编辑＞复制"命令，移动时间标记至要粘贴的位置，执行"编辑＞粘贴"命令粘贴，即可。

**知识延伸**

在"时间轴"面板中双击素材前的空白处打开图表，在图表上也可以通过 Ctrl+C 和 Ctrl+V 组合键或执行"编辑＞复制"和"编辑＞粘贴"命令来复制粘贴关键帧。

（2）在不同素材中复制和粘贴关键帧

若想在不同的素材中复制粘贴关键帧，方法和在同一素材中复制粘贴类似。

在"时间轴"面板中选中带有关键帧的素材，在"效果控件"面板中选中要复制的关键帧，按 Ctrl+C 组合键复制，在"时间轴"面板中，选中另一素材，在"效果控件"面板中移动时间标记至要添加关键帧的位置，按 Ctrl+V 键进行粘贴即可，如图 7-19、图 7-20 所示。

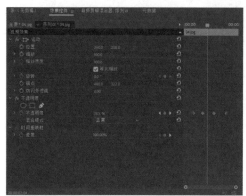
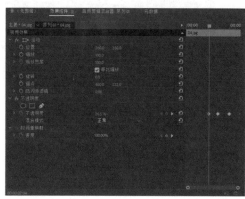

图 7-19         图 7-20

也可以在"时间轴"面板中选中素材，双击素材前的空白处打开图表，选中图表中的关键帧，按 Ctrl+C 组合键或执行"编辑＞复制"命令复制关键帧，选中另一个素材，移动时间标记至要添加关键帧的位置，按 Ctrl+V 或执行"编辑＞粘贴"命令粘贴关键帧，如图 7-21、图 7-22 所示。

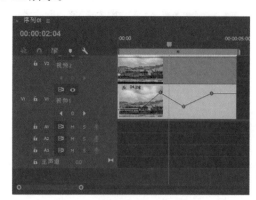
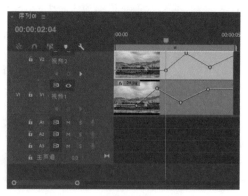

图 7-21         图 7-22

### 7.2.3　切换关键帧

若想切换关键帧，单击"添加 / 移除关键帧"按钮◎左右的"转到上一关键帧"按钮◀和"转到下一关键帧"按钮▶即可，如图 7-23、图 7-24 所示。

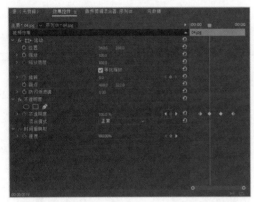 

图 7-23　　　　　　　　　　　　　　　　图 7-24

### 7.2.4　删除关键帧

在使用 Premiere 软件制作视频的过程中，若想删除多余的关键帧，有以下几种常用的方法。

（1）使用快捷键删除

选中要删除的关键帧，按 Delete 键删除即可。

（2）使用"添加 / 移除关键帧"按钮◎或"切换动画"按钮◎删除

在"效果控件"面板或"时间轴"面板中，移动时间标记至要删除的关键帧处，单击"添加 / 移除关键帧"按钮◎即可删除，如图 7-25、图 7-26 所示。

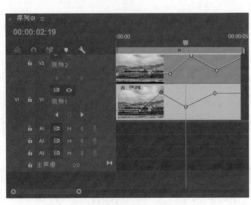 

图 7-25　　　　　　　　　　　　　　　　图 7-26

也可以使用"切换动画"按钮◎删除关键帧，但与"添加 / 移除关键帧"按钮◎不同的是，"切换动画"按钮◎可以删除该属性中所有的关键帧。

（3）使用清除命令删除

在"效果控件"面板或"时间轴"面板中，选中要删除的关键帧，执行"编辑＞清除"命令即可删除选中的关键帧。

## 7.3 运动效果应用

通过关键帧，用户可以对素材做出运动效果。接下来，将针对这些运动效果应用进行讲解。

### 7.3.1 移动效果

若想使素材产生移动效果，可以通过给素材的"位置"属性添加关键帧来实现。如图 7-27、图 7-28 所示为添加了素材移动效果的前后效果对比。

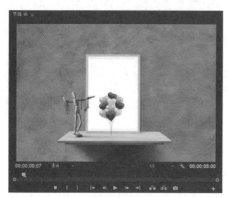 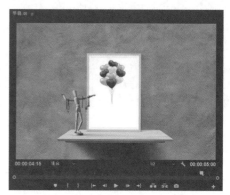

图 7-27　　　　　　　　　　　　　　　图 7-28

**课堂练习**　制作小鱼游动的效果

扫一扫 看视频

下面将利用关键帧动画来制作小鱼游动的效果。

**Step01** 打开 Premiere 软件，新建项目和序列，导入本章素材，如图 7-29 所示。

**Step02** 拖拽"项目"面板中的素材至"时间轴"面板中的 V1 和 V2 轨道中，如图 7-30 所示。

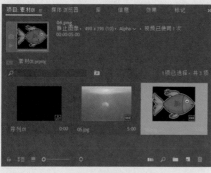 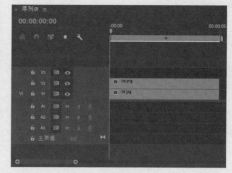

图 7-29　　　　　　　　　　　　　　　图 7-30

**Step03** 单击"工具"面板中的"选择工具"按钮▶，移动鼠标至"节目"监视器面板，选中要进行移动的素材双击，打开该素材的定界框并调整至合适大小，按住鼠标左键拖拽移动素材至合适位置，如图 7-31 所示。

**Step04** 在"节目"监视器面板中移动时间标记至"00:00:00:00"处,单击"效果控件"面板中"位置"前的"切换动画"按钮 添加关键帧;移动时间标记至"00:00:01:00"处,按住鼠标左键拖拽移动素材至合适位置,如图7-32所示。

图 7-31　　　　　　　　　　　图 7-32

**Step05** 重复上述步骤,分别在2秒、3秒、4秒处添加关键帧,如图7-33、图7-34所示。

图 7-33　　　　　　　　　　　图 7-34

**Step06** 在"节目"监视器面板中按空格键预览效果,如图7-35、图7-36所示。

图 7-35　　　　　　　　　　　图 7-36

至此,移动效果制作完成。

151

### 7.3.2 缩放效果

若想使素材产生缩放效果，可以通过给素材的"缩放"属性添加关键帧来实现。如图
7-37、图 7-38 所示为素材缩放前后的效果对比。

图 7-37　　　　　　　　　　　　　　　　图 7-38

### 7.3.3 旋转效果

若想使素材产生旋转效果，可以通过给素材的"旋转"属性添加关键帧来实现。如图
7-39、图 7-40 所示为素材旋转的前后效果对比。

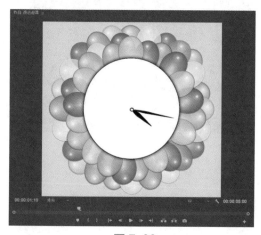 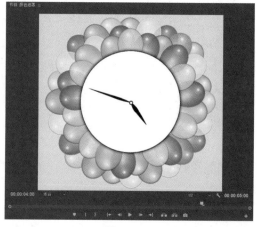

图 7-39　　　　　　　　　　　　　　　　图 7-40

---

**课堂练习**　制作风车旋转效果

扫一扫　看视频

下面利用关键帧动画来制作风车旋转的效果。

**Step01** 打开 Premiere 软件，新建项目和序列，导入本章素材，如
图 7-41 所示。

**Step02** 拖拽"项目"面板中的素材至"时间轴"面板中的 V1 和 V2
轨道中，如图 7-42 所示。

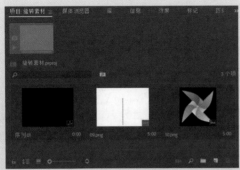

| 图 7-41 | 图 7-42 |

Step03 单击"工具"面板中的"选择工具"按钮▶，移动鼠标至"节目"监视器面板，选中要进行旋转的素材双击，打开该素材的定界框并调整至合适大小，按住鼠标左键拖拽素材至合适位置，如图 7-43 所示。

Step04 在"节目"监视器面板中移动时间标记至"00:00:00:00"处，单击"效果控件"面板中"旋转"前的"切换动画"按钮⏱添加关键帧；移动时间标记至"00:00:01:00"处，在"节目"监视器面板中调整素材角度，如图 7-44 所示。

| 图 7-43 | 图 7-44 |

Step05 重复上述步骤，分别在 2 秒、3 秒、4 秒处添加关键帧，如图 7-45、图 7-46 所示。

| 图 7-45 | 图 7-46 |

Step06 在"节目"监视器面板中按空格键预览效果，如图 7-47、图 7-48 所示。

153

图 7-47　　　　　　　　　　　　　　图 7-48

至此，风车旋转效果制作完成。

### 7.3.4　平滑运动效果

　　运动效果创建后，可以通过调节关键帧插值实现平滑运动效果。插值是指在两个已知值之间填充未知数据的过程。关键帧插值可以在两个关键帧之间生成新值，以平滑运动效果。

　　选中"效果控件"面板中的关键帧，单击鼠标右键，在弹出的菜单栏中可对插值类型进行选择，如图 7-49 所示。

　　（1）临时插值

　　"临时插值"可以控制关键帧在时间上的变化，决定了素材的运动速率，如图 7-50 所示为"临时插值"选项。

　　（2）空间插值

　　"空间插值"可以控制关键帧空间位置的变化，决定了素材运动轨迹是曲线还是直线，如图 7-51 所示为"空间插值"选项。

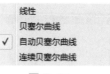

图 7-49　　　　　　　　　图 7-50　　　　　　　　　图 7-51

---

📄 **课堂练习**　制作纸飞机飞翔动画效果

扫一扫 看视频

　　下面将利用添加关键帧、调节关键帧等操作来制作纸飞机飞翔动画。

　　**Step01**　执行"文件＞新建＞项目"命令，创建项目文件。执行"文件＞新建＞序列"命令，在弹出的"新建序列"对话框中选择"DV-PAL"中的"标准 48kHz"，如图 7-52 所示，完成后单击"确定"按钮。

**Step02** 执行"文件>导入"命令，打开"导入"对话框，选中本章素材文件，单击"打开"按钮，将其导入"项目"面板中，分别拖拽至"时间轴"面板中的 V1、V2 轨道中，如图 7-53 所示。

图 7-52

图 7-53

**Step03** 单击"工具"面板中的"选择工具"按钮，移动鼠标至"节目"监视器面板，选中"纸飞机 .png"素材双击，打开素材定界框并调整至合适大小，按住鼠标左键拖拽素材至画面左下角，并调整角度，如图 7-54 所示。

**Step04** 打开"效果控件"面板，移动时间标记至"00:00:00:00"处，单击"旋转""位置"和"缩放"参数前的"切换动画"按钮，添加关键帧，如图 7-55 所示。

图 7-54

图 7-55

**Step05** 在"节目"监视器面板中，移动时间标记至"00:00:00:12"处，按住鼠标左键移动"纸飞机 .png"素材位置，并调整角度，如图 7-56 所示。

**Step06** 重复上述步骤，在"00:00:01:00""00:00:01:12""00:00:02:00""00:00:02:12""00:00:03:00""00:00:03:12""00:00:04:00""00:00:04:12""00:00:04:24"处分别添加关键帧，如图 7-57 所示。

图 7-56

图 7-57

**Step07** 在"00:00:04:24"处缩放素材大小，添加关键帧，如图 7-58 所示。此时，"效果控件"面板中关键帧添加情况如图 7-59 所示。

图 7-58

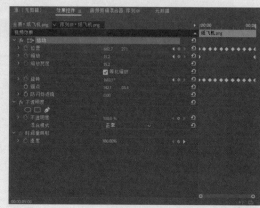

图 7-59

**Step08** 在"节目"监视器中预览效果，如图 7-60、图 7-61 所示。

图 7-60

图 7-61

至此，完成纸飞机的动画效果。

**综合实战** 制作卡通汽车行驶动画效果

学习完本章内容后，下面将利用添加关键帧、嵌套等操作制作卡通汽车行驶动画。

**Step01** 打开 Premiere 软件，执行"文件＞新建＞项目"命令，创建项目文件

**Step02** 执行"文件＞新建＞序列"命令，在弹出的"新建序列"对话框中选择 "DV-PAL"中的"标准 48kHz"，如图 7-62 所示，完成后单击"确定"按钮。

**Step03** 执行"文件＞导入"命令，打开"导入"对话框，选中本章素材，将其导入至"项目"面板中，分别拖拽至"时间轴"面板中的 V1、V2、V3 轨道中，移动鼠标至轨道前的空白处，单击右键，在弹出的菜单栏中执行"添加单个轨道"命令，选中"轮胎 .png"素材，按住 Alt 键拖拽至 V4 轨道，如图 7-63 所示。

图 7-62

图 7-63

扫一扫 看视频

**Step04** 在"时间轴"面板中选中"汽车行驶背景 .png"素材，移动鼠标至"效果控件"面板中，调整"位置"参数为"1645.0，288.0"，移动时间标记至"00:00:00:00"处，单击"位置"参数前的"切换动画"按钮 ⚙，添加关键帧，如图 7-64 所示。

**Step05** 重复上述步骤，移动时间标记至"00:00:05:00"处，调整"位置"参数为"−925.0，288.0"，添加关键帧，如图 7-65 所示。

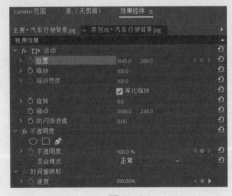

图 7-64

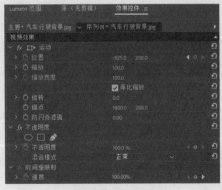

图 7-65

157

**Step06** 在"时间轴"面板中选中 V2、V3、V4 轨道中的素材，单击鼠标右键，在弹出的菜单栏中执行"嵌套"命令，在弹出的"嵌套序列名称"对话框中设置名称为"汽车"，完成后单击"确定"按钮，如图 7-66、图 7-67 所示。

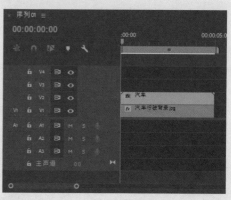

图 7-66　　　　　　　　　　　　　　　　图 7-67

**Step07** 在"时间轴"面板中双击"汽车"素材，打开"汽车"序列，如图 7-68 所示。

**Step08** 在"时间轴"面板中选中"车身.png"素材，打开"效果控件"面板，设置"位置"参数为"100.0，288.0"，如图 7-69 所示。

图 7-68　　　　　　　　　　　　　　　　图 7-69

**Step09** 在"时间轴"面板中选中 V3 轨道上的"轮胎.png"素材，打开"效果控件"面板，设置"位置"参数为"65.0，288.0"，"旋转"参数为"0.0°"，移动时间标记至"00:00:00:00"处，单击"旋转"参数前的"切换动画"按钮 🕘，添加关键帧，如图 7-70 所示。

**Step10** 在"节目"监视器面板中选中 V3 轨道上的"轮胎.png"素材，双击打开定界框，移动旋转中心至轮胎中心处，移动时间标记至"00:00:05:00"处，设置"旋转"参数为"30×0.0°"，添加关键帧，如图 7-71 所示。

**Step11** 在"时间轴"面板中选中 V4 轨道上的"轮胎.png"素材，打开"效果控件"面板，设置"位置"参数为"130.0，288.0"，"旋转"参数为"0.0°"，移动时间标记至"00:00:00:00"处，单击"旋转"参数前的"切换动画"按钮 🕘，添加关键帧，如图 7-72 所示。

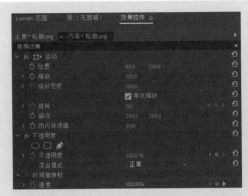

图 7-70　　　　　　　　　　　图 7-71

**Step12** 在"节目"监视器面板中选中 V4 轨道上的"轮胎 .png"素材，双击打开定界框，移动旋转中心至轮胎中心处，移动时间标记至"00:00:05:00"处，设置"旋转"参数为"30×0.0°"，添加关键帧，如图 7-73 所示。

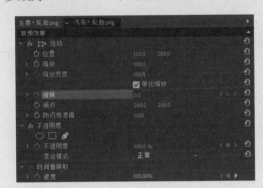

图 7-72　　　　　　　　　　　图 7-73

**Step13** 单击"时间轴"面板中的"序列 01"，选中 V2 轨道中的"汽车"素材，打开"效果控件"面板，设置"位置"参数为"360.0，288.0"，移动时间标记至"00:00:00:00"处，单击"位置"参数前的"切换动画"按钮，添加关键帧，如图 7-74 所示。

**Step14** 重复上述步骤，移动时间标记至"00:00:05:00"处，调整"位置"参数为"880.0，288.0"，添加关键帧，如图 7-75 所示。

图 7-74　　　　　　　　　　　图 7-75

**Step15** 在"节目"监视器中按空格键预览效果，如图 7-76、图 7-77 所示。

图 7-76                    图 7-77

至此，卡通汽车行驶动画制作完成。

## 📖 课后作业　制作人类进化动画

### 项目需求

根据提供的素材文件，制作人类进化动画，要求制作出一代代进化的历程，过渡简单自然。

### 项目分析

置入素材文件后，将素材放置于不同的轨道中，通过为不透明度添加关键帧，制作出渐隐渐现的效果。嵌套素材文件，制作倒影效果。

### 项目效果

项目制作效果如图 7-78、图 7-79 所示。

图 7-78                    图 7-79

### 操作提示

Step01　新建项目和序列，导入本章素材，调整素材大小和位置。

Step02　为素材添加"不透明度"关键帧，制作动画效果。

Step03　"嵌套"素材，复制并添加"垂直翻转"效果，制作影子。

# 第8章
# 制作音频效果

## ★ 内容导读

声音是影片设计过程中必不可少的元素，通过为影片添加音频效果，可以帮助影片产生更丰富的气氛和观感效果。本章将介绍如何添加音频、编辑音频、添加音频效果等操作，通过对本章内容的学习，相信读者可以为自己的短视频添加合适的音频效果，使视频更加完美。

## ★ 学习目标

○ 了解音频的基础知识
○ 学会添加编辑音频
○ 学会添加音频效果和音频过渡效果

## 8.1　音频基础知识

音频素材可以起到渲染烘托影视作品的作用，在制作视频时非常重要。在 Premiere 软件中，用户可以对音频素材进行编辑、添加效果等操作，以达到需要的音频效果。本节将针对音频的基础知识进行介绍。

### 8.1.1　音频轨道的常见类型

声音是由物体振动产生的声波，可以以固体、液体、空气等作为介质进行传播，并被人类听觉器官感知。在 Premiere 软件中，音频包括单声道媒体、立体声媒体、5.1 媒体等常用的音频轨道，本节将对这些常见的音频轨道进行介绍。

**（1）单声道媒体**

单声道媒体只能包含单声道和立体声剪辑，但立体声剪辑左右声道在单声道轨道中会汇总为单声道并减弱 3dB 以避免剪切。

**（2）立体声媒体**

立体声媒体只能包含单声道和立体声剪辑，但单声道会被拆分为左右声道并减弱 3dB。

**（3）5.1 媒体**

5.1 媒体只能包含 5.1 剪辑。5.1 媒体中没有平移 / 平衡圆盘或低音管理。5.1 媒体在单声道序列中混音至单声道，或在立体声序列中混音至立体声。在 5.1 序列中，5.1 媒体将其声道直接传输至未更改的相应输出声道。

### 8.1.2　数字音频技术的应用

数字音频可以将音频文件转化成二进制数据保存，播放时再把这些数据转换为模拟的电平信号送到喇叭播出。

与磁带、广播、电视中的声音相比，数字音频具有存储方便、存储成本低廉、存储和传输的过程中没有声音的失真、编辑和处理非常方便等特点，主要应用在音乐后期制作和录音方面。

## 8.2　音频控制台

Premiere 软件除了可以在多个面板中使用多个方法对音频进行编辑，还提供了非常专业的"音频轨道混合器"面板以方便用户编辑音频文件。本节将针对如何控制音频进行介绍。

### 8.2.1　音频轨道混合器

在"音频轨道混合器"面板中，用户可以实时混合"时间轴"面板中各轨道的音频对象，如图 8-1 所示为"音频轨道混合器"面板。

下面介绍其中常用选项的作用。

- 轨道名称：用于显示当前编辑项目中所有音频轨道的名称。

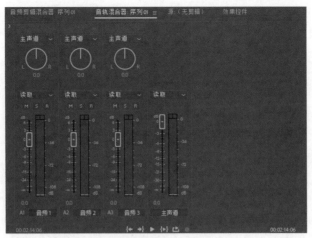

图 8-1

- 声道调节滑轮：用于控制单声道中左右音量的大小。
- 自动模式：用于读取音频调节效果或实时记录音频调节，包括"关""读取""闭锁""触动""写入"五种，如图 8-2 所示。

- 音量：用于控制单声道总体音量大小。
- 静音轨道：用于控制当前轨道是否静音。
- 独奏轨道：用于控制其他轨道是否静音。
- 启用轨道以进行录制：可利用输入设备将声音录制到目标轨道上。

图 8-2

### 8.2.2 音频关键帧

在 Premiere 软件中，可以通过添加关键帧设置音频的运动效果或者调节音频淡入淡出。置入音频素材后，将素材拖拽至"时间轴"面板中，在"时间轴"面板中可以看到"添加 - 移除关键帧"按钮，通过该按钮可以添加或移除关键帧，如图 8-3 所示。

### 8.2.3 音频剪辑混合器

在"音频剪辑混合器"面板中，用户可以调整剪辑音量、声道音量和剪辑平移，如图 8-4 所示为"音频剪辑混合器"面板。

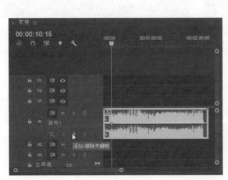

图 8-3

图 8-4

163

"音频剪辑混合器"面板中的轨道具有可扩展性，轨道的高度和宽度及其计量表取决于"时间轴"面板中的轨道数以及面板的高度和宽度。

## 8.3 添加/编辑音频

Premiere 软件可以使用多种方式对音频素材进行编辑，下面将针对编辑音频素材的方式进行介绍。

### 8.3.1 添加音频

添加音频素材的方式与添加视频素材的方式类似。导入音频素材文件后，在"项目"面板中选中要添加的音频素材，按住并拖动至"时间轴"面板中的音频轨道上；也可以直接在文件夹中选中音频素材，拖拽至"时间轴"面板中的音频轨道上，如图 8-5 所示。

### 8.3.2 在时间轴中编辑音频

将音频素材添加至"时间轴"面板中后，可在"时间轴"面板中对音频素材进行剪辑、添加关键帧等操作。

（1）剪切音频素材

单击"工具箱"面板中的"剃刀工具"按钮，移动鼠标至"时间轴"面板中的素材上，在要剪切的位置处单击即可，如图 8-6、图 8-7 所示。

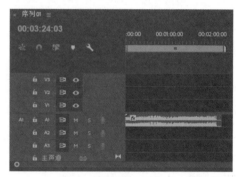

图 8-5

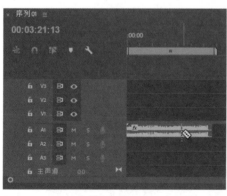

图 8-6

图 8-7

（2）添加关键帧

在"时间轴"面板中双击音频轨道前的空白处，如图 8-8 所示，选中素材文件并单击鼠标右键，在弹出的菜单栏中选择"显示剪辑关键帧＞音量＞级别"命令，即可在"时间轴"面板上看到"音量"图表，如图 8-9 所示。

移动时间标记至要添加关键帧的位置，单击"时间轴"面板中的"添加 - 移除关键帧"按钮，即可为音频素材添加关键帧，如图 8-10 所示，单击"工具"面板中的"选择工具"按钮，选中关键帧即可进行调节，如图 8-11 所示。

图 8-8

图 8-9

图 8-10

图 8-11

### 8.3.3 在效果控件中编辑音频

在"时间轴"面板中选中音频素材，打开"效果控件"面板，如图 8-12 所示，在"效果控件"面板中对音频素材的"音量""声道音量""声像器"等进行编辑。

### 8.3.4 调整音频持续时间和播放速度

与调整视频素材的播放速度一样，Premiere软件中也可以通过多种方式改变音频的播放速度，下面将针对这些方式进行介绍。

（1）在"项目"面板中调整音频播放速度

在"项目"面板中选中要调整的音频素材，如图 8-13 所示，单击鼠标右键，在弹出的菜单中选择"速度 / 持续时间"选项，弹出"剪辑速度 / 持续时间"对话框，如图 8-14 所示，在该对话框中即可调节音频素材的速度和持续时间，调整完成后拖拽至"时间轴"面板中即可。

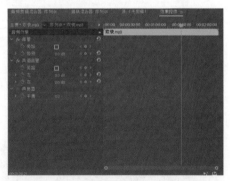

图 8-12

图 8-13

165

（2）在"源"监视器面板中调整音频播放速度

在"源"监视器面板中打开要调整的音频素材，如图8-15所示，单击鼠标右键，在弹出的菜单中选择"速度/持续时间"选项，弹出"剪辑速度/持续时间"对话框，如图8-16所示，在该对话框中即可调节音频素材的速度和持续时间，完成后单击"确定"按钮，"时间轴"面板中的音频素材即做出相应的变化。

图 8-14

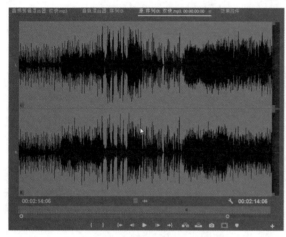

图 8-15

图 8-16

（3）在"时间轴"面板中调整音频播放速度

在"时间轴"面板中可以对素材做出多种操作，包括剪辑素材片段、设置关键帧等，也可以在"时间轴"面板中调整音频播放速度。

在"时间轴"面板中选中素材，如图8-17所示，单击鼠标右键，在弹出的菜单中选择"速度/持续时间"选项，在弹出的"剪辑速度/持续时间"对话框中设置"速度"和"持续时间"参数，完成后单击"确定"按钮，"时间轴"面板中的音频素材即做出相应的变化，如图8-18所示。

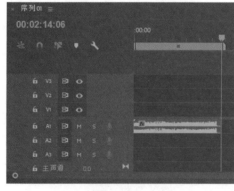

图 8-17

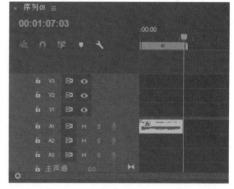

图 8-18

（4）通过菜单栏命令调整音频播放速度

选中音频素材文件，执行"剪辑＞速度/持续时间"命令，如图8-19所示，弹出"剪辑

速度 / 持续时间"对话框,如图 8-20 所示,在该对话框中即可调节音频素材的速度和持续时间,完成后单击"确定"按钮,即可在选中素材的面板中,对其播放速度进行调整。

图 8-19

图 8-20

### 8.3.5 调整音频增益

音频增益是指剪辑中的输入电平或音量,其直接影响音量的大小。若"时间轴"面板中有多条音频轨道且在多条轨道上都有音频素材文件,就需要平衡这几个音频轨道的增益。接下来将对调整音频增益进行介绍。

在 Premiere 软件中可以通过执行"窗口>音频仪表"命令打开"音频仪表"面板,观察音频电平。该面板只能用于观察,不能对素材进行编辑调整,如图 8-21 所示。

当播放音频素材时,"音频仪表"面板中,将以两个柱状来显示当前音频的增益强弱,若音频音量超过安全范围,柱状顶端将显示红色,如图 8-22 所示。

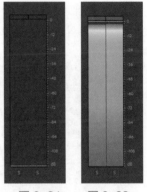

图 8-21　　图 8-22

若想调节音频增益,可以选中要调节的音频素材,执行"剪辑>音频选项>音频增益"命令,如图 8-23 所示。打开"音频增益"对话框,如图 8-24 所示,在该对话框中设置参数即可做出相应的操作。

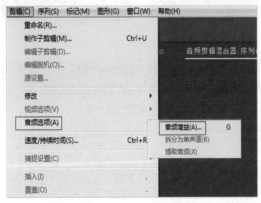

图 8-23

图 8-24

167

## 8.4　音频过渡

在编辑音频素材时，可以对剪辑之间的音频过渡添加交叉淡化效果，以防止声音的突然出现和突然结束。下面将对音频过渡效果进行介绍。

### 8.4.1　编辑音频过渡特效

在添加音频过渡效果之前，可以先设置音频过渡的默认持续时间等。下面将对如何设置音频过渡的默认持续时间进行介绍。

将音频素材添加至"时间轴"面板中后，执行"编辑＞首选项＞时间轴"命令，打开"首选项"对话框，如图 8-25 所示。在该对话框中可对"音频过渡默认持续时间"参数进行设置，完成后单击"确定"按钮即可。

### 8.4.2　音频过渡效果

Premiere 软件包含"恒定功率""恒定增益""指数淡化"三种音频过渡效果，如图 8-26 所示。下面将对这几种音频过渡效果进行介绍。

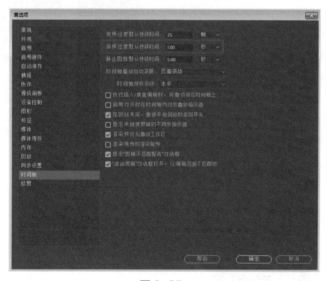

图 8-25

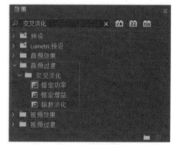

图 8-26

- 恒定功率：该音频过渡效果创建平滑渐变的过渡，类似于视频剪辑之间的溶解过渡效果。此交叉淡化首先缓慢降低第一个剪辑的音频，然后快速接近过渡的末端。对于第二个剪辑，此交叉淡化首先快速增加音频，然后更缓慢地接近过渡的末端。

- 恒定增益：该音频过渡效果在剪辑之间过渡时以恒定速率更改音频进出，但有时可能听起来会生硬。

- 指数淡化：该音频过渡效果淡出位于平滑的对数曲线上方的第一个剪辑，同时自下而上淡入同样位于平滑对数曲线上方的第二个剪辑。通过从"对齐"控件菜单中选择一个选项，可以指定过渡的定位。

## 知识点拨

"指数淡化"过渡效果类似于"恒定功率"过渡效果，但更渐变。

除了通过"效果"面板中的"音频过渡"效果组为音频素材添加指定的音频过渡效果，也可以通过菜单栏中的命令为音频素材添加默认的音频过渡效果。

将音频素材添加至"时间轴"面板中，如图8-27所示，移动时间标记至两段音频素材之间，执行"序列>应用音频过渡"命令，即可为其添加默认的过渡效果，如图8-28所示。

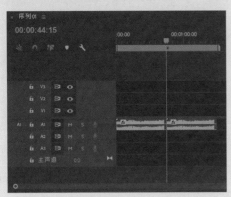
图 8-27

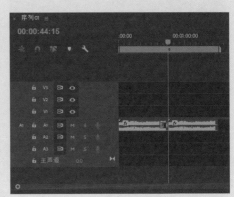
图 8-28

## 课堂练习　制作音频淡入淡出效果

下面通过音频过渡效果制作音频的淡入淡出。

**Step01** 执行"文件>新建>项目"命令，创建项目文件。

**Step02** 执行"文件>新建>序列"命令，在弹出的"新建序列"对话框中选择"DV-PAL"中的"标准48kHz"，如图8-29所示，完成后单击"确定"按钮。

**Step03** 执行"文件>导入"命令，打开"导入"对话框，选中本章素材"微风.mp3"，导入至"项目"面板中，选中音频素材将其拖拽至"时间轴"面板中的A1轨道中，如图8-30所示。

图 8-29

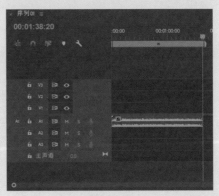
图 8-30

扫一扫 看视频

169

**Step04** 在"时间轴"面板中选中音频素材，打开"效果控件"面板，调整"音量"中的"级别"参数为"−6.0dB"，如图 8-31 所示。

**Step05** 执行"编辑＞首选项＞时间轴"命令，打开"首选项"对话框，在该对话框中设置"音频过渡默认持续时间"参数为"5 秒"，如图 8-32 所示。完成后单击确定按钮。

图 8-31　　　　　　　　　　　　　　　图 8-32

**Step06** 在"效果"面板中搜索"指数淡化"过渡效果，选中并拖拽至"时间轴"面板中的素材入点处，如图 8-33 所示。

**Step07** 重复上述步骤，将"指数淡化"过渡效果添加至素材出点处，如图 8-34 所示。

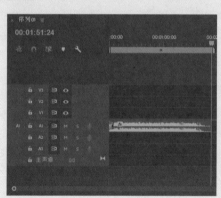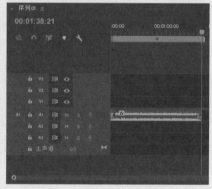

图 8-33　　　　　　　　　　　　　　　图 8-34

至此，完成音频淡入淡出效果的制作。

## 8.5　音频效果

在 Premiere 软件中可以为音频添加各种音频效果，以实现更为丰富的听觉体验。本节将针对这些音频效果进行介绍。

- 过时的音频效果："过时的音频效果"组中包括 14 种音频效果，如图 8-35 所示。选择该组效果时，会弹出"音频效果替换"对话框，如图 8-36 所示为添加"多频段压缩器（过时）"效果弹出的对话框,单击"否"按钮将应用过时的效果;单击"是"按钮将应用新版本的效果。

图 8-35　　　　　　　　　　　　　　图 8-36

- 吉他套件:该效果可以模拟吉他弹奏的效果,使音频更有表现力。
- 多功能延迟:该效果可为剪辑中的原始音频素材添加延迟音效的回声效果,适用于 5.1、立体声或单声道剪辑。
- 多频段压缩器:该效果可将不同频段的音频进行压缩,每个频段通常包含唯一的动态内容,常用于音频母带处理。
- 模拟延迟:该效果可模拟老式延迟装置的温暖声音特性,制作缓慢的回声效果。
- 带通:该效果可移除在指定范围外发生的频率或频段,适用于 5.1、立体声或单声道剪辑。
- 用右侧填充左侧:该效果可以清除现有的右声道信息,复制音频剪辑的左声道信息至右声道中。
- 用左侧填充右侧:该效果可以清除现有的左声道信息,复制音频剪辑的右声道信息至左声道中。
- 电子管建模压缩器:该效果可添加使音频增色的微妙扭曲,模拟复古硬件压缩器的温暖感觉。
- 强制限幅:该效果可以减弱高于指定阈值的音频。
- FFT 滤波器:该效果可以轻松绘制抑制或提升特定频率的曲线或陷波。
- 扭曲:该效果可将少量砾石和饱和效果应用于任何音频。
- 低通:该效果可以删除高于指定频率界限的频率,使音频产生浑厚的低音音场效果,适用于 5.1、立体声或单声道剪辑。
- 低音:该效果可增大或减小 200Hz 及更低的低频。
- 平衡:该效果可以平衡左右声道的相对音量。
- 单频段压缩器:该效果可以减少动态范围,从而产生一致的音量并提升感知响度。
- 镶边:该效果是通过混合与原始信号大致等比例的可变短时间延迟产生的。
- 陷波滤波器:该效果可去除音频频段。
- 卷积混响:该效果可以基于卷积的混响使用脉冲文件模拟真实的声学空间,使之像在原始环境中录制一般。
- 静音:该效果可用于制作消音效果。

- 简单的陷波滤波器：该效果可以阻碍频率信号。
- 简单的参数均衡：该效果可以增加或减少特定频率相近的频率，在一定范围内均衡音调。
- 互换声道：该效果可以交换左右声道信息的位置，仅应用于立体声剪辑。
- 人声增强：该效果可突出人声特点，改善旁白录音质量。
- 动态：该效果可以控制一定范围内的音频信号增强或减弱。
- 动态处理：该效果可以增加或减少动态范围来处理音频。
- 参数均衡器：该效果可以最大程度地控制音调均衡。
- 反转：该效果可以反转所有声道。
- 和声 / 镶边：该效果可以模拟多个语音或乐器的混合效果，增强人声音轨或为单声道音频添加立体声空间感
- 图形均衡器（10 段）：该效果可增强或消减特定频段。
- 图形均衡器（20 段）：该效果可精准地增强或消减特定频段。
- 图形均衡器（30 段）：该效果可更加精准地增强或消减特定频段。
- 声道音量：该效果可独立控制立体声或 5.1 剪辑或轨道中的每条声道的音量。
- 室内混响：该效果可以模拟室内声学空间演奏音频效果。
- 延迟：该效果可用于制作指定时间量后播放的回声效果。
- 母带处理：该效果可以优化特定介质音频文件的完整过程。
- 消除齿音：该效果可去除齿音和其他高频"嘶嘶"类型的声音。
- 消除嗡嗡声：该效果可去除窄频段及其谐波。
- 环绕声混响：该效果可模拟声音在室内声学空间中的效果和氛围，主要用于 5.1 音源，也可为单声道或立体声音源提供环绕声环境。
- 科学滤波器：该效果可以控制左右声道立体声的音量比，对音频进行高级操作。
- 移相器：该效果可以通过相位调整改变声音，创造另一种声音效果。
- 立体声扩展器：该效果可定位或扩展立体声声像，控制其动态范围。
- 自适应降噪：该效果可快速消除声音中的噪声。
- 自动咔嗒声移除：该效果可以去除音频中的"咔嗒"声音或静电噪声。
- 雷达响度计：该效果可以测量音频级别，适用于广播、电视的后期处理。
- 音量：该效果可使用音量效果代替固定音量效果。
- 音高换挡器：该效果可以改变实时音调。
- 高通：该效果可以删除低于指定频率界限的频率。
- 高音：该效果可增高或降低 4000Hz 及以上的高频。

---

📑 **课堂练习** 制作回声效果

下面将通过"延迟"效果将声音延长制作回声效果。

**Step01** 执行"文件＞新建＞项目"命令，创建项目文件。

**Step02** 执行"文件＞新建＞序列"命令，在弹出的"新建序列"对话框中选择"DV-PAL"中的"标准 48kHz"，如图 8-37 所示，完成后单击

"确定"按钮。

**Step03** 执行"文件>导入"命令，打开"导入"对话框，选中本章素材"Megusta.mp3"，将其拖入至"时间轴"面板中的 A1 轨道中，如图 8-38 所示。

图 8-37 ㅤㅤㅤㅤㅤㅤㅤㅤㅤㅤㅤㅤ 图 8-38

**Step04** 在"效果"面板中搜索"延迟"效果，选中并拖拽至"时间轴"面板中的音频素材上，如图 8-39 所示。

**Step05** 在"时间轴"面板中选中音频素材，打开"效果控件"面板，设置"延迟"效果参数，如图 8-40 所示。

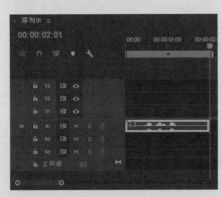 

图 8-39 ㅤㅤㅤㅤㅤㅤㅤㅤㅤㅤㅤㅤ 图 8-40

至此，完成回声效果的制作。

---

📋 **课堂练习** 制作超重低音效果

下面将通过"低通"效果删除高于指定频率界限的频率，制作超重低音。

**Step01** 执行"文件>新建>项目"命令，创建项目文件。

**Step02** 执行"文件>新建>序列"命令，在弹出的"新建序列"对话框中选择"DV-PAL"中的"标准 48kHz"，如图 8-41 所示。

扫一扫 看视频

执行"文件＞导入"命令，打开"导入"对话框，选中本章素材"电子音乐 .mp3"将其导入至"项目"面板中，选中音频素材，拖拽至"时间轴"面板中的 A1 轨道中，如图 8-42 所示。

图 8-41 图 8-42

**Step04** 在"时间轴"面板中选中音频素材，打开"效果控件"面板，单击"音量"中"级别"前的"切换动画"按钮，设置"级别"参数为"−10.0dB"，如图 8-43 所示。

**Step05** 在"效果"面板中搜索"低通"效果，选中并拖拽至"时间轴"面板中的音频素材上，如图 8-44 所示。

图 8-43 图 8-44

至此，完成超重低音效果制作。

---

📑 **课堂练习** 消除背景杂音

扫一扫 看视频

下面将通过"自适应降噪"效果来消除背景杂音。

**Step01** 执行"文件＞新建＞项目"命令，创建项目文件。

**Step02** 执行"文件＞新建＞序列"命令，在弹出的"新建序列"对话框中选择"DV-PAL"中的"标准 48kHz"，如图 8-45 所示，完成后单击"确定"按钮。

**Step03** 执行"文件＞导入"命令，打开"导入"对话框，选中本章素材"杂音 .mp3"，并将其拖拽至"时间轴"面板中的 A1 轨道中，如图 8-46 所示。

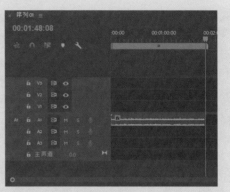

图 8-45 　　　　　　　　　　　　　图 8-46

**Step04** 在"效果"面板中搜索"自适应降噪"效果，选中并拖拽至"时间轴"面板中的音频素材上，如图 8-47 所示。

**Step05** 在"时间轴"面板中选中音频素材，打开"效果控件"面板，单击"自适应降噪"中的"编辑"按钮，打开"剪辑效果编辑器 - 自适应降噪"对话框，在该对话框中设置"降噪幅度"参数为"10.00dB"，如图 8-48 所示，完成后关闭该对话框。

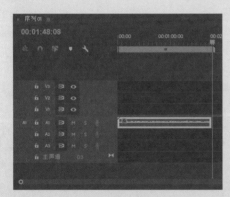
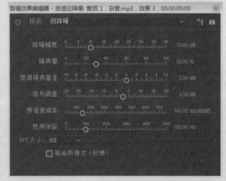

图 8-47 　　　　　　　　　　　　　图 8-48

至此，背景噪声消除完毕。

---

**综合实战　制作混响音频效果**

学习完本章内容后，下面将利用"室内混响"等音频效果来制作混响音频效果，以增强音乐的渲染气氛。

**Step01** 执行"文件＞新建＞项目"命令，创建项目文件。

**Step02** 执行"文件＞新建＞序列"命令，在弹出的"新建序列"对

扫一扫 看视频

话框中选择"DV-PAL"中的"标准 48kHz",打开"轨道"选项卡,在该选项卡中设置轨道参数,如图 8-49 所示,完成后单击"确定"按钮。

Step03 执行"文件>导入"命令,打开"导入"对话框,选中本章素材"交响乐 .mp3",将其拖拽至"时间轴"面板中的 A1 轨道中,如图 8-50 所示。

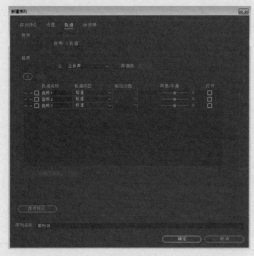
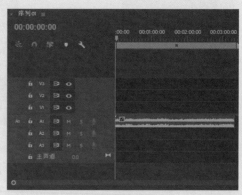

图 8-49                                        图 8-50

Step04 打开"效果"面板,搜索"环绕声混响"效果,如图 8-51 所示,选中该效果并按住拖拽至音频素材上。

Step05 在"时间轴"面板中选中音频素材,打开"效果控件"面板,单击"环绕声混响"中的"编辑"按钮,打开"剪辑效果编辑器 - 环绕声混响"对话框,如图 8-52 所示。在该对话框中设置"预设"为"大厅","脉冲"为"大型穹顶",点击关闭。

图 8-51                                        图 8-52

Step06 在"时间轴"面板中选中音频素材,打开"效果控件"面板,移动时间标记至 0 秒处,设置"音量"中的"级别"参数为"-10dB",并添加关键帧,移动时间标记至 10 秒处,设置"音量"中的"级别"参数为"0dB",移动时间标记至 3 分 11 秒处,设置"音量"中的"级别"参数为"0dB",移动时间标记至结尾处,设置"音量"中的"级别"参数为"-10dB",如图 8-53 所示。

Step07 执行"文件>导入"命令,导入本章素材"演奏 .jpg",并拖拽至"时间轴"面板中的 V1 轨道中,如图 8-54 所示。

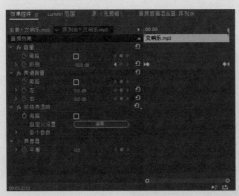
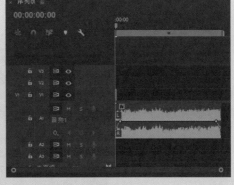

图 8-53 图 8-54

**Step08** 在"时间轴"面板中选中图像素材，单击鼠标左键，在弹出的菜单栏中选择"速度 / 持续时间"命令，在弹出的"剪辑速度 / 持续时间"对话框中设置"持续时间"为"00:03:21:12"，如图 8-55 所示。

**Step09** 在"效果"面板中搜索"渐隐为黑色"效果，选中并拖拽至图像素材的开始和结尾处，并在"效果控件"面板中设置"持续时间"为 10 秒，如图 8-56 所示。

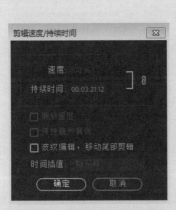
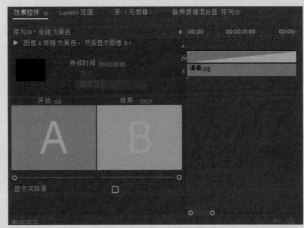

图 8-55 图 8-56

至此，完成混响音频效果的制作。

## 📖 课后作业  制作和声效果

### 项目需求

为提供的音频素材文件添加合适的和声效果，使音频听起来更加饱满。

### 项目分析

导入音频素材文件后，为素材添加"和声 / 镶边"音频效果，在"效果空间"面板中对音频效果进行编辑，选择合适的预设。

177

## 项目效果

项目制作效果如图 8-57 所示。

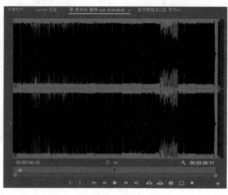

图 8-57

## 操作提示

**Step01** 导入音频素材。

**Step02** 在"效果"面板中搜索"和声 / 镶边"音频效果，添加到素材中。

**Step03** 调整"预设"为"厚重和声"。

# 第9章
# 渲染与输出

★ **内容导读**

影片编辑完成后，就可以渲染输出为独立的文件，以便于查看和保存。Premiere 软件提供了多种影片的输出方式。本章将向读者介绍项目文件的输出与渲染操作，包括输出的方式、可输出的格式以及输出选项的设置等。

✪ **学习目标**

○ 了解可输出的格式
○ 学会设置输出参数

输出影片前，需要做好各项准备工作，包括设置好时间轴、渲染预览以及输出方式等。下面介绍影片输出前的准备工作。

## 9.1.1 时间线设置

将素材置入"时间轴"面板中后，可以通过移动底部的滑块，调整工作区域，如图9-1、图9-2所示。

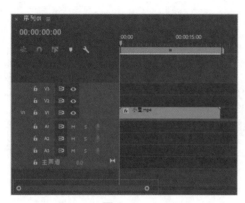 

图 9-1                     图 9-2

当然，用户也可以拖动右侧的滑块，调整轨道显示比例，如图9-3、图9-4所示。

图 9-3                     图 9-4

## 9.1.2 渲染预览

将编辑好的文字、图像、音频和视频效果做预处理即为渲染，可以生成暂时的预览视频，使用户在编辑时预览流畅，提高最终的输出速度。

选中需要渲染的工作区域，执行"序列 > 渲染入点到出点的效果"命令或按 Enter 键即可，如图9-5所示。

图 9-5

若在"序列"菜单栏中找不到"渲染入点到出点的效果"命令,移动鼠标至"时间轴"面板中,单击序列名称旁边的**≡**按钮,在弹出的菜单栏中取消勾选"工作区域栏"即可。

## 9.1.3 输出方式

影片制作完成后,就可以将其输出。执行"文件>导出>媒体"命令,如图9-6所示,弹出"导出设置"对话框,如图9-7所示,在该对话框中设置参数,完成后单击"导出"按钮,即可输出影片。

图 9-6 图 9-7

按 Ctrl+M 组合键可快速打开"导出设置"对话框进行设置,完成后单击"导出"按钮即可。

📋 **课堂练习** 预渲染保存植物四季变化短视频

下面将利用新建项目、导入素材、渲染、保存等操作来预渲染植物四季变化短视频文件并保存。

**Step01** 执行"文件>新建>项目"命令,创建项目文件。

**Step02** 执行"文件>新建>序列"命令,在弹出的"新建序列"对话框中选择"DV-PAL"中的"标准 48kHz",如图9-8所示,完成后单击"确定"按钮。

**Step03** 执行"文件>导入"命令,打开"导入"对话框,选中本章素材文件,将其按照季节顺序拖拽至"时间轴"面板中的 V1 轨道中,如图9-9所示。

**Step04** 移动鼠标至"时间轴"面板底部的滑块,按住并向左拖动,调整工作区域,如图9-10所示。

扫一扫 看视频

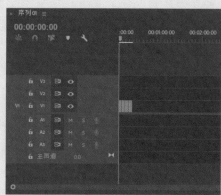

图 9-8                                                     图 9-9

**Step05** 打开"效果"面板,搜索"交叉溶解"效果,如图 9-11 所示。

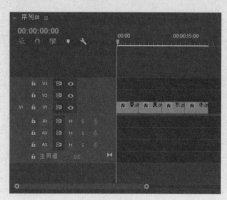

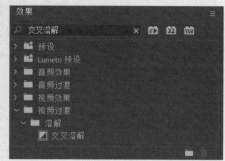

图 9-10                                                   图 9-11

**Step06** 选中"交叉溶解"视频过渡效果,拖拽至"时间轴"面板中素材"春 .jpg"和素材"夏 .jpg"之间,如图 9-12 所示。

**Step07** 在"时间轴"面板中选中"交叉溶解"视频过渡效果,打开"效果控件"面板,设置"持续时间"为 3 秒,"对齐"方式为"中心切入",如图 9-13 所示。

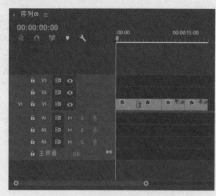

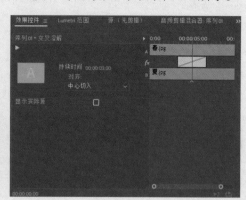

图 9-12                                                   图 9-13

**Step08** 使用相同的方法，在"夏.jpg"和"秋.jpg"素材之间添加"圆划像"视频过渡效果；在"秋.jpg"和"冬.jpg"素材之间添加"风车"视频过渡效果，并在"效果控件"面板中设置"持续时间"为3秒，"对齐"方式为"中心切入"，如图9-14、图9-15所示。

图 9-14

图 9-15

**Step09** 在"节目"监视器面板中预览效果，如图9-16所示。

**Step10** 执行"序列＞渲染入点到出点的效果"命令，系统自动渲染工作区域，完成后，"时间轴"面板中的状态线中红色部分变为绿色，如图9-17所示。

图 9-16

图 9-17

**Step11** 执行"文件＞保存"命令，保存当前文档。

至此，完成影片素材的预渲染保存操作。

# 9.2 熟悉可输出的所有格式

在使用 Premiere 软件输出文件时，为了适应不同播放软件的格式要求，可以输出不同格式的文件。本节将针对可输出的视频格式、音频格式以及图像格式进行介绍。

### 9.2.1 可输出视频格式

Premiere 软件可输出的视频格式文件有很多种，下面针对一些常见的视频格式文件进行

183

介绍。

（1）AVI 格式文件

AVI 即音频视频交错格式，该格式可以将音频和视频同步播放，其采用帧内有损压缩，但画面质量好、兼容好、调用方便，应用范围比较广泛。AVI 文件主要应用在多媒体光盘上，用来保存电视、电影等各种影像信息。

（2）QuickTime 格式文件

QuickTime 格式文件即 MOV 格式文件，是 Apple 公司开发的一种音频、视频文件格式，用于存储常用数字媒体类型。

（3）MPEG4 格式文件

MPEG 是运动图像压缩编码国际通用标准，其中 MPEG4 是网络视频图像压缩标准之一，其压缩比比较高，便于网上传输和播放。

（4）H.264 格式文件

H.264 格式是 MPEG4 第十部分，是高度压缩的数字视频编解码器标准。与 MPEG 等压缩技术相比，H.264 具有很高的数据压缩比率，同时还拥有高质量流畅的图像，网络适应性强，更加经济。

## 9.2.2 可输出音频格式

Premiere 软件可输出的音频格式也有很多种，下面是一些常见的音频格式文件。

（1）MP3 格式文件

MP3 是一种音频压缩技术，其全称是动态影像专家压缩标准音频层面 3（Moving Picture Experts Group Audio Layer III），简称为 MP3。MP3 格式可以大幅度地降低音频数据量，但会损耗音质。

（2）波形音频格式文件

波形音频格式文件又称 WAV 格式，是最早的数字音频格式，后缀名是 ".wav"。WAV 格式音质好，支持许多压缩算法，支持多种音频位数、采样频率和声道，但其依照声音的波形进行存储，需要占用较大的存储空间，因此不便于交流和传播。

（3）Windows Media 格式文件

Windows Media 格式简称为 WMA，是微软公司推出的一种音频格式。WMA 格式在压缩比和音质方面都超过了 MP3，该格式是以减少数据流量但保持音质的方法来达到更高的压缩率目的的，其压缩率一般可以达到 1∶18，生成的文件大小只有相应 MP3 文件的一半。

（4）AAC 音频格式文件

AAC 是一种专为声音数据设计的文件压缩格式，中文名为 "高级音频编码"，与 MP3 相比，AAC 格式的音质更佳，文件更小，但 AAC 格式为有损压缩，音质上有所不足。

## 9.2.3 可输出图像格式

Premiere 软件可输出的图像格式也有很多种，下面针对一些常见的图像格式文件进行介绍。

（1）BMP 格式文件

BMP 格式是 Windows 操作系统中的标准图像文件格式，可以分为设备相关位图（DDB 文件格式）和设备无关位图（DIB 文件格式）两种。BMP 格式包含的图像信息较丰富，除图像深度可选外，不采用其他任何压缩，因此，该格式文件占用的空间很大。

（2）GIF 格式文件

GIF 是图像交换格式的简称，该格式采用了一种无损压缩算法，压缩效率也比较高，且 GIF 支持在一幅 GIF 文件中记录多幅彩色图像，并按一定的顺序和时间间隔将多幅图像依次读出并显示在屏幕上，形成一种简单的动画效果。

（3）PNG 格式文件

PNG 格式即便携式网络图形，是一种无损压缩的位图片形格式。PNG 的设计目的是试图替代 GIF 和 TIFF 文件格式，同时增加一些 GIF 文件格式所不具备的特性。因其压缩比高，生成文件体积小，该格式一般应用于 Java 程序、网页中。

（4）Targa 格式文件

Targa（TGA）格式是计算机上应用最广泛的图像格式，文件后缀为 ".tga"，兼具 BMP 的图像质量和 JPEG 的体积优势。因兼具体积小和效果清晰的特点，其在 CG 领域常作为影视动画的序列输出格式。

---

**课堂练习** 制作宠物猫 GIF 动画

下面将利用新建项目、导入素材、输出等操作来制作输出宠物猫 GIF 动画。

扫一扫 看视频

**Step01** 打开 Premiere 软件，执行 "文件＞新建＞项目" 命令，创建项目文件。

**Step02** 执行 "文件＞新建＞序列" 命令，在弹出的 "新建序列" 对话框中选择 "DV-PAL" 中的 "标准 48kHz"，如图 9-18 所示，完成后单击 "确定" 按钮。

**Step03** 执行 "文件＞导入" 命令，打开 "导入" 对话框，选中本章素材 "猫 .mp4"，将其拖拽至 "时间轴" 面板中的 V1 轨道中，在弹出的 "剪辑不匹配警告" 中单击 "保持现有设置" 按钮，选中 "时间轴" 面板中的素材文件，单击鼠标右键，在弹出的菜单栏中执行 "缩放为帧大小" 命令，效果如图 9-19 所示。

图 9-18

图 9-19

**Step04** 打开"效果控件"面板，设置"缩放"参数为"130.0"，如图 9-20 所示，效果如图 9-21 所示。

图 9-20　　　　　　　　　　　　　　　　　　图 9-21

**Step05** 在"时间轴"面板中移动时间标记至 6 秒处，单击"工具"面板中的"剃刀工具"按钮，在时间标记处单击并删除多余部分，如图 9-22 所示。

**Step06** 单击"工具"面板中的"文字工具"按钮，移动鼠标至"节目"监视器面板中，在合适位置单击并输入文字，如图 9-23 所示。

图 9-22　　　　　　　　　　　　　　　　　　图 9-23

**Step07** 在"时间轴"面板中选中文字素材，打开"效果控件"面板，设置自己喜欢的颜色字体，并在"节目"监视器面板中调整位置，如图 9-24 所示。

**Step08** 在"时间轴"面板中选中文字素材，单击鼠标右键，在弹出的菜单栏中选择"速度 / 持续时间"命令，在弹出的"剪辑速度 / 持续时间"对话框中设置"持续时间"为 6 秒，如图 9-25 所示，完成后单击"确定"按钮。

**Step09** 在"时间轴"面板中选中文字素材，打开"效果控件"面板，移动时间标记至 0 秒处，单击"缩放"前的"切换动画"按钮，设置"缩放"参数为"100.0"，如图 9-26 所示。

**Step10** 使用相同的方法，在 2 秒处设置"缩放"参数为"50.0"，4 秒处设置"缩放"参数为"100.0"，6 秒处设置"缩放"参数为"80.0"，如图 9-27 所示。

图 9-24　　　　　　　　　　　　　　　　　图 9-25

图 9-26　　　　　　　　　　　　　　　　　图 9-27

**Step11** 执行"文件＞导出＞媒体"命令，打开"导出设置"对话框，在该对话框中设置"格式"为"动画 GIF"，单击"输出名称"后面的"序列 01.gif"，在弹出的"另存为"对话框中设置文件的保存路径及名称，如图 9-28 所示，完成后单击"保存"按钮。

**Step12** 在"导出设置"对话框中勾选"使用最高渲染质量"复选框，单击"导出"按钮，如图 9-29 所示。

图 9-28　　　　　　　　　　　　　　　　　图 9-29

**Step13** 此时弹出"编码 序列 01"渲染进度条，如图 9-30 所示，完成后，可在设置的存储路径中找到导出的 GIF 格式文件，如图 9-31 所示。

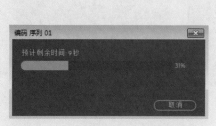

图 9-30

图 9-31

至此，完成 GIF 格式文件的输出。

## 9.3　输出设置

影片编辑完成后，通常需要设置影片输出参数，如图 9-32 所示，包括导出设置、视频设置和音频设置等，本节将针对影片输出的常用设置进行介绍。

图 9-32

### 9.3.1　导出设置

"导出设置"选项卡可以确定影片项目的导出格式、路径、输出名称等。

执行"文件＞导出＞媒体"命令，弹出"导出设置"对话框，如图 9-33 所示，在该对话框中的"导出设置"选项卡中，可以设置影片的格式、名称等，如图 9-34 所示。

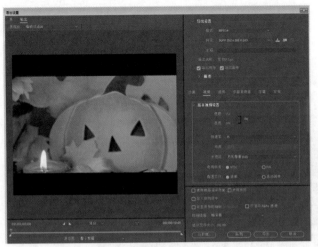

图 9-33

图 9-34

下面对其中的选项进行介绍。

- 格式：用于设置影片导出的文件格式。
- 预设：用于设置影片的编码配置。
- 注释：在影片导出时添加的注解。
- 输出名称：设置影片导出的名称及路径。
- 导出视频：勾选该复选框，可导出影片的视频部分。
- 导出音频：勾选该复选框，可导出影片的音频部分。
- 摘要：显示影片的输出信息及源信息。

## 9.3.2 视频选项设置

在"导出设置"对话框中的"导出设置"选项卡中设置完成后，还可以在"视频"选项卡中针对影片的视频属性进行更详细的编辑设置，如图 9-35 所示为"视频"选项卡。

其中，部分选项作用如下。

- 视频编解码器：用于设置视频解码类型。
- 基本视频设置：用于设置视频的宽度、高度、帧速率、场序、长宽比等参数，如图 9-36 所示。

图 9-35

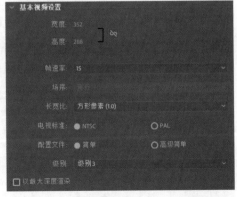

图 9-36

189

- 高级设置：用于设置关键帧等参数，如图 9-37 所示。

### 9.3.3 音频选项设置

设置完成"视频"选项卡后，还可以在"音频"选项卡中针对影片的音频属性进行更详细的编辑设置，如图 9-38 所示为"音频"选项卡。

图 9-37　　　　　　　　　　　　图 9-38

在"音频"选项卡中的"基本音频设置"中，可以对音频的音频编解码器、采样率、声道等参数进行设置。

---

**课堂练习**　将水中气泡输出为 AVI 格式视频

下面将利用新建项目、导入素材、输出等操作来将水中气泡视频输出为 AVI 格式。

**Step01** 执行"文件>新建>项目"命令，创建项目文件。

**Step02** 执行"文件>新建>序列"命令，在弹出的"新建序列"对话框中选择"DV-PAL"中的"标准 48kHz"，如图 9-39 所示，完成后单击"确定"按钮。

图 9-39

**Step03** 在"项目"面板空白处双击，打开"导入"对话框，选中本章素材文件，将其导入至"项目"面板中。将"粉 .mp4"素材拖拽至"时间轴"面板中的 V1 轨道中，在弹出的"剪辑不匹配警告"中单击"保持现有设置"按钮，选中"时间轴"面板中的素材文件，单击鼠标右键，在弹出的菜单栏中执行"缩放为帧大小"命令，效果如图 9-40 所示。

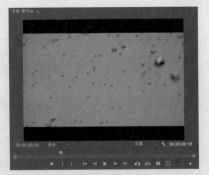

图 9-40

**Step04** 使用同样的方法，将素材"黄 .mp4"拖拽至"时间轴"面板中的 V2 轨道中，并调整大小，如图 9-41、图 9-42 所示。

图 9-41

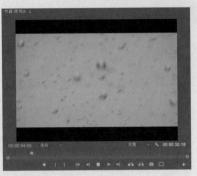

图 9-42

**Step05** 在"时间轴"面板中移动时间标记至 30 秒处，单击"工具"面板中的"剃刀工具"按钮，在素材"粉 .mp4"和"黄 .mp4"上时间标记处单击并删除多余部分，如图 9-43 所示。

**Step06** 在"时间轴"面板中移动时间标记至 14 秒处，单击"工具"面板中的"剃刀工具"按钮，在素材"黄 .mp4"上时间标记处单击并删除多余部分，如图 9-44 所示。

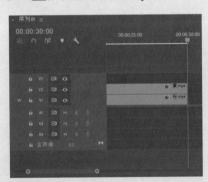

图 9-43

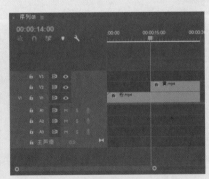

图 9-44

**Step07** 在"时间轴"面板中移动时间标记至 16 秒处，单击"工具"面板中的"剃刀工具"按钮，在素材"粉 .mp4"上时间标记处单击并删除多余部分，如图 9-45 所示。

**Step08** 打开"效果"面板，搜索"时钟式擦除"视频过渡效果，拖拽至素材"黄 .mp4"的入点处，并在"效果控件"面板中设置过渡效果"持续时间"为 2 秒，如图 9-46 所示。

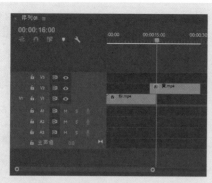

图 9-45　　　　　　　　　　　　图 9-46

**Step09** 使用相同的方法，在素材"粉 .mp4"出点处添加"时钟式擦除"视频过渡效果，并在"效果控件"面板中设置过渡效果"持续时间"为 2 秒，如图 9-47 所示。

**Step10** 打开"效果"面板，搜索"渐隐为黑色"视频过渡效果，拖拽至素材"黄 .mp4"的出点处和素材"粉 .mp4"的入点处，如图 9-48 所示。

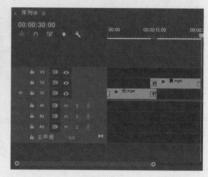

图 9-47　　　　　　　　　　　　图 9-48

**Step11** 按 Ctrl+M 组合键打开"导出设置"对话框，设置"格式"为"AVI"，单击"输出名称"后面的"序列 01.avi"，在弹出的"另存为"对话框中设置文件的保存路径及名称，如图 9-49 所示，完成后单击"保存"按钮。

**Step12** 在"导出设置"对话框中设置"视频"选项卡中的"视频编解码器"为"Microsoft Video 1"，"场序"为"逐行"，勾选"使用最高渲染质量"复选框，单击"导出"按钮，如图 9-50 所示。

图 9-49　　　　　　　　　　　　图 9-50

**Step13** 此时弹出"编码 序列 01"渲染进度条，如图 9-51 所示，完成后，可在设置的存储路径中找到导出的 AVI 格式文件，如图 9-52 所示。

图 9-51　　　　　　　　　　　　　　　　图 9-52

至此，完成 AVI 格式文件的输出。

---

 **综合实战** 制作并输出电子相册

学习完本章内容后，下面将利用新建项目、导入素材、输出等操作来制作并输出电子相册。

**Step01** 执行"文件＞新建＞项目"命令，创建项目文件。

**Step02** 执行"文件＞新建＞序列"命令，在弹出的"新建序列"对话框中选择"DV-PAL"中的"标准 48kHz"，如图 9-53 所示，完成后单击"确定"按钮。

图 9-53

**Step03** 在"项目"面板空白处双击，打开"导入"对话框，在"导入"对话框中选中本章素材"音频 .mp3""封面 .jpg""风景 1.jpg""风景 2.jpg""风景 3.jpg""封底 .jpg"，导入"项目"面板。

**Step04** 选中"封面.jpg""风景1.jpg""风景2.jpg""风景3.jpg""封底.jpg",依次拖拽至"时间轴"面板中的V1轨道中,选中素材"音频.mp3"拖拽至"时间轴"面板中的A1轨道中,移动鼠标至"时间轴"面板底部的滑块,按住并向左拖动,调整工作区域,效果如图9-54所示。

**Step05** 移动"时间轴"面板中的时间标记至25秒处,单击"工具"面板中的"剃刀工具"按钮🔪,在"时间轴"面板中音频素材上单击并删除多余部分,调整工作区域,如图9-55所示。

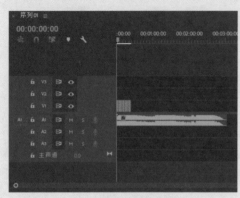

图9-54                           图9-55

**Step06** 在"时间轴"面板中选中音频素材,单击鼠标右键,在弹出的菜单栏中选择"音频增益"命令,在弹出的"音频增益"对话框中设置"调整增益值"数值为"−10dB",如图9-56所示,完成后单击"确定"按钮。

**Step07** 打开"效果"面板,搜索"渐隐为黑色"效果,选中并拖拽至素材"封面.jpg"入点处,如图9-57所示。

图9-56

**Step08** 在"时间轴"面板中选中"渐隐为黑色"视频过渡效果,打开"效果控件"面板,设置"持续时间"为2秒,如图9-58所示。

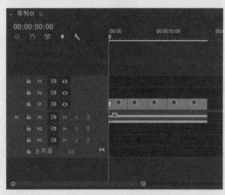

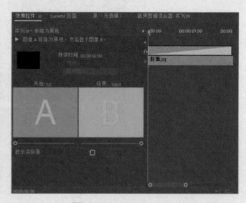

图9-57                           图9-58

**Step09** 使用相同的方法，在素材"封底.jpg"出点处添加"渐隐为黑色"视频过渡效果，并设置"持续时间"为2秒，如图9-59所示。

**Step10** 在"效果"面板中搜索"带状擦除"视频过渡效果，选中并拖拽至素材"封面.jpg"和"风景1.jpg"之间，如图9-60所示。

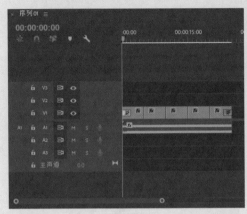

图9-59                                     图9-60

**Step11** 在"时间轴"面板中选中"带状擦除"视频过渡效果，打开"效果控件"面板，设置"持续时间"为4秒，"对齐"为"中心切入"，如图9-61所示。

**Step12** 使用相同的方法，在"风景1.jpg"和"风景2.jpg"之间添加"棋盘"视频过渡效果，在"风景2.jpg"和"风景3.jpg"之间添加"油漆飞溅"视频过渡效果，在"风景3.jpg"和"封底.jpg"之间添加"立方体旋转"视频过渡效果，并设置"持续时间"为4秒，"对齐"为"中心切入"，如图9-62所示。

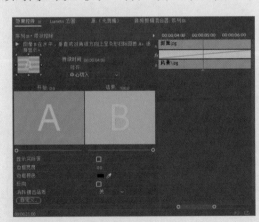

图9-61                                     图9-62

**Step13** 执行"文件>新建>旧版标题"命令，弹出"新建字幕"对话框，设置参数，如图9-63所示，单击"确定"按钮，弹出"字幕"面板，如图9-64所示。

**Step14** 单击"字幕"面板中的"文字工具"按钮▣，在工作区域单击并输入文字。如图9-65所示。

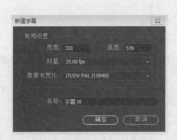

图 9-63

图 9-64

**Step15** 使用"选择工具" ▶选中工作区域中的文字，在"旧版标题属性"下方设置文字字体为"黑体"，字体大小为"30.0"，字符间距为"–10.0"，颜色为白色，如图 9-66 所示。

图 9-65

图 9-66

**Step16** 单击"字幕"面板中的"直线工具"按钮▨，在工作区域中文字上下绘制直线，效果如图 9-67 所示。关闭"字幕"面板。

**Step17** 在"项目"面板中选中字幕素材，拖拽至"时间轴"面板中的 V2 轨道中，如图 9-68 所示。

图 9-67

图 9-68

Step18 在"时间轴"面板中选中字幕素材，打开"效果控件"面板，移动时间标记至 0 秒处，单击"不透明度"参数前的"切换动画"按钮，设置参数为"0.0"，如图 9-69 所示。

Step19 调整时间标记至 2 秒 12 帧处，设置"不透明度"参数为"100%"，调整时间标记至 5 秒处，设置"不透明度"参数为"0.0"，如图 9-70 所示。

图 9-69

图 9-70

Step20 在"效果"面板中搜索"指数淡化"音频过渡效果，选中并拖拽至音频素材的出入点处，如图 9-71 所示。

Step21 选中"时间轴"面板，执行"序列＞渲染入点到出点的效果"命令，渲染影片，效果如图 9-72 所示。

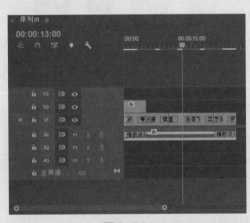

图 9-71

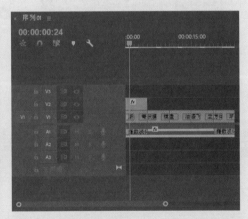

图 9-72

Step22 按 Ctrl+M 组合键打开"导出设置"对话框，设置"格式"为"AVI"，单击"输出名称"后面的"序列 01.avi"，在弹出的"另存为"对话框中设置文件的保存路径及名称，如图 9-73 所示，完成后单击"保存"按钮。

Step23 在"导出设置"对话框中设置"视频"选项卡中的"视频编解码器"为"Microsoft Video 1"，"场序"为"逐行"，勾选"使用最高渲染质量"复选框，单击"导出"按钮，如图 9-74 所示。

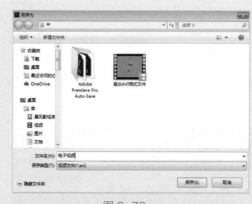

图 9-73　　　　　　　　　　　　　　　　图 9-74

**Step24** 此时弹出"编码 序列 01"渲染进度条，如图 9-75 所示，完成后，可在设置的存储路径中找到导出的"电子相册"文件，如图 9-76 所示。

图 9-75　　　　　　　　　　　　　　图 9-76

至此，完成电子相册制作及导出。

---

## 📖 课后作业　制作星空短片片头

### 项目需求

　　受某公司委托，为其短片制作片头，要求时间短，便于查看。

### 项目分析

　　H.264 具有很高的数据压缩比率，同时还拥有高质量流畅的图像，网络适应性强，所以这里选择 H.264 输出。根据提供的素材文件，对其播放速度进行调整，添加字幕文件，突出主题。

### 项目效果

　　项目制作效果如图 9-77、图 9-78 所示。

图 9-77

图 9-78

## 操作提示

Step01 新建项目和序列，导入本章素材。

Step02 调整素材持续时间，添加字幕文件及效果。

Step03 输出文件。

# 第10章
# 综合实战案例

★ **内容导读**

本章主要对旅游快闪宣传片和微视频等实例进行介绍。通过本章的学习，读者可以复习和理解之前章节学过的内容，综合应用 Premiere 软件中的工具、效果等，制作完整的案例。

⟳ **学习目标**

○ 学会添加字幕素材
○ 学会添加编辑视频效果和视频过渡效果
○ 学会添加关键帧

# 10.1 制作旅游快闪宣传片

宣传片是制作电视、电影的表现手法。本节将通过制作宣传片，介绍如何添加字幕、关键帧等。

## 10.1.1 添加并调整视频素材

下面将利用彩色遮罩与视频素材的合理结合来制作旅游快闪宣传片的雏形。

**Step01** 执行"文件>新建>项目"命令，创建项目文件。

**Step02** 执行"文件>新建>序列"命令，在弹出的"新建序列"对话框中选择"设置"选项卡，设置"编辑模式"为"自定义"，"帧大小"为"1920"，"水平"为"1080"，"像素长宽比"为"方形像素（1.0）"，"场"为"无场（逐行扫描）"，如图 10-1 所示，完成后单击"确定"按钮。

**Step03** 在"项目"面板空白处双击，打开"导入"对话框，在"导入"对话框中选中本章素材"敲击.wav""P1.jpg"～"P15.jpg"。

**Step04** 在"项目"面板中单击"新建项"按钮 ，在弹出的菜单栏中选择"彩色遮罩"命令，在弹出的"新建颜色遮罩"对话框中单击"确定"按钮，在弹出的"拾色器"对话框中设置颜色参数，如图 10-2 所示。完成后，单击"确定"按钮，设置名称为"橘色"。

图 10-1

图 10-2

**Step05** 选中新建的颜色遮罩"橘色"，拖拽至"时间轴"面板中的 V1 轨道，如图 10-3 所示。

**Step06** 在"时间轴"面板中选中"橘色"素材，单击鼠标右键，在弹出的菜单栏中选择"速度/持续时间"命令，在"剪辑速度/持续时间"对话框中设置"持续时间"参数，如图 10-4 所示，完成后单击"确定"按钮。

**Step07** 在"项目"面板中选中素材"P1.jpg""P2.jpg""P3.jpg""P4.jpg""P5.jpg"，拖拽至"时间轴"面板中的 V1 轨道中素材"橘色"之后，如图 10-5 所示。

图 10-3                                              图 10-4

**Step08** 在"时间轴"面板中选中素材"P1.jpg",单击鼠标右键,在弹出的菜单栏中选择"速度/持续时间"命令,在"剪辑速度/持续时间"对话框中设置"持续时间"参数为"00:00:00:10",完成后单击"确定"按钮,效果如图10-6所示。

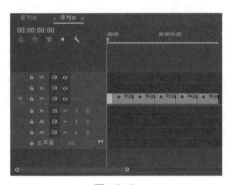
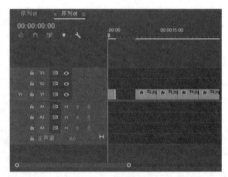

图 10-5                                              图 10-6

**Step09** 使用相同的方法,调整素材"P2.jpg""P3.jpg""P4.jpg""P5.jpg"的"持续时间"参数为"00:00:00:10",并调整其在V1轨道上的位置,使其紧挨在一起,如图10-7所示。

**Step10** 在"时间轴"面板中选中素材"P1.jpg",打开"效果控件"面板,移动时间标记至1秒15帧处,单击"缩放"和"旋转"前的"切换动画"按钮,添加关键帧,并设置"缩放"参数为"50.0","旋转"参数为"-5.0°",如图10-8所示。

图 10-7                                              图 10-8

**Step11** 移动时间标记至2秒处,设置"缩放"参数为"100.0","旋转"参数为"0.0°",如图10-9所示。

**Step12** 在"时间轴"面板中选中素材"P2.jpg",打开"效果控件"面板,移动时间标记至 2 秒处,单击"缩放"和"旋转"前的"切换动画"按钮 ,添加关键帧,并设置"缩放"参数为"100.0","旋转"参数为"0.0°",如图 10-10 所示。

图 10-9

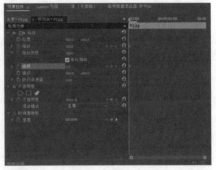

图 10-10

**Step13** 移动时间标记至 2 秒 10 帧处,设置"缩放"参数为"50.0","旋转"参数为"-5.0°",如图 10-11 所示。

**Step14** 在"时间轴"面板中选中素材"P3.jpg",打开"效果控件"面板,移动时间标记至 2 秒 10 帧处,单击"缩放"和"旋转"前的"切换动画"按钮 ,添加关键帧,并设置"缩放"参数为"50.0","旋转"参数为"-5.0°",如图 10-12 所示。

图 10-11

图 10-12

**Step15** 移动时间标记至 2 秒 20 帧处,设置"缩放"参数为"100.0","旋转"参数为"0.0°",如图 10-13 所示。

**Step16** 在"时间轴"面板中选中素材"P4.jpg",打开"效果控件"面板,移动时间标记至 2 秒 20 帧处,单击"缩放"和"旋转"前的"切换动画"按钮 ,添加关键帧,并设置"缩放"参数为"100.0","旋转"参数为"0.0°",如图 10-14 所示。

**Step17** 移动时间标记至 3 秒 05 帧处,设置"缩放"参数为"50.0","旋转"参数为"-5.0°",如图 10-15 所示。

**Step18** 在"时间轴"面板中选中素材"P5.jpg",打开"效果控件"面板,移动时间标记至 3 秒 05 帧处,单击"缩放"和"旋转"前的"切换动画"按钮 ,添加关键帧,并设置"缩放"参数为"50.0","旋转"参数为"-5.0°",如图 10-16 所示。

**Step19** 移动时间标记至 3 秒 15 帧处,设置"缩放"参数为"100.0","旋转"参数为"0.0°",如图 10-17 所示。

图 10-13

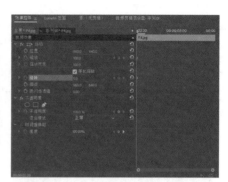
图 10-14

图 10-15

图 10-16

**Step20** 在"项目"面板中单击"新建项"按钮，在弹出的菜单栏中选择"彩色遮罩"命令，在弹出的"新建颜色遮罩"对话框中单击"确定"按钮，在弹出的"拾色器"对话框中设置颜色参数，如图 10-18 所示。完成后单击"确定"按钮，设置名称为"天蓝"。

图 10-17

图 10-18

**Step21** 选中新建的颜色遮罩"天蓝"，拖拽至"时间轴"面板中的 V1 轨道中素材"P5.jpg"之后，如图 10-19 所示。

**Step22** 在"时间轴"面板中选中"天蓝"素材，单击鼠标右键，在弹出的菜单栏中选择"速度 / 持续时间"命令，在"剪辑速度 / 持续时间"对话框中设置"持续时间"参数，如图 10-20 所示，完成后单击"确定"按钮。

**Step23** 在"项目"面板中选中素材"P6.jpg""P7.jpg""P8.jpg""P9.jpg""P10.jpg"，拖拽至"时间轴"面板中的 V1 轨道中素材"天蓝"之后，并调整其持续时间为"00:00:00:10"，如图 10-21 所示。

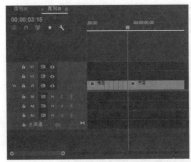

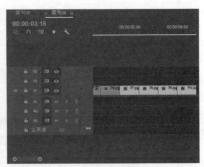

图 10-19        图 10-20        图 10-21

## 10.1.2 添加转场及字幕效果

通过添加转场效果和字幕效果可以丰富视频内容，凸显视频主题。下面将对此操作进行具体的讲解。

**Step01** 打开"效果"面板，搜索"滑动"视频过渡效果，选中并拖拽至素材"P6.jpg"和"P7.jpg"之间，如图10-22所示。

**Step02** 在"时间轴"面板中选中"滑动"效果，打开"效果控件"面板，设置"持续时间"为"00:00:00:06"，"对齐"为"中心切入"，勾选"反向"复选框，如图10-23所示。

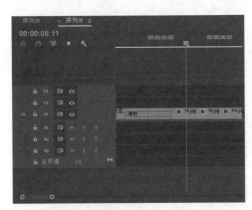
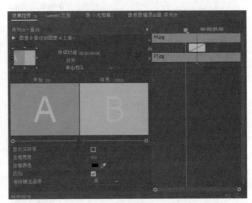

图 10-22               图 10-23

**Step03** 使用相同的方法，在素材"P7.jpg"和"P8.jpg""P8.jpg"和"P9.jpg""P9.jpg"和"P10.jpg"之间添加同样的效果，如图10-24所示。

**Step04** 在"项目"面板中新建"黑色"颜色遮罩，并拖拽至"时间轴"面板中的V1轨道中素材"P10.jpg"之后，设置"持续时间"为"00:00:01:05"，如图10-25所示。

**Step05** 在"项目"面板中选中素材"P11.jpg""P12.jpg""P13.jpg""P14.jpg""P15.jpg"，拖拽至"时间轴"面板中的V1轨道中素材"黑色"之后，并调整其持续时间为"00:00:00:10"，如图10-26所示。

**Step06** 打开"效果"面板，搜索"交叉溶解"视频过渡效果，选中并拖拽至素材"P11.jpg"和"P12.jpg"之间，如图10-27所示。

**Step07** 在"时间轴"面板中选中"滑动"效果，打开"效果控件"面板，设置"持续时间"为"00:00:00:06"，"对齐"为"中心切入"如图10-28所示。

205

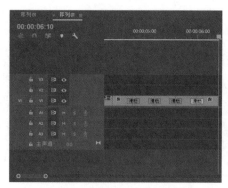
图 10-24

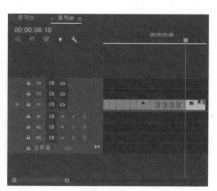
图 10-25

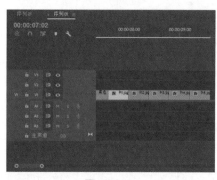
图 10-26

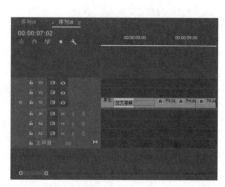
图 10-27

**Step08** 使用相同的方法，在素材"P12.jpg"和"P13.jpg""P13.jpg"和"P14.jpg""P14.jpg"和"P15.jpg"之间添加同样的效果，如图 10-29 所示。

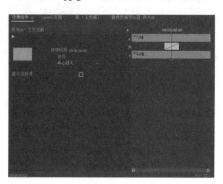
图 10-28

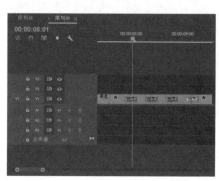
图 10-29

**Step09** 在"项目"面板中选中素材"黑色"，拖拽至"时间轴"面板中素材"P15.jpg"之后，调整其"持续时间"为"00:00:00:10"，在"时间轴"面板中效果如图 10-30 所示。

**Step10** 在"时间轴"面板中移动时间标记至"00:00:01:15"处，单击"工具"面板中的"矩形工具"按钮▣，移动鼠标至"节目"监视器面板中，在合适位置绘制矩形，如图 10-31 所示。

**Step11** 此时，"时间轴"面板中的 V2 轨道上出现"图形"素材，选中该素材，打开"效果控件"面板，取消勾选"填充"复选框，勾选"描边"复选框，并设置颜色为白色，参数为"10.0"，如图 10-32 所示。

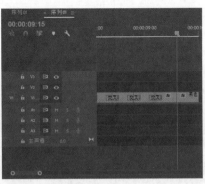

图 10-30

图 10-31

**Step12** 在"时间轴"面板中选中V2轨道上的"图形"素材，设置其"持续时间"为2秒，如图10-33所示。

图 10-32

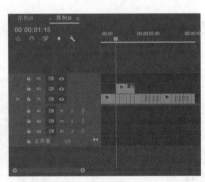

图 10-33

**Step13** 在"时间轴"面板中选中V2轨道上的"图形"素材，按住Alt键拖动复制至4秒10帧处和7秒15帧处，如图10-34所示。

**Step14** 在"时间轴"面板中移动时间标记至"00:00:00:10"处，单击"工具"面板中的"矩形工具"按钮■，移动鼠标至"节目"监视器面板中，在合适位置绘制矩形，使用"选择工具"▶调整大小及旋转中心，如图10-35所示。

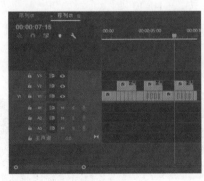

图 10-34

图 10-35

**Step15** 此时，"时间轴"面板中的V3轨道上出现"图形"素材，选中该素材，打开"效果控件"面板，单击"填充"复选框后的色块，在弹出的"拾色器"对话框中设置参数，如图10-36所示，完成后单击"确定"按钮。

**Step16** 在"时间轴"面板中选中 V3 轨道中的"图形"素材，打开"效果控件"面板，移动时间标记至"00:00:00:10"处，单击"形状"中的"旋转"参数前的"切换动画"按钮 🖱️，添加关键帧，并设置"旋转"参数为"-5.0°"，如图 10-37 所示。

图 10-36　　　　　　　　　　　　　图 10-37

**Step17** 移动时间标记至"00:00:01:15"处，设置"旋转"参数为"5.0°"，如图 10-38 所示。

**Step18** 在"时间轴"面板中选中 V3 轨道中的"图形"素材，按住 Alt 键拖拽至 3 秒 15 帧处，删除关键帧，并调整"持续时间"为 20 帧，颜色为粉色，如图 10-39 所示。

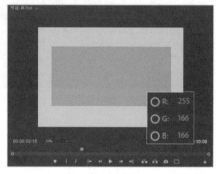

图 10-38　　　　　　　　　　　　　图 10-39

**Step19** 执行"文件＞新建＞旧版标题"命令，弹出"新建字幕"对话框，设置名称为"开头"后单击"确定"按钮，打开"字幕"面板，如图 10-40 所示。

**Step20** 单击"字幕"面板中的"文字工具"按钮 🅣，在工作区域中单击并输入文字，选中文字，设置"字体"为"黑体"，"字体大小"为"150.0"，"行距"为"50.0"，"颜色"为白色，调整文字居中对齐，如图 10-41 所示。

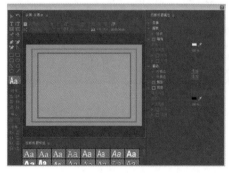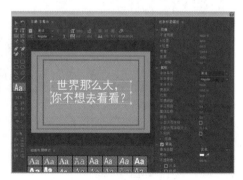

图 10-40　　　　　　　　　　　　　图 10-41

Step21　关闭"字幕"面板，在"项目"面板中选中字幕素材，拖拽至"时间轴"面板中的 V4 轨道中，并调整"持续时间"为 10 帧，如图 10-42 所示。

Step22　在"时间轴"面板中选中字幕素材，打开"效果控件"面板，移动时间标记至 0 秒处，单击"不透明度"前的"切换动画"按钮，添加关键帧，并设置"不透明度"参数为"0.0%"，如图 10-43 所示。

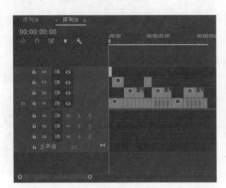

图 10-42　　　　　　　　　　　　　图 10-43

Step23　移动时间标记至 5 帧处，设置"不透明度"参数为"100.0%"；移动时间标记至 10 帧处，设置"不透明度"参数为"0.0%"，如图 10-44、图 10-45 所示。

图 10-44　　　　　　　　　　　　　图 10-45

Step24　使用相同的方法，新建"看"字幕素材，在"字幕"面板中设置"字体"为"黑体"，"字体大小"为"300.0"，"颜色"为白色，调整文字居中对齐，如图 10-46 所示。

Step25　关闭"字幕"面板，在"项目"面板中选中"看"字幕素材，拖拽至"时间轴"面板中的 V4 轨道中"开头"字幕素材之后，并调整"持续时间"为 10 帧，如图 10-47 所示。

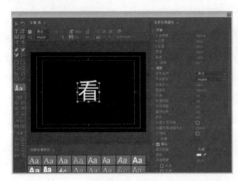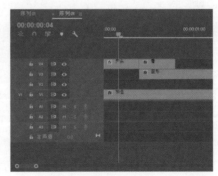

图 10-46　　　　　　　　　　　　　图 10-47

209

Step26 在"时间轴"面板中选中"看"字幕，按住 Alt 键向后拖拽至原素材之后，双击复制的字幕素材打开"字幕"面板，修改文字为"好"，如图 10-48 所示，选中 V4 轨道中的"好"字幕素材，单击鼠标右键，在弹出的菜单栏中选择"重命名"命令，修改其名称。

Step27 使用相同的方法制作"了"素材，如图 10-49 所示。

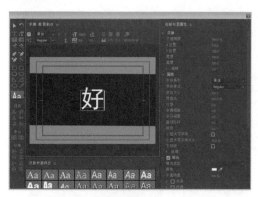

图 10-48

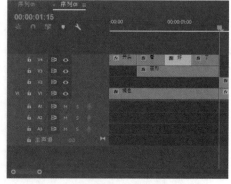

图 10-49

Step28 在"时间轴"面板中移动时间标记至 3 秒 15 帧处，选中 V4 轨道中的"看"字幕素材，按住 Alt 键拖拽至时间标记处，如图 10-50 所示。

Step29 双击复制的字幕素材，打开"字幕"面板，修改文字内容，设置"字体大小"为"300.0"，"颜色"为白色，调整文字居中对齐，如图 10-51 所示，关闭"字幕"面板，重命名素材为"别急"。

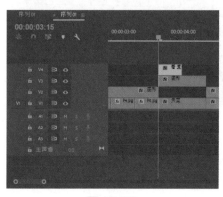

图 10-50

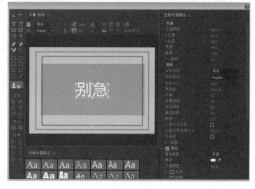

图 10-51

Step30 使用相同的方法，制作"还有"字幕素材，如图 10-52 所示。

Step31 新建"你以为完了"字幕素材，在"字幕"面板中设置"字体"为"黑体"，"字体大小"为"160.0"，"颜色"为白色，调整文字居中对齐，如图 10-53 所示。

Step32 在"项目"面板中选中"你以为完了"字幕素材，拖拽至"时间轴"面板中 V4 轨道 6 秒 10 帧处，并调整"持续时间"为 10 帧，如图 10-54 所示。

Step33 在"时间轴"面板中选中"你以为完了"字幕素材，打开"效果控件"面板，移动时间标记至 6 秒 15 帧处，单击"不透明度"前的"切换动画"按钮 ，添加关键帧，并设置"不透明度"参数为"100.0%"；移动时间标记至 6 秒 20 帧处，设置"不透明度"参数为"0.0%"，如图 10-55 所示。

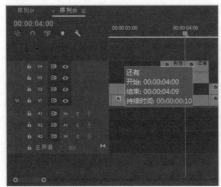

图 10-52

图 10-53

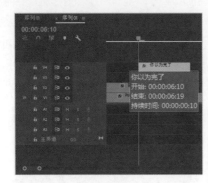

图 10-54

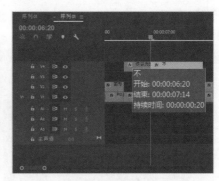

图 10-55

图 10-56

图 10-57

图 10-56

图 10-57

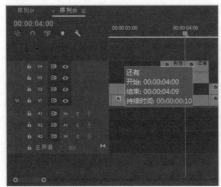

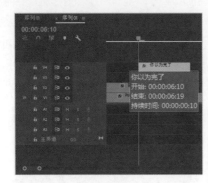

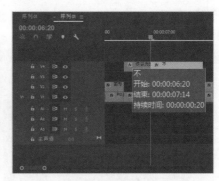

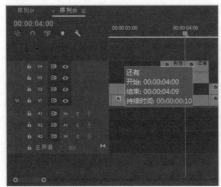

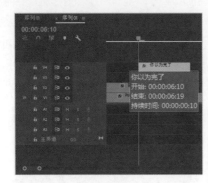

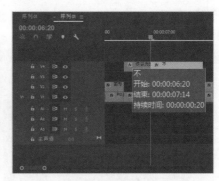

**Step34** 新建"不"字幕素材,在"字幕"面板中设置"字体"为"黑体","字体大小"为"200.0","颜色"为白色,调整文字居中对齐,如图 10-56 所示。

**Step35** 在"项目"面板中选中"不"字幕素材,拖拽至"时间轴"面板中 V4 轨道 6 秒 20 帧处,并调整"持续时间"为 20 帧,如图 10-57 所示。

**Step36** 在"时间轴"面板中选中"不"字幕素材,打开"效果控件"面板,移动时间标记至 6 秒 20 帧处,单击"缩放"前的"切换动画"按钮▧,添加关键帧,并设置"缩放"参数为"0.0";移动时间标记至 7 秒 05 帧处,设置"缩放"参数为"100.0",移动时间标记至 7 秒 15 帧处,设置"缩放"参数为"0.0",如图 10-58 所示。

**Step37** 新建"结尾"字幕素材,在"字幕"面板中设置"字体"为"黑体","字体大小"为"200.0","颜色"为白色,调整文字居中对齐,如图 10-59 所示。

图 10-58

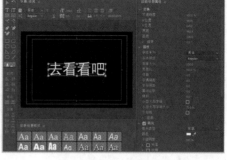
图 10-59

**Step38** 在"项目"面板中选中"结尾"字幕素材，拖拽至"时间轴"面板中 V4 轨道 9 秒 15 帧处，并调整"持续时间"为 10 帧，如图 10-60 所示。

**Step39** 在"时间轴"面板中选中"结尾"字幕素材，打开"效果控件"面板，移动时间标记至 9 秒 15 帧处，单击"缩放"前的"切换动画"按钮，添加关键帧，并设置"缩放"参数为"0.0"；移动时间标记至 9 秒 20 帧处，设置"缩放"参数为"100.0"，如图 10-61 所示。

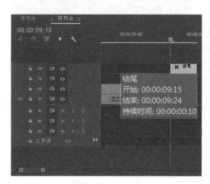
图 10-60

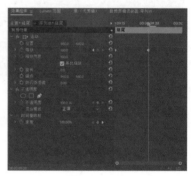
图 10-61

**Step40** 在"项目"面板中选中素材"敲击 .wav"，拖拽至"时间轴"面板中的 A1 轨道中，如图 10-62 所示。

**Step41** 在"时间轴"面板中移动时间标记至 6 秒 22 帧处，单击"工具"面板中的"剃刀工具"按钮，在音频素材靠近时间标记处单击，如图 10-63 所示。

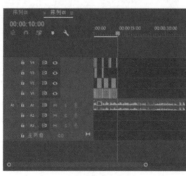
图 10-62

图 10-63

**Step42** 在"时间轴"面板中移动时间标记至 16 秒 22 帧处，单击"工具"面板中的"剃刀工具"按钮，在音频素材靠近时间标记处单击，并删除前后多余部分，如图 10-64 所示。

**Step43** 调整音频位置，如图 10-65 所示。

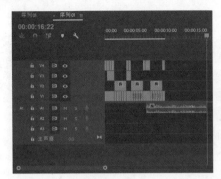
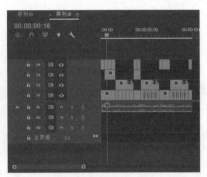

图 10-64　　　　　　　　　图 10-65

**Step44** 执行"文件＞导出＞媒体"命令，打开"导出设置"对话框，设置"格式"为"H.264"，单击"输出名称"后面的"序列 01.mp4"，在弹出的"另存为"对话框中设置文件的保存路径及名称，如图 10-66 所示，完成后单击"保存"按钮。

**Step45** 单击"导出设置"面板中"视频"选项卡中的"匹配源"，单击"导出"按钮，如图 10-67 所示。

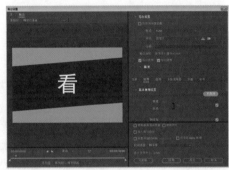

图 10-66　　　　　　　　　图 10-67

**Step46** 此时弹出"编码 序列 01"渲染进度条，如图 10-68 所示，完成后，可在设置的存储路径中找到导出的"旅游快闪宣传片 .mp4"文件，如图 10-69 所示。

图 10-68　　　　　　　　　图 10-69

至此，完成旅游快闪宣传片的制作。

## 10.2 制作自述微视频

微视频是一种较为随意的短片。本节将通过制作微视频，介绍如何添加视频效果、视频过渡效果等。

扫一扫 看视频

### 10.2.1 添加并调整视频素材

下面将利用视频效果和视频过渡效果来制作自述微视频的雏形。这里主要用到的操作是添加音视频素材并对其进行调整，以及添加视频过渡效果使视频转换更为流畅。

**Step01** 执行"文件>新建>项目"命令，创建项目文件。

**Step02** 执行"文件>新建>序列"命令，在弹出的"新建序列"对话框中选择"设置"选项卡，设置"编辑模式"为"自定义"，"帧大小"为"1920"，"水平"为"1080"，"像素长宽比"为"方形像素（1.0）"，"场"为"无场（逐行扫描）"，如图10-70所示，完成后单击"确定"按钮。

**Step03** 在"项目"面板空白处双击，打开"导入"对话框，在"导入"对话框中选中本章素材"春.mp4""冬.mp4""丰收.mp4""时间.mp4""携手.mp4""走过.mp4"和"抒情.m4a"，将其导入"项目"面板中。

**Step04** 在"项目"面板中选中素材"走过.mp4"，拖拽至"时间轴"面板中的V1轨道，在弹出的"剪辑不匹配警告"中单击"保持现有设置"按钮，效果如图10-71所示。

图 10-70

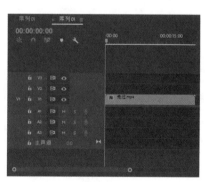

图 10-71

**Step05** 移动"时间轴"面板中的时间标记至6秒22帧处，单击"工具"面板中的"剃刀工具"按钮，在时间标记处单击素材"走过.mp4"，并删除多余部分，如图10-72所示。

**Step06** 在"效果"面板中搜索"色阶"视频效果，选中并拖拽至"时间轴"面板中的"走过.mp4"上，如图10-73所示。

**Step07** 在"时间轴"面板中选中素材"走过.mp4"，打开"效果控件"面板，单击"色阶"中的"设置"按钮，在弹出的"色阶设置"对话框中设置参数，如图10-74所示，完成后单击"确定"按钮。

图 10-72

图 10-73

**Step08** 在"项目"面板中选中素材"春.mp4"，拖拽至"时间轴"面板 V1 轨道中素材"走过.mp4"之后，如图 10-75 所示。

图 10-74

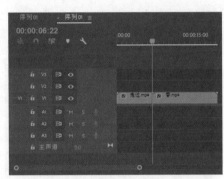

图 10-75

**Step09** 使用相同的方法，将素材"丰收.mp4""冬.mp4""时间.mp4""携手.mp4"按顺序拖拽至"时间轴"面板 V1 轨道中，如图 10-76 所示。

**Step10** 在"效果"面板中搜索"亮度曲线"视频效果，选中并拖拽至"时间轴"面板中的"携手.mp4"上，如图 10-77 所示。

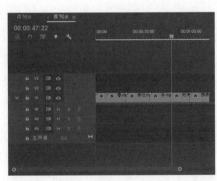

图 10-76

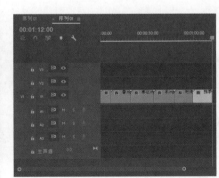

图 10-77

**Step11** 在"时间轴"面板中选中素材"携手.mp4"，打开"效果控件"面板，调整"亮度波形"如图 10-78 所示。

**Step12** 在"效果"面板中搜索"渐隐为黑色"视频过渡效果，拖拽至素材"走过.mp4"入点处，如图 10-79 所示。

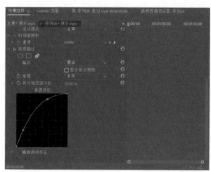
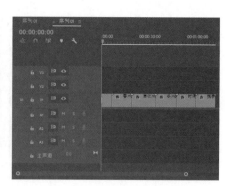

图 10-78        图 10-79

**Step13** 在"时间轴"面板中选中"渐隐为黑色"视频过渡效果，打开"效果控件"面板，设置"持续时间"为"00:00:03:00"，如图 10-80 所示。

**Step14** 使用相同的方法，在素材"携手.mp4"出点处添加"渐隐为黑色"视频过渡效果，并设置"持续时间"为"00:00:03:00"，在"时间轴"面板中效果如图 10-81 所示。

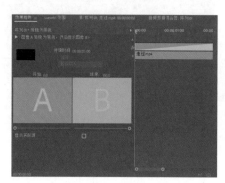
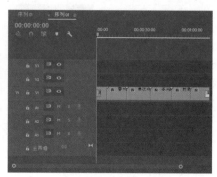

图 10-80        图 10-81

**Step15** 在"效果"面板中搜索"交叉溶解"视频过渡效果，拖拽至素材"走过.mp4"和"春.mp4"之间，如图 10-82 所示。

**Step16** 在"时间轴"面板中选中"交叉溶解"视频过渡效果，打开"效果控件"面板，设置"持续时间"为"00:00:04:00"，"对齐"为"中心切入"，如图 10-83 所示。

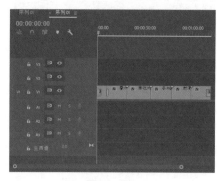
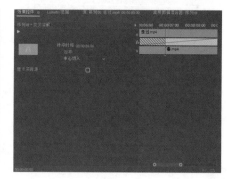

图 10-82        图 10-83

**Step17** 使用相同的方法，在素材"春.mp4"和"丰收.mp4"之间添加"圆划像"视频过渡效果，在素材"丰收.mp4"和"冬.mp4"之间添加"带状擦除"视频过渡效果，在素材"冬.mp4"和"时间.mp4"之间添加"交叉缩放"视频过渡效果,在素材"时间.mp4"和"携手.mp4"之间添加"随机擦除"视频过渡效果,并设置"持续时间"为"00:00:04:00","对齐"为"中心切入",如图10-84所示。

**Step18** 执行"序列>渲染入点到出点的效果"命令,渲染工作区域,完成后,"时间轴"面板中的状态线中红色部分变为绿色,如图10-85所示。

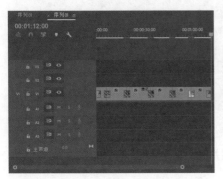
图 10-84

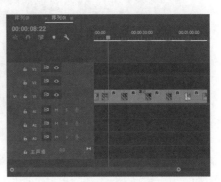
图 10-85

## 10.2.2 添加字幕效果

素材及转场效果添加完成后,可以通过添加字幕的方法,突出视频主题,完善视频效果。

**Step01** 执行"文件>新建>旧版标题"命令,弹出"新建字幕"对话框,设置名称后单击"确定"按钮,打开"字幕"面板,如图10-86所示。

**Step02** 单击"字幕"面板中的"文字工具"按钮 T ,在工作区域中单击并输入文字,选中文字,设置"字体"为"楷体","字体大小"为"60.0","颜色"为白色,调整文字位置,如图10-87所示。

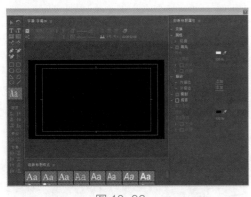
图 10-86

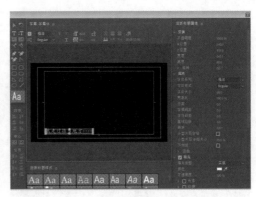
图 10-87

**Step03** 关闭"字幕"面板,在"项目"面板中选中新建的字幕素材,拖拽至"时间轴"面板中的V2轨道上,如图10-88所示。

**Step04** 在"时间轴"面板中选中字幕素材,单击鼠标右键,在弹出的菜单栏中选中"速度/持续时间"命令,打开"剪辑速度/持续时间"对话框,设置"持续时间"为"00:00:06:22",如图10-89所示,完成后单击"确定"按钮。

**Step05** 在"时间轴"面板中选中字幕素材，按住 Alt 键向后拖动至"00:00:06:22"处，并设置"持续时间"为"00:00:12:12"，与下方 V1 轨道上的素材等长，如图 10-90 所示。

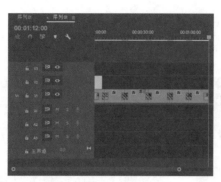

图 10-88 　　　　　　　　　　　　　　图 10-89

**Step06** 在"时间轴"面板中双击复制的字幕素材，打开"字幕"面板，修改文字内容，如图 10-91 所示，完成后关闭"字幕"面板。

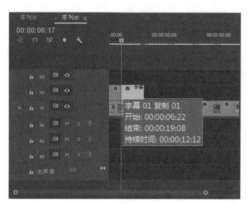

图 10-90 　　　　　　　　　　　　　　图 10-91

**Step07** 使用相同的方法，复制并修改字幕素材，并设置"持续时间"与下方 V1 轨道上的素材等长，如图 10-92、图 10-93 所示。

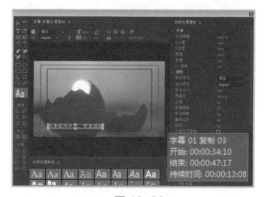

图 10-92 　　　　　　　　　　　　　　图 10-93

**Step08** 使用相同的方法，复制并修改字幕素材，设置其"持续时间"为"00:00:05:00"，如图 10-94、图 10-95 所示。

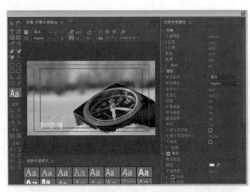

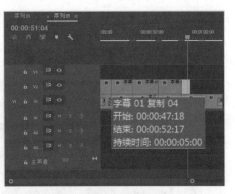

图 10-94                                         图 10-95

**Step09** 使用相同的方法，复制并修改字幕素材，设置其"持续时间"为"00:00:06:22"，如图 10-96、图 10-97 所示。

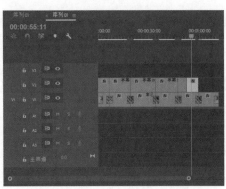

图 10-96                                         图 10-97

**Step10** 使用相同的方法，复制、修改字幕素材，并设置"持续时间"，如图 10-98、图 10-99 所示。

图 10-98                                         图 10-99

## 10.2.3 调整音频效果并导出

音频是完整视频必不可少的一个元素，声音可以增加视频效果的层次。

**Step01** 在"项目"面板中选中素材"抒情.m4a"，拖拽至"时间轴"面板中的 A1 轨道上，使用"剃刀工具"  在"00:01:12:00"处剪切音频素材，并删除多余部分，如图 10-100 所示。

**Step02** 在"效果"面板中搜索"指数淡化"音频过渡效果，拖拽至音频素材的入点和出点处，选中"时间轴"面板中的"指数淡化"音频过渡效果，打开"效果控件"面板，设置"持续时间"为"00:00:02:00"，如图 10-101 所示。

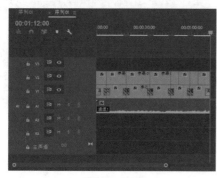

图 10-100                                图 10-101

**Step03** 执行"文件＞导出＞媒体"命令，打开"导出设置"对话框，设置"格式"为"H.264"，单击"输出名称"后面的"序列 01.mp4"，在弹出的"另存为"对话框中设置文件的保存路径及名称，如图 10-102 所示，完成后单击"保存"按钮。

**Step04** 单击"导出设置"面板中"视频"选项卡中的"匹配源"，单击"导出"按钮，如图 10-103 所示。

图 10-102                                图 10-103

**Step05** 此时弹出"编码 序列 01"渲染进度条，如图 10-104 所示，完成后，可在设置的存储路径中找到导出的"制作微视频 .mp4"文件，如图 10-105 所示。

图 10-104                                图 10-105

至此，完成自述微视频的制作。

# 第11章
# After Effects 上手必学

## ★ 内容导读

After Effects 是一款特别强大的图形视频处理软件，其应用广泛，覆盖影片、广告、多媒体以及网页等领域。本章将对 After Effects 软件的基本功能进行讲解，通过对本章的学习，读者可对该软件有一个全面的认识与了解。

## ◐ 学习目标

- 了解 After Effects 应用领域，编辑格式
- 掌握软件的启动和界面
- 了解影视后期制作知识
- 了解 After Effects 首选项的设置

　　After Effects 是一个非线性影视软件，它可以利用层的方式将一些非关联的元素关联在一起，从而制作出满意的作品。启动 After Effects 时，会出现一个启动界面，如图 11-1 所示。

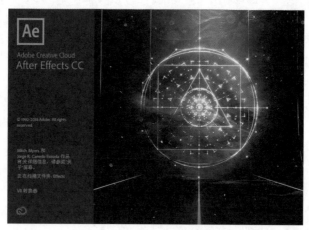

图 11-1

　　进入工作界面后，便能看到它的真面目。相对于老版本来说，After Effects CC2018 引入了数据驱动的动画，可以导入 JSON 文件并用作新类型的项目素材。此版本还引入了可视键盘快捷键编辑器，用于快速添加和修改快捷键。表达式访问路径点使动画制作形式更加自由，且"通过路径创建空白"面板可以结合使用这些表达式方法，使表达式驱动的动画制作过程自动化等功能。

　　本节主要对 After Effects 软件的应用领域、编辑格式以及它的工作界面等方面进行讲解，帮助用户快速入门。

### 11.1.1　After Effects 的应用领域

　　After Effects 应用范围广，在影片、广告、多媒体以及网页等行业中都有它的身影，如图 11-2 所示，是电视台、影视后期工作室和动画公司的常用软件。

　　在影视后期处理方面，利用 After Effects 可以制作出天衣无缝合成效果；在制作 CG 动画方面，利用 After Effects 可以合成电脑游戏的 CG 动画，并确保高质量视频的输出；在制作特效效果方面，利用 After Effects 可以制作出令人眼花缭乱的特技，轻松实现用户的一切创意。

### 11.1.2　After Effects 编辑格式

　　为了满足制作特效的需要，广大用户应首先了解数字视频的各种格式。

（1）视频压缩

　　视频具有直观性、高效性、广泛性等优点，但是由于信息量大，要使视频得到有效的应用，必须首先解决视频的压缩编辑的问题，其次再解决压缩后视频质量的保证问题。

　　由于视频的传输信息量大，不利于传播，所以在传输视频信号前先进行压缩编码，即进行视频源压缩编码，然后进行传输，以节省存储空间。

图 11-2

（2）数字音频

声音是多媒体技术研究的一个重要内容，声音的种类繁多，如人的说话声音、动物的叫声、乐器的响声以及自然界的风雨声等。声音的强弱体现在声波压力的大小上，音调的高低体现在声音的频率上。宽带是声音信号的重要参数，用来描述组成符号信号的频率范围。如保真声音的频率范围为 10 ~ 20000Hz，带宽约为 20kHz；而视频信号的宽带为 6MHz。

未处理或合成声音，计算机必须把声波换成数字，这个工程称为声音数字化，它是把连续的声波信号，通过一种称为模数转换器的部件转化成数字信号，供计算机进行处理。转换后的数字信号通过数模转换，并经过放大输出，变成人耳能够听到的声音。

（3）常见的视频格式

After Effects 支持多种视频格式，常见的包括 AVI、WMV、MOV 和 ASF 等。

## 11.1.3　After Effects 的启动和退出

启动 After Effects 可通过多种方法实现。可双击 After Effects 图标运行该软件，还可通过单击任务栏中"开始"按钮，弹出级联菜单，若该菜单中显示有 After Effects 图标，则选择该图标，即可启动该程序。

退出程序可直接单击界面右上角的"关闭"按钮 ，也可执行"文件>退出"命令。

## 11.1.4　After Effects 的工作界面

After Effects 的工作区域由菜单栏、工具栏、"项目"面板、"合成"面板、"时间轴"面板等组成，如图 11-3 所示。单击任何面板都会激活该面板，激活之后便可访问该面板的选项，且面板边缘会显示蓝色的边框。

菜单栏 ——

"项目"面板 ——

—— 工具栏

—— "效果和预设"面板

"合成"面板 ——

"时间轴"面板 ——

图 11-3

下面对重要的面板进行具体的介绍。

● 菜单栏：显示文件编辑合成以及其他菜单。在这里，可以访问多种指令、调整各类参数以及访问各种面板。

● 工具栏：包含了合成中添加元素和编辑元素的各类工具。相似的工具组合在一起，可以通过单击并按住面板中的工具访问组内的相关工具。

● "项目"面板：可在 After Effects 项目中导入、搜索和整理资源。可在面板底部创建新文件夹和合成，以及更改项目和项目设置。

● "合成"面板：用于预览"时间轴"面板中图层合成的效果。

● "时间轴"面板：显示当前已载入合成的图层。

● "效果和预设"面板：用于为素材添加各种的视频、音频、预设效果。

● "对齐"面板：用于设置图层对齐方式及图层分布方式。

● "字符"面板：用于设置文本的属性。

● "画笔"面板：用于设置画笔的相关属性。

● "蒙版插值"面板：用于创建蒙版路径关键帧和平滑逼真的动画。

● "画笔"面板：用于设置绘画工具的不透明度、颜色等属性。

---

📋 **课堂练习**　　使用鼠标调整面板

扫一扫 看视频

After Effects 中可以对面板进行调整，下面进行具体的介绍。

**Step01** 双击 After Effects 图标，运行该软件，在打开软件后会弹出"开始"对话框，单击"新建项目"按钮，新建项目，如图 11-4 所示。

**Step02** 单击要调整的面板，将其激活，面板的边缘会出现蓝色的边框，如图 11-5 所示。

**Step03** 将鼠标光标移至选中面板的边缘，鼠标光标会发生变化，变为双箭头的光标，如图 11-6 所示。

图 11-4　　　　　　　　　　　　　　　　　　　图 11-5

**Step04** 按住鼠标左向两端滑动，可以调整面板的宽度和高度，如图 11-7 所示。

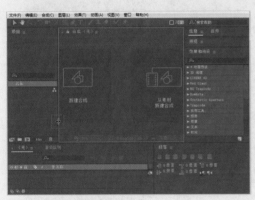
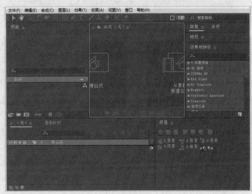

图 11-6　　　　　　　　　　　　　　　　　　　图 11-7

至此，完成面板的调整。

---

📝 **课堂练习**　选择不同的工作界面

　　After Effects 中有多种界面类型，有"标准""动画""基本图形""颜色"等界面，用户可以根据自己制作的案例来设置不同界面。下面具体介绍如何选择不同类型的界面。

扫一扫 看视频

**Step01** 双击 After Effects 图标，运行该软件，在打开软件后会弹出"开始"对话框，单击"新建项目"按钮，新建项目，然后单击工具栏上"默认"按钮，工作界面为"默认"模式，如图 11-8 所示。

**Step02** 在工具栏中单击"标准"按钮，此时的工作界面将会变为"标准"模式，如图 11-9 所示。

**Step03** "小屏幕"和"库"模式的界面可以直接单击工具栏上的"小屏幕"和"库"按钮。除了上述模式，单击工具栏右上方的 » 按钮，弹出菜单栏，在菜单栏中有很多隐藏的模式，如图 11-10 所示。

图 11-8

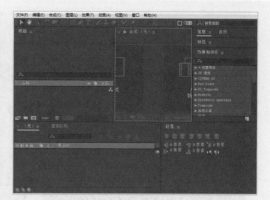

图 11-9

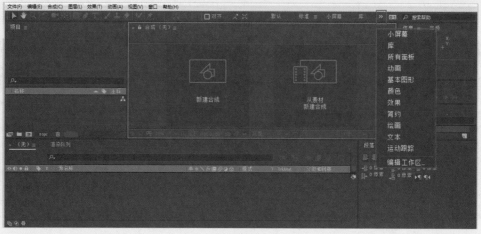

图 11-10

**Step04** 选择菜单栏中"动画"选项，界面便会变为"动画"模式，如图 11-11 所示。

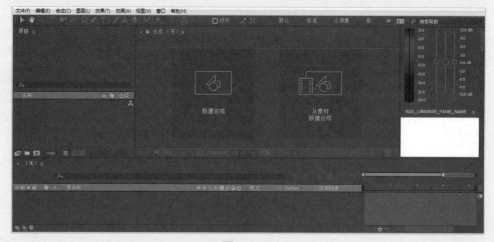

图 11-11

至此，完成工作界面模式的选择。

## 11.2 影视后期制作知识

本节主要对视频基础知识、线性和非线性编辑、影视后期合成方式、影视后期制作流程等进行讲解，让大家了解后期制作知识。

### 11.2.1 视频基础知识

（1）电视制式

电视制式指的是传送电视信号所采用的技术标准，通俗地讲，就是电视台和电视机之间共同实行的一种处理视频和音频信号的标准，当标准统一时，即可实现信号的接收。基带视频是一个简单的模拟信号，由视频模拟数据和视频同步数据构成，用于接收端正确地显示图像，信号的细节取决于应用的视频标准或者制式。

世界上广泛使用的电视广播制式主要有 PAL、NTSC 和 SECAM，中国大部分地区均使用 PAL 制式，欧美、日韩和东南亚地区主要使用 NTSC 制式，而俄罗斯则主要使用 SECAM 制式。

（2）电视扫描方式

电视扫描方式主要分为逐行扫描和隔行扫描。逐行扫描是指每一帧图像由电子束顺序地以均匀速度一行接着一行连续扫描而成；而隔行扫描就是在每帧扫描行数不变的情况下，将每帧图像分为两场来传送，这两场分别为奇场和偶场。

（3）数字视频的压缩

由于视频信号的传输信息量大，传输网络带宽要求高，如果直接对视频信号进行传输，以现在的网络带宽来看很难达到，所以就要求在视频信号传输前先进行压缩编码，即进行视频源压缩编码，然后再传送，以节省带宽和存储空间。对于视频压缩有两个基本要求：一是必须是在一定的带宽内，即视频编码器应具有足够的压缩比；二是视频信号压缩之后，经恢复应保持一定的视频质量。

### 11.2.2 线性和非线性编辑

线性编辑与非线性编辑对于从事影视制作的工作人员都是不得不提的，这是两种不同的视频编辑方式。

（1）线性编辑

传统的视频剪辑采用了录像带剪辑的方式。传统的线性编辑需要的硬件多，价格昂贵，硬件设备之间不能很好地兼容，对硬件性能有很大的影响。

（2）非线性编辑

非线性编辑是相对于线性编辑而言的，是直接从计算机的硬盘中以帧或文件的方式迅速、准确地存取素材、进行编辑的方式。非线性编辑有很大的灵活性，不受节目顺序的影响，可以按任意顺序进行编辑。

### 11.2.3 影视后期合成方式

影视后期合成主要包括影片的特效制作、音频制作及素材合成。主要的合成软件有层级合成和节点式合成，其中 After Effects 和 Combustion 为层级合成软件，而 DFusion、Shake 和 Premiere 则是节点式合成软件。

### 11.2.4 影视后期制作流程

影视后期制作一般主要包括镜头组接、特效制作、声音合成三个部分。

（1）影视广告制作的基本流程

影视广告后制作的后期流程大致如图 11-12 所示。

图 11-12

其中，电视摄像机没有冲胶片以及胶转磁的过程。

（2）电视包装制作的基本流程

电视包装制作的基本流程如图 11-13 所示。

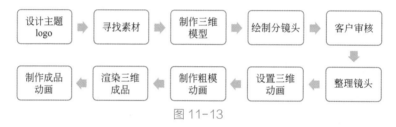

图 11-13

## 11.3 设置 After Effects

在使用 After Effects 软件前，可以对软件的常规、预览、外观等进行设置，使其更加适合自己。

### 11.3.1 常用首选项

常用首选项是一些基本的和经常使用的选项设置，包括常规、预览、显示和视频预览等选项。

（1）"常规"选项

执行"编辑＞首选项＞常规"命令，打开"首选项"对话框。在"常规"选项卡中，设置软件操作中的一些最基本的操作选项，如图 11-14 所示。

（2）"预览"选项

在"首选项"对话框中，切换至"预览"选项卡，在展开的列表中设置项目完成后的预览参数，如图 11-15 所示。

（3）"显示"选项

在"首选项"对话框中，切换至"显示"选项卡，在展开的列表中设置项目的运动路径

图 11-14

图 11-15

和相应的首选项，如图 11-16 所示。

（4）"视频预览"选项

在"首选项"对话框中，切换至"视频预览"选项卡，在展开的列表中设置外部监视器，如图 11-17 所示。

图 11-16

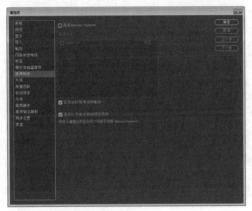

图 11-17

## 11.3.2 导入和输出首选项

导入和输出首选项主要用于设置项目中素材的导入参数以及影片和音频的输出参数和方式。

（1）"导入"选项

在"首选项"对话框中，切换至"导入"选项卡，在展开的列表中设置静止素材、序列素材、自动重新加载素材等素材导入选项，如图 11-18 所示。

（2）"输出"选项

在"首选项"对话框中，切换至"输出"选项卡，在展开的列表中设置影片的输出参数，如图 11-19 所示。

（3）"音频输出映射"选项

在"首选项"对话框中，切换至"音频输出映射"选项卡，在展开的列表中设置音频映射时的输出格式，如图 11-20 所示。

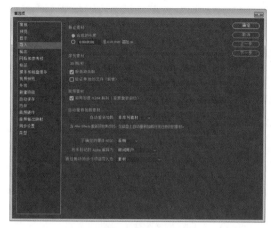

图 11-18                          图 11-19

在该选项卡中，只包含了"映射其输出""左侧"和"右侧"3 个选项，每个选项的具体设置与计算机所安装的音频卡相关，用户只需要根据当前计算机的音频硬件进行相应的设置即可。一般情况下可以使用默认设置，如图 11-21 所示。

图 11-20                          图 11-21

### 11.3.3 界面和保存首选项

界面和保存首选项主要用于设置工作界面中的网格线和参考性 / 标签和外观以及软件的自动保存功能，以使软件更加符合用户的使用习惯。

（1）"网格和参考线"选项

在"首选项"对话框中，切换至"网格和参考线"选项卡，在展开的列表中设置网格颜色、网格样式、网格线间隔以及对称网格、参考线和安全边距等选项，如图 11-22 所示。

（2）"标签"选项

在"首选项"对话框中，切换至"标签"选项卡，在展开的列表中设置标签的默认值和默认颜色，如图 11-23 所示。

（3）"外观"选项

在"首选项"对话框中，切换至"外观"选项卡，在展开的列表中设置相应的选项即可，如图 11-24 所示。

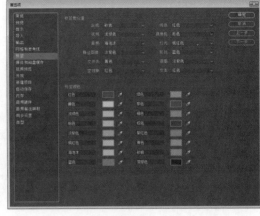

图 11-22                                            图 11-23

（4）"自动保存"选项

在"首选项"对话框中，切换至"自动保存"选项卡，在展开的列表中启用"自动保存项目"复选框，系统将根据所设置的保存间隔，自动保存当前所操作的项目。只要启用该复选框，其下方的"保存间隔"和"最大项目版本"选项才变为可用状态，如图 11-25所示。

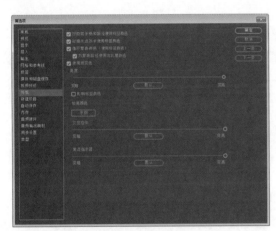
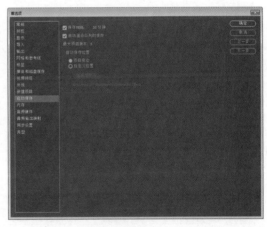

图 11-24                                            图 11-25

## 11.3.4 硬件和同步首选项

硬件和同步首选项主要用于设置制作项目时所需要的媒体和磁盘缓存／音频硬件以及新增加的同步设置功能。

（1）"媒体和磁盘缓存"选项

在"首选项"对话框中，切换至"媒体和磁盘缓存"选项卡，在展开的列表中设置磁盘缓存、符合媒体缓存和 XMP 元数据等选项，如图 11-26 所示。

（2）"内存"选项

在"首选项"对话框中，切换至"内存"选项卡，在展开的列表中设置内存和 After Effects 多重处理选项，如图 11-27 所示。

图 11-26　　　　　　　　　　　　　　　　　　图 11-27

（3）"音频硬件"选项

在"首选项"对话框中，切换至"音频硬件"选项卡，在展开的列表中设置音频的相关选项，如图 11-28 所示。

（4）"同步设置"选项

在"首选项"对话框中，切换至"同步设置"选项卡，在展开的列表中设置同步设置的相关选项，如图 11-29 所示。

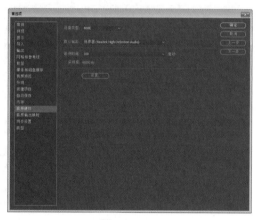

图 11-28　　　　　　　　　　　　　　　　　　图 11-29

**课堂练习**　设置工作界面颜色

扫一扫 看视频

为满足不同用户对界面的要求，After Effects 可对外观进行更改。

**Step01** 启动 After Effects 软件，在打开软件后会弹出"开始"对话框，单击"新建项目"按钮，新建项目，如图 11-30 所示。

**Step03** 执行"编辑＞首选项＞外观"命令，在弹出的"首选项"对话框中调整"亮度""交互控件""焦点指示器"如图 11-31 所示。

**Step04** 拉动滑块至"变暗"位置，单击"确定"按钮后即可观看到工作界面颜色变暗，如图 11-32 所示。

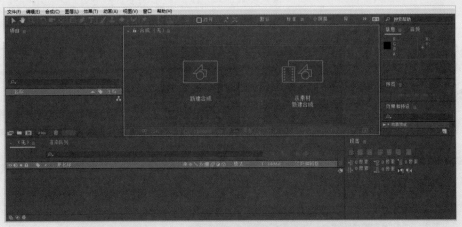

图 11-30

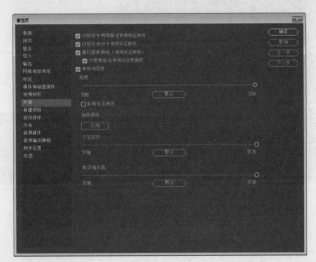

图 11-31

图 11-32

至此，完成工作界面颜色的设置。

为了使操作更加流畅，可以对 After Effects 进行优化设置，下面具体介绍设置过程。

**Step01** 启动 After Effects 软件，在打开软件后会弹出"开始"对话框，单击"新建项目"按钮，新建项目，执行"编辑＞首选项＞导入"命令，打开"首选项"对话框，如图 11-33 所示。

**Step02** 将"序列素材"项目下方国外常用的"30 帧/秒"更改为国内常用的"25 帧/秒"，如图 11-34 所示。

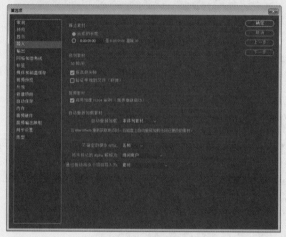

图 11-33　　　　　　　　　　　　图 11-34

**Step03** 切换至"媒体和磁盘缓存"选项卡，更改最大磁盘缓存大小，将之前的"11GB"改为"30GB"。用户也可根据个人情况，增加磁盘的缓存大小，如图 11-35、图 11-36 所示。

图 11-35　　　　　　　　　　　　图 11-36

**Step04** 将磁盘缓存的保存位置更改到本机比较适合的磁盘文件夹路径下，如图 11-37 所示。

**Step05** 选择"自动保存"选项卡，勾选"保存间隔"和"启动渲染队列时保存"，以防止使用软件时突然发生崩溃等意外情况，单击"确定"按钮应用设置，如图 11-38 所示。

图 11-37                                        图 11-38

至此，完成软件的优化设置。

## 课后作业　打开两个工作项目

### 项目需求

　　After Effects 软件默认情况下只能打开一个工作项目，当打开另一个项目时必须将之前打开的工作项目关掉。如果需要在同一台电脑中，对两个工作项目进行对比，就需要打开两个工作项目。

### 项目分析

　　打开两个工作项目不是在打开的软件中进行设置，而是在快捷键属性中进行设置。打开两个工作项目需要新建一个快捷方式图标，然后分别双击快捷方式图标，每个快捷方式图标可打开一个工作项目。

### 项目效果

　　项目制作效果如图 11-39、图 11-40 所示。

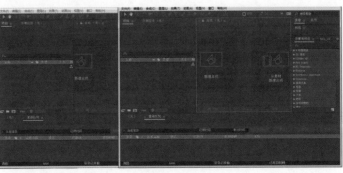

图 11-39                        图 11-40

## 操作提示

`Step01` 利用快捷方式图标，打开文件位置。

`Step02` 在文件夹中选择 AfterFX 应用程序，右击鼠标选择发送至桌面快捷方式，生成新的快捷方式。

`Step03` 设置新建的快捷方式属性，目标后加空格键 -m。

# 第12章
# 基础操作

★ 内容导读

本章将向读者介绍 After Effects 软件的基础操作，包括创建项目、导入素材、认识合成、创建动画、管理素材等。学习完本章的内容后，读者可以制作出一些简单的动画，为以后制作高质量的作品奠定坚实的基础。

⟲ 学习目标

○ 掌握项目的创建
○ 掌握素材的导入
○ 掌握如何新建常见的合成
○ 掌握动画的创建
○ 熟悉素材的管理

After Effects 篇

启动 After Effects 软件后，系统会自动新建一个项目。如果用户需要创建特殊项目文件，则需要对新建项目的参数进行一番调整才可以。下面将介绍项目文件的创建、打开和保存操作。

### 12.1.1 新建项目

After Effects 中的项目是一个文件，用于存储合成、图形及项目素材使用的所有源文件的引用。在新建项目之前，用户需要先了解一下项目的基础知识。

（1）项目概述

当前项目的名称显示在 After Effects 窗口的顶部，一般使用 .aep 作为文件扩展名。除了该文件扩展名外，还支持模板项目文件的 .aet 文件扩展名和 .aepx 文件扩展名。

（2）新建空白项目

启动 After Effects 软件后，界面弹出"开始"对话框，在对话框中单击"新建项目"按钮，如图 12-1 所示，随即会创建一个默认的空白项目。用户也可以执行"文件＞新建＞新建项"命令，按 Ctrl+Alt+N 组合键，也可立即创建一个空白项目，如图 12-2 所示。

图 12-1

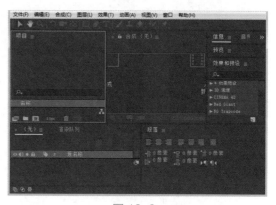

图 12-2

### 12.1.2 项目面板

在"项目"面板的素材列表区域中单击鼠标右键，在弹出的快捷菜单中选择快速地新建、导入文件，如图 12-3 所示。

图 12-3

下面对"项目"面板上的重要选项进行介绍。

● ▤按钮：位于"项目"面板的左上方，单击该按钮可以打开"项目"相关的菜单，如图12-4所示。

● 🔍搜索栏：用于查找和搜索素材或合成。

● 🎬解释素材按钮：选择素材，单击该按钮，可以设置素材的Alpha、帧速率等参数。

● 📁新建文件夹按钮：单击该按钮可以在"项目"面板上新建一个文件夹，可以方便素材的管理。

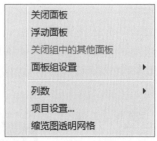

● 🎬新建合成按钮：单击该按钮可以在"项目"面板中新建一个合成。

● 🗑删除所选项目按钮：单击该按钮，可以删除"项目"面板中选择的素材。

图 12-4

### 12.1.3 设置项目

当用户需要制作一些具有特殊要求的影片时，则需要设置新建项目的各种属性。在"项目属性"对话框中，主要包括时间显示样式、颜色设置和音频设置3种属性。

执行"文件＞项目设置"命令，在弹出的"项目设置"对话框中，进行相应的设置即可，如图12-5所示。

下面对"项目设置"对话框中重要的设置进行说明。

● 时间码：主要用于设置时间位置的基准，表示每秒放映的帧数。例如选择25帧/秒，即每秒放映25帧，如图12-6所示。

● 帧数：按帧数计算。

图 12-5

● 英尺数＋帧数：用于胶片，计算16毫米和35毫米电影胶片每英寸的帧数。16毫米胶片为16帧/英寸，35毫米胶片为35帧/英寸。

● "颜色设置"选项板：用于对项目中所使用的色彩深度进行设置，如图12-7所示。

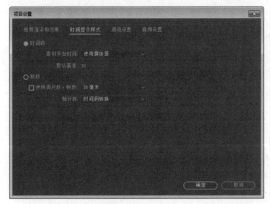

图 12-6

图 12-7

239

## 12.1.4 打开项目文件

After Effects 为用户提供了多种项目文件的打开方式，包括打开项目和打开最近项目等方式。

**（1）打开项目**

当需要打开本地计算机中所存储的项目文件时，只需要执行"文件＞打开项目"命令使用 Ctrl+O 组合键，如图 12-8 所示。在弹出的"打开"对话框中，选择相应的项目文件，单击"打开"按钮即可，如图 12-9 所示。

图 12-8

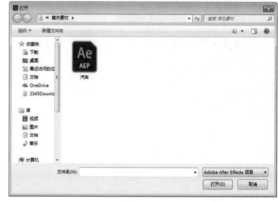

图 12-9

**（2）打开最近使用项目**

执行"文件＞打开最近的项目"命令，在展开菜单中选择具体项目，即可打开最近使用的项目文件，如图 12-10 所示。

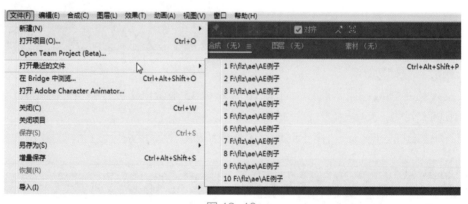

图 12-10

---

👦 **知识点拨**

在工作中，常使用直接拖曳的方法来打开文件。在文件夹中选择要打开的场景文件，然后使用鼠标左键按住并直接拖曳到 After Effects 的"项目"面板或"合成"面板即可将其打开。

---

## 12.1.5 保存和备份项目

创建并编辑完项目之后，为防止项目内容丢失，还需要保存和备份项目。

（1）保存项目

保存项目是将新建项目或重新编辑的项目保存在本地计算机中，对于新建项目则需要执行"文件＞保存"命令，如图 12-11 所示。在弹出的"另存为"对话框中设置保存名称和位置，单击"保存"按钮即可，如图 12-12 所示。

图 12-11　　　　　　　　　　　　　　　　图 12-12

（2）保存为副本

如果需要将当前项目文件保存为一个副本，则可以依次执行"文件＞另存为＞保存副本"命令，如图 12-13 所示。在弹出的"保存副本"对话框中设置保存名称和位置，单击"保存"按钮即可，如图 12-14 所示。

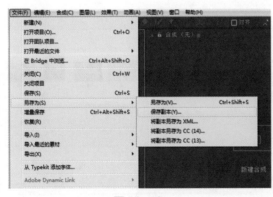

图 12-13　　　　　　　　　　　　　　　　图 12-14

（3）保存为 XML 文件

当用户需要将当前项目文件保存为 XML 编码文件时，依次执行"文件＞另存为＞将副本另存为 XML"命令，如图 12-15 所示。在弹出的"副本另存为 XML"对话框中设置保存名称和位置，单击"保存"按钮即可，如图 12-16 所示。

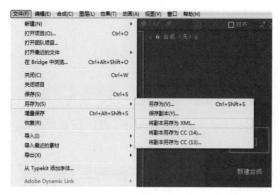
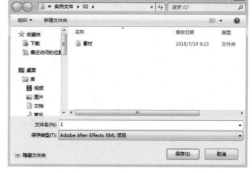

图 12-15　　　　　　　　　　　图 12-16

## 12.2　导入素材

素材是 After Effects 的基本构成元素，在 After Effects 中可导入的素材包括动态视频、静帧图像、静帧图像序列、音频文件、Photoshop 分层文件、Illustrator 文件、After Effects 工程中的其他合成、Premiere 工程文件以及 Flash 输出的 swf 文件等。在工作中，将素材导入到"项目"面板中有多种方式，下面具体介绍。

### 12.2.1　一次性导入

依次执行"文件＞导入＞文件"命令，或按 Ctrl+I 组合键，如图 12-17 所示。在弹出的"导入文件"对话框中选择需要导入的文件即可，如图 12-18 所示。如果要导入多个单一的素材文件，可以配合使用 Ctrl 键进行加选素材。

图 12-17　　　　　　　　　　　图 12-18

### 12.2.2　连续导入

依次执行"文件＞导入＞多个文件"命令，或按 Ctrl+Alt+I 组合键，可以打开"导入多个文件"对话框，如图 12-19 所示。从中选择需要的单个或多个素材，然后单击"导入"按钮即可导入素材，如图 12-20 所示。

图 12-19

图 12-20

### 12.2.3 右键导入

通过项目窗口导入素材时，首先在"项目"窗口的空白处右击，在右键菜单中执行"导入>文件"命令，如图 12-21 所示；或双击鼠标左键，也可打开"导入文件"窗口。

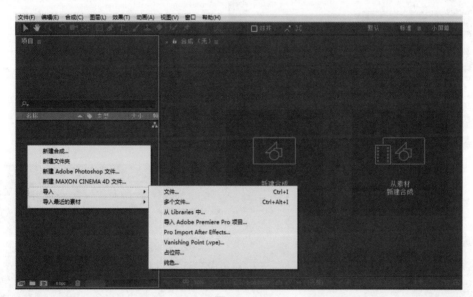
图 12-21

### 12.2.4 拖拽导入

在 Windows 系统资源管理器或 Bridge 窗口中，选择需要导入的素材文件或文件夹，然后直接将其拖拽到"项目"面板中，即可完成导入素材的操作。

 知识点拨

在工作中如果通过执行"文件 > 在 Bridge 中浏览"命令的方式来浏览素材，则用户可以直接用双击素材的方式把素材导入到"项目"面板中。

243

扫一扫 看视频

　　在 After Effects 中，除了导入常见素材文件之外，用户还需要了解一些特殊素材的导入方式。下面将对导入 PSD 素材的方式进行介绍。

**Step01**　在"项目"面板中的空白处单击鼠标右键，选择"导入>文件"命令，或按 Ctrl+L 组合键，如图 12-22 所示。

**Step02**　在弹出的"导入文件"对话框中选择需要导入的本地文件"发光字 .psd"，如图 12-23 所示。

图 12-22　　　　　　　　　　　　　　　　　图 12-23

**Step03**　在弹出的对话框中选择"导入种类"为"合成"，如图 12-24 所示。

**Step04**　单击"确定"按钮后即导入 PSD 文件，如图 12-25 所示。

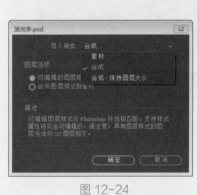

图 12-24　　　　　　　　　　　　　　　　　图 12-25

　　至此，完成 PSD 文件的导入。

---

**操作提示**

　　在导入 PSD 文件时，RGB 颜色模式的文件可导入图层中所用的素材；导入 CMYK 模式的文件，会将所用的 PSD 中的文件图层全部合并，没有上述案例的效果。

## 12.3　认识合成

在对影片进行后期编辑时，往往会将多个素材文件合成一个项目，那么这就需要使用到合成功能。被合成的文件可以独立工作，也可以作为编辑素材使用。下面将介绍"合成"功能的使用操作。

### 12.3.1　新建合成

合成是影片的框架，包括视频、音频、动画文本、矢量图形等多个图层。合成一般用来组织素材，在 After Effects 中，用户既可以新建一个空白的合成，也可以根据素材新建包含素材的合成。

（1）新建空白合成

执行"合成＞新建合成"命令，或者单击"项目"面板底部的"新建合成"按钮，在弹出的"合成设置"对话框中设置相应选项即可，如图 12-26、图 12-27 所示。

（2）基于单个素材新建合成

当"项目"面板中导入外部素材文件后，还可以通过素材建立合成。在"项目"面板中选中某个素材，执行"文件＞基于所选项新建合成"命令，或者将素材拖至"项目"面板底部的"新建合成"按钮即可，如图 12-28、图 12-29 所示。

（3）基于多个素材新建合成

在"项目"面板中同时选择多个文件，执行"文件＞基于所选项新建合成"命令，如图 12-30 所示；或将多个素材拖至"项目"面板底部的"新建合成"

图 12-26

图 12-27

图 12-28

图 12-29

245

按钮上，系统将弹出"基于所选项新建合成"对话框，如图 12-31 所示。

图 12-30 图 12-31

 课堂练习 导入素材时创建合成

除了上述基于素材创建合成，可以创建与素材相同大小的合成，还可以在导入素材的同时创建新的合成，下面对其进项具体的介绍。

扫一扫 看视频

Step01 启动 After Effects 图标，运行该软件，在打开软件后会弹出"开始"对话框，单击"新建项目"按钮，新建项目。

Step02 在"项目"面板中右击，选择"导入>文件"命令，如图 12-32 所示。

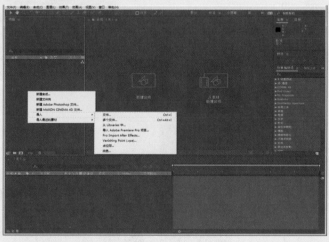

图 12-32

Step03 打开"导入文件"对话框，在对话框中选择本章素材"小狗 .jpg"素材，在对话框的底部，勾选"创建合成"复选框，如图 12-33 所示。

Step04 单击"导入"按钮，将素材导入到当前文档中，软件基于素材图像生成合成，如图 12-34 所示。

图 12-33

图 12-34

至此，完成合成的创建。

## 12.3.2 合成面板

在 After Effects 中，要在一个新项目中编辑、合成影片，首先要产生一个合成图像。在合成图像时，通过使用各种素材进行编辑、合成。合成的图像就是将来要输出的成片。

合成面板主要是用来显示各个层的效果，不仅可以对层进行移动、旋转、缩放等直观的调整，还可以显示对层使用滤镜等特效。合成面板分为预览窗口和操作区域两大部分，预览窗口主要用于显示图像，而在预览窗口的下方则为包含工具栏的操作区域，如图12-35所示。

图 12-35

默认情况下，预览窗口显示的图像是合成的第一个帧，透明的部分显示为黑色，用户也可以将其设置显示为合成帧。

下面对"合成"面板上的重要选项进行介绍。

● ■按钮：位于"合成"面板的左上方，单击该按钮可以打开"合成"相关的菜单，如图 12-36 所示。

247

- **50% 放大率弹出式菜单**：显示文件的放大倍率。
- **按钮**：选择网格和辅助线选项。
- **按钮**：切换蒙版和形状路径可见性。
- **0:00:00:00 预览时间按钮**：单击可改当前时间。
- **拍摄快照按钮**：捕获界面快照。
- **显示快照按钮**：显示捕获快照。
- **显示通道及色彩管理设置**：显示红绿蓝或 Alpha 通道等。
- **完整 分辨率/向下采样数弹出式菜单**：显示画面的分辨

率，在设计制作时采用较小的分辨率可以使播放更流畅。
- **活动摄像机 3D 视图弹出式菜单**：可切换视图类型。
- **1个 选择视图的布局**：可以设置视图布局方式。
- **重置曝光度按钮**：重新设置图像的曝光。
- **+0.0 调整曝光度数值框**：调节图像曝光度。

图 12-36

### 12.3.3 嵌套合成

合成的创建是为了视频动画的制作，而对于复杂的视频动画，还可以将素材合成作为素材，放置在其他的合成中，形成视频动画的嵌套合成效果。

（1）概述

嵌套合成是一个合成包含在另一个合成中，显示为包含的合成中的一个图层。嵌套合成又被称为预合成，由各种素材及合成组成。

（2）生成嵌套合成

可以通过将现有合成添加到其他合成中的方法来创建嵌套合成。在"时间轴"面板中选择多个图层，在右侧素材上右击鼠标，在弹出的菜单栏中选择"预合成"选项，弹出"预合成"对话框，进行设置，如图 12-37 所示。单击"确定"按钮，将会生成嵌套合成，如图 12-38 所示。

图 12-37

图 12-38

## 12.4 创建动画

使用 After Effects 软件，可以对图层添加关键帧动画，使素材产生位置移动、缩放旋转、不透明度变换等动画效果。下面将对其进行具体的介绍。

### 12.4.1 时间轴面板

"时间轴"面板是编辑视频特效的主要面板，主要用来管理素材的位置，并且在制作动画效果时，定义关键帧的参数和相应素材的出入点和延时。该面板是软件界面中默认显示的面板，一般存在于界面底部，如图12-39所示。

图12-39

下面对"时间轴"面板上的重要选项进行介绍。

- 0:00:00:00：当前时间，可以对其中的数值进行编辑。
- 消隐按钮：用于隐藏为其设置了消隐开关的所有图层。
- 帧混合按钮：用于设置"帧混合"开关的所有图层启用帧混合。
- 运动模糊按钮：用于设置"运动模糊"开关的所用图层启用运动模糊。
- 图标编辑器按钮：使用关键帧进行图表编辑的窗口开关设置。
- 效果：取消该选项即可显示未添加效果的画面，勾选则显示添加效果的画面。
- 调整图层：针对时间轴面板中的调整图层使用，用于关闭或开启调整图层中添加的效果。
- 3D图层：用于启用和关闭3D图层功能，在创建三维素材图层、灯光图层、摄影机图层时需要开启。
- 当前时间指示器：指示当前时间，合成面板上会出现当前指示时间的画面。
- 缩小/放大时间按钮：多次单击"缩小时间"按钮可以将帧之间的间隔缩小；单击"放大时间"按钮，即可将时间线放大。

---

📑 **课堂练习** 时间轴面板中导入素材

本案例将"项目"面板中的素材导入到时间轴面板中进行编辑，下面对其进行具体的介绍。

**Step01** 启动After Effects图标，运行该软件，在打开软件后会弹出"开始"对话框，单击"新建项目"按钮，新建项目。

**Step02** 执行"合成>新建"命令，打开"合成设置"对话框，在对话框中进行设置，单击"确定"按钮，新建合成，如图12-40所示。

**Step03** 执行"文件>导入文件"命令，在弹出的"导入文件"对话框中，选择本章素材"果子.jpg"，单击导入按钮，将图像导入，如图12-41所示。

**Step04** 选中"项目"的素材，使用鼠标，选中素材按住鼠标左键拖拽至"时间轴"面板中，松开鼠标，完成导入，如图12-42所示。

图 12-40                                图 12-41

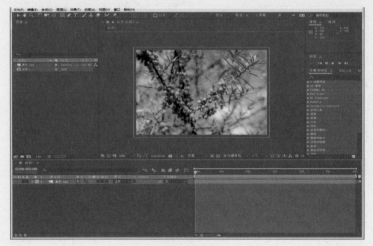

图 12-42

至此，完成素材导入操作。

## 12.4.2 创建关键帧

在制作动画过程中，关键帧起到很重要的作用。创建关键帧的方法很简单，在"时间轴"面板选中将"时间指示器"拖到需要插入关键帧的位置，如图 12-43 所示。然后在"属性的"单击前面的"时帧变化秒表"按钮 ，便会在相应的位置生成一个关键帧，如图 12-44 所示。

图 12-43

图 12-44

再次将"时间指示器"拖到另一个时间点，如图 12-45 所示。设置"属性"参数，此时"时间轴"面板中便会自动出现一个关键帧，可以使图像动起来，如图 12-46 所示。

图 12-45

图 12-46

### 知识延伸

单击键盘上的空格键，可以控制视频的播放，视频播放不流畅时可以按"0"数字键控制播放，可以使视频播放得更加流畅。

### 12.4.3 关键帧的编辑

在插入关键帧后可以对关键帧进行编辑，让视频更加流畅。

（1）移动关键帧

在"时间轴"面板中将光标移至已经添加的关键帧上，如图 12-47 所示。然后按鼠标左键，将其拖拽至合适的位置，释放鼠标后即可完成移动操作，如图 12-48 所示。

如果想移动多个关键帧，按住鼠标左键将所要移动的关键帧框选，然后将其拖拽至合适的位置，释放鼠标即可完成移动操作。

如果要移动不相连的关键帧，可以按住 Shift 键，选择要移动的关键帧，如图 12-49 所示。按住鼠标左键拖拽至合适的位置，释放鼠标即可完成移动操作，如图 12-50 所示。

251

图 12-47

图 12-48

图 12-49

图 12-50

（2）删除关键帧

删除关键帧方法很简单。单击关键帧，将其选中，如图 12-51 所示。然后单击键盘上的 Delete 键即可将当前选中的关键帧删除，如图 12-52 所示。

图 12-51

图 12-52

（3）复制关键帧

在"时间轴"面板中，单击关键帧，将其选中，如图 12-53 所示。接着按 Ctrl+C 组合键复制关键帧，拖拽"当前时间指示器"至需要复制的关键帧的位置处，按 Ctrl+V 组合键，时间线相应的位置处便会得到相同的关键帧，如图 12-54 所示。

图 12-53

图 12-54

（4）定格关键帧

定格关键帧可以保持属性值为当前关键帧的值，直到到达下一个关键帧。

在"时间轴"面板中单击选中关键帧，如图 12-55 所示。执行"动画＞切换定格关键帧"命令，普通的关键帧将会变为定格关键帧，如图 12-56 所示。同时也可以在选中关键帧后，单击鼠标右键，在弹出的菜单中选择"切换定格关键帧"选项，同样可以将普通的关键帧变为定格关键帧。

图 12-55

图 12-56

（5）关键帧插值

插值是在两个已知值之间填充未知数据的过程，可以设置关键帧以指定特定关键时间的属性值。After Effects 可为关键帧之间所有时间的属性插入值。

由于插值在关键帧之间生成属性值，因此插值有时也称为补间。关键帧之间的插值可以用于对运动、效果、音频电平、图像调整、透明度、颜色变化以及许多其他视觉元素和音频元素添加动画。

在"时间轴"面板添加三个关键帧，选择中间的关键帧，执行"动画 > 关键帧插值"的命令，弹出"关键帧插值"对话框，同时也可以在"时间轴"面板中右击鼠标，在弹出的菜单中选择"关键帧插值"选项，会弹出面板，如图 12-57 所示。

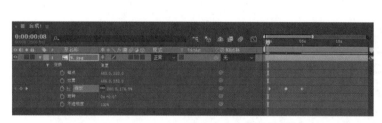

图 12-57

在"关键帧插值"对话框的"临时插值"下拉菜单中选择差值选项，单击"确定"按钮，关键帧将会改变，如图 12-58 所示。

图 12-58

单击"时间轴"面板中"图表编辑器"按钮，即可查看当前的动画图表，如图 12-59所示。临时插值：控制关键帧在时间上的速度变化状态，如图 12-60 所示。

下面对"关键帧插值"对话框中的选项进行介绍。

- 当前设置：保持"临时插值"为当前设置。

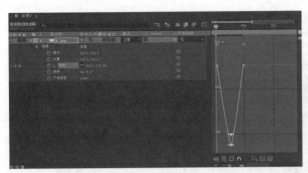

<table>
<tr><td>图 12-59</td><td>图 12-60</td></tr>
</table>

- 线性：线性插值在关键帧之间创建统一的变化率，这种方法让动画看起来具有机械效果，如图 12-61 所示。**After Effects** 尽可能直接在两个相邻的关键帧之间插入值，而不考虑其他关键帧的值。

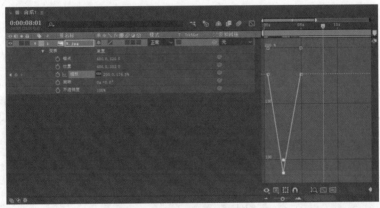

图 12-61

- 贝塞尔曲线：贝塞尔曲线插值提供最精确的控制，可以手动调整关键帧任一侧的值图表或运动路径段的形状。与"自动贝塞尔曲线"或"连续贝塞尔曲线"不同，可在值图表和运动路径中单独操控贝塞尔曲线关键帧上的两个方向手柄，如图 12-62 所示。

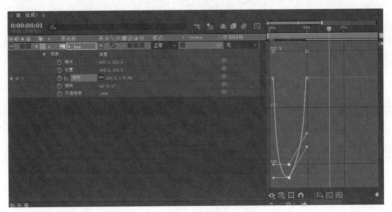

图 12-62

- 连续性贝塞尔曲线：连续贝塞尔曲线插值通过关键帧创建平滑的变化速率。可以手动设置连续贝塞尔曲线方向手柄的位置，如图 12-63 所示。

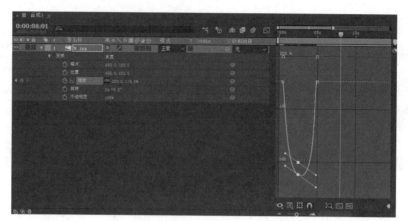

图 12-63

● 自动贝塞尔曲线：自动贝塞尔曲线插值通过关键帧创建平滑的变化速率。可以使用"自动贝塞尔曲线"空间插值来创建在弯路上行驶的汽车的路径。

● 定格：定格插值仅在作为时间插值方法时才可用。可随时间更改图层属性的值，但过渡不是渐变的。如果要应用闪光灯效果，或者希望图层突然出现或消失，则可使用该方法，如图 12-64 所示。

图 12-64

● 空间插值：可以大幅度将运动的动画效果表现得更加流畅或将流畅的动画效果以更加强烈的方式呈现出来。

● 漂浮：可以及时地漂浮"漂浮关键帧"以使速度图标平滑，但是第一关键帧和最后一个关键帧无法漂浮。

## 12.5 组织素材

使用 After Effects 导入大量素材之后，可以对素材组织管理，下面对其进行具体的介绍。

### 12.5.1 管理素材

在实际工作中，"项目"中通常会有大量的素材，为了便于管理，可以根据其类型和使用顺序对导入的素材进行一系列的管理操作，例如：排序素材、归纳素材和搜索素材。这样不仅可以快速查找素材，还能使其他制作人员明白素材的用途，在团队制作中起到了至关重要的作用。

（1）排序素材

在"项目"面板中，素材的排列方式是以"名称""类型""尺寸""文件路径"等属性进行显示。如果用户需要改变素材的排列方式，则需要在素材的属性标签上单击，即可按照该属性进行升序排列，如图 12-65、图 12-66 所示。

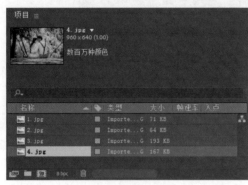

图 12-65　　　　　　　　　　　　　图 12-66

（2）归纳素材

归纳素材是通过创建文件夹，并将不同类型的素材分别放置在相应文件夹中的方法，来按照划分类型归类素材。

执行"文件>新建>新建文件夹"命令，单击"项目"面板底部的"新建文件夹"选项按钮，即可创建文件夹，如图 12-67 所示。此时，系统默认为文件夹重命名状态，直接输入文件夹名称，并将素材拖入文件夹中即可，如图 12-68 所示。

图 12-67　　　　　　　　　　　　　图 12-68

（3）搜索素材

当素材非常多时，如果想要找到需要的素材，只要在搜索框中输入相应的关键字，符合该关键字的素材或文件夹就会显示出来，其他素材将会自动隐藏，如图 12-69、图 12-70 所示。

图 12-69　　　　　　　　　　　　　　　　图 12-70

## 12.5.2 解释素材

导入素材时，系统会默认根据源文件的帧速率、设置场来解释每个素材项目。当内部规则无法解释所导入的素材时，或用户需要以不同的方式来使用素材，则需要通过设置解释规则来解释这些特殊需求的素材。

在"项目"面板中选择某个素材，依次执行"文件>解释素材>主要"命令，如图 12-71 所示。或直接单击"项目"面板底部的"解释素材"按钮，弹出"解释素材"对话框，如图 12-72 所示。

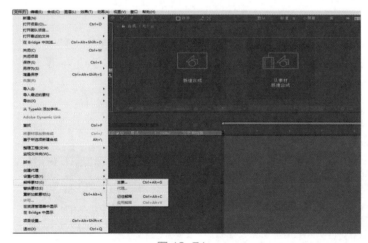

图 12-71　　　　　　　　　　　　　　　　图 12-72

利用该对话框可以对素材的 Alpha 通道、帧速率、开始时间码、场与下变换等重新进行解释。

（1）Alpha 通道

如果素材带有 Alpha 通道，系统将会打开该对话框并自动识别 Alpha 通道，如图 12-73 所示。

"Alpha"选项组中主要包括以下几种选项。

● 忽略：忽略 Alpha 通道的透明信息，透明部分以黑色填充代替。

图 12-73

Premiere+After Effects+Photoshop｜站式高效学习｜本通

- 直通 - 无遮罩：将通道解释为直通型。
- 预乘 - 有彩色遮罩：将通道解释为预乘型，并可设置遮罩的颜色。
- 反转 Alpha 通道：可以反转透明区域和不透明区域。
- 猜测：让软件自动预测素材所带的通道类型。

（2）帧速率

帧速率是指定每秒从源素材项目对图像进行多少次采样，以及设置关键帧时所依据的时间划分方法等内容。"帧速率"选项组中主要包括下列两种选项：使用文件中的帧速率和匹配帧速率，如图 12-74 所示。

图 12-74

- 使用文件中的帧速率：可以使用素材默认的帧速率进行播放。
- 匹配帧速率：可以手动调整素材的速率。

（3）开始时间码

设置素材的开始时间码。"开始时间码"选项组中主要包括使用文件中的源时间码和覆盖开始时间码两种选项，如图 12-75 所示。

（4）场和 Pulldown

**After Effects** 可为 D1 和 DV 视频素材自动分离场，而对于其他素材则可以选择"高场优先""低场优先"或"关"选项来设置分离场，如图 12-76 所示。

图 12-75

图 12-76

（5）其他选项

- 像素纵横比：主要用于设置像素宽高比。
- 循环：设置视频循环次数，默认情况下只播放一次。
- 更多选项：仅在素材为 Camera Raw 格式时被激活。

### 12.5.3 代理素材

代理是视频编辑中的重要概念与组成元素。在编辑影片的过程中，为了加快渲染显示，提高编辑速度，可以使用一个低质量的素材代替编辑。

占位符是一个静帧图片，以彩条方式显示，其原本的用途是标注丢失的素材文件。占位符会在以下两种情况下出现。

① 不小心删除了硬盘中的素材文件，项目面板中的素材会自动替换为占位符，如图12-77所示。

② 选择一个素材，单击鼠标右键，在弹出的快捷菜单中选择"替换素材＞占位符"命令，也可以将素材替换为占位符，如图12-78所示。

图 12-77

图 12-78

本案例主要对替换素材的技能进行练习，下面对其进行具体的介绍。

**Step01** 新建项目，执行"文件＞导入＞文件"命令，打开"导入文件"对话框，选择素材"女生.jpg"，并勾选"创建合成"对话框，如图12-79所示。

**Step02** 在"导入文件"对话框中，单击"导入"按钮，导入素材，如图12-80所示。

图 12-79

图 12-80

**Step03** 在"项目"面板中，选中素材，然后右击鼠标，在弹出的菜单中选择"替换素材＞文件"选项，如图12-81所示。

**Step04** 执行上述命令后弹出"替换素材文件"对话框，在对话框中选择本章素材"小孩.jpg"，单击"导入"按钮，将素材导入，如图12-82所示。

**Step05** 上述命令的效果如图12-83所示。在合成面板中，可以使用"选取工具" ▶

调整图像的大小与位置，如图 12-84 所示。

图 12-81

图 12-82

图 12-83

图 12-84

至此，完成素材的替换。

## 12.6 After Effects 的工作流程

　　使用 After Effects 制作特技特效需要遵循一个工作流程，正确的工作流程不仅可以提升工作效率，还能避免出现不必要的错误和麻烦。使用 After Effects 制作项目，一般遵循"导入素材→创建项目合成→添加效果→设置关键帧→预览画面→输出视频"这一流程。

　　（1）导入素材

　　关于导入素材的具体方法，可以参考 12.2 节中的内容。

　　（2）创建项目合成

　　将素材导入"项目"面板后，就需要创建项目合成。没有项目合成，就无法正常地对素材进行特技处理。在 After Effects 中，一个工程项目中允许创建多个合成，而且每个合成都可以作为一段素材应用到其他的合成中，一个素材可以在单个合成中被多次使用，也可以在多个不同的合成中同时应用。

　　（3）添加效果

　　After Effects 中自带丰富的效果滤镜，将效果应用到图层中可以产生各种各样的特技效果。

261

（4）设置关键帧

动画是在不同的时间段改变对象运动状态的过程，在 After Effects 中，动画的制作也遵循这个原理，就是为图层的"位置""旋转""遮罩"和"效果"等参数设置关键帧动画。

After Effects 可以使用"关键帧""表达式""关键帧助手"和"图表编辑器"等技术来制作动画。此外，After Effects 还可以使用"运动稳定"和"跟踪控制"来生成关键帧，并且可以将这些关键帧应用到其他图层中产生动画，同时也可以通过嵌套关系来使子图层跟随父图层产生动画。

（5）预览画面

预览是为了让用户确认制作效果，如果不通过预览，就没有办法确认制作效果是否达到要求。在预览过程中，可以通过改变播放帧速率或画面的分辨率来改变预览的质量和预览等待时间。

（6）输出视频

项目制作完成之后，就可以进行视频的渲染输出了。根据每个合成的帧数量、质量、复杂程度和输出的压缩方法，输出影片可能会花费几分钟甚至数小时的时间。要注意的是：当 After Effects 开始渲染项目时，就不能在 After Effects 中进行任何其他操作。

---

 **知识点拨**

在 After Effects 中，无论是为视频制作一个简单的字幕还是一段复杂的动画，一般都遵循以上的基本工作流程。当然，由于设计师个人的喜好不同，有时也会先创建项目合成再执行素材的导入操作。

---

**综合实战** 制作简单的卡通动画

扫一扫 看视频

本案例主要利用关键帧知识来制作简单卡通动画，下面对其进行具体的介绍。

**Step01** 新建项目，执行"文件＞导入＞文件"命令，打开"导入文件"对话框，选择素材"卡通 .psd"文件，弹出对话框中进行设置，设置导入种类为"合成"，单击"确定"导入素材，如图 12-85、图 12-86 所示。

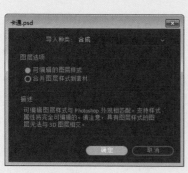

图 12-85

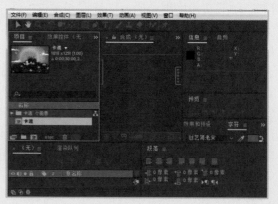

图 12-86

**Step02** 在"项目"面中，选中"背景/卡通"素材，右击鼠标键，在弹出的菜单中选择"基于所选项新建合成"选项，如图 12-87 所示。新建合成选项，如图 12-88 所示。

图 12-87

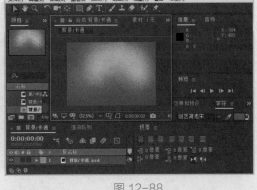

图 12-88

**Step03** 将"项目"面板中的素材，除"背景/卡通"素材外，选中其他素材拖拽到"时间轴"面板中，调整图层顺序，如图 12-89 所示。

**Step04** 选中右上角的星星图层，单击▼按钮，将属性展开，在 0:00:00:00 时间点设置素材的"不透明度"为"0%"，然后在其前面单击"时间变化秒表"◎添加关键帧，如图 12-90 所示。

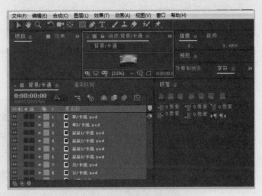

图 12-89

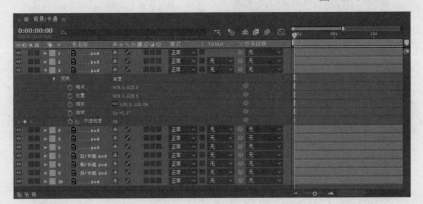

图 12-90

**操作提示**

图层 1 为最上层的图层，本案例将人物的主体物置于最上层，在时间轴面板中调整图层顺序，首先将图层选中，按住鼠标左键拖拽至合适的位置，松开鼠标，即可完成图层的调整。

**Step05** 在 0:00:01:00 时间点设置素材的"不透明度"为"100%",插入第二个关键帧,如图 12-91 所示。

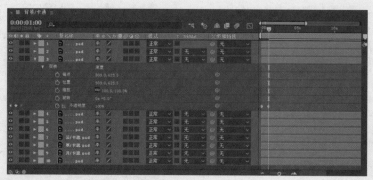

图 12-91

**Step06** 使用上述方法,在 0:00:02:00 时间点设置素材的"不透明度"为"0%",在 0:00:03:00 时间点设置素材的"不透明度"为"100%",在 0:00:04:00 时间点设置素材的"不透明度"为"0%",在 0:00:05:00 时间点设置素材的"不透明度"为"100%",制作星星闪烁的效果,如图 12-92 所示。

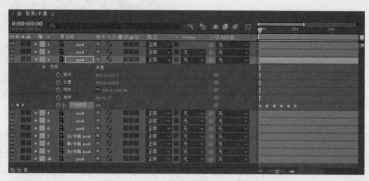

图 12-92

**Step07** 选中左上角星星素材图层,使用上述方法,在 0:00:00:00 时间点设置素材的"不透明度"为"100%",插入关键帧,在 0:00:01:00 时间点设置素材的"不透明度"为"0%"。以此类推,制作星星闪烁的效果,如图 12-93 所示。

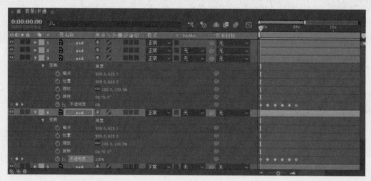

图 12-93

Step08 使用"选取工具"▶调整云素材图像大小与位置，如图 12-94 所示。

Step09 选中云素材图层，在 0:00:00:00 时间点在"位置"前单击"时间变化秒表"按钮◎添加关键帧，如图 12-95 所示。在 0:00:05:00 时间点，使用"选取工具"▶，往左移动云的位置，软件生成第二个关键帧，制作出云移动的感觉，如图 12-96 所示。

Step10 选中月亮素材图层，在 0:00:00:00

图 12-94

时间点，"旋转"前单击"时间变化秒表"◎，添加关键帧，如图 12-97 所示。在 0:00:05:00 时间点，设置"旋转"的数值为"0x +90°"，如图 12-98 所示。

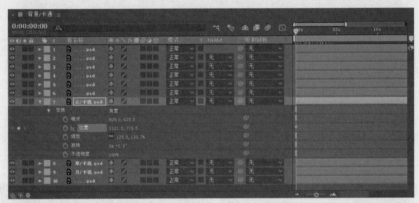

图 12-95

图 12-96

265

图 12-97

图 12-98

**Step11** 操作完成后，单击小键盘上"0"数字键进行播放，在"合成"面板中可以查看效果，如图 12-99、图 12-100 所示。

图 12-99

图 12-100

至此，完成简单的卡通动画的制作。

## 课后作业　制作产品展示的小视频

### 项目需求

使用提供的照片和视频全面地展示产品，为其添加文字和背景音乐，视频宽度为"1200px"，高度为"675px"，视频格式为"mp4"。

## 项目分析

调整素材的明度亮度，使整体色调统一，照片可以在图层的位置和缩放属性处添加关键帧，可以制作出镜头移动的效果。在制作时，用户要注意视频镜头的连贯性，让视频更加流畅，使其更好地展示产品。

## 项目效果

项目制作效果如图 12-101 所示。

图 12-101

## 操作提示

`Step01` 调整照片颜色

`Step02` 裁剪视频照片的时间显示长度。

`Step03` 添加关键帧，制作出动画。

# 第13章

# 图层的应用

**★ 内容导读**

图层是 After Effects 中构成合成的基本元素，最终合成的效果是由一层层的素材叠放组合在一起的。在 After Effects 中不同类型的图层其作用也不相同，例如调整图层可以添加效果、文字图层添加文字等。本章将向读者介绍图层在 After Effects 软件中的应用。

**学习目标**

- ○ 掌握图层的创建方法
- ○ 熟悉图层种类及图层的属性
- ○ 掌握图层的基本操作
- ○ 了解图层的混合模式
- ○ 熟练应用图层样式

## 13.1 图层概述

本节将对图层的概念进行简单的介绍，其中包括图层的创建、图层的种类、图层属性等。

### 13.1.1 图层的创建方法

在 After Effects 中，制作项目一般都需要创建图层，而创建图层主要有两种方法，即拖拽素材创建图层和新建图层。

（1）拖拽素材创建图层

把"项目"面板中的素材文件直接拖拽到时间轴面板中，软件会自动基于所选项新建合成，即可创建一个素材图层，如图 13-1、图 13-2 所示。

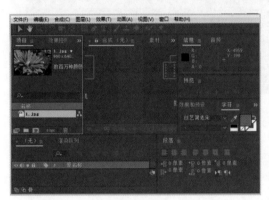

图 13-1　　　　　　　　　　　　　　　图 13-2

（2）新建图层

在"时间轴"面板的空白处单击鼠标右键，在弹出的菜单中选择"新建"，并在弹出的菜单中选择所需图层类型，如图 13-3 所示，即可创建一个素材图层，如图 13-4 所示。

图 13-3

图 13-4

使用 After Effects 制作画面特效合成时，它的直接操作对象就是图层，无论是创建合成、动画还是特效都离不开图层。下面将对常用的图层进行介绍，主要包括素材、文本、纯色、灯光、摄像机、空对象、形状、调整图层等。

（1）素材图层

素材图层是 After Effects 中最常见的图层，是将图像、视频、音频等素材从外部导入 AE 软件中，然后添加到时间轴面板中形成的图层，用户可以对其执行移动、缩放、旋转等操作，如图 13-5 所示。

图 13-5

（2）文本图层

使用文本图层可以快速地创建文字，并对文本图层制作文字动画，还可以进行移动、缩放、旋转及透明度的调节，如图 13-6 所示。

图 13-6

（3）纯色图层

在 After Effects 中可以创建任何颜色和尺寸的纯色图层，纯色图层和其他素材图层一样，可以创建遮罩，也可以修改图层的变换属性，还可以添加特效。纯色图层主要用来制作影片中的蒙版效果，同时也可以作为承载编辑的图层，如图 13-7 所示。

（4）灯光图层

灯光图层主要用来模拟不同种类的真实光源，而且可以模拟出真实的阴影效果，如图 13-8 所示。

图 13-7

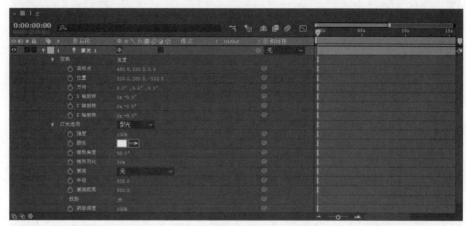

图 13-8

（5）摄像机图层

摄像机图层常用来起固定视角的作用，并且可以制作摄像机动画，模拟真实的摄像机游离效果，如图 13-9 所示。

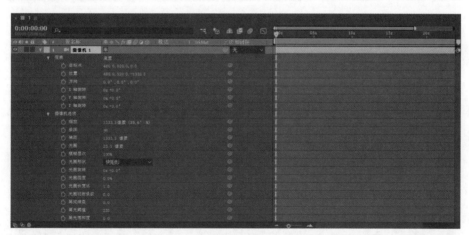

图 13-9

（6）空对象图层

空对象图层可以在素材上进行效果和动画设置，以及用于制作辅助动画，如图 13-10 所示。

（7）形状图层

形状图层可以制作多种矢量图形效果。在不选择任何图层的情况下，使用"遮罩"工具或"钢笔"工具直接在"合成"面板中绘制形状，如图 13-11 所示。

图 13-10

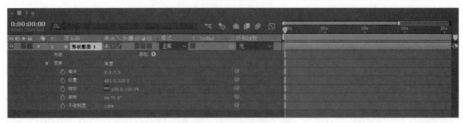

图 13-11

（8）调整图层

调整图层可以用来辅助影片素材进行色彩和效果调节，并且不影响素材本身。调整图层可以对该层下的所有图层起到作用，如图 13-12 所示。

图 13-12

### 13.1.3 图层属性

在 After Effects 中，图层属性在制作动画特效时发挥着非常重要的作用。除了单独的音频图层以外，其余的所有图层都具有 5 个基本变换属性，分别是锚点、位置、缩放、旋转和不透明度。在时间轴面板单击展开按钮，可以展开图层变换属性，如图 13-13 所示。

图 13-13

（1）锚点

锚点是图层的轴心点，控制图层的旋转或移动中心。图层的其他 4 个属性都是基于锚点来进行操作的，当进行位移、旋转或缩放操作时，选择不同位置的轴心点将得到完全不同的视觉效果。

用户除了可以在"时间轴"面板中进行精确的调整，还可以使用相应的工具在"合成"面板中手动调整。设置素材不同锚点参数的对比效果如图 13-14、图 13-15 所示。

图 13-14                                    图 13-15

（2）位置

图层位置是指图层对象的位置坐标，主要用来制作图层的位移动画，普通的二维图层包括 X 轴和 Y 轴两个参数，三维图层则包括 X 轴、Y 轴和 Z 轴三个参数。用户可以使用横向的 X 轴和纵向的 Y 轴，精确地调整图层的位置，设置素材不同位置参数的效果如图 13-16 所示。

（3）缩放

缩放属性用于控制图层的缩放百分比，用户可以以轴心点为基准来改变图层的大小。在缩放图层时，用户可以开启图层缩放属性前的"锁定缩放"按钮，这样可以进行等比例缩放操作。设置素材缩放参数的效果如图 13-17 所示。

图 13-16                                    图 13-17

（4）旋转

图层的旋转属性不仅提供了用于定义图层对象角度的旋转角度参数，还提供了用于制作旋转动画效果的旋转圈数参数。普通二维图层的旋转属性由"圈数"和"度数"两个参数组成，如 1x+45°就表示旋转了 1 圈又 45°（也就是 405°），设置素材旋转参数的效果如图 13-18 所示。

273

（5）不透明度

该属性是以百分比的方式来调整图层的不透明度，从而设置图层的透明效果，用户可以透过上面的图层查看到下面图层对象的状态。设置素材不同透明度参数的效果如图 13-19 所示。

图 13-18

图 13-19

 **知识点拨**

一般情况下，每一次图层属性的快捷键只能显示一种属性。如果想要一次显示两种或两种以上的图层属性，可以在显示一个图层属性的前提下按住 Shift 键，然后再按其他图层属性的快捷键，这样就可以显示出多个图层的属性。

**课堂练习** 调整图像色调

扫一扫 看视频

本案例主要利用创建调整图层和添加曲线效果来调整图像的色调，下面对其进行具体的介绍。

Step01 启动 After Effects 软件，然后新建项目，执行"文件＞导入"命令，导入本章素材"夏天.jpg"。

Step02 将"项目"面板中的素材拖入到"时间轴"面板中，新建合成，如图 13-20 所示。

图 13-20

**Step03** 在"时间轴"面板中，单击鼠标右键，在弹出的菜单中选择"新建＞调整图层"选项，新建调整图层，如图 13-21 所示。

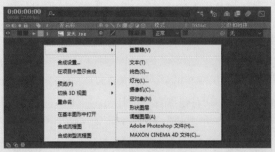

图 13-21

**Step04** 在"效果和预设"面板中，选择"颜色校正＞曲线"选项，如图 13-22 所示。

**Step05** 选中"曲线"选项，按住鼠标左键拖拽至"时间轴"面板中的调整图层处，松开鼠标即可为图层添加曲线效果，如图 13-23 所示。

图 13-22                    图 13-23

**Step06** 在"效果控件"面板中调整曲线，调整图像的色调，如图 13-24 所示。

图 13-24

至此，完成图像色调的调整。

## 13.2　图层的基本操作

下面将对图层的一些基本操作进行介绍，例如图层顺序的调整、图层的对齐、标记图层、锁定隐藏显示图层、复制粘贴、编辑图层的出入点等。

### 13.2.1　图层顺序的调整

在"时间轴"面板中单击选中需要调整的图层，并将鼠标光标定位在该图层上，然后按住鼠标左键拖拽至合适的位置松开鼠标，即可完成图层顺序的操作，如图 13-25、图 13-26 所示。同时也可以使用组合键调整图层顺序，按 Ctrl+Shift+【组合键将图层置于顶层，按 Ctrl+Shift+【组合键将图层置于底层；按 Ctrl+】组合键图层向上，按 Ctrl+【组合键图层向下。

图 13-25

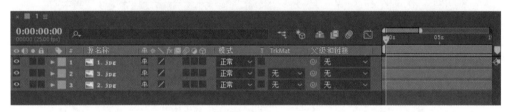

图 13-26

> **知识点拨**
>
> 选择的第一个图层是最先出现的图层，后面图层的排列顺序将按照该图层的顺序进行排列。另外，"持续时间"参数主要用于设置图层之间相互交叠的时间，"变换"参数主要用于设置交叠部分的过渡方式。

### 13.2.2　图层的对齐

在 After Effects 中使用"对齐"面板可排列或均匀分隔所选图层，可以竖直或水平地对齐或分布图层。选中需要进行对齐的多个图层依次执行"面板＞对齐"命令，选择所需的对齐方式即可，如图 13-27 所示。

图 13-27

### 13.2.3　标记图层

在视频编辑中，不仅要对画面进行编辑，有时还需要对相应的音频进行编辑，这时需要在同一个时间点添加标记。选择需要添加编辑的图层，将时间指示器移到相应的时间点，依次执行"图层>添加标记"命令，如图 13-28 所示。双击标记，在弹出的"图层标记"对话框中设置相应参数，即为编辑添加注释，如图 13-29 所示。

图 13-28

图 13-29

## 13.2.4 锁定图层、隐藏显示图层

在 After Effects 中可以对图层进行锁定，锁定的图层将无法编辑及选择，在"时间轴"面板中单击左侧的"锁定"按钮 ，即可将图层锁定，如图 13-30 所示。

隐藏显示图层，只需单击图层左侧的 按钮，即可将图层隐藏，如图 13-31 所示。

图 13-30

图 13-31

## 13.2.5 复制、粘贴

在"时间轴"面板中复制图层的方法与关键帧的方法相似。复制图层，要先将图层选中，按 Ctrl+C 组合键复制图层，如图 13-32 所示。按 Ctrl+V 组合键即可粘贴一个新图层，如图 13-33 所示。

277

图 13-32

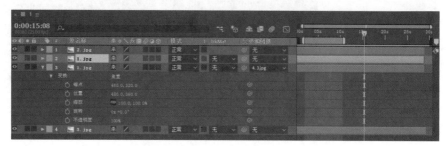

图 13-33

在"时间轴"面板中按 Ctrl+D 组合键可以将图层快速地创建副本。

## 13.2.6 编辑图层出入点

图层的入点、出点和时间位置的设置是紧密联系的，调整出入点的位置就会改变时间位置。通过直接拖动或是组合键 Alt+【和 Alt +】，如图 13-34 所示，都可以定义图层的出入点，如图 13-35 所示。

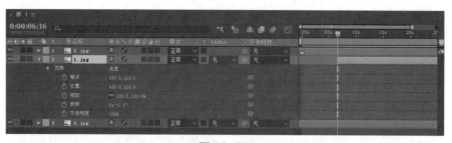

图 13-34

图 13-35

## 13.2.7 拆分图层

在 After Effects 中，可以通过时间轴面板，将一个图层在指定的时间处拆分为多段独立的图层，以方便用户在图层中进行不同的处理。

在时间轴面板中，选择需要拆分的图层，将时间指示器移到需要拆分图层的位置，依次执行"编辑>拆分图层"命令，即可对所选图层进行拆分，拆分前后对比效果如图 13-36、图 13-37 所示。也可以按 Ctrl+Shift+D 组合键将图层拆分。

图 13-36

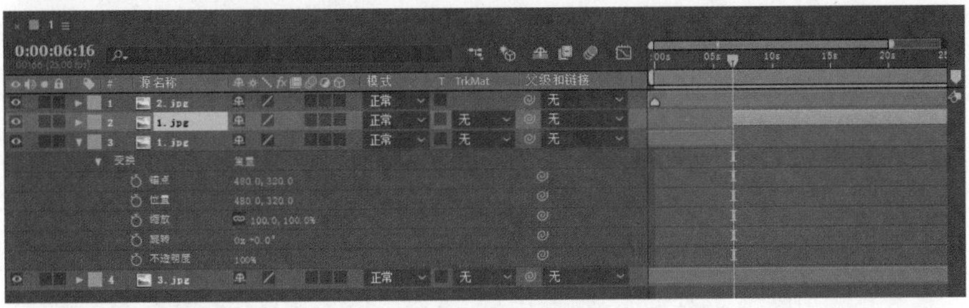

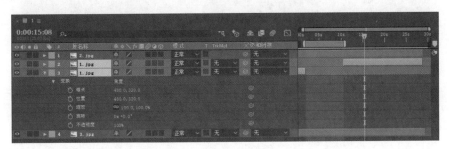

图 13-37

## 13.2.8 提升工作区 / 提取工作区

在一段视频中，有时候需要移除其中的某几个片段，这就需要使用到"提升"和"提取"命令。这两个命令都具备移除部分镜头的功能，但也有一定的区别。

使用"提升工作区"命令可以移除工作区域内被选择图层的帧画面，但是被选择图层所构成的总时间长度不变，中间会保留删除后的空隙。调整工作区，然后选中图层，执行"编辑>提升工作区"命令，即可提升工作区，如图 13-38 所示。

图 13-38

使用"提取工作区"命令可以移除工作区域内被选择图层的帧画面，但是被选择图层所构成的总时间长度会缩短，同时图层会被剪切成两段，后段的入点将连接前段的出点，不会留下任何空隙，调整工作区，然后选中图层，执行"编辑>提取工作区"命令，即可提取工作区，如图 13-39 所示。

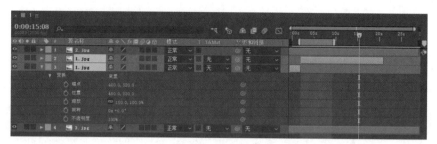

图 13-39

## 13.2.9 父子图层和父子关系

当移动一个图层时，如果要使其他图层也跟着该图层发生相应的变化，可以将该图层设置为父图层。

当父图层设置"变换"属性时（"不透明度"属性除外），子图层也会随着父图层产生变化。父图层的变换属性会导致所有子图层发生联动变化，但子图层的变换属性不会对父图层产生任何影响。

选择一个图层，单击"父级"栏下该图层的"无"按钮，如图 13-40 所示；在弹出的菜单中选择一个图层作为该图层的父层，如图 13-41 所示。

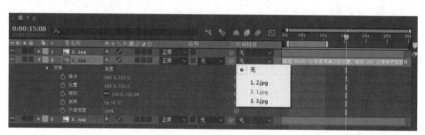

图 13-40

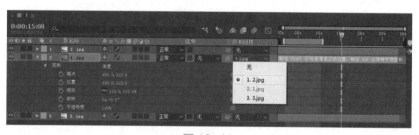

图 13-41

> **知识点拨**
>
> 一个图层列表中只能有一个父图层。在三维空间中，图层的运动通常会使用一个"空对象"图层来作为一个三维图层组的父图层，利用这个空图层可以对三维图形组应用变换属性。一个父图层可以同时拥有多个子图层，但是子图层只能同时拥有一个父图层。
>
> 选择一个图层作为子图层，单击该层"父级"栏下的按钮，如图 13-42 所示。按住

并移动鼠标，拖拽出一条连线，移动到作为父级的图层上即可在两个图层上建立父子关系，如图 13-43 所示。

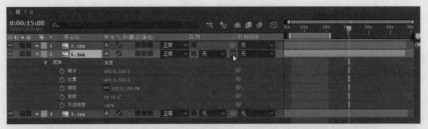

图 13-42

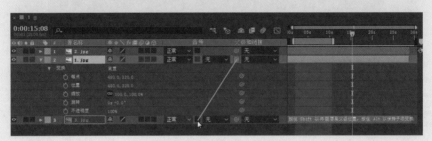

图 13-43

📝 **课堂练习** 展示 jpg 照片

本案例主要利用图层属性和图层的编辑、图层的出入点来制作完成，下面对其操作方法进行具体的介绍。

扫一扫 看视频

**Step01** 启动 After Effects 软件，新建项目，然后执行"文件＞导入"命令，导入本章素材"风景 1.jpg""风景 2.jpg""风景 3.jpg"，如图 13-44 所示。

**Step02** 将"项目"面板中的"风景 1.jpg"素材拖入置"时间轴"面板中，创建合成，如图 13-45 所示。

图 13-44

图 13-45

**Step03** 将"项目"面板中的素材"风景 2jpg"和"风景 3jpg"拖入置"时间轴"面板中，如图 13-46 所示。

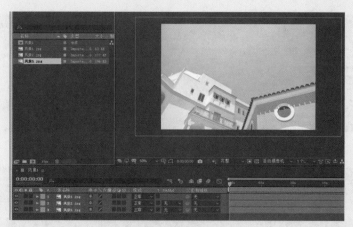

图 13-46

**Step04** 选中"风景 1.jpg"图层，在 0:00:00:00 处设置素材的"缩放"为"100.0，100.0%"，然后在其前面单击"时间变化秒表" ⬤添加关键帧，如图 13-47 所示。

图 13-47

**Step05** 拖动当前时间指示器，在 0:00:03:00 时间点设置素材的"缩放"为"150.0，150.0%"，添加第二个关键帧，如图 13-48 所示。

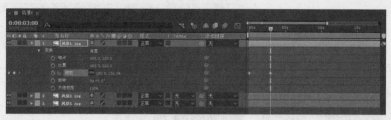

图 13-48

**Step06** 在 0:00:03:00 时间处选中"风景 1.jpg"图层，按 Alt+] 组合键裁剪，如图 13-49 所示。

**Step07** 选中"风景 2.jpg"图层，在 0:00:03:00 时间点处按 Alt+[ 组合键裁剪，如图 13-50 所示。

图 13-49

图 13-50

**Step08** 在 0:00:03:00 时间点单击"风景 2jpg"图层"缩放"属性前"时间变化秒表"按钮 ，添加关键帧，设置缩放的值为"150.0，150.0%"如图 13-51 所示。

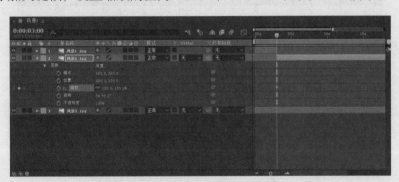

图 13-51

**Step09** 在 0:00:06:00 时间点设置"风景 2.jpg"图层"缩放"缩放的值为"90.0，90.0%"，插入生成关键帧，如图 13-52 所示。然后按 Alt+]组合键剪切，如图 13-53 所示。

图 13-52

283

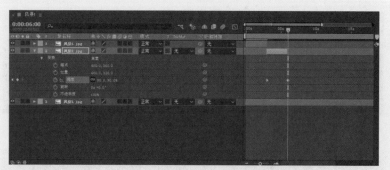

图 13-53

**Step10** 使用上述方法，裁剪"风景 3.jpg"，为其添加缩放的效果，如图 13-54 所示。

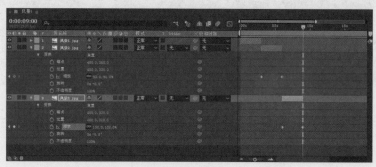

图 13-54

**Step11** 操作完成后，单击小键盘上 0 数字键，进行播放，在"合成"面板中可以查看效果，如图 13-55 所示。

图 13-55

# 13.3 图层混合模式

After Effects 图层模式的应用十分重要，图层之间可以通过图层模式来控制上层与下层的融合效果。After Effects 中的混合模式都是定义在相关图层上的，而不能定义到置入的素材上，也就是说必须将一个素材置入到合成图像的时间线面板中，定义它的混合模式。

After Effects 中的图层混合模式包括正常、变暗、添加等模式组，执行"图层＞混合模式"命令即可看到混合模式列表，如图 13-56 所示。

## 13.3.1 普通模式组

在普通模式组中，主要包括"正常""溶解"和"动态抖动溶解"3种混合模式。在没有透明度影响的前提下，这种类型的混合模式产生最终效果的颜色不会受底层像素颜色的影响，除非底层像素的不透明度小于当前图层。

（1）正常

"正常"模式是日常工作中最常用的图层混合模式。当不透明度为100%时，此混合模

图 13-56

式将根据Alpha通道正常显示当前层，并且此层的显示不受到其他层的影响；当不透明度小于100%时，当前层的每一个像素点的颜色都将受到其他层的影响，会根据当前的不透明度值和其他层的色彩来确定显示的颜色。

（2）溶解

该混合模式用于控制层与层之间的融合显示，对于有羽化边界的层会起到较大影响。如果当前层没有遮罩羽化边界，或者该层设定为完全不透明，则该模式几乎是不起作用的。所以该混合模式的最终效果将受到当前层Alpha通道的羽化程度和不透明度的影响。先在图层的属性设置不透明度为"90%"，然后在带有Alpha通道的图层上选择"溶解"模式后的效果对比如图13-57、图13-58所示。

图 13-57

图 13-58

（3）动态抖动溶解

该混合模式与"溶解"混合模式的原理类似，只不过"动态抖动溶解"模式可以随时更新值，而"溶解"模式的颗粒都是不变的。

## 13.3.2 变暗模式组

变暗模式组中的混合模式可以使图像的整体颜色变暗，主要包括"变暗""相乘""颜色加深""经典颜色加深""线性加深"和"较深颜色"6种，其中"变暗"和"相乘"是使用频率较高的混合模式。

（1）变暗

当选中该混合模式后，软件将会查看每个通道中的颜色信息，并选择基色或混合色中较

暗的颜色作为结果色，即替换比混合色亮的像素，而比混合色暗的像素保持不变。选择"变暗"模式后的效果对比如图 13-59、图 13-60 所示。

图 13-59

图 13-60

（2）相乘

对于每个颜色通道，将源颜色通道值与基础颜色通道值相乘，再除以 8-bpc、16-bpc 或 32-bpc 像素的最大值，具体取决于项目的颜色深度。结果颜色绝不会比原始颜色明亮。如果任一输入颜色是黑色，则结果颜色是黑色。如果任一输入颜色是白色，则结果颜色是其他输入颜色。此混合模式模拟在纸上用多个记号笔绘图或将多个彩色透明滤光板置于光照前面。在与除黑色或白色之外的颜色混合时，具有此混合模式的每个图层或画笔将生成深色。选择"相乘"模式后的效果如图 13-61 所示。

（3）颜色加深

当选择该混合模式时，软件将会查看每个通道中的颜色信息，并通过增加对比度使基色变暗以反映混合色，与白色混合不会发生变化。选择"颜色加深"模式后的效果如图 13-62 所示。

图 13-61

图 13-62

（4）经典颜色加深

该混合模式其实就是 After Effects 5.0 以前版本中的"颜色加深"模式，为了让旧版的文件在新版软件中打开时保持原始的状态，保留了这个旧版的"颜色加深"模式，并被命名为"典型颜色加深"模式，应用此效果如图 13-63 所示。

（5）线性加深

当选择该混合模式时，软件将会查看每个通道中的颜色信息，并通过减小亮度使基色变暗以反映混合色，与白色混合不会发生变化，选择"线性加深"模式后的效果如图 13-64 所示。

图 13-63

图 13-64

（6）较深的颜色

每个结果像素是源颜色值和相应的基础颜色值中的较深颜色。"较深的颜色"类似于"变暗"，但是"较深的颜色"不对各个颜色通道执行操作。

### 13.3.3 添加模式组

"添加"模式组中的混合模式可以使当前图像中的黑色消失，从而使颜色变亮，包括"相加""变亮""屏幕""颜色减淡""经典颜色减淡""线性减淡""较浅的颜色"7 种，其中"相加"和"屏幕"是使用频率较高的混合模式。

（1）相加

当选择该混合模式时，将会比较混合色和基色的所有通道值的总和，并显示通道值较小的颜色。"相加"混合模式不会产生第 3 种颜色，因为它是从基色和混合色中选择通道最小的颜色来创建结果色的。选择"相加"模式后的效果对比如图 13-65、图 13-66 所示。

图 13-65

图 13-66

（2）变亮

当选中该混合模式后，软件将会查看每个通道中的颜色信息，并选择基色或混合色中较亮的颜色作为结果色，即替换比混合色暗的像素，而比混合色亮的像素保持不变。选择"变亮"模式后的效果如图 13-67 所示。

（3）屏幕

该混合模式是种加色混合模式，具有将颜色相加的效果。由于黑色意味着 RGB 通道值为 0，所以该模式与黑色混合没有任何效果，而与白色混合则得到 RGB 颜色的最大值白色。

选择"屏幕"模式后的效果如图 13-68 所示。

图 13-67

图 13-68

（4）颜色减淡

当选择该混合模式时，软件将会查看每个通道中的颜色信息，并通过减小对比度使基色变亮以反映混合色，与黑色混合则不会发生变化。

（5）经典颜色减淡

该混合模式其实就是 After Effects 5.0 以前版本中的"颜色减淡"模式，为了让旧版文件在新版软件中打开时保持原始的状态，保留了这个旧版的"颜色减淡"模式，并被

图 13-69

命名为"经典颜色减淡"模式，选择"经典颜色减淡"后的效果如图 13-69 所示。

（6）线性减淡

当选择该混合模式时，软件将会查看每个通道中的颜色信息，并通过增加亮度使基色变亮以反映混合色，与黑色混合不会发生变化。选择"线性减淡"模式后的效果如图 13-70 所示。

（7）较浅的颜色

每个结果像素是源颜色值和相应的基础颜色值中的较亮颜色。"较浅的颜色"类似于"变亮"，但是"较浅的颜色"不对各个颜色通道执行操作。选择"较浅的颜色"模式后的效果如图 13-71 所示。

图 13-70

图 13-71

### 13.3.4 相交模式组

相交模式组中的混合模式在进行混合时 50% 的灰色会完全消失，任何高于 50% 的区域都可能加亮下方的图像，而低于 50% 灰色区域都可能使下方图像变暗，该模式组包括"叠加""柔光""强光""线性光""亮光""点光""纯色混合" 7 种混合模式，其中"叠加"和"柔光"两种模式的使用频率较高。

（1）叠加

该混合模式可以根据底层的颜色，将当前层的像素相乘或覆盖。该模式可以导致当前层变亮或变暗。该模式对于中间色调影响较明显，对于高亮度区域和暗调区域影响不大。选择"叠加"模式后的效果对比如图 13-72、图 13-73 所示。

图 13-72                                            图 13-73

（2）柔光

该混合模式可以创造光线照射的效果，使亮度区域变得更亮，暗调区域将变得更暗。如果混合色比 50% 灰色亮，则图像会变亮；如果混合色比 50% 灰色暗，则图像会变暗。柔光的效果取决于层的颜色，用纯黑色或纯白色作为层颜色时，会产生明显较暗或较亮的区域，但不会产生纯黑色或纯白色。选择"柔光"模式后的效果如图 13-74 所示。

（3）强光

该混合模式可以对颜色进行正片叠底或屏幕处理，具体效果取决于混合色。如果混合色比 50% 灰度亮，就是屏幕后的效果，此时图像会变亮；如果混合色比 50%，就是正片叠底效果，此时图像会变暗。使用纯黑色和纯白色绘画时会出现纯黑色和纯白色。选择"强光"模式后的效果如图 13-75 所示。

图 13-74                                            图 13-75

289

（4）线性光

该混合模式可以通过减小或增加亮度来加深或减淡颜色，具体效果取决于混合色。如果混合色比 50% 灰度亮，则会通过增加亮度使图像变亮；如果混合色比 50% 灰度暗，则会通过减小亮度使图像变暗。选择"线性光"模式后的效果如图 13-76 所示。

（5）亮光

该混合模式可以通过减小或增加对比度来加深或减淡颜色，具体效果取决于混合色。如果混合色比 50% 灰度亮，则会通过增加对比度使图像变亮；如果混合色比 50% 灰度暗，则会通过减小对比度使图像变暗。选择"亮光"混模式后的效果如图 13-77 所示。

图 13-76                  图 13-77

（6）点光

该混合模式可以根据混合色替换颜色。如果混合色比 50% 灰色亮，则会替换比混合色暗的像素，而不改变比混合色亮的像素；如果混合色比 50% 灰色暗，则会替换比混合色亮的像素，而比混合色暗的像素保持不变。选择"点光"模式后的效果如图 13-78 所示。

（7）纯色混合

当选中该混合模式后，将把混合颜色的红色、绿色和蓝色的通道值添加到基色的 RGB 值中。如果通道值的总和大于或等于 255，则值为 255；如果小于 255，则值为 0。因此，所有混合像素的红色、绿色和蓝色通道值不是 0，就是 255，这会使所有像素都更改为原色，即红色、绿色、蓝色、青色、黄色、洋红色、白色或黑色。选择"纯色混合"模式后的效果如图 13-79 所示。

     图 13-78                  图 13-79

## 13.3.5　反差模式组

反差模式组中的混合模式可以基于源颜色和基础颜色值之间的差异创建颜色，包括"差值""经典差值""排除""相减""相除"5 种混合模式。

（1）差值

当选中该混合模式后，软件将会查看每个通道中的颜色信息，并从基色中减去混合色，或从混合色中减去基色，具体操作取决于哪个颜色的亮度值更大。与白色混合将反转基色值，与黑色混合则不产生变化。选择"差值"模式后的效果如图 13-80、图 13-81 所示。

图 13-80　　　　　　　　　　　　　　　　图 13-81

　知识点拨

如果要对齐两个图层中的相同视觉元素，请将一个图层放置在另一个图层上面，并将顶端图层的混合模式设置为"差值"。然后，可以移动一个图层或另一个图层，直到要排列的视觉元素的像素都是黑色，这意味着像素之间的差值是零，因此一个元素完全堆积在另一个元素上面。

（2）经典差值

After Effects 5.0 和更低版本中的"差值"模式已重命名为"经典差值"，使用它可保持与早期项目的兼容性；也可使用"差值"，选择"经典差值"模式后的效果如图 13-82 所示。

（3）排除

当选中该混合模式后，将创建一种与"差值"模式相似但对比度更低的效果，与白色混合将反转基色值，与黑色混合则不会发生变化。选择"排除"模式后的效果，如图 13-83 所示。

（4）相减

该模式从基础颜色中减去源颜色。如果源颜色是黑色，则结果颜色是基础颜色。在 32-bpc 项目中，结果颜色值可以小于 0。选择"相减"模式后的效果如图 13-84 所示。

（5）相除

基础颜色除以源颜色。如果源颜色是白色，则结果颜色是基础颜色。在 32-bpc 项目中，结果颜色值可以大于 1.0。选择"相除"模式后的效果如图 13-85 所示。

图 13-82

图 13-83

图 13-84

图 13-85

## 13.3.6 颜色模式组

颜色模式组中的混合模式是将色相、饱和度和发光度三要素中的一种或两种应用在图像上,包括"色相""饱和度""颜色""发光度"4 种。

(1)色相

"色相"模式可以将当前图层的色相应用到底层图像的亮度和饱和度中,可以改变底层图像的色相,但不会影响其亮度和饱和度。对于黑色、白色和灰色区域,该模式将不起作用。选择"色相"模式后的效果对比如图 13-86、图 13-87 所示。

图 13-86

图 13-87

（2）饱和度

当选中该模式后，将用基色的明亮度和色相以及混合色的饱和度创建结果色，灰色的区域将不会发生变化。选择"饱和度"模式后的效果如图 13-88 所示。

（3）颜色

当选中该混合模式后，将用基色的明亮度以及混合色的色相和饱和度创建结果色，这样可以保留图像中的灰阶，并且对于给单色图像上色或给彩色图像着色都会非常有用。选择"颜色"模式后的效果如图 13-89 所示。

（4）发光度

当选中该混合模式后，将用基色的色相和饱和度以及混合色的明亮度创建结果色，此混合色可以创建与"颜色"模式相反的效果。选择"亮度"模式后的效果如图 13-90 所示。

图 13-88　　　　　　　　　　图 13-89　　　　　　　　　　图 13-90

### 13.3.7　Alpha 模式组

Alpha 模式组中的混合模式是 After Effects 特有的混合模式，它将两个重叠中不相交的部分保留，使相交的部分透明化，包括"模板 Alpha""模板亮度""轮廓 Alpha""轮廓亮度""Alpha 添加""冷光预乘"6 种。

（1）模板 Alpha

当选中该混合模式时，将依据上层的 Alpha 通道显示以下所有层的图像，相当于依据上面层的 Alpha 通道进行剪影处理。选择"模板 Alpha"混合模式前后的效果对比如图 13-91、图 13-92 所示。

图 13-91　　　　　　　　　　　　　　　图 13-92

（2）模板亮度

选中该混合模式时，将依据上层图像的明度信息来决定以下所有层的图像的不透明度信息，亮的区域会完全显示下面的所有图层；黑暗的区域和没有像素的区域则完全不显示以下所有图层；灰色区域将依据其灰度值决定以下图层的不透明程度。选择"模板亮度"混合模式后的效果如图 13-93 所示。

（3）轮廓 Alpha

该模式可以通过当前图层的 Alpha 通道来影响底层图像，使受影响的区域被剪切掉，得到的效果与"模板 Alpha"混合模式的效果正好相反。

（4）轮廓亮度

选中该混合模式时，得到的效果与"模板亮度"混合模式的效果正好相反。选择"轮廓亮度"混合模式后的效果如图 13-94 所示。

图 13-93

图 13-94

### 13.3.8 共享模式组

共享模式主要包括"Alpha 添加"和"冷光预乘"两种混合模式。这种类型的混合模式都可以使底层与当前图层的 Alpha 通道或透明区域像素产生相互作用。

（1）Alpha 添加

通常合成图层，但添加色彩互补的 Alpha 通道来创建无缝的透明区域，用于从两个相互反转的 Alpha 通道或从两个接触的动画图层的 Alpha 通道边缘删除可见边缘。

 知识点拨

在图层边对边对齐时，图层之间有时会出现接缝，尤其是在边缘处相互连接以生成 3D 对象的 3D 图层的问题。在图层边缘消除锯齿时，边缘具有部分透明度。在两个 50% 透明区域重叠时，结果不是 100% 不透明，而是 75% 不透明，因为默认操作是乘法。

但是，在某些情况下不需要此默认混合。如果需要两个 50% 不透明区域组合以进行无缝不透明连接，需要添加 Alpha 值，在这类情况下，可使用"Alpha 添加"混合模式。

（2）冷光预乘

在合成之后，通过将超 Alpha 通道值的颜色值添加到合成中来防止修剪这些颜色值，用于使用预乘 Alpha 通道从素材合成渲染镜头或光照效果（例如镜头光晕）。在应用此模式时，可以通过将预乘 Alpha 源素材的解释更改为直接 Alpha 来获得最佳结果。

📄 **课堂练习** 制作重影效果

本案例主要利用了图层的混合模式制作出重影效果，下面对其进行具体的讲述。

**Step01** 启动 After Effects 软件，新建项目，然后执行"合成>新建合成"命令，弹出"合成设置"对话框，在对话框中设置，单击"确定"按钮新建合成，如图 13-95 所示。

**Step02** 执行"文件>导入"命令，导入"人物 .jpg""森林 .jpg"素材，如图 13-96 所示。

扫一扫 看视频

图 13-95　　　　　　　　　　图 13-96

**Step03** 将"项目"面板中的素材拖入"时间轴"面板中，然后在"合成"面板中使用"选取工具" ▶ 调整图像的大小和图层顺序，如图 13-97 所示。

图 13-97

**Step04** 在"时间轴"面板中将人物的图层混合模式改为"强光"，如图 13-98 所示。

**Step05** 将人物图层不透明度改为"80%"，操作完成后，在"合成"面板中可以查看效果，如图 13-99 所示。

图 13-98

图 13-99

至此，完成重影效果的制作。

# 13.4 图层样式

与 Photoshop 图层类似，After Effects 图层样式能快速地制作出发光、投影、面板等 9 种图层样式。

在 After Effects 中，执行"图层>图层样式"命令，可以看到图层样式的列表，如图 13-100 所示。

（1）投影

"投影"样式可以为图层添加投影效果。选中素材，执行"图层>图层样式>投影"命令，在"时间轴"面板中设置投影参数，效果如图 13-101、图 13-102 所示。

（2）内阴影

"内阴影"样式可以为图形的内部添加阴影效果。选中素材，执行"图层>图层样式>内阴影"命令，在"时间轴"面板中设置内阴影参数，效果如图 13-103、图 13-104 所示。

图 13-100

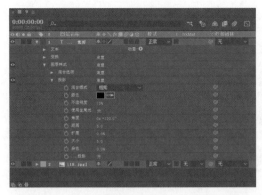

图 13-101

图 13-102

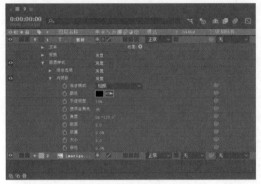

图 13-103

图 13-104

（3）外发光

"外发光"样式可以在图层外部添加光照效果。选中素材，执行"图层>图层样式>外发光"命令，在"时间轴"面板中设置参数，效果如图 13-105、图 13-106 所示。

图 13-105

图 13-106

（4）内发光

"内发光"样式可以在图层内部添加光照效果。选中素材，执行"图层>图层样式>内发光"命令，在"时间轴"面板中设置参数，效果如图 13-107、图 13-108 所示。

（5）斜面和浮雕

"斜面和浮雕"样式可以为图层制作浮雕效果，使图像更具有立体感。选中素材，执行 297

图 13-107

图 13-108

"图层＞图层样式＞斜面和浮雕"命令，在"时间轴"面板中设置参数，效果如图 13-109、图 13-110 所示。

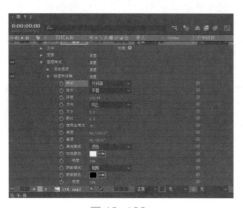
图 13-109

图 13-110

下面对"斜面和浮雕"中的重要设置选项进行具体的介绍。

- 样式：可以为图层添加 5 种效果：外斜面、内斜面、浮雕、枕状浮雕和描边浮雕。
- 技术：设置 3 种类型：平滑、雕刻清晰、雕刻柔和。
- 深度：设置浮雕效果的深浅程度。
- 方向：设置浮雕向上还是向下。
- 柔化：设置浮雕的柔化程度。
- 高度：设置图层中浮雕效果的立体程度。
- 高光模式：设置亮部区域的混合模式。
- 加亮颜色：设置余光颜色。
- 明度：颜色的明暗程度。
- 阴影模式：设置暗部区域的混合模式。
- 阴影颜色：设置该效果部分的颜色。

（6）光泽

"光泽"样式可以在图层表面产生光泽，使图像更有质感。选中素材，执行"图层＞图层样式＞光泽"命令，在"时间轴"面板中设置参数，效果如图 13-111、图 13-112 所示。

图 13-111

图 13-112

（7）颜色叠加

"颜色叠加"样式可以在图层上方叠加颜色。选中素材，执行"图层＞图层样式＞颜色叠加"命令，在"时间轴"面板中设置参数，效果如图 13-113、图 13-114 所示。

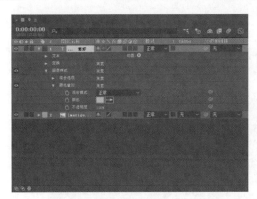

图 13-113

图 13-114

（8）渐变叠加

"渐变叠加"样式可以在图层上方叠加渐变色。选中素材，执行"图层＞图层样式＞颜色叠加"命令，在"时间轴"面板中设置参数，效果如图 13-115、图 13-116 所示。

图 13-115

图 13-116

（9）描边

"描边"样式可以为图层添加描边效果。选中素材，执行"图层＞图层样式＞颜色叠加"命令，在"时间轴"面板中设置参数，效果如图 13-117、图 13-118 所示。

图 13-117 图 13-118

综合实战 制作立体图像

本案例主要利用图层关系，新建摄像机图层来制作立体的图像，下面对其进行具体的介绍。

**Step01** 启动 After Effects 软件，新建项目。执行"合成>新建合成"命令，打开"合成设置"对话框新建合成，如图 13-119、图 13-120 所示。

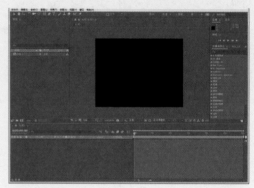

图 13-119 图 13-120

**Step02** 再次执行"合成>新建"命令，打开"合成设置"对话框，再次新建合成，如图 13-121、图 13-122 所示。

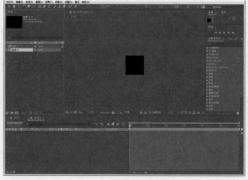

图 13-121 图 13-122

Premiere+After Effects+Photoshop 一站式高效学习一本通

300

**Step03** 选中"合成 2"按 Ctrl+D 组合键复制"合成 2"生成"合成 3""合成 4""合成 5""合成 6""合成 7",如图 13-123 所示。

**Step04** 执行"文件＞导入"命令,导入本章素材"美食 1.jpg""美食 2.jpg""美食 3.jpg""美食 4.jpg""美食 5.jpg""美食 6.jpg",如图 13-124 所示。

**Step05** 双击"项目"面板中的"合成 2",打开"合成 2",将一张素材拖入"时间"轴面板中,并调整图像的大小与位置,如图 13-125 所示。

图 13-123

图 13-124

图 13-125

**Step06** 使用上述方法,往"合成 3""合成 4"中拖入照片素材,如图 13-126、图 13-127 所示。

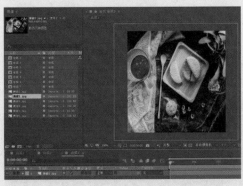

图 13-126

图 13-127

**Step07** 继续往"合成 5""合成 6""合成 7"中拖入照片素材。在"项目"面板中,双击"合成 1"打开"合成 1",如图 13-128 所示。

**Step08** 将"项目"面板中除了"合成 1",其他合成全部选中,然后将其拖拽到"时间"轴面板中,如图 13-129 所示。

**Step09** 将拖至"合成 1"的合成全部选中,单击"3D 图层"按钮,激活 3D 效果,如图 13-130 所示。

**Step10** 执行"图层＞新建＞摄像机"命令,打开"摄像机设置"对话框,在对话框中设置参数,单击"确定"按钮,新建摄像机图层,如图 13-131 所示。

301

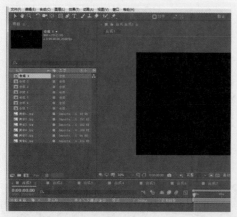
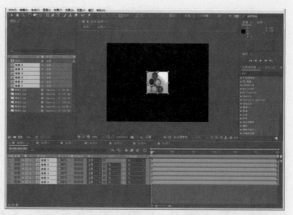

图 13-128 图 13-129

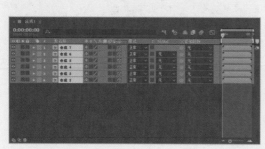
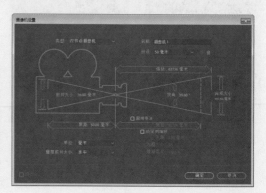

图 13-130 图 13-131

**Step11** 新建摄像机图层，如图 13-132 所示。在"合成"面板中，按住鼠标左键进行拖拽可以旋转视图，如图 13-133 所示。

图 13-132 图 13-133

**Step12** 调整图层顺序，如图 13-134 所示。使用"选取工具" ▶选取"合成 2"，在"合成"面板中延 Z 轴进行拖拽，如图 13-135 所示。

**操作提示**

在调整立体图像时，需要不停地调整视图，再次调整视图可以选择"统一摄像机工具" ，在"合成"面板中拖拽即可。

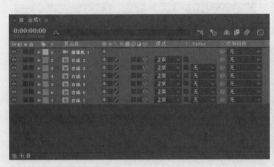
图 13-134

图 13-135

**Step13** 选中"合成 3"图层，在变换中，设置 Y 轴旋转值为"0x+90°"，如图 13-136、图 13-137 所示。

图 13-136

图 13-137

**Step14** 将视图调至图像的顶部，使用"选取工具" 延 Z 轴调整"合成 2""合成 3"图像位置，如图 13-138 所示。移动"合成 4"图像的位置，如图 13-139 所示。

图 13-138

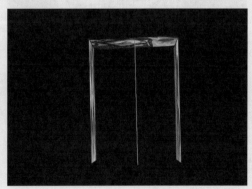
图 13-139

**Step15** 设置"合成 5"图层延 Y 轴旋转"0x +90°"，如图 13-140 所示。然后移动其位置，如图 13-141 所示。

**Step16** 设置"合成 6"图层图像方向"90.0°，0.0°，0.0°"，如图 13-142 所示。使用"选取工具" 调整其位置及大小，如图 13-143 所示。

图 13-140

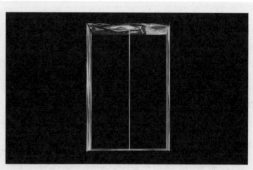
图 13-141

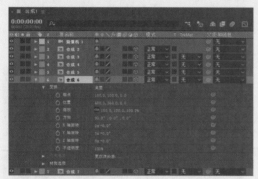
图 13-142

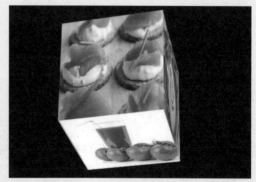
图 13-143

**Step17** 使用上述同样的方法调整"合成 7"图像，如图 13-144 所示。进一步调整图像，使其更精致，如图 13-145 所示。

图 13-144

图 13-145

至此，完成立体图像的制作。

## 📖 课后作业 制作圣诞树装饰物闪烁的效果

### 项目需求

制作卡通的圣诞树，要求圣诞树造型可爱，树上装饰闪烁的灯，视频宽度"720px"、高度"576px"。

## 项目分析

在灯的图层上设置不透明，添加外发光效果，可以模拟装饰灯闪烁效果。在设计制作时，注意要将每个灯的闪烁时间交叉开，可使灯光更加真实，然后绘制装饰图像，丰富画面。

## 项目效果

项目制作效果如图 13-146、图 13-147 所示。

图 13-146　　　　　　　　　　　　　图 13-147

## 操作提示

Step01 绘制灯形状。

Step02 添加闪烁的效果。

Step03 添加外发光效果。

# 第14章

# 文字特效

## ★ 内容导读

文字是设计中必不可少的元素之一，在 After Effects 中，不仅可以使用多种方法创建文字，还可以对文字进行专业的编辑以及为文字添加动画。本章主要对文字的创建、编辑、文字的属性设置、文字的动画控制器、文字动画特效以及表达式等进行讲解，充分展示文字的魅力。

## ★ 学习目标

○ 掌握文字的创建与编辑
○ 了解文字的属性设置
○ 掌握文字动画的创建
○ 了解动画控制器
○ 了解表达式的应用

## 14.1 文字的创建与编辑

在 After Effects 中，除了可以利用文本图层、文字工具以及文本框创建文字，还可以对文字的属性进行修改。

### 14.1.1 创建文字

用户创建文字通常有三种方式，分别是利用文本层、文本工具或文本框进行创建。

（1）利用文本层创建

在时间轴面板的空白处单击鼠标右键，在弹出的菜单中选择"新建>文本层"命令，如图 14-1 所示。创建完成后，在"合成"面板中出现一个光标符号，输入文字，如图 14-2 所示。

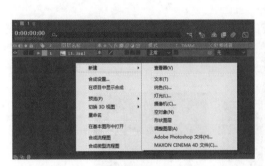

图 14-1

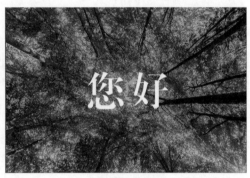

图 14-2

（2）利用文本工具创建

在工具栏中选择"直排文字工具"或使用 Ctrl+T 组合键，如图 14-3 所示。在"合成"窗口单击鼠标左键，即可输入文字，如图 14-4 所示。

图 14-3

图 14-4

（3）利用文本框创建

在工具栏中选择"横排文字"或"直排文字"工具，在"合成"窗口中按住鼠标左键并拖动，绘制一个矩形文本框，如图 14-5 所示。直接输入文字，按回车键完成，如图 14-6 所示。

307

图 14-5

图 14-6

## 14.1.2 编辑文字

在创建文本之后，可以根据视频的整体布局和设计风格对文字进行适当的调整，包括字体大小、填充颜色及对齐方式等。

（1）设置字符格式

在选择文字后，可以在"字符"面板中对文字的字体系列、字体大小、填充颜色和是否描边等进行设置。依次执行"窗口＞字符"命令，如图 14-7 所示。或按 **Ctrl+6** 组合键即可调出"字符"面板，从中可对字体、颜色、边宽等属性参数值做出更改，如图 14-8 所示。

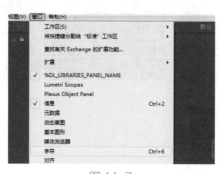
图 14-7

图 14-8

（2）设置段落格式

在选择文字后，可以在"段落"面板中对文字的对齐、缩进和段间距等格式进行设置。依次执行"窗口＞段落"命令，如图 14-9 所示，即可调出"段落"面板，从中可以对文字的对齐方式和段间距等参数进行设置，如图 14-10 所示。

图 14-9

图 14-10

本节主要内容有设置文字的基本属性、设置文本路径的属性，下面对其进行具体的介绍。

### 14.2.1 设置基本属性

在"时间线"面板中，展开文本图层中的"文本"选项组，可通过其"源文本"等子属性更改文本的基本属性。

执行"效果>过时>基本文字"命令，如图 14-11 所示。在弹出的"基本文字"对话框中设置参数，如图 14-12 所示。

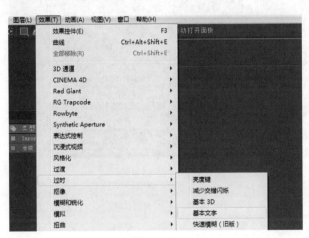

图 14-11                                    图 14-12

### 14.2.2 设置路径属性

文本图层中的"路径选项"属性组，是沿路径对文本进行动画制作的一种简单方式。不仅可以指定文本的路径，还可以改变各个字符在路径上的显示方式。

依次执行"效果>过时>路径文本"命令，如图 14-13 所示。在弹出的"路径文本"对话框中设置相应的参数，如图 14-14 所示。

图 14-13                                    图 14-14

309

本案例主要讲解如何让文字沿路径排列，下面对其进行具体的介绍。

**Step01** 启动 After Effects 软件，新建项目，然后将素材"旅行 .jpg"导入文档中，如图 14-15 所示。

**Step02** 将"项目"面板中的素材拖入"时间轴"面板中，新建合成，如图 14-16 所示。

图 14-15

图 14-16

**Step03** 使用"横排文字工具"■输入文字，在"字符"面板中设置文字的字体、字号、颜色，如图 14-17 所示。

**Step04** 选中"时间轴"面板中的文字图层，选择工具栏中的"钢笔工具"✎，然后在"合成"面板中绘制一个遮罩路径，如图 14-18 所示。

图 14-17

图 14-18

**Step05** 在"时间轴"面板中打开文字图层下方"文本＞路径选项"，设置路径蒙版，设置垂直于路径选项，如图 14-19 所示。

**Step06** "合成"面板中显示上步操作的效果，如图 14-20 所示。

图 14-19 图 14-20

至此，完成路径文字的制作。

## 14.3 文字动画控制器

本节主要对内置的动画控制器进行讲解。利用动画控制器可以为文字添加滚动字幕、旋转文字效果、放大缩小文字效果等。

### 14.3.1 动画文本

动画文本图层可生成许多效果，包括动画标题、下沿字幕、演职员表滚动字幕和动态排版。与其他图层一样，可以为整个文本图层设置动画。不过，文本图层提供的附加动画功能可用于为图层内的文本设置动画。

通过动画文本为文本制作基础动画的方法为：执行"动画>动画文本"命令，如图 14-21 所示。同样也可以在"时间轴"面板上单击"动画"按钮，即可为文本添加动画效果，如图 14-22 所示。

图 14-21

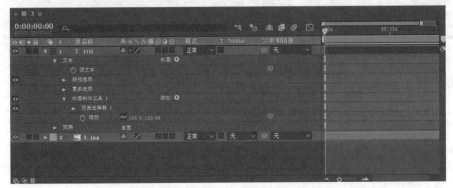

图 14-22

本案例主要利用文本动画命令为文字添加动画效果，下面对其进行具体的介绍。

**Step01** 启动 After Effects 软件，新建项目，然后将本章素材 "新年 .jpg" 导入文档中，如图 14-23 所示。

**Step02** 将 "项目" 面板中的素材拖入 "时间轴" 面板中，新建合成，如图 14-24 所示。

扫一扫 看视频

图 14-23

图 14-24

**Step03** 使用 "横排文字工具" <kbd>T</kbd> 输入文字，在 "符号" 面板中设置文字的字体、字号等参数，如图 14-25、图 14-26 所示。

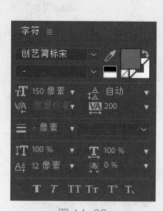

图 14-25

图 14-26

**Step04** 选中文字图层，执行 "图层>图层样式>外发光" 命令，在该文字图层下 "图层样式>外发光" 下，设置外发光的参数，为图像添加外发光效果，如图 14-27、图 14-28 所示。

**Step05** 选中文字图层执行 "动画>动画文本>旋转" 命令，在 0:00:00:00 处设置文本图层下 "文本>动画制作工具 1" 中的旋转参数为 "0x +90.0°"，然后单击其前面的 "时间变化秒表" 按钮 <kbd>⏱</kbd>，插入关键帧，如图 14-29 所示。

图 14-27                                        图 14-28

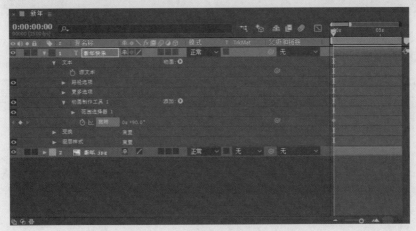

图 14-29

**Step06** 在 0:00:04:00 处设置旋转的参数为 "0x +0.0°"，生成关键帧，如图 14-30 所示。

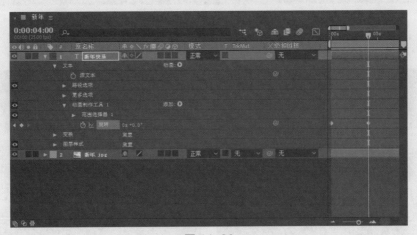

图 14-30

**Step07** 在文字图层属性变换中，设置不透明度为 "0%"，在 0:00:00:00 处，单击不透明前面的 "时间变化秒表" 按钮 ，添加关键帧，如图 14-31 所示。

图 14-31

**Step08** 在 0:00:02:00 处，设置不透明度为"100%"如图 14-32 所示。

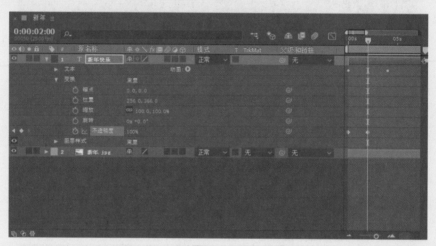

图 14-32

**Step09** 按空格键，在"合成"面板中预览效果，如图 14-33、图 14-34 所示。

图 14-33

图 14-34

至此，完成文字动画效果的添加。

### 14.3.2 特效类控制器

应用特效类控制器可以对文本层进行动画编辑，当新建文字动画时，将在文本层建立一个动画控制器，可通过左右拖拽的方式调整选项参数，制作各种各样的动画效果。

### 14.3.3 变换类控制器

该类控制器可以控制文本动画的变形，例如倾斜、位移等。在"时间轴"面板中依次选择"动画>倾斜"命令，接着即可在添加的控制器中设置相关参数，如图14-35、图14-36所示。

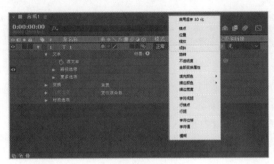
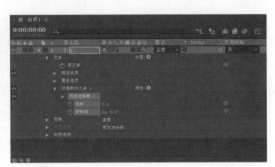

图 14-35　　　　　　　　　　　　　　　图 14-36

### 14.3.4 范围控制器

当添加一个特效类控制器时，均会在"动画"属性组添加一个"范围控制器"选项，在该选项的特效基础上，可以制作出各种各样的动画效果。

在为文本图层添加动画效果后，单击其属性右侧的"添加"按钮，依次选择"选择器>范围"选项，即可显示"范围选择器1"属性组，如图14-37、图14-38所示。根据其属性的具体功能，可划分为基础选项和高级选项。

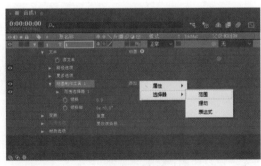

图 14-37　　　　　　　　　　　　　　　图 14-38

### 14.3.5 摆动控制器

摆动控制器可以控制文本的抖动，配合关键帧动画制作出更加复杂的动画效果。单击"添加"按钮，执行"选择器>摆动"命令，如图14-39所示，即可显示"摆动选择器1"属性组，如图14-40所示。

图 14-39

图 14-40

文本动画特效

　　创建和修饰文本后，可以对文字设置动画，使视频画面灵动起来。After Effects 的预置动画中提供了很多文字动画选择，下面对其进行具体介绍。

　　在"效果和预设"面板中展开"动画预设"选项，在"Text"文件夹下包含所有的文本预置动画，如图 14-41、图 14-42 所示。

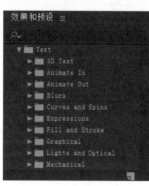

图 14-41

图 14-42

- 3D Text（3D 文本）：用于设置文字的 3D 效果；
- Animate In（入屏动画）：用于设置文字的进入效果；
- Animate Out（出屏动画）：用于设置文字的淡出效果；
- Blurs（文字模糊）：用于设置文字模糊出入效果；
- Curves and Spins（曲线和旋转）：用于设置文字扭曲和旋转效果；
- Expressions（表达式）：利用表达式设置文字效果；
- Fill and Stroke（填充与描边）：用于设置文字色块变化效果；
- Graphical（形状）：用于设置文字形状；
- Lights and Optical（光效）：用于设置文字的普通光效；
- Mechanical（机械）：用于设置文字机械运动效果；
- Miscellaneous（混合）：用于设置文字混合运动效果；
- Multi-Line（多行）：用于设置文字多行运动效果；
- Organic（生物体）：用于设置文字模仿生物体动作进行运动；

- Paths（路径）：用于设置文字运动的路径
- Rotation（旋转）：用于设置文字旋转效果；
- Scale（大小）：用于设置文字大小；
- Tracking（跟踪）：用于设置文字跟踪效果。

**课堂练习** 应用软件文字预设的效果

  After Effects 软件提供很多预设的文字效果，利用这些效果可以帮助用户快速制作出绚丽的文字动画效果。

扫一扫 看视频

**Step01** 启动 After Effects 软件，新建项目，执行"合成＞新建合成"命令，如图 14-43 所示。

**Step02** 使用"横排文字工具" T 输入文字，在"字符"面板中设置文字字体，如图 14-44 所示。

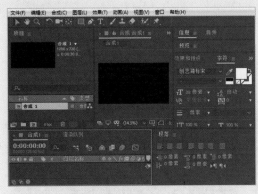

| 图 14-43 | 图 14-44 |

**Step03** 在"效果预设"面板中展开"动画预设＞ Text ＞ Organic"卷展栏。在 Organic 展开栏中选择"麦田"，如图 14-45 所示。

图 14-45

**Step04** 按住鼠标左键拖拽"麦田"效果至文字图层上，添加麦田效果，如图 14-46 所示。

317

**Step05** 按住空格键，在合成面板中预览效果，文字将会模仿麦田的麦子摇晃的效果，摇晃文字，如图 14-47 所示。

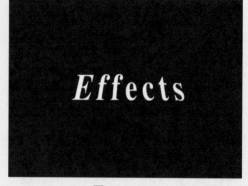

图 14-46　　　　　　　　　　　　　　　　　图 14-47

**Step06** 也可以拖拽其他的效果，应用到文字上，如图 14-48 所示。在"合成"面板中预览合成的效果，如图 14-49 所示。

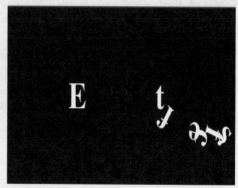

图 14-48　　　　　　　　　　　　　　　　　图 14-49

至此，完成文字预设效果的添加。

# 14.5　认识表达式

　　表达式是由传统的 JavaScript 语言编写而成的，来实现界面中不能执行的命令，或是将大量重复的操作简单化。使用表达式可以制作出层与层、属性与属性之间的关联。

　　在 After Effects 中表达式具有类似于其他程序设计的语法，只有遵循这些语法，才可以创建正确的表达式。

　　一般的表达式形式如：thisComp.layer ("Story medal"). transform.scale=transform.scale+time*10

　　全局属性 "thisComp" 用来说明表达式所应用的最高层级，可理解为合成。

　　层级标识符号 "." 为属性连接符号，该符号前面为上位层级，后面为下位层级。

　　layer(" ") 定义层的名称，必须在括号内加引号。

Premiere+After Effects+Photoshop｜站式高效学习｜本通

解读上述表达式的含义：这个合成的 Story medal 层中的变换选项下的缩放数值，随着时间的增长呈 10 倍的缩放。

此外，还可以为表达式添加注释。在注释句前加"//"符号，表示在同一行中任何处于"//"后的语名都被认为是表达式注释语句。

在 After Efftecs 中经常用到数组这个数据类型，而数组经常使用常量和变量中一部分。

数组常量：不同于 JavaScrip 语言，After Effects 中表达式的数值是由 0 开始的。

数组变量：用一些自定义的元素来代替具体的值。

将数组指针赋予变量：主要是为属性和方法赋予值或返回值。

数组维度：属性的参数量为维度。

**课堂练习　创建表达式**

在 After Effects 中，最简单直接的创建表达式的方法是利用图层的属性选项来创建。

**Step01** 启动 After Effects 软件，新建项目，执行"文件＞导入"命令，导入本章素材"天空 jpg"，如图 14-50 所示。

**Step02** 将"项目"面板素材拖入"时间"面板中，新建合成，如图 14-51 所示。

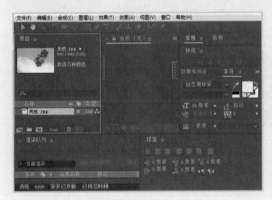 

图 14-50　　　　　　　　　　　　　　　　图 14-51

**Step03** 使用"横排文字工具"输入文字，在"字符"面板中设置字体，如图 14-52、图 14-53 所示。

图 14-52　　　　　　　　　图 14-53

**Step04** 按住 Alt 键再单击"旋转"属性左侧的"时间变化秒表"按钮 ![]，即可为该属性添加表达式，如图 14-54 所示。

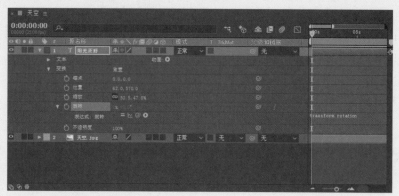

图 14-54

**Step05** 输入"transform.rotation=transform.rotation+time*10"，即可在"合成"面板中预览效果，如图 14-55 所示。

图 14-55

**Step06** 或依次执行"效果＞表达式控制＞点控制"命令，如图 14-56 所示，即可给图层添加表达式，如图 14-57 所示。

图 14-56

图 14-57

至此，完成表达式的创建。

综合实战 制作书写文字

本案例主要利用路径和文字生成描边命令来制作出书写文字的动画效果，下面对其进行具体的讲述。

**Step01** 启动 After Effects 软件，新建项目，执行"文件＞导入"命令，导入本章素材"猫 .jpg"，如图 14-58 所示。然后将"项目"面板素材拖入"时间"面板中，新建合成，如图 14-59 所示。

扫一扫 看视频

图 14-58

图 14-59

**Step02** 在工具栏中选择"横排文字工具" T，输入文字，在"字符"面板中进行设置，如图 14-60、图 14-61 所示。

图 14-60

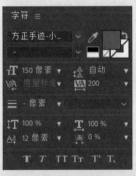

图 14-61

**Step03** 选中文字图层，执行"效果＞生成＞描边"命令，在"工具栏"面板中单击"钢笔工具"按钮 ，如图 14-62 所示。

**Step04** 继续选择文字图层，利用"钢笔工具" 按照笔画顺序绘制锚点，如图 14-63 所示。

**Step05** 完成操作后即可在"合成"面板中预览效果，如图 14-64 所示。

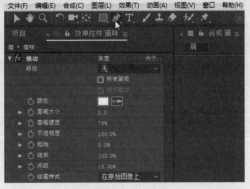

图 14-62

图 14-63

图 14-64

绘制每个蒙版前都需要选中一次文字图层，否则锚点会相连。

**Step06** 在"时间"面板中展开"效果"，设置"描边"的参数，如图 14-65 所示。

**Step07** 在 0:00:00:00 处设置"结束"关键帧为 0.00%，如图 14-66 所示。

图 14-65

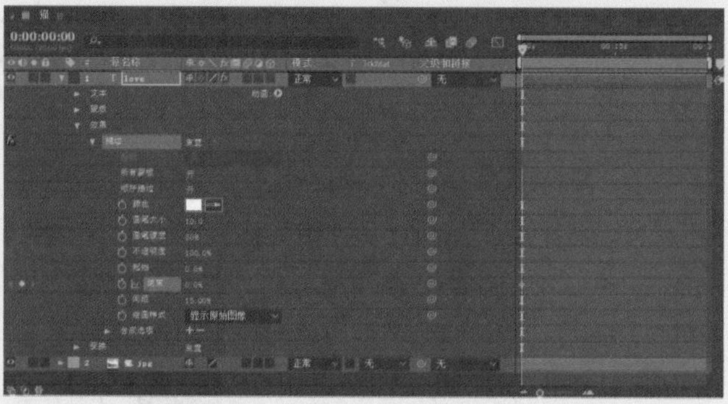

图 14-66

**Step08** 在 0:00:05:00 处设置"结束"关键帧为 100.0%，如图 14-67 所示。

**Step09** 完成操作后即可在"合成"面板中预览效果，如图 14-68 所示。

图 14-67

图 14-68

至此，完成书写文字效果的制作。

# 课后作业 制作虚线文字动画

## 项目需求

要求逐渐显示文字的全貌，四周为虚线，且虚线不断运动。没有文字填充色，只有文字虚线边框。

## 项目分析

利用文字可以制作很多种动画效果，文字虚线动画是其中一种非常简单容易制作的动画效果，在制作时只需要将文字生成形状，在生成形状图层中添加虚线，插入关键帧可制作出虚线运动的效果，然后再在修剪路径中设置、添加关键帧，文字便会逐渐显示全貌。

## 项目效果

项目制作效果如图 14-69 所示。

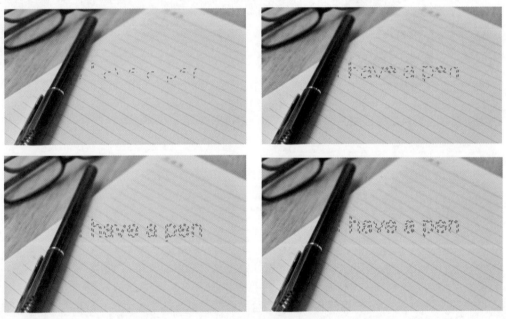

图 14-69

## 操作提示

**Step01** 输入文字，设置其字体、字号。

**Step02** 再从文字创建形状，添加描边虚线。

**Step03** 修剪路径，制作出动画。

# 第15章
# 颜色校正

## ★ 内容导读

在后期制作中，调整图像的颜色是非常重要的，好的作品颜色能够很大程度地影响观众地心理感受，传达作品的主旨内涵。在 After Effects 中，主要使用颜色校正中的命令来调整图像色调。下面将对其进行具体的介绍。

## ◐ 学习目标

○ 掌握颜色校正的核心效果
○ 掌握颜色校正的常用效果
○ 了解其他常用的颜色校正效果

## 15.1 颜色校正的核心效果

本节将详细介绍"亮度和对比度"效果、"色相 / 饱和度"效果、"色阶"效果、"曲线"效果的设置操作。

### 15.1.1 "亮度和对比度"效果

"亮度和对比度"效果主要用于调整画面的亮度和对比度,可以同时调整所有像素的亮部、暗部和中间色。

选择图层,依次执行"效果>颜色校正>亮度和对比度"命令,在"效果控件"面板中设置"亮度和对比度"效果参数,如图 15-1 所示。

图 15-1

如图 15-2、图 15-3 所示为设置不同的亮度和对比度参数的效果。

图 15-2

图 15-3

### 15.1.2 "色相 / 饱和度"效果

"色相 / 饱和度"效果可以通过调整某个通道颜色的色相、饱和度及亮度,对图像的某个色域局部进行调节。

选择图层,依次执行"效果>颜色校正>色相 / 饱和度"命令,在"效果控件"面板中设置"色相 / 饱和度"效果参数,如图 15-4 所示。

完成上述操作之后,观看效果对比,如图 15-5、图 15-6 所示。

图 15-4

325

图 15-5

图 15-6

### 15.1.3 "色阶" 效果

"色阶" 效果主要是通过重新分布输入颜色的级别来获取一个新的颜色输出范围，以达到修改图像亮度和对比度的目的。使用色阶可以扩大图像的动态范围，查看和修正曝光以及提高对比度等。

选择图层，依次执行"效果 > 颜色校正 > 色阶"命令，在"效果控件"面板中设置"色阶"效果参数，如图 15-7 所示。

完成上述操作之后，观看效果对比，如图 15-8、图 15-9所示。

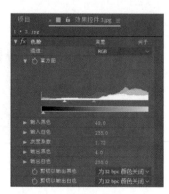

图 15-7

图 15-8

图 15-9

### 15.1.4 "曲线" 效果

"曲线" 效果可以对画面整体或单独颜色通道的色调范围进行精确控制。

选择图层，依次执行"效果 > 颜色校正 > 曲线"命令，在"效果控件"面板中设置"曲线"效果的参数，如图 15-10所示。

完成上述操作后，观看效果对比，如图 15-11、图 15-12所示。

图 15-10

图 15-11

图 15-12

**课堂练习** 调出小清新的色调

本案例主要利用曲线调整图像的色调，下面对其进行具体的介绍。

扫一扫 看视频

Step01 启动 After Effects 软件，新建项目，然后将素材"沙滩 .jpg"
导入文档中，如图 15-13 所示。

Step02 将"项目"面板中的素材拖入"时间轴"面板中，新建合成，
如图 15-14 所示。

图 15-13

图 15-14

Step03 在"时间轴"面板中将素材选中，执行"效果＞颜色校正＞曲线"命令，"效
果控件"面板显示曲线操作界面，如图 15-15 所示。

Step04 选择"蓝色"通道，按左键拖拽曲线，使图像的色调偏向蓝色，如图 15-16、
图 15-17 所示。

Step05 在"效果控件"面板中选择"绿色"通道，调整曲线，为图像添加绿色调，
如图 15-18、图 15-19 所示。

Step06 在"效果控件"面板中选择"红色"通道，调整曲线，稍微向色调内添加
一点红色，使色调更加自然，如图 15-20、图 15-21 所示。

327

图 15-15

图 15-16

图 15-17

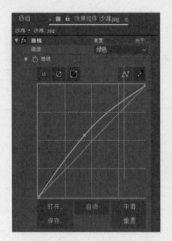
图 15-18

图 15-19

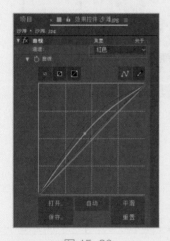
图 15-20

图 15-21

**Step07** 选择"RGB"通道的曲线拖拽，调整画面的亮度，如图 15-22、图 15-23 所示。

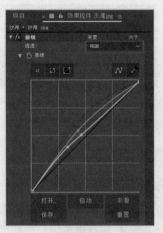
图 15-22

图 15-23

至此，完成小清新色调的调整。

## 15.2 颜色校正的常用效果

本节将讲解工作中一些比较常用的效果，例如"色调"效果、"三色调"效果、"照片滤镜"效果、"颜色平衡"效果、"颜色平衡（HLS）"效果、"曝光度"效果、"通道混合器"效果、"阴影 / 高光"效果、"广播颜色"效果等 9 种效果

### 15.2.1 "色调"效果

"色调"效果用于调整图像中包含的颜色信息，在最亮和最暗间确定融合度。选择图层，依次执行"效果＞颜色校正＞色调"命令，在"效果控件"面板中设置"色调"效果的参数，如图 15-24 所示。

图 15-24

完成上述操作后，观看效果对比，如图 15-25、图 15-26 所示。

图 15-25

图 15-26

### 15.2.2 "三色调"效果

"三色调"效果可以将画面中的阴影、中间调和高光进行颜色映射，从而更换画面色调。选择图层，依次执行"效果＞颜色校正＞三色调"命令，在"效果控件"面板中设置"三色调"效果的参数，如图15-27所示。

图 15-27

完成上述操作后，观看效果对比，如图15-28、图15-29所示。

图 15-28

图 15-29

### 15.2.3 "照片滤镜"效果

"照片滤镜"效果就像为素材添加一个滤色镜，以便和其他颜色统一。选择图层，依次执行"效果＞颜色校正＞照片滤镜"命令，在"效果控件"面板中设置"照片滤镜"效果的参数，如图15-30所示。

图 15-30

完成上述操作后，观看效果对比，如图15-31、图15-32所示。

图 15-31

图 15-32

### 15.2.4 "颜色平衡"效果

"颜色平衡"效果可以对图像的暗部、中间调和高光部分的红、绿、蓝通道分别调整。选择图层，依次执行"效果＞颜色校正＞颜色平衡"命令，在"效果控件"面板中设置"颜色平衡"效果的参数，如图15-33所示。

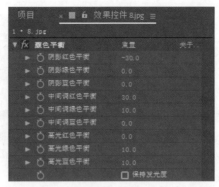

图 15-33

完成上述操作后，观看效果对比，如图 15-34、图 15-35 所示。

图 15-34

图 15-35

### 15.2.5 "颜色平衡 (HLS)" 效果

"颜色平衡（HLS）"效果是通过调整色相、饱和度和亮度参数来控制图像的色彩平衡。选择图层，依次执行"效果＞颜色校正＞颜色平衡（HLS）"命令，在"效果控件"面板中设置"颜色平衡（HLS）"效果的参数，如图 15-36 所示。

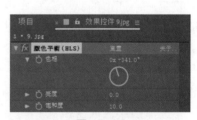

图 15-36

完成上述操作后，观看效果对比，如图 15-37、图 15-38 所示。

图 15-37

图 15-38

## 15.2.6 "曝光度" 效果

"曝光度" 效果主要用来调节画面的曝光程度，可以对 RGB 通道分别曝光。

选择图层，依次执行 "效果>颜色校正>曝光度" 命令，在 "效果控件" 面板中设置 "曝光度" 效果的参数，如图 15-39 所示。

完成上述操作后，观看效果对比，如图 15-40、图 15-41 所示。

图 15-39

图 15-40

图 15-41

## 15.2.7 "通道混合器" 效果

"通道混合器" 可以使当前层的亮度为蒙版，从而调整另一个通道的亮度，并作用于当前层的各个色彩通道。应用 "通道混合器" 可以产生其他颜色调整工具不易产生的效果，或者通过设置每个通道提供的百分比产生高质量的灰阶图，或者产生高质量的棕色调和其他色调图像，或者交换和复制通道。

选择图层，依次执行 "效果>颜色校正>通道混合器" 命令，在 "效果控件" 面板中设置 "通道混合器" 效果的参数，如图 15-42 所示。

图 15-42

完成上述操作后，观看效果对比，如图 15-43、图 15-44 所示。

图 15-43

图 15-44

## 15.2.8 "阴影／高光"效果

"阴影／高光"效果可以单独处理图像的阴影和高光区域，是一种高级调色特效。

选择图层，依次执行"效果＞颜色校正＞阴影／高光"效果命令，在"效果控件"面板中设置"阴影／高光"效果的参数，如图 15-45 所示。

完成上述操作后，观看效果对比，如图 15-46、图 15-47所示。

图 15-45

图 15-46

图 15-47

## 15.2.9 "广播颜色"效果

"广播颜色"效果用来校正广播级视频的颜色和亮度。

选择图层，依次执行"效果＞颜色校正＞广播颜色"命令，在"效果控件"面板中设置"广播颜色"效果的参数，如图 15-48 所示。

图 15-48

完成上述操作后，观看效果对比，如图 15-49、图 15-50 所示。

图 15-49

图 15-50

本案例主要利用照片滤镜命令制作出棕色调，下面对其进行具体的介绍。

扫一扫 看视频

**Step01** 启动 After Effects 软件，新建项目，然后将本章素材"女生1.jpg"导入文档中，如图15-51所示。

**Step02** 将"项目"面板中的素材拖入"时间轴"面板中，新建合成，如图15-52所示。

图 15-51

图 15-52

**Step03** 选中"时间轴"面板中的素材，执行"效果>颜色校正>照片滤镜"命令，在"效果控件"面板中选择"深黄"滤镜，设置密度参数，调出棕色调，如图15-53所示。

**Step04** 将"项目"面板中的素材拖入"时间轴"面板中，新建合成，如图15-54所示。

图 15-53

图 15-54

**操作提示**

在制作效果时若是不小心将"效果控制"面板关掉，可以执行"窗口>效果控件"命令将其打开，同时也可以在"时间轴"面板素材图层展开栏中进行设置。

**Step05** 执行"效果＞颜色校正＞曝光度"命令，在"效果控件"面板中进行设置，调整图像的曝光度，如图 15-55、图 15-56 所示。

图 15-55　　　　　　　　　　图 15-56

至此，完成棕色调的调整。

## 15.3　其他常用效果

本节主要讲解"保留颜色"效果、"灰度系数 / 基值 / 增益"效果、"色调均化"效果、"颜色链接"效果、"更改颜色"效果。

### 15.3.1　"保留颜色"效果

"保留颜色"效果可以去除素材图像中指定颜色外的其他颜色。选择图层，依次执行"效果＞颜色校正＞保留颜色"命令。在"效果控件"面板中设置"保留颜色"效果的参数，如图 15-57 所示。

完成上述操作后，观看效果对比，如图 15-58、图 15-59 所示。

图 15-57

图 15-58　　　　　　　　　　　图 15-59

335

## 15.3.2 "灰度系数 / 基值 / 增益" 效果

"灰度系数 / 基值 / 增益"效果可以调整每个 RGB 独立通道的还原曲线值。选择图层，依次执行"效果 > 颜色校正 > 灰度系数 / 基值 / 增益"命令，在"效果控件"面板中设置"灰度系数 / 基值 / 增益"效果的参数，如图 15-60 所示。

完成上述操作后，观看效果对比，如图 15-61、图 15-62 所示。

图 15-60

图 15-61

图 15-62

## 15.3.3 "色调均化" 效果

"色调均化"效果可以使图像变化平均化，自动以白色取代图像中最亮的像素，以黑色取代图像中最暗的像素。选择图层，依次执行"效果 > 颜色校正 > 色调均化"命令，在"效果控件"中设置"色调均化"效果的参数，如图 15-63 所示。

图 15-63

完成上述操作后，观看效果对比，如图 15-64、图 15-65 所示。

图 15-64

图 15-65

Premiere+After Effects+Photoshop｜站式高效学习｜本通

## 15.3.4 "颜色链接"效果

"颜色链接"效果可以根据周围的环境改变素材的颜色，对两个层的素材进行统一。

选择图层，依次执行"效果>颜色校正>颜色链接"命令。在"效果控件"面板中设置"颜色链接"效果的参数，如图 15-66 所示。

完成上述操作后，观看效果对比，如图 15-67、图 15-68 所示。

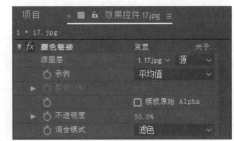

图 15-66

图 15-67

图 15-68

## 15.3.5 "更改颜色"/"更改为颜色"效果

"更改颜色"效果可以替换图像中的某种颜色，并调整该颜色的饱和度和亮度；"更改颜色为"效果可以用指定的颜色来替换图像中的某种颜色的色调、明度和饱和度。

选择图层，依次执行"效果>颜色校正>更改为颜色"命令，在"效果控件"面板中设置效果的参数，如图 15-69 所示。

完成上述操作后，观看效果对比，如图 15-70、图 15-71 所示。

图 15-69

图 15-70

图 15-71

本案例主要利用"更改为颜色"命令，制作出替换衣服颜色的效果，下面对其进行具体的介绍。

**Step01** 启动 After Effects 软件，新建项目，然后将本章素材"女生2.jpg"导入文档中，如图 15-72 所示。

**Step02** 将"项目"面板中的素材拖入"时间轴"面板中，新建合成，如图 15-73 所示。

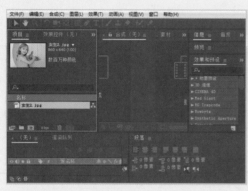

图 15-72

图 15-73

**Step03** 右击"时间轴"面板，在快捷菜单栏中执行"新建＞调整图层"命令，如图 15-74 所示。

**Step04** 完成上述操作后，"调整图层"则添加至时间轴面板中，如图 15-75 所示。

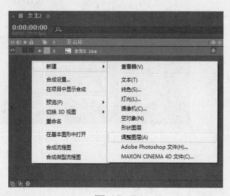

图 15-74

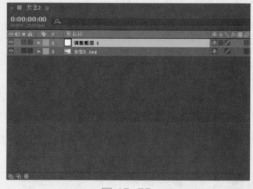

图 15-75

**Step05** 选中调整图层，执行"效果＞颜色校正＞更改为颜色"命令，在"效果控件"面板，选择"自"后的"吸管工具" ，如图 15-76 所示。

**Step06** 使用"吸管工具" 吸取人物衣服上的颜色，如图 15-77 所示。

**Step07** 在"效果控件"面板设置"至"与"自"一样的颜色，然后在 0:00:00:00 处设单击"时间变化秒表"按钮 ，插入关键帧，如图 15-78、图 15-79 所示。

**Step08** 继续选中调整图层，在 0:00:02:00 处单击"至"后方的颜色色块，如图 15-80 所示。

图 15-76

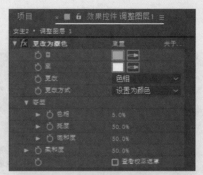
图 15-77

图 15-78

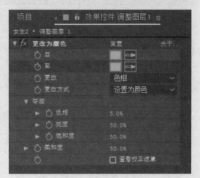
图 15-79

Step09 弹出选择颜色的面板，在面板中设置颜色，如图 15-81 所示。

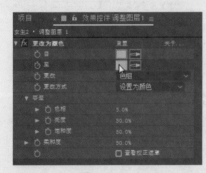
图 15-80

图 15-81

Step10 单击"确定"按钮，更改"至"的颜色，在"时间轴"面板中 0:00:02:00 处生成关键帧，如图 15-82 所示。

图 15-82

在 0:00:04:00 处更改"至"的颜色,人物的衣服会变成黄绿色,如图 15-83 所示。

图 15-83

Step12 按空格键在"合成"面板中预览效果,如图 15-84、图 15-85 所示。

图 15-84

图 15-85

至此,完成替换衣服颜色。

---

📑 **综合实战** 制作玻璃写字效果

本案例主要利用亮度与对比度和 Mr.Mercury 命令,制作玻璃写字效果,下面对其进行具体的介绍。

Step01 启动 After Effects 软件,新建项目,然后执行"合成>新建合成"命令,在弹出的"合成设置"对话框中设置,单击"确定"按钮新建合成,如图 15-86 所示。

Step02 依次执行"文件>导入>文件"命令,导入本章素材"城市.jpg"图像,然后将"项目"面板的素材拖入"时间轴"面板中,调整其大小与位置,如图 15-87 所示。

Step03 选择"城市.jpg"图层,执行"效果>过时>快速模糊"命令,在"效果控件"面板中设置模糊的效果,如图 15-88 所示。在"合成"窗口预览效果,如图 15-89 所示。

Step04 选择"城市.jpg"图层,按 Ctrl+D 组合键,复制一个新的图层,如图 15-90 所示。将其底部的"效果"选中,按 Delete 键删除效果,如图 15-91 所示。

图 15-86

图 15-87

图 15-88

图 15-89

图 15-90

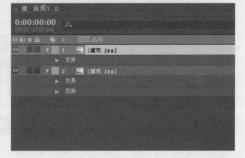
图 15-91

**Step05** 右键选中新复制的图层，在弹出的菜单中选择"重命名"选项，如图 15-92 所示。将图层名称改为"水滴"，如图 15-93 所示。

图 15-92

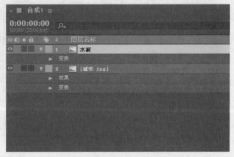
图 15-93

**Step06** 选择"水滴 .jpg"图层,执行"效果>模拟> CC Mr.Mercury(CC 水银滴落)"命令,如图 15-94 所示。

**Step07** 在"效果控件"面板中设置相关参数,如图 15-95 所示。

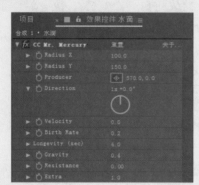

图 15-94                图 15-95

**Step08** 设置完成后即可预览效果,如图 15-96 所示。

图 15-96

**Step09** 打开"水滴"图层下的"变换"属性,将时间指示器拖至开始处,添加第一个关键帧,并设置"不透明度"为 100%,如图 15-97 所示。

图 15-97

**Step10** 将时间指示器拖至 0:00:04:00 处，添加第二个关键帧，设置"不透明度"为 0，如图 15-98 所示。

图 15-98

**Step11** 完成上述操作后即可在"合成"面板预览效果，如图 15-99 所示。

图 15-99

**Step12** 选择"城市 .jpg"图层，按 Ctrl+D 组合将复制一个新的图层，如图 15-100 所示。

**Step13** 选中新的图层并单击鼠标右键，在快捷菜单中选择"重命名"选项，将图层的名称改为"城市 1.jpg"，如图 15-101 所示。

图 15-100

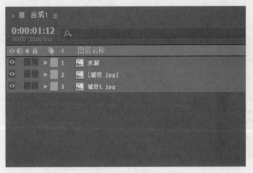

图 15-101

Step14 将"城市 1.jpg"选中，按 Ctrl+Shift+】组合键，将图层调至顶层，如图 15-102 所示。

Step15 选择"城市 1.jpg"图层，执行"效果＞颜色校正＞亮度与对比度"命令，在"效果控件"面板中，设置图像的亮度，如图 15-103 所示。

图 15-102                    图 15-103

Step16 完成上述操作后即可在"合成"面板预览效果，如图 15-104 所示。

Step17 使用"横排文字工具" T 命令，在"合成"面板中输入文字，在"字符"面板中设置字体、大小、颜色，如图 15-105 所示。

图 15-104                    图 15-105

Step18 选择"城市 1.jpg"图层，设置"轨道蒙版"为"亮度遮罩'Brave'"，如图 15-106 所示。

Step19 选中"城市 1.jpg"图层，调整其位置，如图 15-107 所示。

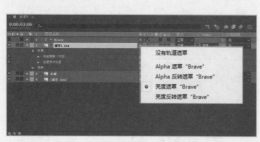

图 15-106                    图 15-107

**Step20** 打开"城市1"图层下的"变换"选项组,将时间指示器拖至 0:00:03:00 处,添加第一个关键帧,并设置"不透明度"为 0,如图 15-108 所示。

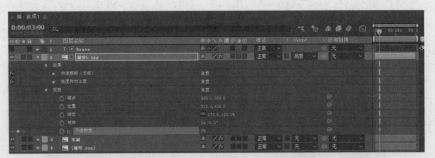

图 15-108

**Step21** 将时间指示器拖至 0:00:06:00 处,添加第二个关键帧,并设置"不透明度"为 100%,如图 15-109 所示。

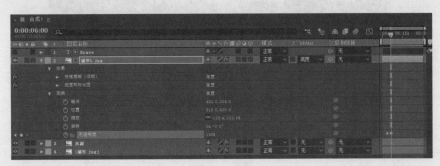

图 15-109

**Step22** 完成上述操作后即可预览效果,如图 15-110、图 15-111 所示。

图 15-110

图 15-111

至此,完成玻璃写字效果。

## 课后作业 制作老旧黑白照片的效果

### 项目需求

要求使用 After Effects 将彩色的老人照片调成老旧黑白照片的效果。

#### 项目分析

黑白照片更抽象，彩色照片相对更具象。黑白照片更具有艺术的特性，有利于表现线条。在制作老旧的黑白照片时，要往其中添加黄色调，制作出由于时间长久导致照片发黄的效果，还要为其添加模糊，模仿黑白相机像素差的效果。

#### 项目效果

项目效果如图 15-112 所示。

图 15-112

#### 操作提示

Step01 调整图像的色调，使其成黑白色。

Step02 降低图像的亮度。

Step03 添加模糊效果。

# 第16章
# 蒙版应用

## ★ 内容导读

蒙版一词来自于生活，意思为"蒙在上面的板子"。若是想对图像运用颜色变化、滤镜和其他效果，可是又不想某个区域图像发生改变，可以利用蒙版来保护和隔离该区域。本章将向读者介绍有关于蒙版工具的应用操作，其中包括蒙版的创建、蒙版的属性、常用的蒙版工具、蒙版应用效果等。

## ⟳ 学习目标

○ 掌握如何创建蒙版
○ 掌握蒙版的属性
○ 熟练应用蒙版工具
○ 了解蒙版图层的叠加模式
○ 掌握蒙版动画的创建

## 16.1 认识蒙版

蒙版即通过蒙版层中的图形或轮廓对象透出下面图层中的内容。一般来说，蒙版需要有两个层，而在 After Effects 中，蒙版绘制在图层中，虽然是一个层，但可以将其理解为两个层。

### 16.1.1 蒙版的创建与设置

除了可以创建空白蒙版之外，还可以配合矢量绘制工具创建矢量蒙版。创建蒙版之后，用户也可以设置蒙版的各个属性来调整蒙版的效果。

#### 16.1.1.1 创建蒙版

一般来说用户可通过三种模式来创建模板，下面分别对其操作进行介绍。

（1）创建空白蒙版

在"时间轴"面板中选择图层，执行"图层＞蒙版＞新建蒙版"命令，操作完成后，在"时间轴"面板中出现一个"蒙版"属性组，即创建了一个空白蒙版，如图 16-1 所示。

图 16-1

（2）创建矢量蒙版

在"时间轴"面板中选择一个图层，在"合成"窗口选择一个适量绘制工具，按住鼠标左键绘制矢量图，即可为图层建立蒙版，如图 16-2、图 16-3 所示。

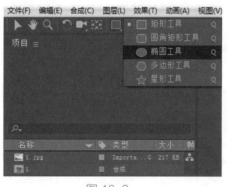

图 16-2

图 16-3

（3）自动描绘蒙版

在"时间轴"面板中选择一个图层，依次执行"图层＞自动追踪"命令，在弹出的"自动追踪"对话框中设置相应选项即可，如图 16-4、图 16-5 所示。

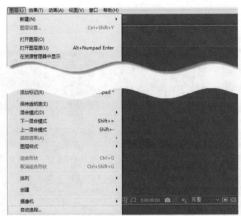
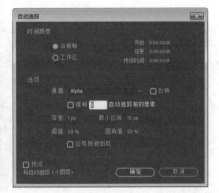

图 16-4                    图 16-5

### 16.1.1.2  设置蒙版

（1）设置蒙版形状

单击"蒙版路径"右侧的"形状"选项，打开"蒙版形状"对话框，即可设置蒙版形状，如图 16-6、图 16-7 所示。

图 16-6                    图 16-7

（2）设置蒙版羽化

在"蒙版羽化"选项右侧输入数值，即可成比例进行羽化，如图 16-8、图 16-9 所示。

图 16-8                    图 16-9

（3）设置蒙版不透明

在"蒙版不透明度"选项右侧输入数值，即可进行不透明设置，如图 16-10、图 16-11 所示。

图 16-10

图 16-11

（4）扩展蒙版

在"蒙版扩展"选项右侧调整数值，即可对蒙版进行扩展或收缩，如图 16-12、图 16-13 所示。

图 16-12

图 16-13

（5）自由变形蒙版

依次执行"图层>蒙版和形状路径>自由变换点"命令，如图 16-14 所示；在出现变形框后，单击并拖动鼠标即可旋转当前蒙版，如图 16-15 所示。

图 16-14

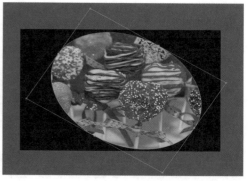

图 16-15

## 16.1.2 蒙版的属性

创建蒙版后，在"时间轴"面板中会添加一组新的属性，用户可对"蒙版"的属性进行设置。

（1）路径属性

通过设置"蒙版路径"右侧的"形状"参数，可以修改当前蒙版的形状。

（2）羽化属性

通过设置"蒙版羽化"参数可以对蒙版的边缘进行柔化处理，制作出虚化边缘的效果。

（3）不透明度属性

通过设置"蒙版不透明度"参数可以调整蒙版的不透明度，改变蒙版显示效果。

（4）扩展属性

蒙版的范围可以通过"蒙版扩展"参数来调整，当参数为正值时，蒙版范围向外扩展；当参数为负值时，蒙版范围向内收缩。

### 📄 课堂练习　蒙版与形状图层的区别

蒙版与形状图层的创建非常相似，而效果却不相同，下面对其区别进行具体的介绍。

**Step01** 启动 After Effects 软件，新建项目，将本章素材"花.jpg"导入当前文档中，基于素材新建合成，如图 16-16 所示。

**Step02** 新建蒙版，首先要选中"花.jpg"图层，选择"星形工具" ⭐ 在"合成"面板中按住鼠标左键拖拽，绘制图像，即可出现蒙版效果，图形以外的区域不显示，只显示图形内部的部分，如图 16-17 所示。

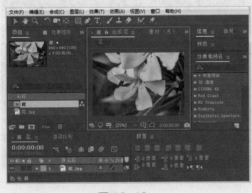

图 16-16

图 16-17

**Step03** 新建形状图层，不需要将"时间轴"面板中的图像选中，只需选择工具绘制。先将上步绘制的蒙版选中，按 Delete 键删除，如图 16-18 所示。

**Step04** 选择"星形工具" ⭐ 在画面中按住鼠标左键进行绘制，即可创建一个独立的形状图层，如图 16-19 所示。

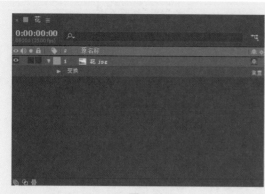

图 16-18

图 16-19

至此，完成蒙版与形状图层的区别讲解。

## 16.2 常用的蒙版工具

After Effects 中有很多绘制蒙版的工具，下面将对常用创建蒙版的工具进行介绍。

### 16.2.1 形状工具组

（1）矩形工具

"矩形工具" ▣可以为图像绘制长方形。在"时间轴"面板中选中素材，选择"矩形工具" ▣在"合成"面板中按住鼠标左键拖拽至合适的大小，松开鼠标即可得到矩形蒙版，如图 16-20、图 16-21 所示。按住 Shift 键可以绘制正方形蒙版。

图 16-20

图 16-21

（2）圆角矩形工具

"圆角矩形工具" ▣可以绘制圆角矩形形状蒙版。在"时间轴"面板中选中素材，选择"圆角矩形工具" ▣。在"合成"面板中按住鼠标左键拖拽至合适的大小，松开鼠标即可得到圆角矩形蒙版，如图 16-22 所示。按 Shift 键可以绘制正圆角矩形蒙版。

（3）椭圆工具

"椭圆形工具" ▣可以绘制椭圆形状的蒙版，在"时间轴"面板中选中素材，选择"椭圆形工具"◯在"合成"面板中按住鼠标左键拖拽至合适的大小，松开鼠标即可得到圆角矩形蒙版，如图16-23所示。按Shift键可以绘制正圆蒙版。

图16-22

图16-23

（4）多边形工具

"多边工具"◯可以绘制多个边形状蒙版，在"时间轴"面板中选中素材，选择"多边形工具"◯在"合成"面板中按住鼠标左键拖拽至合适的大小，松开鼠标即可得到多边形蒙版，如图16-24所示。按Shift键可以绘制正多边形。

（5）星形工具

"星形工具"☆可以绘制星形蒙版，在"时间轴"面板中选中素材，选择"星形工具"☆在"合成"面板中按住鼠标左键拖拽至合适的大小，松开鼠标即可得到星形蒙版，如图16-25所示。按Shift键可以绘制正星形。

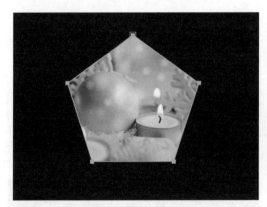
图16-24

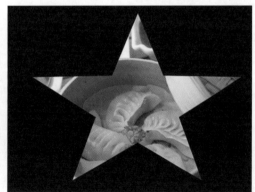
图16-25

（6）绘制多个蒙版

选中"时间轴"中素材，使用"矩形工具"▢在"合成"面板中按住鼠标左键拖拽至合适的大小，松开鼠标绘制矩形，使用上述方法多次绘制可得到多个蒙版，如图16-26、图16-27所示。

（7）调整蒙版的形状

在"时间轴"中选中素材，然后按住Ctrl键，将鼠标移至"合成"面板，将光标定位在蒙版的一角，按住鼠标左键进行拖拽，可改变蒙版的形状，如图16-28、图16-29所示。

图 16-26

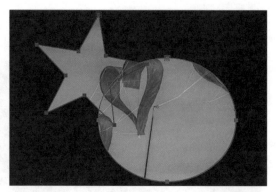

图 16-27

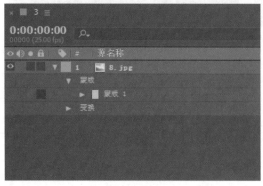

图 16-28

图 16-29

### 16.2.2 钢笔工具组

在 After Effects 中，使用"钢笔工具"可以绘制任意形状的蒙版，下面将对其进行具体的介绍。

（1）钢笔工具

使用"钢笔工具" ✐ 绘制蒙版，首先要将"时间轴"面板中的图像选中，然后选择"钢笔工具" ✐，在"合成"面板中合适的位置单击鼠标左键，确定顶点的位置，如图 16-30 所示。将顶部的点和尾部的点相连，得到蒙版，如图 16-31 所示。

图 16-30

图 16-31

（2）添加顶点工具

"添加顶点工具"  可以在蒙版的路径上添加控制点，方便蒙版形状调整。添加顶点的方法非常简单，首先要选中"时间轴"面板上的素材，选择"添加顶点工具" ，在"合成"面板中单击左键蒙版路径，即可添加点，如图16-32、图16-33所示。

图16-32

图16-33

（3）删除顶点工具

"删除顶点工具" 可以减少蒙版路径上的锚点。选中"时间轴"面板中的素材，选择"删除顶点工具" ，然后将光标移至需要删除的控制点上，单击左键，即可删除锚点，如图16-34、图16-35所示。

图16-34

图16-35

（4）转换顶点工具

"转换顶点工具"可以将控制点变成平滑或尖角点。选中"时间轴"面板中的素材，选择"转换顶点工具"，然后将光标移至需调整的控制点上，单击鼠标左键，该尖角点变为平滑的点，如图16-36、图16-37所示。再次单击该点，平滑的点转化为尖角点。

拖拽控制柄，调整路径，如图16-38、图16-39所示。

图 16-36 　　　　　　　　　　　　　　图 16-37

图 16-38 　　　　　　　　　　　　　　图 16-39

（5）蒙版羽化工具

"蒙版羽化工具" ❉可以调整蒙版的羽化边缘。在"时间轴"面板中选中蒙版，选择"蒙版羽化工具" ❉，将鼠标光标定位在"合成"面板的路径上，光标变成❉时，按住鼠标左键拖拽，松开鼠标即可羽化图像，如图 16-40、图 16-41 所示。

### 16.2.3 画笔工具 / 橡皮擦工具

使用"画笔工具" ✎和"橡皮擦工具" ◈可以制作更加自由的蒙版，下面将对其进行具体的介绍。

（1）画笔工具

使用"画笔工具" ✎进行涂抹，可以创建蒙版。双击"时间轴"面板中的素材图像，进入该图层的图层面板，如图 16-42 所示。然后选择工具箱中"画笔工具" ✎在"合成"面板中按住鼠标左键进行绘制，可以设置画笔的颜色，绘制出其他颜色蒙版，如图 16-43 所示。

图 16-40                                    图 16-41

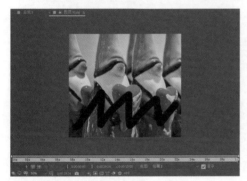

图 16-42                                    图 16-43

**操作提示**

在使用"画笔工具"和"橡皮擦工具"添加蒙版后，要再次单击进入"合成"面板才能看到最终的效果。

执行"窗口>画笔"命令，打开"画笔"面板，在该面板中可以设置画笔的相关属性，如图 16-44 所示。

执行"窗口>绘画"命令，打开"绘画"面板，在该面板中可以对蒙版颜色等属性进行设置，如图 16-45 所示。

（2）橡皮擦工具

使用"擦橡皮擦工具" ◆ 可以擦除当前图层的一部分。双击"时间轴"面板中的素材，进入该图层的图层面板，如图 16-46 所示。

选择工具箱中"橡皮擦工具"在"合成"

图 16-44                    图 16-45                    **357**

面板中按住鼠标左键进行绘制，如图 16-47 所示。

在使用"橡皮擦工具" ◆ 时，可使用"画笔"面板进行设置，设置方式与"画笔工具"相同。

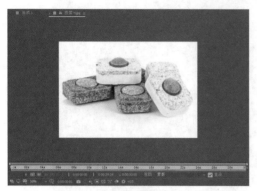

图 16-46

图 16-47

**课堂练习** 使用橡皮擦工具制作边框

　　本案例主要利用橡皮擦工具制作蒙版，为图像添加边框。下面对其进行具体的介绍。

**Step01** 启动 After Effects 软件，新建项目，将本章素材"玫瑰.jpg""女生 2.jpg"导入当前文档中，基于"玫瑰.jpg"素材创建合成，如图 16-48 所示。

**Step02** 将"项目"面板的"女生 2.jpg"拖入"时间轴"面板中，如图 16-49 所示。

图 16-48

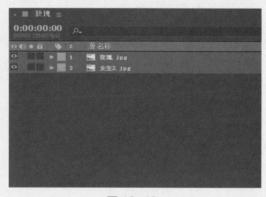

图 16-49

**Step03** 双击"玫瑰.jpg"图层进入该图层面板，如图 16-50 所示。

**Step04** 选择"橡皮擦工具" ◆ ，在"画笔"面板中设置笔触，如图 16-51 所示。

**Step05** 完成上述命令后，在"图层"面板中使用"橡皮擦工具" ◆ 进行绘制，如图 16-52 所示。

**Step06** 单击左上角"合成玫瑰"查看蒙版的效果，如图 16-53 所示。

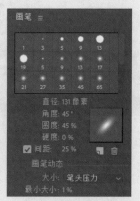

图 16-50                                         图 16-51

图 16-52                                         图 16-53

至此，完成边框的添加。

---

## 16.3　蒙版的应用

本节主要介绍"蒙版的叠加模式""制作蒙版动画"。

### 16.3.1　蒙版的叠加模式

当一个层上有多个蒙版时，可在这些蒙版之间添加不同的模式来产生各种效果。

（1）无

此模式的选择将使路径不起蒙版作用，仅作为路径存在，效果如图 16-54 所示。

（2）加

蒙版相加模式，在合成图像上显示所有蒙版内容，蒙版相交部分不透明度相加，效果如图 16-55 所示。

359

图 16-54 图 16-55

（3）减

蒙版相减模式，上面的蒙版减去下面的蒙版，被减去区域内容不在合成图像上显示，效果如图 16-56 所示。

（4）交集

该模式只显示所选蒙版与其他蒙版相交部分的内容。

（5）变亮

与"加"模式效果相同，但对于蒙版相交部分的不透明度则采用不透明度较高的那个值。

（6）变暗

与"交集"模式效果相同，但对于蒙版相交部分的不透明度则采用不透明度较低的那个值。

（7）差值

应用该模式蒙版将采取并集减交集的方式，在合成图像上只显示相交部分以外的所有蒙版区域，效果对比如图 16-57 所示。

图 16-56 图 16-57

### 16.3.2 制作蒙版动画

通过移动"图层"或"合成"面板中的蒙版，或在"合成"面板中将图层平移到蒙版之后，用户可以调整可通过蒙版看见的区域。在移动蒙版时，蒙版图层的"位置"值保持不变，蒙版相对于"合成"面板的其他对象移动。

创建蒙版时，可以通过使用自动描绘蒙版功能，对各个图像绘制蒙版，并且为每一帧进行蒙版关键帧的定义。此外，还可以手动进行蒙版动画的处理。

**Step01** 启动 After Effects 软件，新建项目，将本章素材"女生 1.jpg"导入当前文档中，并基于素材新建合成，如图 16-58 所示。

**Step02** 选中要创建蒙版的图层，使用"椭圆形工具" ⬭ 按 Shift 绘制正圆，为图层创建一个蒙版，如图 16-59 所示。

图 16-58　　　　　　　　　　图 16-59

**Step03** 在 0:00:00:00 处，添加的"蒙版 1"选项中，单击"蒙版路径"属性的"时间变化秒表"图标 ⏱，创建第一个关键帧，如图 16-60 所示。

**Step04** 将时间指示器移到 0:00:01:00 处，依次执行"图层＞蒙版和形状路线＞自由变换点"命令，如图 16-61 所示。

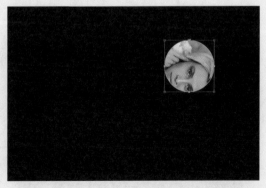

图 16-60　　　　　　　　　　图 16-61

**Step05** 在"合成"窗口中移动蒙版，即可在"时间轴"中自动添加一个关键帧，如图 16-62 所示。

**Step06** 用同样方法在 0:00:02:00 处添加第三个关键帧，如图 16-63 所示。

**Step07** 完成上述操作后，即可在"合成"窗口中观看效果，如图 16-64、图 16-65 所示。

图 16-62

图 16-63

图 16-64

图 16-65

至此，完成蒙版动画的制作。

扫一扫 看视频

本案例利用遮罩制出遮罩文字位移效果，下面对其进行具体的介绍。

Step01 启动 After Effects 软件，新建项目，将素材"星空.jpg"导入当前文档中，并基于素材新建合成，如图 16-66 所示。

Step02 在工具栏中选择"横排文字工具" T，在"合成"窗口中输入文字，在"字符"面板中设置相关参数，如图 16-67 所示。

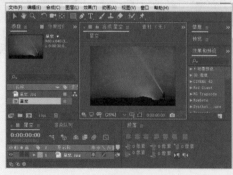

图 16-66

图 16-67

**Step03** 完成操作后即可在"工具栏"中选择"矩形工具"◻，如图 16-68 所示。

**Step04** 在"合成"面板文字上方绘制矩形遮罩，如图 16-69 所示。

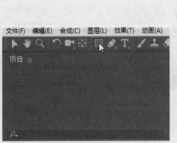

图 16-68

图 16-69

**Step05** 选中文字图层，单击选择"Alpha 遮罩'形状图层 1'"，如图 16-70 所示。

**Step06** 完成操作后即可在"合成"面板中预览效果，如图 16-71 所示。

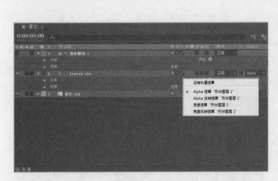

图 16-70

图 16-71

**Step07** 打开文字层，在 0.00:00:00 处设置"位置"为（406.0，120.0），如图 16-72 所示。

**Step08** 在 0.00:03:00 处设置"位置"为（99.0，120.0），如图 16-73 所示。

图 16-72

图 16-73

**Step09** 完成操作后即可在"合成"面板预览效果，如图 16-74、图 16-75 所示。

图 16-74　　　　　　　　　　　　　　　　图 16-75

至此，完成效果的制作。

　　本案例主要利用蒙版制作出特殊的文字效果，下面对其进行具体的介绍。

**Step01** 启动 After Effects 软件，新建项目，将本章素材"美食 .jpg"导入当前文档中，并基于素材新建合成，如图 16-76 所示。

**Step02** 在工具栏中选择"横排文字工具" T，如图 16-77 所示。

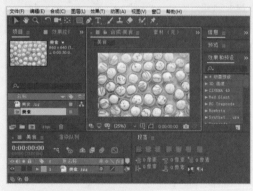

图 16-76　　　　　　　　　　　　　　　　图 16-77

　**Step03** 在"合成"窗口中输入文字，在"字符"面板中设置文字的字体、大小，如图 16-78、图 16-79 所示。

图 16-78　　　　　　　　　　　　　　　　图 16-79

**Step04** 选中"美食 .jpg"文字层，设置"蒙版轨道"为"Alpha 蒙版'cake'"，如图 16-80 所示。

图 16-80

**Step05** 完成操作后即可在"合成"面板中预览效果，如图 16-81 所示。

图 16-81

**Step06** 选择文字图层和"美食 .jpg"图层，按 Ctrl+D 组合键复制图层，如图 16-82 所示。

**Step07** 在复制的"美食 .jpg"图层右击，在菜单中选择"重命名"选项，如图 16-83 所示。

图 16-82

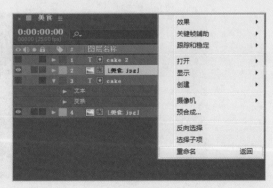

图 16-83

365

**Step08** 修改图层名称为"美食1.jpg",如图16-84所示。

**Step09** 将"cake2"和"美食1.jpg"图层拖至最下方,如图16-85所示。

图 16-84

图 16-85

**Step10** 选中"美食.jpg",执行"效果>颜色校正>亮度与对比度"命令,在"效果控件"面板中设置"亮度"选项为"-70",如图16-86所示。

**Step11** 完成上述操作之后即可在"合成"面板中预览效果,如图16-87所示。

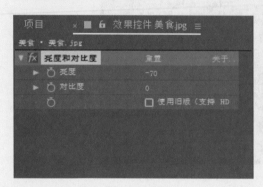

图 16-86

图 16-87

**Step12** 选择"cake2"图层,设置"描边类型"为"在填充上描边"选项,设置"边宽"为15,如图16-88所示。

**Step13** 完成上述操作之后即可在"合成"面板中预览效果,如图16-89所示。

图 16-88

图 16-89

**Step14** 选择"美食 1.jpg"图层，执行"效果＞颜色校正＞亮度与对比度"命令，在"效果控件"面板中设置"亮度"选项为"100"，如图 16-90 所示。

**Step15** 完成上述操作之后即可在"合成"面板中预览效果，如图 16-91 所示。

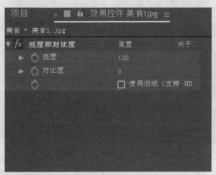

图 16-90　　　　　　　　　　　　　　　图 16-91

**Step16** 再次选择"美食 1.jpg"图层，按 Ctrl+D 组合键复制图层，然后将复制的图层拖拽至最底层，如图 16-92 所示。删除其图层上的亮度 / 对比度的调整效果，如图 16-93 所示。

图 16-92　　　　　　　　　　　　　　图 16-93

至此，完成美食文字的制作。

---

## 📖 课后作业　制作玻璃划过图片的效果

### 项目需求

为了使照片展示得不单调，使其更加时尚，要求为图片添加从右上角往左下角划过的玻璃效果。

### 项目分析

玻璃划过图片的效果可以使图像更加青春、时尚，有很强的艺术性。在制作时，调整蒙版中的照片比原来图像大一些就会有玻璃的感觉，再添加位置移动的动画，就可以完成玻璃划过图片效果。

## 项目效果

项目制作效果如图 16-94 所示。

图 16-94

## 操作提示

Step01 绘制形状。

Step02 选择形状作为图层的蒙版。

Step03 调整图像的大小，设置形状的位置，插入关键帧。

# 第17章
# 粒子特效与光效

★ **内容导读**

粒子效果和光效在 After Effects 是比较常用的效果。利用粒子效果可以制作具有空间感和奇幻的画面效果。利用光效果可以烘托镜头的气氛、丰富画面的细节。本章将主要讲述粒子特效与光效常用效果的应用及制作各种特效的技巧。

⟳ **学习目标**

○ 掌握常用的粒子特效
○ 掌握常用的光效
○ 熟练应用 Particular 插件效果
○ 了解 Shine 插件 Starglow 插件应用

本节将介绍 After Effects 中一些比较常用的粒子特效的制作，包括"粒子运动场""CC Particles Systems Ⅱ"和"CC Particles World"特效。

### 17.1.1 粒子运动场特效

"粒子运动场"效果可以通过物理设置和其他参数设置产生大量相似物体独立运动的效果，例如星星、下雪、下雨和喷泉等效果，在"时间轴"面板中选中图层，执行"效果>模拟>粒子运动场"命令，打开其选项面板，设置可为图层添加粒子效果，如图 17-1 所示。

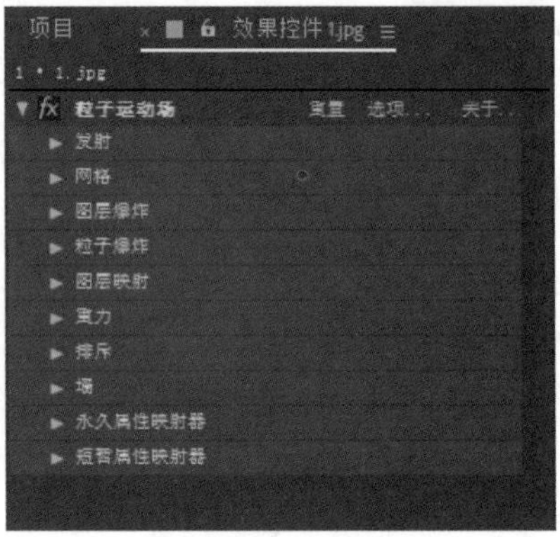

（1）"发射"属性

该属性用于设置粒子发射的相关属性，如图 17-2 所示。下面对其重要选项进行介绍。

- 位置：设置粒子发射位置。
- 圆通半径：设置发射半径。
- 每秒粒子数：设置每秒粒子发出的数量。
- 方向：设置粒子随机扩散的方向。
- 速率：设置粒子发射速率。
- 随机扩散速率：设置粒子随机扩散的速率。
- 颜色：设置粒子颜色。
- 粒子半径：设置粒子的半径大小。

图 17-1

（2）"网格"属性

该属性用于设置网格的相关属性，如图 17-3 所示。下面对其重要选项进行介绍。

- 宽度：设置网格的宽度。
- 高度：设置网格的高度。
- 粒子交叉：设置粒子的交叉。
- 粒子下降：设置粒子的下降。

（3）"图层爆炸"属性

该属性用于设置爆炸图层相关属性，如图 17-4 所示。下面对其重要选项进行介绍。

图 17-2

图 17-3

图 17-4

- 引爆图层：设置需要发生爆炸的图层。
- 新粒子的半径：设置粒子的半径效果。
- 分散速度：设置爆炸的分散速度。

（4）"粒子爆炸"属性

该属性用于设置粒子的爆炸相关属性，如图17-5所示。

（5）"图层映射"属性

该属性用于设置图层的映射效果，如图17-6所示。下面对其重要选项进行介绍。

- 使用图层：设置映射的图层。
- 时间偏移类型：设置时间的偏移类型。
- 时间偏移：设置时间偏移程度。
- 影响：设置粒子的相关影响。

（6）"重力"属性

该属性用于设置粒子的重力效果，如图17-7所示。

（7）"排斥"属性

该属性用于设置粒子的排斥效果，如图17-8所示。

图 17-5

图 17-6

图 17-7

图 17-8

（8）"墙"属性

该属性用于设置墙的边界和影响，如图17-9所示。

（9）"永久／短暂属性映射器"属性

这两个属性用于设置永久／短暂的图层属性映射器，包括颜色映射和影响，如图17-10所示。

图 17-9

图 17-10

本案例主要对粒子运动场效果的用法进行练习，制作出粒子飞入的效果，下面对其进行具体的介绍。

**Step01** 启动 After Effects 软件，新建项目，执行"合成>新建合成"命令，在打开的"合成"设置对话框中设置参数，单击"确定"按钮，新建合成，如图 17-11 所示。

**Step02** 在执行"图层>新建>纯色"命令，打开"纯色设置"对话框，在对框设置参数，单击"确定"按钮，新建纯色的图层，如图 17-12 所示。

图 17-11　　　　　　　　　　图 17-12

**Step03** 选中"时间轴"面板中的纯色图层，执行"效果>模拟>粒子运动场"命令，为图层添加效果，如图 17-13 所示。

**Step04** 在"效果控件"面板中设置参数，如图 17-14 所示。

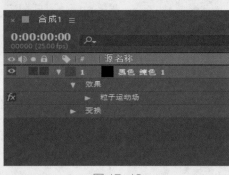

图 17-13　　　　　　　　　　图 17-14

**Step05** 在 0:00:00:00 处展开发射，单击位置前的"时间变化秒表"按钮，插入关键帧，如图 17-15 所示。

**Step06** 在 0:00:03:00 处，设置发射中的位置的参数，如图 17-16 所示。

**Step07** 在"合成"面板中可以预览效果，粒子图像将会从左下角飞向右侧，如图 17-17、图 17-18 所示。

图 17-15　　　　　　　　　　　　图 17-16

图 17-17　　　　　　　　　　　　图 17-18

至此，完成粒子飞入的效果的制作。

## 17.1.2　CC Particles Systems II 特效

CC Particles Systems II（CC 粒子系统 II）特效可以制作出一些简单的粒子效果，使用十分便捷。下面将详细讲解该特效的相关参数和应用。

"CC Particles Systems II（CC 粒子系统 II）"效果是一种二维粒子运动，是较为简单的一种粒子插件，可以制作出一些简单的粒子效果，包括发散、下落、方向发射等。所以该效果也常用来制作文字或图片的消散、聚集效果。在"时间轴"面板中选中图层，执行"效果>模拟> CC Particles Systems II"命令，打开其选项面板，如图 17-19、图 17-20 所示。

下面对其重要选项进行介绍。

- Birth Rate（出生率）：用于设置粒子的出生率。
- Longevity(sec)（寿命）：用于设置粒子的存活寿命。
- Producer（生产者）：用于设置生产粒子的位置和半径相关属性。
- Position（位置）：用于设置生产粒子的位置。
- Radius X（X 轴半径）：用于设置 X 轴半径大小。
- Radius Y（Y 轴半径）：用于设置 Y 轴半径大小。
- Physics（物理）：用于设置粒子的物理相关属性。
- Animation（动画）：用于设置粒子的动画类型。
- Velocity（速率）：用于设置粒子的速率。

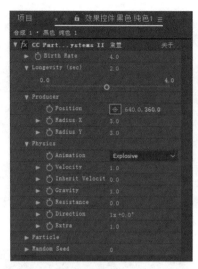

图 17-19

图 17-20

- Inherit Velocity%（继承速率）：用于设置粒子的继承速率。
- Gravity（重力）：用于设置粒子的重力效果。
- Resistance（阻力）：用于设置阻力大小。
- Direction（方向）：用于设置粒子的方向角度。
- Particle（粒子）：用于设置粒子的相关属性。
- Particle Type（粒子类型）：用于设置粒子的类型。
- Birth Size（出生大小）：用于设置粒子的出生大小。
- Death Size（死亡大小）：用于设置粒子的死亡大小。
- Size Variation（大小变化）：用于设置粒子的大小变化。
- Opacit y Map（不透明度映射）：用于设置不透明度效果，包括淡入、淡出等。
- Max Opacity（最大透明度）：用于设置粒子的最大透明度。
- Color Map（颜色映射）：用于设置粒子的颜色映射效果。
- Death Color（死亡颜色）：用于设置死亡颜色。
- Transfer Mode（传输模式）：用于设置粒子的传输混合模式。
- Random Seed（随机植入）：用于设置粒子的随机植入效果。

**课堂练习** 制作泡泡的效果

本案例主要对 CC Particles Systems Ⅱ 效果的用法进行练习，制作出泡泡的效果，下面对其进行具体的介绍。

**Step01** 启动 After Effects 软件，新建项目，执行"合成＞新建合成"命令，在打开的"合成"设置对话框中，设置参数，单击"确定"按钮，新建合成，如图 17-21 所示。

**Step02** 执行"文件＞导入"命令，将本章素材"鲸鱼.jpg"导入文档中，并拖拽至"时间轴"面板，调整素材的大小，如图 17-22 所示。

图 17-21 图 17-22

**Step03** 在执行"图层＞新建＞纯色"命令，打开"纯色设置"对话框，在对框设置参数，单击"确定"按钮，新建纯色的图层，如图 17-23、图 17-24 所示。

图 17-23 图 17-24

**Step04** 在"时间轴"面板中纯色图层，执行"效果＞模拟＞ CC Particles Systems Ⅱ"命令，在"效果控件"面板中进行设置，如图 17-25、图 17-26 所示。

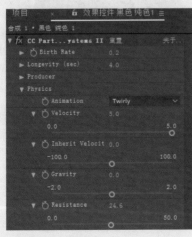

图 17-25 图 17-26

**Step05** 在"合成"面板中预览效果，如图 17-27、图 17-28 所示。

375

图 17-27　　　　　　　　　　　　图 17-28

至此，完成泡泡的效果的制作。

CC Particles World 特效

　　CC Particles World（CC 粒子世界）效果可以产生三维粒子运动，在影视制作过程中十分常见。本节将为读者详细讲解该特效的相关参数和应用。

　　CC Particles World（CC 粒子世界）特效用于制作火花、气泡和星光等效果，其主要特点是效果制作方便、快捷、参数简单明了。在"时间轴"面板中选中图层，执行"效果＞模拟＞ CC Particles World"命令，打开其选项面板，如图 17-29、图 17-30 所示。

图 17-29　　　　　　　　　　　　图 17-30

下面对其重要选项进行介绍。

- Grid & Guides（网格 % 指导）：用于设置网格的显示与大小参数。
- Birth Rate（出生率）：用于设置粒子的出生率。
- Longevity(sec)（寿命）：用于设置粒子的存活寿命。
- Producer（生产者）：用于设置生产粒子的位置和半径相关属性。
- Position（位置）：用于设置生产粒子的位置。
- Radius X（X 轴半径）：用于设置 X 轴半径大小。
- Radius Y（Y 轴半径）：用于设置 Y 轴半径大小。

- Physics（物理）：用于设置粒子的物理相关属性。
- Animation（动画）：用于设置粒子的动画类型。
- Velocity（速率）：用于设置粒子的速率。
- Inherit Velocity%（继承速率）：用于设置粒子的继承速率。
- Gravity（重力）：用于设置粒子的重力效果。
- Resistance（阻力）：用于设置阻力大小。
- Extra（附加）：用于设置粒子的附加程度。
- Extra Angle（附加角度）：用于设置粒子的附加角度。
- Floor（地面）：用于设置地面相关属性。
- Floor Position（地面位置）：用于设置产生粒子的地面位置。
- Direction Axis（方向轴）：用于设置 X/Y/Z 三个轴向参数。
- Gravity Vector（引力向量）：用于设置 X/Y/Z 三个轴向的引力向量程度。
- Particle（粒子）：用于设置粒子的相关属性。
- Particle Type（粒子类型）：用于设置粒子的类型。
- Texture（纹理）：用于设置粒子的纹理效果。
- Birth Size（出生大小）：用于设置粒子的出生大小。
- Death Size（死亡大小）：用于设置粒子的死亡大小。
- Size Variation（大小变化）：用于设置粒子的大小变化。
- Opacity Map（不透明度映射）：用于设置不透明度效果，包括淡入、淡出等。
- Max Opacity（最大透明度）：用于设置粒子的最大透明度。
- Color Map（颜色映射）：用于设置粒子的颜色映射效果。
- Death Color（死亡颜色）：用于设置死亡颜色。
- Custom Color Map（自定义颜色映射）：进行自定义颜色映射。
- Transfer Mode（传输模式）：用于设置粒子的传输混合模式。
- Extras（附加功能）：用于设置粒子的相关附加功能。
- Extra Camera（效果镜头）：用于设置粒子效果的附加程度镜头效果。

## 📑 课堂练习　制作火焰燃烧的效果

本案例主要对 CC Particles World 效果的用法进行练习，制作出火焰燃烧的效果，下面对其进行具体的介绍。

**Step01** 启动 After Effects 软件，新建项目，执行"合成＞新建合成"命令，在打开的"合成"设置对话框中，设置参数，单击"确定"按钮，新建合成，如图 17-31 所示。

**Step02** 在执行"图层＞新建＞纯色"命令，打开"纯色设置"对话框，设置参数，单击"确定"按钮，新建纯色的图层，如图 17-32 所示。

**Step03** 选中纯色图层，执行"效果＞模拟＞ CC Particles World"命令，为图像添加效果，如图 17-33 所示。使用"选取工具" ▶移动火焰的位置，如图 17-34 所示。

图 17-31　　　　　　　　　　　　　　　　图 17-32

图 17-33　　　　　　　　　　　　　　　　图 17-34

**Step04** 选中纯色图层，执行"效果>模拟> CC Particles World"命令，为图像添加效果，如图 17-35 所示。移动火焰的位置，如图 17-36 所示。

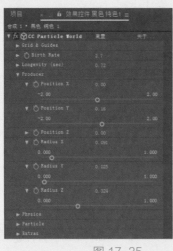

图 17-35

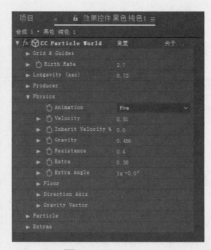

图 17-36

**Step05** 继续在"效果控件"面板中设置，在"合成"面板中查看效果，如图 17-37、图 17-38 所示。

图 17-37

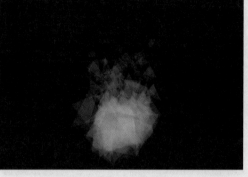

图 17-38

**Step06** 执行"效果>模糊>CC Vector Blur"命令，在"效果控件"面板中进行设置，为图像添加模糊的效果，如图 17-39 所示。在"合成"面板中预览效果，如图 17-40 所示。

图 17-39

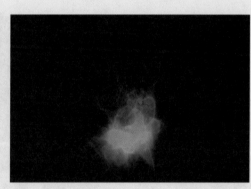

图 17-40

至此，完成火焰效果的制作。

## 17.2 光效

发光效果是各种影视节目或片头中常用的效果之一，例如发光的文字或图案等。发光效果能够在较短的时间内给人强烈的视觉冲击力，从而令人印象深刻。在 After Effects 中，可以利用相关的效果对素材进行相应的光效制作。下面将对一些常用的光效果进行介绍。

### 17.2.1 CC Light Rays 效果

"CC Light Rays（射线光）"效果是影视后期特效制作中比较常用的光线特效，可以利用图像上不同颜色产生不同的放射光，而且具有变形效果。在"时间轴"面板中选中图层，依次执行"效果＞生成＞CC Light Rays"命令，在"效果控件"面板设置相应参数，如图 17-41 所示。

图 17-41

下面对其重要选项进行介绍。

- Intensity（强度）：用于调整射线光强度的选项，数值越大，光线越强。
- Center（中心）：设置放射的中心点位置。
- Radius（半径）：设置射线光的半径。
- Warp Softness（柔化光芒）：设置射线光的柔化程度。
- Shape（形状）：用于调整射线光光源发光形状，包括"Round（圆形）"和"Square（方形）"两种形状。
- Direction（方向）：用于调整射线光照射方向。
- Color from Source（颜色来源）：勾选该复选框，光芒会呈放射状。
- Allow Brightening（中心变亮）：勾选该复选框，光芒的中心变亮。
- Color（颜色）：用来调整射线光的发光颜色。
- Transfer Mode（转换模式）：设置射线光与源图像的叠加模式。

完成上述操作后，即可观看应用效果对比，如图 17-42、图 17-43 所示。

图 17-42

图 17-43

## 17.2.2 CC Light Burst 2.5 效果

"CC Light Burst 2.5（CC 光线缩放 2.5）"效果可以使图像局部产生强烈的光线放射效果，类似于径向模糊。下面详细讲解其基础知识和使用方法。

"CC Light Burst 2.5（CC 光线缩放 2.5）"效果可以应用在文字图层上，也可以应用在图片或视频图层上，在"时间轴"面板中选中图层，依次执行"效果＞生成＞ CC Light Rays"命令，在"效果控件"面板设置相应参数，如图 17-44 所示。

下面对其重要选项进行介绍。

图 17-44

- Center（中心）：设置爆裂中心点的位置。
- Intensity（亮度）：设置光线的亮度。
- Ray Length（光线强度）：设置光线的强度。
- Burst（爆裂）：设置爆裂的方式，包括"Straight""Fade""Center"三种。
- Set Color（设置颜色）：设置光线的颜色。

完成上述操作后，即可观看应用效果对比，如图17-45、图17-46所示。

图 17-45

图 17-46

### 17.2.3 CC Light Sweep 效果

"CC Light Sweep（CC光线扫描）"效果可以在图像上制作出光线扫描的效果。本节将为读者详细讲解其基础知识以及使用方法。

"CC Light Sweep（CC光线扫描）"效果既可以应用在文字图层上，也可以应用在图片或视频素材上，在"时间轴"面板中选中图层，依次执行"效果＞生成＞CC Light Sweep"命令，在"效果控件"面板设置相应参数，如图17-47所示。

图 17-47

下面对其重要选项进行介绍。

- Center（中心）：设置扫光的中心点位置。
- Direction（方向）：设置扫光的旋转角度。
- Shape（形状）：设置扫光线的形状，包括"Linear（线性）""Smooth（光滑）""Sharp（锐利）"三种形状。
- Width（宽度）：设置扫光的宽度。
- Sweep Intensity（扫光亮度）：调节扫光的亮度。
- Edge Intensity（边缘亮度）：调节光线与图像边缘相接触时的明暗程度。
- Edge Thickness（边缘厚度）：调节光线与图像边缘相接触时的光线厚度。
- Light Color（光线颜色）：设置产生光线颜色。
- Light Reception（光线接收）：用来设置光线与源图像的叠加方式，包括"Add（叠加）""Composite（合成）""Cutout（切除）"。

完成上述操作后，即可观看应用效果对比，如图17-48、图17-49所示。

381

图 17-48

图 17-49

扫一扫 看视频

本案例主要应用 CC Light Sweep 效果制作出光线扫描文字的效果，下面对其进行具体的介绍。

**Step01** 启动 After Effects 软件，新建项目，执行"文件＞导入"命令，导入本章素材"背景 .jpg"，基于素材新建合成，如图 17-50 所示。

**Step02** 使用"横排文字工具" ⏹ 输入文字，如图 17-51 所示。

图 17-50

图 17-51

**Step03** 在"字符"面板中设置文字的字体、字号、颜色，如图 17-52、图 17-53 所示。

图 17-52

图 17-53

在"效果预设"面板中的生成效果中找到 CC Light Sweep 效果,如图 17-54 所示。

**Step05** 拖拽该效果至文字图层,应用该效果,如图 17-55 所示。

图 17-54

图 17-55

**Step06** 在"效果控件"面板中设置 CC Light Sweep 效果,如图 17-56 所示。

**Step07** 展开 CC Light Sweep,在 0:00:00:00 处,单击 "Center" 前的 "时间变化秒表" 按钮 插入关键帧,如图 17-57 所示。

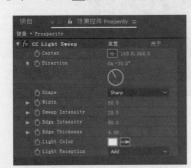
图 17-56

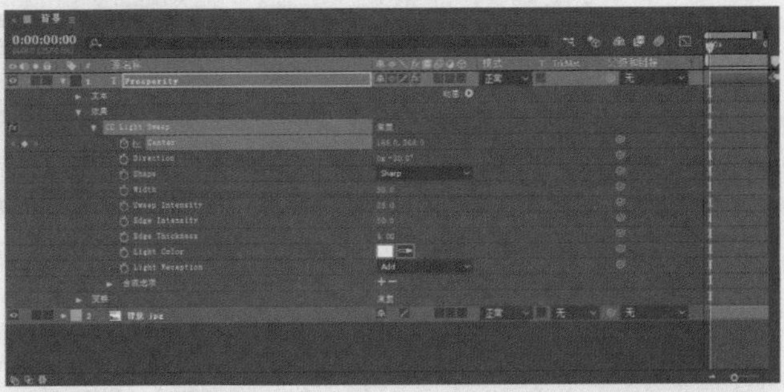

图 17-57

**Step08** 选中"时间轴"面板 CC Light Sweep 效果,在 0:00:05:00 处,设置 "Center",参数,移动中心点的位置,插入关键帧,如图 17-58 所示。

**Step09** 在"合成"面板预览效果,如图 17-59 所示。

图 17-58

图 17-59

至此,完成光线扫描文字的效果。

383

## 17.3 常用插件

在 After Effects 中可以使用插件来制作更多的效果，Particular、Shine、Starglow 等效果插件在设计制作中比较常用到。

### 17.3.1 Particular 插件

Particular 插件是一种三维的粒子系统，能够制作出多种自然效果，如火、云、烟雾、烟花等，是一款强大的粒子效果。安装完成后，启动 After Effects 即可在"效果和预设"面板中的"Trapcode"效果组中下找到该特效，如图 17-60 所示。Particular 特效对应的参数面板，如图 17-61 所示。

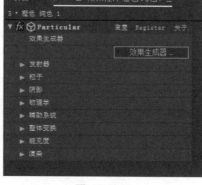

图 17-60　　　　　　　　　　图 17-61

为文字添加该特效后的效果对比如图 17-62、图 17-63 所示。

图 17-62　　　　　　　　　　图 17-63

### 17.3.2 Shine 插件

Shine 插件是 Trapcode 公司提供的一款制作光效的插件。使用 Shine 插件可以快速制作出各种光线效果。安装完成后，启动 After Effects 即可在"效果和预设"面板的"Trapcode"效果组下找到该特效，如图 17-64 所示。特效对应的参数面板如图 17-65 所示。

为创建好的文字添加 Shine 特效，其效果对比如图 17-66、图 17-67 所示。

Premiere+After Effects+Photoshop 一站式高效学习一本通

图 17-64 图 17-65

图 17-66 图 17-67

### 17.3.3 Starglow 插件

Starglow 插件也是 TrapCode 公司提供的一款制作光效的插件，可以根据图像中的高光部分创建星光闪耀的效果。安装完成后，启动 After Effects，并在"效果和预设"面板的"Trapcode"效果组下找到该特效，如图 17-68 所示。Starglow 特效对应的参数面板如图 17-69 所示。

图 17-68 图 17-69

为文字添加该特效后的效果对比如图 17-70、图 17-71 所示。

图 17-70

图 17-71

---

制作烟雾效果

本案例对 Particular 插件应用进行练习，制作出烟雾的效果，下面对其进行具体的介绍。

**Step01** 在"项目"面板上单击右键，执行"新建合成"命令，或者单击"项目"面板底部的"新建合成"按钮，如图 17-72 所示。

**Step02** 在弹出的"合成设置"对话框中设置预设模式为 HDV/HDTV 720 25，如图 17-73 所示。

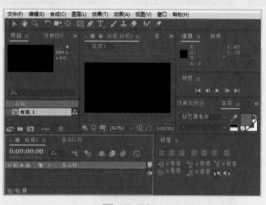

图 17-72

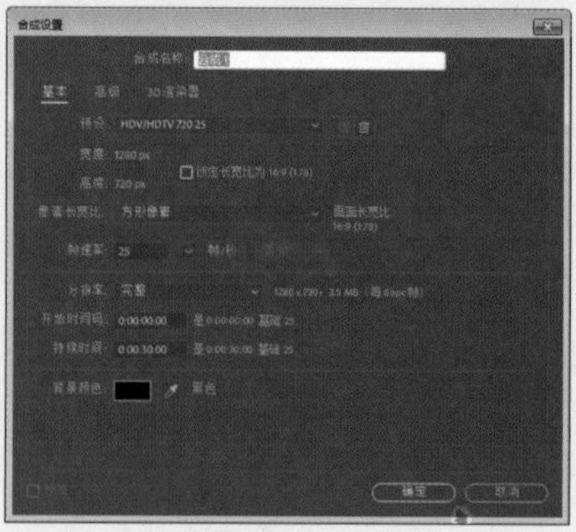

图 17-73

**Step03** 在"时间轴"面板的空白处右键，在弹出的菜单栏中执行"新建＞纯色"命令，如图 17-74 所示。

**Step04** 在"纯色设置"对话框中设置"颜色"为黑色，如图 17-75 所示。

**Step05** 选中纯色图层，执行"效果＞Trapcode＞Particular"命令，将"Particular"效果添加到"黑色 纯色 1"上，即可在"合成"面板上预览效果，如图 17-76 所示。

**Step06** 在"效果控件"面板中设置"Particular＞发射器"选项组的相关参数，具体参数如图 17-77 所示。

**Step07** 完成上述操作后即可在"合成"面板中预览效果，如图 17-78 所示。

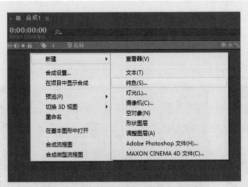

图 17-74

图 17-75

图 17-76

图 17-77

Step08 在"效果控件"面板的"Particular＞粒子"选项中设置"尺寸"选项参数为 50.0，"不透明"选项参数为 3.0，如图 17-79 所示。

图 17-78

图 17-79

**Step09** 完成上述操作后即可在"合成"面板中预览效果，如图 17-80 所示。

**Step10** 在"效果控件"面板的"Particular＞物理学"选项组中的"重力"选项设置为 −500，如图 17-81 所示。

图 17-80

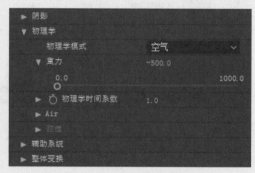

图 17-81

**Step11** 完成上述操作后即可在"合成"面板中预览效果，如图 17-82 所示。

**Step12** 选中 Particular 效果，使用"选取工具" ▶ 移动烟雾的中心，如图 17-83 所示。

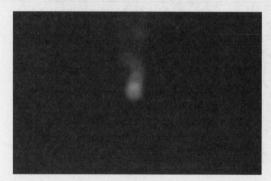

图 17-82

图 17-83

**Step13** 完成上述操作后即可在"合成"面板中预览效果，如图 17-84、图 17-85 所示。

图 17-84

图 17-85

至此，完成烟雾效果的制作。

本案例利用 Particular 插件制作出下雨的效果，下面对其进行具体的介绍。

**Step01** 启动 After Effects 软件，新建项目，执行"合成>新建合成"命令，在打开的"合成"设置对话框中，设置参数，单击"确定"按钮，新建合成，如图 17-86 所示。

**Step02** 执行"图层>新建>纯色"命令，打开"纯色设置"对话框，在对话框中设置参数，单击"确定"按钮，新建纯色的图层，如图 17-87 所示。

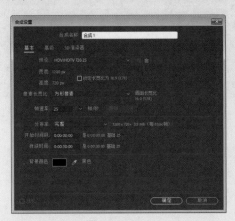

图 17-86

图 17-87

**Step03** 选纯色图层，执行"效果> Trapcode > Particular"效果，如图 17-88 所示。在"合成"面板上预览效果，如图 17-89 所示。

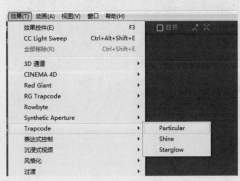

图 17-88

图 17-89

**Step04** 在"效果控件"面板中设置"Particular >发射器"效果的相关参数，具体参数如图 17-90 所示。在"合成"面板上预览效果，如图 17-91 所示。

**Step05** 在"效果控件"面板的"Particular >粒子"选项组中设置相关参数，具体参数如图 17-92 所示。在"合成"面板中预览效果，如图 17-93 所示。

**Step06** 在"效果控件"面板的"Particular >渲染>运动模糊"选项中将"运动模糊"设置为"开"，如图 17-94 所示。在"合成"面板中预览效果，如图 17-95 所示。

图 17-90

图 17-91

图 17-92

图 17-93

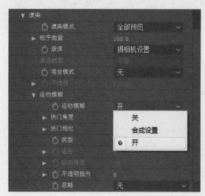

图 17-94

图 17-95

**Step07** 执行"文件＞导入＞文件"命令，导入本章素材"伞.jpg"，如图 17-96 所示。

**Step08** 将"项目"面板中的素材"打伞.jpg"素材拖至时间轴面板中，并设置相关参数，如图 17-97 所示。

图 17-96

图 17-97

**Step09** 完成上述操作后即可在"合成"面板预览效果，如图 17-98 所示。

图 17-98

至此，完成下雨效果的制作。

## 课后作业 制作烟花效果

### 项目需求

要求为夜晚的天空图片添加绽放的烟花，烟花颜色要明亮醒目，能使整体画面非常温馨。

### 项目分析

在制作烟花效果时，烟花的颜色要选取比较纯和亮的颜色，粒子的发射数量要非常多，这样绽放的烟花才能足够饱满漂亮。在烟花绽放结束后，还要制作出烟花爆炸产生的烟雾，能使烟花绽放的效果更加真实。

## 项目效果

项目制作效果如图 17-99 所示。

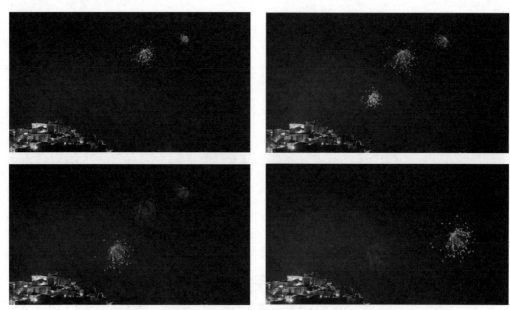

图 17-99

## 操作提示

**Step01** 新建纯色图层，添加 Particular 粒子效果。

**Step02** 在 Particular 的辅助系统中设置烟雾。

**Step03** 完成一个烟花效果后，复制修改其颜色。

## 第18章
# 应用效果组

⭐ **内容导读**

After Effects 中有很多滤镜,利用这些滤镜可以模拟各种质感、风格、过渡、特效。用户在使用软件时,可以自己动手对滤镜进行调整,修改各种参数,不同参数会使滤镜效果发生改变。本章主要对一些常用的滤镜功能进行介绍。

✅ **学习目标**

○ 掌握"渐变"和"四色渐变"滤镜的应用
○ 熟悉"发光"和"马赛克"滤镜的应用
○ 掌握"快速方框模糊""定向模糊"滤镜的应用
○ 掌握"CC Sphere""斜面 Alpha""投影"滤镜的应用
○ 掌握"卡片擦除""百叶窗"滤镜的应用

在设计制作时,"生成"滤镜组中的"渐变"滤镜和"四色渐变"滤镜是比较常用到的,利用这两个滤镜可以为图层添加渐变色,下面对其进行具体的介绍。

### 18.1.1 "渐变"滤镜特效

"渐变"滤镜特效可以用来创建色彩过渡的效果,应用频率十分高。选中图层,依次展开"效果和预置>生成"面板,选择"梯度渐变"滤镜,如图18-1所示;拖至选中的图层上,即可添加滤镜特效,在"效果控制"面板中修改参数,如图18-2所示。

图 18-1                          图 18-2

下面对重要选项进行介绍。

- 渐变起点:设置渐变的起点位置。
- 起始颜色:设置渐变开始位置的颜色。
- 渐变终点:设置渐变的终点位置。
- 结束颜色:设置渐变结束位置的颜色。
- 渐变形状:设置渐变的类型,包括线性渐变和径向渐变。
- 渐变散射:设置渐变颜色的颗粒效果或扩散效果。
- 与原始图像混合:设置与源图像融合的百分比。

完成上述操作后,即可观看应用效果对比,如图18-3、图18-4所示。

图 18-3                              图 18-4

### 18.1.2 "四色渐变"滤镜特效

"四色渐变"滤镜特效在一定程度上弥补了"渐变"滤镜在颜色控制方面的不足,使用该滤镜还可以模拟霓虹灯、流光溢彩等迷幻效果。

选中图层,选择"效果和预设"面板的"生成"效果组,选择"四色渐变"滤镜,如图18-5所示;拖至选中的图层上,即可添加滤镜特效,在"效果控件"面板中修改参数,如图18-6所示。

图 18-5

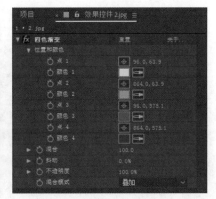
图 18-6

下面对重要选项进行介绍。

- 位置与颜色：设置四色渐变的位置和颜色。
- 混合：设置 4 种颜色之间的融合度。
- 抖动：设置颜色的颗粒效果或扩展效果。
- 不透明度：设置四色渐变的不透明度。
- 混合模式：设置四色渐变与源图层的图层叠加模式。

完成上述操作后，即可观看应用效果对比，如图 18-7、图 18-8 所示。

图 18-7

图 18-8

**课堂练习** 制作流动的渐变效果

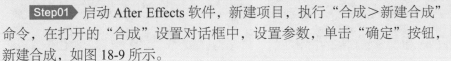

扫一扫 看视频

本案例主要利用四色渐变滤镜和网格变形滤镜制作出流动的渐变效果，下面对其进行具体的介绍。

**Step01** 启动 After Effects 软件，新建项目，执行"合成＞新建合成"命令，在打开的"合成"设置对话框中，设置参数，单击"确定"按钮，新建合成，如图 18-9 所示。

**Step02** 在执行"图层＞新建＞纯色"命令，打开"纯色设置"对话框，在对话框中设置参数，单击"确定"按钮，新建纯色的图层，如图 18-10 所示。

**Step03** 在"时间轴"面板中选中纯色图像，执行"效果＞生成＞四色渐变"命令，为图像添加渐变色，如图 18-11 所示。

图 18-9 图 18-10

**Step04** 在"效果控件"面板中设置颜色，如图 18-12 所示。

图 18-11 图 18-12

**Step05** 在"合成"面板中，使用"选取工具" ▶单击渐变上的控制点，调整渐变色，如图 18-13 所示。

**Step06** 继续选中图层，执行"效果＞扭曲＞网格变形"命令，"合成"面板中的预览效果，如图 18-14 所示。

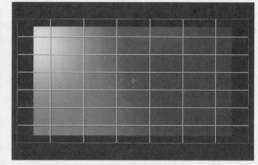

图 18-13 图 18-14

**Step07** 在"效果控件"面板中设置网格的行数与列数，如图 18-15 所示。

**Step08** 在执行"图层＞新建＞纯色"命令，打开"纯色设置"对话框，设置参数，单击"确定"按钮，新建纯色的图层，如图 18-16 所示

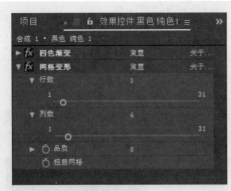

图 18-15                    图 18-16

**Step09** 在 0:00:00:00 处，单击"效果>网格变形>扭曲网格"前的"时间变化秒表"⊙，插入关键帧，如图 18-17 所示。

**Step10** 在 0:00:04:00 处，在"合成"面板中调整网格，变形图像，生成关键帧，如图 18-18 所示。

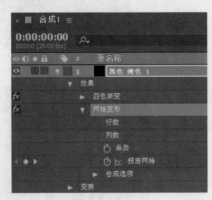

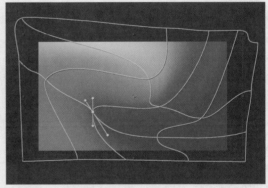

图 18-17                    图 18-18

**Step11** 完成以上操作后，可在"合成"面板中预览效果，如图 18-19、图 18-20 所示。

图 18-19                    图 18-20

至此，完成流动的渐变效果的制作。

## 18.2 "风格化"滤镜组

在设计制作时，"风格化"滤镜组中的"发光"滤镜和"马赛格"滤镜也是比较常用的，下面对其进行具体的介绍。

### 18.2.1 "发光"滤镜特效

"发光"滤镜特效经常用于图像中的文字、logo 或带有 Alpha 通道的图像，产生发光的效果。选中图层，依次展开"效果和预设"面板，选择"发光"滤镜，如图 18-21 所示；拖至选中的图层上，即可添加滤镜特效，在"效果控件"面板中修改参数，如图 18-22 所示。

下面对其选项进行介绍。

图 18-21

- 发光基于：设置光晕基于的通道，包括 Alpha 通道和颜色通道。
- 发光阈值：设置光晕的容差值。
- 发光半径：设置光晕的半径大小。
- 发光强度：设置光晕发光的强度值。
- 合成原始项目：设置源图层和光晕合成的位置顺序。
- 发光操作：设置发光的模式。
- 发光颜色：设置光晕颜色的控制方式，包括原始颜色、A 和 B 的颜色、任意贴图 3 种。
- 颜色循环：设置光晕颜色循环的控制方式。
- 色彩相位：设置光晕的颜色循环。
- A 和 B 中点：设置颜色 A 和 B 的中点百分比。
- 颜色 A：颜色 A 的颜色设置。
- 颜色 B：颜色 B 的颜色设置。
- 发光维度：设置光晕作用方向。

完成上述操作后，即可观看应用效果对比，如图 18-23、图 18-24 所示。

图 18-22

图 18-23

图 18-24

Premiere+After Effects+Photoshop 一站式高效学习一本通

## 18.2.2 "马赛克"滤镜特效

"马赛克"滤镜特效可以将画面分成若干个网格，每一格都用本格内所有颜色的平均色进行填充，使画面产生分块式的马赛克效果。选中图层，依次展开"效果和预设"面板中的"风格化"效果组，选择"马赛克"滤镜，如图 18-25 所示；拖至选中的图层上，即可添加滤镜特效，在"效果控件"面板中修改参数，如图 18-26 所示。

图 18-25            图 18-26

下面对其选项进行介绍。

- 水平块：设置水平方向块的数量。
- 垂直块：设置垂直方向块的数量。

完成上述操作后，即可观看应用效果对比，如图 18-27、图 18-28 所示。

图 18-27                  图 18-28

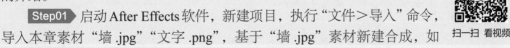

📑 **课堂练习**    制作发光字效果

本案例主要利用发光效果为素材添加青蓝色的光，下面对其进行具体的介绍。

扫一扫 看视频

Step01 ▸ 启动 After Effects 软件，新建项目，执行"文件＞导入"命令，导入本章素材"墙 .jpg""文字 .png"，基于"墙 .jpg"素材新建合成，如图 18-29 所示。

Step02 ▸ 将"项目"面板中的图像拖入"时间轴"中，调整文字素材的大小，如图 18-30 所示。

图 18-29 图 18-30

**Step03** 在"时间轴"面板中，选中文字素材，执行"效果＞风格化＞发光字"命令，在"效果控件"面板中设置参数，为图像添加青蓝色的发光效果，如图 18-31 所示。

**Step04** 完成上述操作后，即可在"合成"面板中预览效果，如图 18-32 所示。

图 18-31 图 18-32

至此，完成发光字的制作。

# 18.3 "模糊和锐化"滤镜组

在设计制作时，"模糊和锐化"滤镜组中比较常用的滤镜有"快速方框模糊""摄像机镜头模糊""定向模糊""径向模糊"，利用这些滤镜可以为图层添加模糊效果，下面对其进行具体的介绍。

## 18.3.1 "快速方框模糊"滤镜特效

"快速方框模糊"滤镜特效经常用于模糊和柔化图像，去除画面中的杂点，在大面积应用的时候速度更快。选中图层，依次展开"效果和预设"面板，选择"快速方框模糊"滤镜，如图 18-33 所示；拖至选中的图层上，即可添加滤镜特效，在"效果控件"面板中修改参数，如图 18-34 所示。

图 18-33

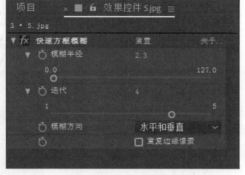

图 18-34

下面对其选项进行介绍。

- 模糊半径：设置糊面的模糊强度。
- 迭代：主要用来控制模糊质量。
- 模糊方向：设置图像模糊的方向，包括水平和垂直、水平、垂直 3 种。
- 重复边缘像素：主要用来设置图像边缘的模糊。

完成上述操作后，即可观看应用效果对比，如图 18-35、图 18-36 所示。

图 18-35

图 18-36

## 18.3.2 "摄像机镜头模糊"滤镜特效

"摄像机镜头模糊"滤镜特效可以用来模拟不在摄像机聚焦平面内物体的模糊效果即用来模拟画面的景深效果，其模糊的效果取决于"光圈属性"和"模糊图"的设置。

选中图层，依次展开"效果和预设"面板中的"模糊与锐化"效果组，选择"摄像机镜头模糊"滤镜，如图 18-37 所示；拖至选中的图层上，即可添加滤镜特效，在"效果控件"面板中修改参数，如图 18-38 所示。

下面对其选项进行介绍。

- 模糊半径：设置镜头模糊的半径大小。
- 光圈属性：设置摄像机镜头的属性。
- 形状：用来控制摄像机镜头的形状。
- 圆度：用来设置镜头的圆滑度。
- 长宽比：用来设置镜头的画面比例。
- 旋转：用来控制镜头模糊的方向。

图 18-37

图 18-38

- 模糊映射：用来读取模糊图像的相关信息。
- 图层：指定设置镜头模糊的参考图层。
- 通道：指定模糊图像的图层通道。
- 位置：指定模糊图像的位置。
- 模糊焦距：指定模糊图像焦点的距离。
- 反转模糊图：用来反转图像的焦点。
- 高光：用来设置镜头的高光属性。
- 增益：用来设置图像的增益值。
- 阈值：用来设置图像的容差值。
- 饱和度：用来设置图像的饱和度。
- 边缘特性：用来设置图像边缘模糊的重复值。

完成上述操作后，即可观看应用效果对比，如图 18-39、图 18-40 所示。

图 18-39

图 18-40

### 18.3.3 "定向模糊"滤镜特效

"定向模糊"滤镜特效可以使图像按照一定方向模糊。

选中图层，依次展开"效果和预设"面板的"模糊与锐化"效果组，选择"定向模糊"滤镜，如图 18-41 所示；拖至选中的图层上，即可添加滤镜特效，在"效果控件"面板中修改参数，如图 18-42 所示。

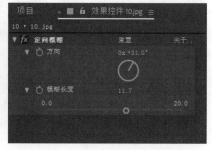

图 18-41　　　　　　　　　　　　图 18-42

下面对其选项进行介绍。

- 方向：设置模糊的方向。
- 模糊长度：设置模糊长度。

完成上述操作后，即可观看应用效果对比，如图 18-43、图 18-44 所示。

图 18-43　　　　　　　　　　　　图 18-44

### 18.3.4　"径向模糊"滤镜特效

"径向模糊"滤镜特效围绕自定义的一个点产生模糊效果，越靠外模糊程度越强，常用来模拟镜头的推拉和旋转效果。在图层高质量开关打开的情况下，可以指定抗锯齿的程度，在草图质量下没有抗锯齿的作用。

选中图层，依次展开"效果和预设"面板的"模糊与锐化"效果组，选择"径向模糊"滤镜，如图 18-45 所示；拖至选中的图层上，即可添加滤镜特效，在"效果控件"面板中修改参数，如图 18-46 所示。

下面对其选项进行介绍。

- 数量：设置径向模糊的强度。
- 中心：设置径向模糊的中心位置。
- 类型：设置景象模糊的样式，包括旋转、缩放 2 种样式。
- 消除锯齿（最佳品质）：设置图像的质量，包括低和高两种选择。

完成上述操作后，即可观看应用效果对比，如图 18-47、图 18-48 所示。

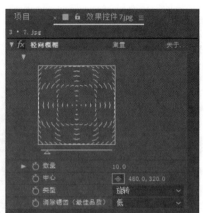

图 18-45            图 18-46

图 18-47            图 18-48

---

**课堂练习**    制作渐现偏移模糊文字动画效果

扫一扫 看视频

本案例主要利用定向模糊效果模糊素材文字，制作出模糊效果，下面将对其进行具体的介绍。

**Step01** 启动 After Effects 软件，新建项目，执行"文件＞导入"命令，导入本章素材"人物 .jpg"，基于素材新建合成，如图 18-49 所示。

**Step02** 使用"横排文字工具" T 输入文字，如图 18-50 所示。

图 18-49            图 18-50

**Step03** 选中文字图层，在"字符"面板中设置文字的字体、字号，如图 18-51 所示。在"合成"面板中预览效果，如图 18-52 所示。

图 18-51　　　　　　　　　　　图 18-52

**Step04** 使用"选取工具" ▶ 在合成面板中移动文字的位置，如图 18-53 所示。

**Step05** 在"时间轴"面板中，设置变换的不透明度为"0%"，然后在 00:00:00:00 处单击变换中的位置和不透明度前面的"时间变化秒表"按钮，插入关键帧，如图 18-54 所示。

图 18-53　　　　　　　　　　　图 18-54

**Step06** 在 0:00:05:00 处，移动文字的位置，变换中的位置自动生成关键帧，如图 18-55 所示。

**Step07** 在 0:00:05:00 处，设置变换中不透明度为"100%"，自动生成关键帧，如图 18-56 所示。

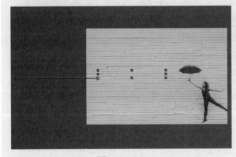

图 18-55　　　　　　　　　　　图 18-56

在"合成"面板预览设置的效果，如图 18-57、图 18-58 所示。

图 18-57 图 18-58

**Step09** 选中文字图层，执行"效果＞模糊与锐化＞定向模糊"命令，在"效果控件"面板中设置参数，为文字添加模糊效果，图 18-59、图 18-60 所示。

图 18-59 图 18-60

**Step10** 在 0:00:00:00 处单击效果中模糊长度前面的"时间变化秒表"按钮，插入关键帧，图 18-61 所示。

**Step11** 在 0:00:05:00 处设置效果中模糊长度为"0.0"，生成关键帧，图 18-62 所示。

图 18-61 图 18-62

**Step12** 完成上述操作后即可在"合成"面板中预览效果，如图 18-63、图 18-64 所示。

图 18-63　　　　　　　　　图 18-64

至此，完成渐现偏移模糊文字动画效果的制作。

# 18.4 "透视"滤镜组

在设计制作时，"透视"滤镜组中比较常用的滤镜有 "CC Sphere" "斜面 Alpha" "投影"
滤镜，利用这些滤镜可以为图层添加立体的效果，下面对其进行具体的介绍。

## 18.4.1 "CC Sphere"滤镜特效

"CC Sphere"滤镜将图像以球的形态呈现。选中图层，依次展开"效果和预设"面板中
的"透视"效果组，选择 "CC Sphere"滤镜，如图 18-65 所示。拖至选中的图层上，即可
添加滤镜特效，在"效果控件"面板中修改参数，如图 18-66 所示。

图 18-65

图 18-66

下面对其重要选项进行介绍。

- Rotation（旋转）：设置球体的旋转角度。
- Radius（半径）：设置球体的半径大小。
- Offset（偏移）：设置球体的位置变化程度。

407

- Light（灯光）：设置效果灯光。
- Shading（阴影）：设置效果明暗程度。
- 仅阴影：用来设置单独显示图像的阴影效果。

完成上述操作后，即可观看应用效果对比，如图 18-67、图 18-68 所示。

图 18-67

图 18-68

## 18.4.2 "斜面 Alpha" 滤镜特效

"斜面 Alpha" 滤镜特效可以通过二维的 Alpha 通道使图像出现分界，形成假三维的倒角效果，特别适合包含文本的图像。选中图层，依次展开"效果和预设"面板中的"透视"效果组，选择"斜面 Alpha"滤镜，如图 18-69 所示。拖至选中的图层上，即可添加滤镜特效，在"效果控件"面板中修改参数，如图 18-70 所示。

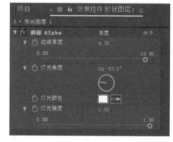

下面对其选项进行介绍。

- 边缘厚度：用来设置图像边缘的厚度效果。
- 灯光角度：用来设置灯光照射的角度。
- 灯光颜色：用来设置灯光照射的颜色。

图 18-69              图 18-70

- 灯光强度：用来设置灯光照射的强度。

完成上述操作后，即可观看应用效果对比，如图 18-71、图 18-72 所示。

图 18-71

图 18-72

### 18.4.3 "投影"滤镜特效

"投影"滤镜特效是在层的后面产生阴影，所产生的图像阴影形状是由图像的 Alpha 通道所决定的。选中图层，依次展开"效果和预设"面板的"透视"效果组，选择"投影"滤镜，如图 18-73 所示；拖至选中的图层上，即可添加滤镜特效，在"效果控件"面板中修改参数，如图 18-74 所示。

图 18-73　　　　　　　　　　　　图 18-74

下面对其选项进行介绍。

- 阴影颜色：用来设置图像阴影的颜色效果。
- 不透明度：用来设置图像阴影的透明度效果。
- 方向：用来设置图像的阴影方向。
- 距离：用来设置图像阴影到图像的距离。
- 柔和度：用来设置图像阴影的柔和效果程度。
- 仅阴影：用来设置单独显示图像的阴影效果。

完成上述操作后，即可观看应用效果对比，如图 18-75、图 18-76 所示。

图 18-75　　　　　　　　　　　　图 18-76

📑 **课堂练习**　制作球旋转的效果

本案例主要利用 CC Sphere 制作出立体的球体，下面对其进行具体的介绍。

**Step01** 启动 After Effects 软件，新建项目，执行"文件>导入"命令，导入本章素材"雪花 .jpg"，基于素材新建合成，如图 18-77 所示。

409

**Step02** 选中素材图层，执行"效果＞透视＞ CC Sphere"命令，为图像添加球体效果，如图 18-78 所示。

图 18-77

图 18-78

**Step03** 在"效果控件"面板中设置 Radius、Light、Shading 中的参数，如图 18-79、图 18-80 所示。

图 18-79

图 18-80

**Step04** 展开 Rotation，在 0:00:00:00 处，单击 RotationY 前的"时间变化秒表"按钮，添加关键帧，如图 18-81 所示。

**Step05** 在 0:00:05:00 处，设置 RotationY 的参数为"1x+0.0°"，球体将会绕 Y 轴进行旋转，如图 18-82 所示。

图 18-81

图 18-82

**Step06** 完成上面操作后，即可在"合成"面板中预览旋转的效果，如图 18-83、图 18-84 所示。

图 18-83

图 18-84

至此，完成球旋转的效果制作。

# 18.5 "过渡"滤镜组

"透视"滤镜组中的比较常用到的滤镜有"卡片擦除"和"百叶窗"滤镜，下面对其进行具体的介绍。

## 18.5.1 "卡片擦除"滤镜特效

"卡片擦除"滤镜特效可以模拟卡片的翻转并通过擦除切换到另一个画面。选中图层，依次展开"效果和预设"面板中的"过渡"效果组，选择"卡片擦除"滤镜，如图 18-85 所示；拖至选中的图层上，即可添加滤镜特效，在"效果控件"面板中修改参数，如图 18-86 所示。

图 18-85

图 18-86

下面对其选项进行介绍。

● 过渡完成：控制转场完成的百分比。

- 过渡宽度：控制卡片擦拭宽度。
- 背面图层：在下拉列表中设置一个与当前层进行切换的背景。
- 行数：设置卡片行的值。
- 列数：设置卡片列的值。
- 卡片缩放：控制卡片的尺寸大小。
- 翻转轴：在下拉列表中设置卡片翻转的坐标轴方向。
- 翻转方向：在下拉列表中设置卡片翻转的方向。
- 翻转顺序：设置卡片翻转的顺序。
- 渐变图层：设置一个渐变层，影响卡片切换效果。
- 随机时间：可以对卡片进行随机定时设置。
- 随机植入：设置卡片以随机度切换。
- 摄像机位置：控制用于滤镜的摄像机位置。
- 位置抖动：可以对卡片的位置进行抖动设置，使卡片产生颤动的效果。
- 旋转抖动：可以对卡片的旋转进行抖动设置。

完成上述操作后，即可观看应用效果对比，如图 18-87、图 18-88 所示。

图 18-87

图 18-88

## 18.5.2 "百叶窗" 滤镜特效

"百叶窗"滤镜特效通过分割的方式对图像进行擦拭，以达到切换转场的目的，就如同生活中的百叶窗闭合一样。

选中图层，展开"效果和预设"面板中的"过渡"效果组，选择"百叶窗"滤镜，如图 18-89 所示；拖至选中的图层上，即可添加滤镜特效，在"效果控件"面板中修改参数，如图 18-90 所示。

下面对其选项进行介绍。

- 过渡完成：控制转场完成的百分比。
- 方向：控制擦拭的方向。

图 18-89

图 18-90

- 宽度：设置分割的宽度。
- 羽化：控制分割边缘的羽化。

完成上述操作后，即可观看应用效果对比，如图 18-91、图 18-92 所示。

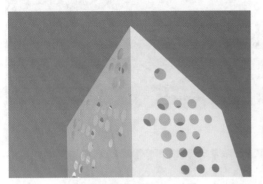

图 18-91

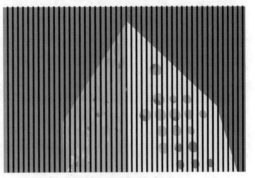

图 18-92

## 综合实战　制作卡片翻转的效果

本案例主要利用卡片擦除的命令来制作出卡片翻转的动画效果，下面对其进行具体的介绍。

**Step01** 启动 After Effects 软件，新建项目，执行"合成>新建合成"命令，新建合成，如图 18-93 所示。

扫一扫 看视频

**Step02** 执行"图层>新建>纯色"命令，打开"纯色设置"对话框，在对话框中设置，单击"确定"按钮，创建纯色图层，如图 18-94 所示。

图 18-93

图 18-94

**Step03** 使用"横排文字工具" T 输入文字，设置其字体、字号、如图 18-95 所示。

**Step04** 继续使用"横排文字工具" T 输入"青春"文字，设置其字体、字号、如图 18-96 所示。

**Step05** 在"时间轴"面板中隐藏"青春"图层，如图 18-97 所示。

**Step06** 在"效果和预设"面板中，选择"过渡>卡片擦除"，将卡片擦除效果拖拽至"奋斗吧"图层面板，为该图层添加卡片擦除的效果，如图 18-98 所示。

413

图 18-95

图 18-96

图 18-97

图 18-98

**Step07** 在 0:00:00:00 处，"效果控件"面板中，设置过渡完成为"0%"，然后单击其前面的"时间变化秒表"按钮，插入关键帧，如图 18-99 所示。

**Step08** 在 0:00:01:00 处，"效果控件"面板中，设置过渡完成为"100%"，生成第二个关键帧，如图 18-100 所示。

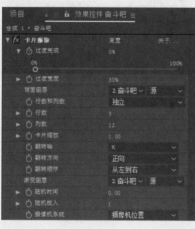

图 18-99

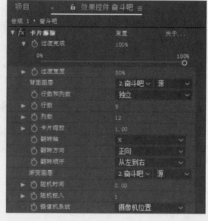

图 18-100

**Step09** 在"合成"面板中预览效果，如图 18-101 所示。

**Step10** 在 0:00:02:00 处，"时间轴"面板"加油吧"图层效果过渡完成的前面，单击"在当前时间添加或移除关键帧"按钮，插入第三个关键帧，如图 18-102 所示。

图 18-101

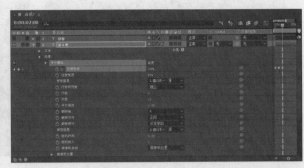
图 18-102

**Step11** 在 0:00:03:00 处，在"效果控件"面板中设置"奋斗吧"过渡完成为"0%"，生成第四个关键帧，如图 18-103 所示。

**Step12** 更改"效果控件"面板中背面图片为"青春"，如图 18-104 所示。

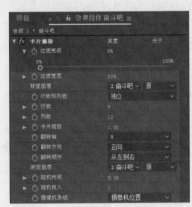
图 18-103

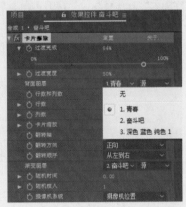
图 18-104

**Step13** 完成上述操作后，在 0:00:01:00 ～ 0:00:02:00 时间段，隐藏的"青春"图层的文字会自动显现出来，如图 18-105 所示。

**Step14** 在"效果控件"面板中继续设置"卡片擦除"效果，如图 18-106 所示。

图 18-105

图 18-106

**Step15** 在"合成"面变中预览合成的效果，如图 18-107、图 18-108 所示。

415

图 18-107    图 18-108

至此，完成卡片翻转的效果。

## 课后作业　制作地球外的光效果

### 项目需求

要求为地球图片添加光，效果如早晨地球受到太阳照射，外部生成光环。

### 项目分析

一些比较大气的企业片头中会出现地球外生成光的效果，使用此效果，可以使片头更加有气势。制作此效果主要应用了镜头光晕和 CC Light Sweep 命令，如果想让地球旋转，可以结合 CC Sphere 命令来制作球旋转技巧。

### 项目效果

项目制作效果如图 18-109 所示。

图 18-109

### 操作提示

Step01 ▶ 导入地球图像。

Step02 ▶ 使用镜头光晕命令，生成镜头光晕。

Step03 ▶ 使用 CC Light Sweep 命令生成光束。

# 第 19 章
# 抠像与跟踪

★ **内容导读**

抠像与跟踪是 After Effects 的重要功能，利用抠像功能可以节约拍摄成本，使视频更加丰富，利用跟踪可以将运动的跟踪数据应用于另一个对象。本章将对抠像与跟踪的内容进行具体的介绍。

✔ **学习目标**

○ 掌握 Keylight（1.2）、线性颜色键、颜色范围抠图技巧
○ 了解内部 / 外部键、差值遮罩、提取、高级溢出抑制等抠图技巧
○ 掌握跟踪的创建
○ 熟练应用跟踪器

# 19.1 抠像

在影视制作中，抠像是应用非常普遍的技术，其应用原理和蒙版非常相似，经常用于抠取蓝屏和绿屏图像，将素材中的背影删除。本节主要对软件抠图提供的几个常用的抠像效果进行具体的介绍。

## 19.1.1 "CC Simple Wire Removal"效果

"CC Simple Wire Removal"特效可以先将线性形状进行模糊或替换。

选中图层，依次执行"效果＞抠像＞CC Simple Wire Removal"命令，在"效果控件"面板设置相应参数，如图19-1、图19-2所示。

图 19-1

图 19-2

"效果控件"面板中的重要选项参数如下。

- Point A（点A）：用于设置简单金属丝移除的点A。
- Point B（点B）：用于设置简单金属丝移除的点B。
- Removal Style（擦除风格）：用于设置移除的风格。
- Thickness（密度）：用于设置移除的程度。
- Slope（倾斜）：用于设置偏移的程度。
- Mirror Blend（镜像混合）：对图像进行镜像处理或混合处理。
- Frame Offset（帧偏移量）：用于设置帧偏移程度。

完成上述操作后，即可观看应用效果对比，如图19-3、图19-4所示。

图 19-3

图 19-4

## 19.1.2 "Keylight（1.2）"效果

"Keylight（1.2）"特效主要用于蓝屏、绿屏的抠像。

选中图层，依次执行"效果＞抠像＞内部 / 外部键"命令，在"效果控件"面板设置相应参数，如图 19-5、图 19-6 所示。

图 19-5

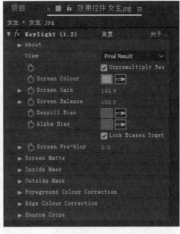

图 19-6

"效果控件"面板中的重要选项参数如下。

- View（预览）：用于设置"合成"面板中合成效果。
- Screen Colour（屏幕颜色）：用于设置抠除的背景颜色。
- Screen Balance（品目平衡）：用于设置抠取图像后的抠取效果。
- Despill Bias（色彩偏移）：用于设置溢色偏移的程度。
- Alpha Bias（Alpha 偏移）：用于设置透明度偏移的程度。
- Lock Biases Togther（锁定偏移）：锁定偏移参数。
- Screen Pre-blur（屏幕模糊）：用于设置屏幕模糊的程度。
- Screen Matte（屏幕遮罩）：用于设置屏幕遮罩的效果。
- Inside Mask（内侧遮罩）：用于设置内侧遮罩，使图像更好地融合。
- Outside Mask（外侧遮罩）：用于设置外侧遮罩，使图像更好地融合。

完成上述操作后，即可观看应用效果对比，如图 19-7、图 19-8 所示。

图 19-7

图 19-8

419

在影视节目制作过程中，经常会利用 After Effects 进行抠像，以满足不同的视觉需求。本案例通过制作绿幕抠像的效果，让读者更好地了解色彩校正效果的应用。

扫一扫 看视频

**Step01** 启动 After Effects 软件，新建项目，执行"文件＞导入"命令，导入本章素材"家人 .mp4""室内 .jpg"，如图 19-9 所示。

**Step02** 将"项目"面板中的"家人 .mp4"拖入"时间轴"面板中，新建合成，如图 19-10 所示。

图 19-9　　　　　　　　　　　　　　　　　图 19-10

**Step03** 将"室内 .jpg"素材拖入"时间轴"面板，调整其图层位置和图像的大小，如图 19-11、图 19-12 所示。

图 19-11　　　　　　　　　　　　　　　　图 19-12

**Step04** 在"效果和预设"面板中的"抠像"选项组中，选择"Keylight（ 1.2 ）"选项，将选取的效果拖拽至"家人 .mp4"图层，如图 19-13 所示。

**Step05** 在"效果控件"面板中选择"吸管工具" ，在"合成"面板中吸取"家人 .mp4"图层上的绿色背景，如图 19-14 所示。

**Step06** 完成上述操作后，在"合成"面板中预览效果，如图 19-15、图 19-16 所示。

图 19-13                                图 19-14

图 19-15                                图 19-16

至此，完成绿幕抠图效果的制作。

### 19.1.3 "内部 / 外部键"效果

"内部 / 外部键"特效可以通过指定的遮罩来定义内边缘和外边缘，然后根据内外遮罩进行像素差异比较，从而得出一个透明的效果。

选中图层，依次执行"效果＞抠像＞内部 / 外部键"命令，在"效果控件"面板设置相应参数，如图 19-17、图 19-18 所示。

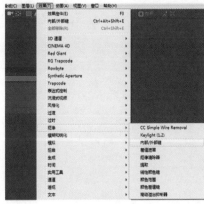

图 19-17                                图 19-18

"效果控件"面板中各项参数如下。

- 前景（内部）：为键控特效指定前景遮罩。
- 其他前景：对于较为复杂的键控对象，需要为其指定多个遮罩，以进行不同部位的键出。
- 背景（外部）：为键控特效指定外边缘遮罩。
- 其他背景：在该选项中添加更多的背景遮罩。
- 单个蒙版高光半径：当使用单一遮罩时，修改该参数就可以扩展遮罩的范围。
- 清理前景：在该参数栏中，可以根据指定的路径，清除前景色。
- 清理背景：在该参数栏中，可以根据指定的路径，清除背景。
- 薄化边缘：用于设置边缘的粗细。
- 羽化边缘：用于设置边缘的柔化程度。
- 边缘阈值：用于设置边缘颜色的阈值。
- 反转提取：勾选该复选框，将设置的提取范围进行反转操作。
- 与原始图像混合：用于设置特效图像与原始图像间的混合比例，值越大，特效图与原图就越接近。

完成上述操作后，即可观看应用效果对比，如图 19-19、图 19-20 所示。

图 19-19

图 19-20

### 19.1.4 "差值遮罩"效果

"差值遮罩"效果通过对差异与特效层进行颜色对比，将相同颜色区域抠出，制作出透明的效果。选中图层，依次执行"效果＞抠像＞差值遮罩"命令，在"效果控件"面板设置相应参数，如图 19-21、图 19-22 所示。

"效果控件"面板中各项参数如下。

- 视图：用于选择不同的图像视图。
- 差值图层：用于指定与特效层进行比较的差异层。
- 如果图层大小不同：设置差异层与特效层的对齐方式。
- 匹配容差：用于设置颜色对比的范围大小；值越大，包含的颜色信息量越大。
- 匹配柔和度：用于设置颜色的柔化程度。
- 差值前模糊：用于设置模糊值。

完成上述操作后，即可观看应用效果对比，如图 19-23、图 19-24 所示。

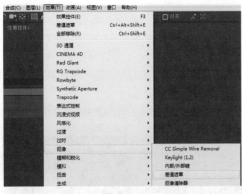

图 19-21

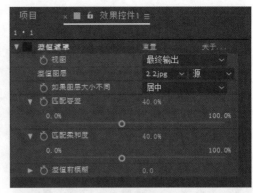

图 19-22

图 19-23

图 19-24

## 19.1.5 "提取"效果

"提取"特效是基于一个通道的范围进行抠图。选中图层，依次执行"效果＞抠像＞提取"命令，在"效果控件"面板设置相应参数，如图 **19-25**、图 **19-26** 所示。

图 19-25

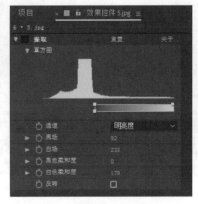

图 19-26

"效果控件"面板中各项参数如下。

- 直方图：通过直方图可以了解图像各个影调的分布情况。
- 通道：用于选择抽取控制通道。

- 黑场：用于设置黑点数值。
- 白场：用于设置白场的数量。
- 黑色柔和度：用于设置暗部区域的柔和度。
- 白色柔和度：用于设置亮部区域的柔和度。
- 反转：勾选该选项，可以反转控制区域。

完成上述操作后，即可观看应用效果对比，如图 19-27、图 19-28 所示。

图 19-27　　　　　　　　　　　　　　　　图 19-28

### 19.1.6 "线性颜色键" 效果

"线性颜色键"特效利用 RGB、色相、色度等信息来指定主色的透明度，抠取指定的颜色图像。选中图层，依次执行"效果＞抠像＞线性颜色键"命令，如图 19-29 所示；在"效果控件"面板设置相应参数，如图 19-30 所示。

 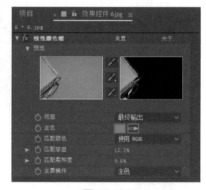

图 19-29　　　　　　　　　　　　　　图 19-30

"效果控件"面板中各项参数如下。

- 预览：用于观察抠取的效果。
- 视图：用于设置"合成"面板中合成效果。
- 主色：用于设置匹配颜色控件。

- 匹配颜色：用于设置白场的数量。
- 匹配容差：用于设置匹配范围。
- 匹配柔和度：用于匹配柔和程度。
- 主要操作：用于设置主要的操作方式后保持颜色。

完成上述操作后，即可观看应用效果对比，如图 19-31、图 19-32 所示。

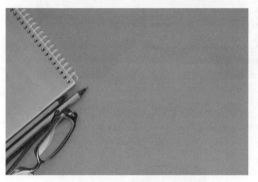

图 19-31

图 19-32

📋 **课堂练习** 抠取人物图像

本案例主要利用线性颜色键效果抠取人物图像，下面对其进行具体的介绍。

扫一扫 看视频

**Step01** 启动 After Effects 软件，新建项目，执行"文件>导入"命令，导入本章素材"男士.jpg"，基于素材新建合成，如图 19-33 所示。

**Step02** 选中"男士.jpg"图层，执行"效果>抠像>线性颜色键"命令，如图 19-34 所示。

图 19-33

图 19-34

**Step03** 在"效果控件"面板，选择"吸管工具" ▨，如图 19-35 所示。使用"吸管工具"在"合成"面板中吸取人物图像的背景色，如图 19-36 所示。

**Step04** 在"效果控件"面板中进一步设置，调整控制效果，如图 19-37 所示。

**Step05** 在"合成"面板中单击"透明网格"按钮 ▨，查看抠取效果，如图 19-38 所示。

图 19-35

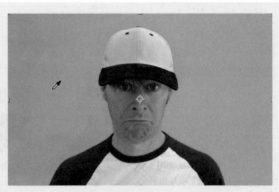

图 19-36

图 19-37

图 19-38

至此，完成人物图像的抠取。

## 19.1.7 "颜色范围"效果

"颜色范围"特效通过键出指定的颜色范围产生透明效果，可以应用的色彩空间包括 Lab、YUV 和 RGB，这种键控方式可以应用在背景包含多个颜色、背景亮度不均匀和包含相同颜色的阴影，这个新的透明区域就是最终的 Alpha 通道。

选中图层，依次执行"效果 > 抠像 > 颜色范围"命令，如图 19-39 所示；在"效果控件"面板设置相应参数，如图 19-40 所示。

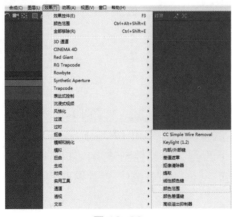

图 19-39

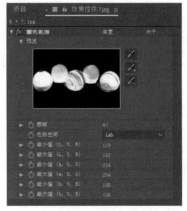

图 19-40

Premiere+After Effects+Photoshop 一站式高效学习一本通

"效果控件"面板中各项参数如下。

- 键控滴管：该工具可以从蒙版缩略图中吸取颜色，用于在遮罩视图中选择开始颜色。
- 加滴管：该工具可以增加颜色的颜色范围。
- 减滴管：该工具可以减少颜色的颜色范围。
- 模糊：对边界进行柔和模糊，用于调整边缘柔化度。
- 色彩空间：设置键控颜色范围的颜色空间，有 Lab、YUV 和 RGB 3 种方式。
- 最小值 / 最大值：对颜色范围的开始和结束颜色进行精细调整，精确调整颜色空间参数，（L，Y，R）（a，U，G）和（b，V，B）代表颜色空间的 3 个分量。最小值调整颜色范围开始，最大值调整颜色范围结束。

完成上述操作后，即可观看应用效果对比，如图 19-41、图 19-42 所示。

图 19-41

图 19-42

## 19.1.8 "高级溢出抑制"效果

"高级溢出抑制"特效可以去除键控后图像残留的键控痕迹，可以将素材的颜色替换成另外一种颜色。选中图层，依次执行"效果＞抠像＞高级溢出抑制器"命令，如图 19-43 所示；在"效果控件"面板设置相应参数，如图 19-44 所示。

图 19-43

图 19-44

"效果控件"面板中各项参数如下。

- 抠像颜色：用于设置需要的抑制颜色。
- 抑制：用于设置抑制程度。

完成上述操作后，即可观看应用效果对比，如图 19-45、图 19-46 所示。

| 图 19-45 | 图 19-46 |

## 19.2　运动跟踪与运动稳定

运动跟踪和运动稳定在影视后期处理中应用相当广泛，在 After Effects 中，多用来将画面中的一部分进行替换和跟随，或是将晃动的视频变得平稳。本节将详细讲解运动跟踪和运动稳定的相关知识。

### 19.2.1　认识运动跟踪和运动稳定

运动跟踪是根据对指定区域进行运动的跟踪分析，并自动创建关键帧，将跟踪的结果应用到其他层或效果上，制作出动画效果。比如让燃烧的火焰跟随运动的球体，给天空中的飞机吊上一个物体并随飞机飞行，给翻动的镜框加上照片效果。不过，跟踪故纸堆运动的影片进行跟踪，不会对单帧静止的图像实行跟踪。运动稳定是对前期拍摄的影片进行画面稳定的处理，用来消除前期拍摄过程中出现的画面抖动问题，使画面变平稳。

### 19.2.2　创建跟踪与稳定

在 After Effects 中可以在"跟踪器"面板中进行运动跟踪和运动稳定的设置。选中一个图层，依次执行"动画>跟踪运动"命令，如图 19-47 所示，即可弹出"跟踪器"面板，如图 19-48 所示。

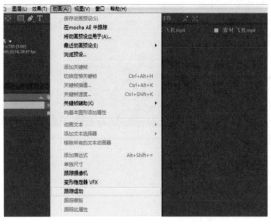

| 图 19-47 | 图 19-48 |

**课堂练习** 跟踪器

在了解了运动与跟踪稳定的相关知识后，还需要了解 After Effects 中的跟踪方式，包括一点跟踪和四点跟踪。

**Step01** 一点跟踪，选择需要跟踪的图层，依次执行"动画>跟踪运动"命令，如图 19-49 所示，在"图层"窗口中调整跟踪点位置，如图 19-50 所示。

图 19-49                    图 19-50

**Step02** 在弹出的"跟踪器"面板中单击"向前分析"按钮，如图 19-51 所示。完成上述操作，即可预览跟踪效果，如图 19-52 所示。

图 19-51                    图 19-52

**Step03** 选择需要跟踪的图层，执行"动画>跟踪运动"命令，在弹出的"跟踪器"面板中单击"跟踪运动"按钮，并设置"跟踪类型"为"透视边角定位"，如图 19-53、图 19-54 所示。

**Step04** 在"图层"窗口中调整四个跟踪点位置，如图 19-55 所示。完成上述操作，单击"分析前进"按钮即可预览跟踪效果，如图 19-56 所示。

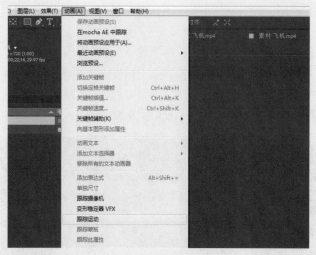

图 19-53　　　　　　　　　　　　　　图 19-54

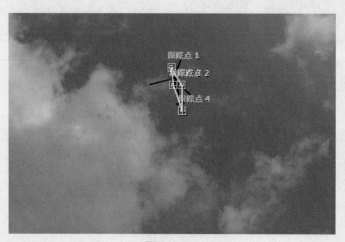

图 19-55　　　　　　　　　　　　　　图 19-56

至此，完成跟踪效果的操作。

---

### 综合实战　制作马赛克跟随效果

　　在影视节目制作过程中，经常会对一些广告品牌做模糊处理，这时就要应用到马赛克效果。

　　**Step01** 启动 After Effects 软件，新建项目，执行"文件＞导入"命令，导入本章素材"女士 .mp4"，基于素材新建合成，如图 19-57 所示。

　　**Step02** 选中"女士 .mp4"图层，执行"动画＞跟踪运动"命令，打开"跟踪器"面板，如图 19-58 所示。

　　**Step03** 因为需要为咖啡的杯子添加马赛克，所以将跟踪点调整至咖啡杯子上，如图 19-59 所示。在"跟踪器"面板中单击"向前分析"按钮，如图 19-60 所示。

图 19-57 图 19-58

图 19-59 图 19-60

**Step04** 完成上步后，"图层"窗口播放跟踪效果，如图 19-61 所示。

**Step05** 选中"女士 .mp4"图层，按 Ctrl+D 组合键复制图层，然后右击鼠标，在弹出的菜单栏中选择"重命名"选项，重命名图层为"女士 1.mp4"如图 19-62 所示。

图 19-61 图 19-62

**Step06** 展开"女士 1.mp4"图层，选中动态跟踪中"跟踪器 1"，如图 19-63 所示。按 Delete 键删除，如图 19-64 所示。

图 19-63                                    图 19-64

**Step07** 双击"项目"面板中的"女士"合成，从图层窗口切换至"合成"窗口，如图 19-65 所示。

**Step08** 使用"矩形工具" ■ 在咖啡杯子上绘制矩形图像，如图 19-66 所示。

图 19-65                                    图 19-66

**Step09** 选中"女士 1.mp4"图层，设置图层的 Alpha 遮罩为"形状图层 1"，如图 19-67 所示。执行"效果＞风格化＞马赛克"命令，在"效果控件"面板中设置参数，为图像添加马赛克效果，如图 19-68 所示。

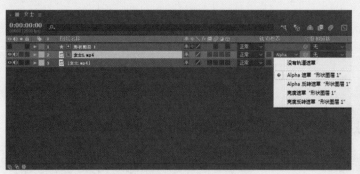

图 19-67                                    图 19-68

**Step10** 完成上述操作后，即可在"合成"窗口中观看效果，如图 19-69 所示。

**Step11** 双击"女士 .mp4"图层，切换至图层窗口，如图 19-70 所示。

**Step12** 在"跟踪器"面板中单击"编辑目标"按钮，如图 19-71 所示。弹出"运动目标"对话框，在对话框中选择形状图层，如图 19-72 所示。

图 19-69

图 19-70

图 19-71

图 19-72

**Step13** 在"合成"面板中预览效果，如图 **19-73** 所示。

图 19-73

至此，完成马赛克跟随的效果。

### 项目需求

颜色范围命令是一种操作非常简单的抠取图像的方式，可以基于颜色范围进行抠像。

### 项目分析

图像中要抠取的部分与保留部分颜色相差大，画面颜色不杂乱，在这种情况下使用颜色范围命令抠取图像非常方便。在抠取图像时利用"效果控件"中的"吸管工具"吸取要抠取图像的颜色，软件自动识别颜色抠取图像。

### 项目效果

项目制作效果如图 19-74、图 19-75 所示。

图 19-74

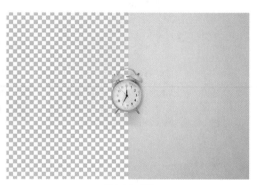
图 19-75

### 操作提示

**Step01** 执行"效果>抠像>颜色范围"命令，打开"效果控件"面板。

**Step02** 使用"效果控件"面板中素材吸取画面的颜色。

**Step03** 设置"效果控件"面板中其他参数，完善抠图效果。

# 第20章

# 渲染与输出

**内容导读**

渲染是从合成创建影片帧的过程。帧的渲染是依据构成该图像模型的合成中的所有图层、设置和其他信息，创建合成的二维图像的过程。影片的渲染是构成影片的每个帧的逐帧渲染。本章将对影片的渲染与输出操作进行介绍。

**学习目标**

○ 了解输出格式
○ 掌握渲染列队的应用
○ 熟悉收集文件的命令

After Effects 篇

## 20.1 After Effects 的输出格式

本节将介绍 After Effects 软件的一些常用输出格式，例如电视格式、视频格式、动画格式等。

### 20.1.1 常用电视制式

完成电视信号的发送和接收需要采用某种特定的方式来实现，这种特定的方式就称为电视制式。

彩色电视系统对三基色信号的不同处理方式，就构成了不同的彩色电视制式。根据对数据信号的信源编码、调制、接收和处理方式的不同又分为模拟电视制式和数字电视制式。

世界上有 13 种电视体制，3 大彩电制式，兼容后组合成 30 多个不同的电视制式。使用最多的是 PAL/B、G，NTSC/M，SECAM/K1。

NTSC 制式：是由美国国家电视标准委员会指定的彩色电视广播标准，它采用正交平衡调幅的技术方式。美国、加拿大等大部分西半球国家以及中国的台湾、日本、韩国、菲律宾等均采用这种制式。

PAL 制式：采用逐行倒相正交平衡调幅的技术方法，克服了 NTSC 制相位敏感造成色彩失真的缺点。PAL 制式中根据不同的参数细节，又可以进一步划分为 G、I、D 等制式，其中 PAL-D 制是我国大陆采用的制式。

SECAM 制式：顺序传送彩色信号与存储恢复彩色信号制，它克服了 NTSC 制式相位失真的缺点，但采用时间分隔法来传送两个色差信号。使用 SECAM 制的国家和地区主要集中在法国、东欧和中东一带。

### 20.1.2 支持的输出格式

After Effects 中有很多种可以渲染的格式，有视频和动画格式、视频项目格式、静止图像格式、音频格式。

① 视频和动画格式有 QuickTime（MOV）、Video for Windows（AVI：仅限 Windows）。

② 视频项目格式有 Adobe Premiere Pro 项目（PRPROJ）。

③ 静止图像格式 Adobe Photoshop（PSD）、Cineon（CIN、DPX）、Maya IFF（IFF）、JPEG（JPG、JPE）、OpenEXR（EXR）、PNG（PNG）、Radiance（HDR、RGBE、XYZE）、SGI（SGI、BW、RGB）、Targa（TGA、VBA、ICB、VST）、TIFF（TIF）。

④ 音频交换文件格式（AIFF）、MP3、WAV。

## 20.2 渲染

After Effects 渲染和导出影片的主要方式是使用"渲染队列"面板。

### 20.2.1 渲染队列

要是想将当前的文件渲染，先要将"时间轴"面板激活，然后执行"文件＞导出＞添加到渲染队"命令，或执行"合成＞添加到渲染列队"命令，如图 20-1、图 20-2 所示。按 Ctrl+M 组合键可快速添加到渲染队列。

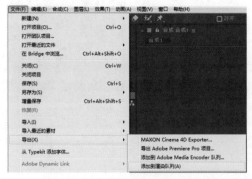

图 20-1

图 20-2

弹出"渲染队列"面板，如图 20-3 所示。

图 20-3

下面对面板中的重要选项进行具体介绍。

- 当前渲染：用于显示当前渲染的相关信息
- 已用时间：用于显示渲染时间。
- 停止：单击该按钮，渲染将会停止。
- 暂停：单击该按钮，渲染将会临时暂停，再次单击该按钮，渲染继续。
- 渲染：单击该按钮，渲染立即开始。
- 渲染设置最佳设置：单击后方的蓝色字体，即可打开"渲染设置"对话框，在对话框中可设置渲染相关参数。
- 日志：从"日志"菜单中选择日志类型。
- 输出模块无损：单击后方的蓝色字体，即可打开"输出模块"对话框，在对话框中可以指定输出影片的文件格式。
- 输出到合成 1_1.avi：单击后方的蓝色文字，可以设置作品要输出的位置和文件名。

📑 **课堂练习** 将文件渲染输出为 AVI 格式的影片

下面将"结婚 .aep"文件输出为 AVI 视频格式，具体操作如下。

**Step01** 打开本章素材"结婚 .aep"，如图 20-4 所示。

**Step02** 将"时间轴"面板激活，执行"文件＞导出＞添加到渲染队列"命令，如图 20-5 所示。

扫一扫 看视频

437

图 20-4　　　　　　　　　　　　　　　图 20-5

**Step03** 在"渲染队列"面板中点击"输出到"后方的蓝色文字，弹出"将影片输出到"对话框，设置文字与名称，单击"保存"按钮，确认设置，如图 20-6、图 20-7 所示。

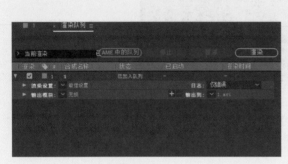

图 20-6　　　　　　　　　　　　　　　图 20-7

**Step04** 单击"渲染"按钮，图像进行渲染，如图 20-8 所示。查看渲染完成的视频。

图 20-8

至此，完成文件的渲染。

## 20.2.2　渲染设置

渲染设置应用于每个渲染项，并确定如何渲染该特定渲染项的合成。在"渲染队列"面板中单击"渲染设置"后方的蓝色字体，即可打开"渲染设置"对话框，如图 20-9 所示。下面对其中的重要选项进行具体介绍。

● 品质：用于所有图层的品质设置。

图 20-9

- 分辨率：用于渲染合成的分辨率，相对于原始合成大小。
- 磁盘缓存：用于确定渲染期间是否使用磁盘缓存首选项。"只读"不会在 After Effects 渲染期间向磁盘缓存写入任何新帧。"当前设置"（默认）使用在"媒体和磁盘缓存"首选项中定义的磁盘缓存设置。
- 代理使用：用于确定渲染时是否使用代理。
- 效果："当前设置"（默认）使用"效果"开关的当前设置。"全部开启"渲染所有应用的效果。"全部关闭"不渲染任何效果。
- 独奏开关："当前设置"（默认）将使用每个图层的独奏开关的当前设置。"全部关闭"按所有独奏开关均关闭时的情形渲染。
- "当前设置"渲染最顶层合成中的引导层。"全部关闭"（默认设置）不渲染引导层。永远不渲染嵌套合成中的引导层。
- 颜色深度："当前设置"（默认）使用项目位深度。
- 帧混合："对选中图层打开"只对设置了"帧混合"开关的图层渲染帧混合。
- 场渲染：确定用于渲染合成的场渲染技术。
- 运动模糊："当前设置"将使用"运动模糊"图层开关和"启用运动模糊"合成开关的当前设置。
- 时间跨度：用于设置要渲染合成中的多少内容。
- 帧速率：用于渲染影片时使用的采样帧速率。
- 自定义：用于自定义时间的范围。

**课堂练习** 渲染部分工作文档内容

本案例要利用"渲染设置"对话框和"输出到"的设置，导出工作文档中的部分内容，下面对其进行具体的介绍。

扫一扫 看视频

**Step01** 打开本章素材"披萨 .aep"，如图 20-10 所示。查看渲染的时间范围 0:00:02:00 ~ 0:00:05:00。

**Step02** 将"时间轴"面板激活，执行"合成＞添加到渲染队列"命令，如图 20-11 所示。

图 20-10                              图 20-11

**Step03** 在"渲染队列"面板中单击"渲染设置"后方的蓝色字体，如图20-12所示。打开"渲染设置"对话框，在对话框中单击"自定义"按钮，如图20-13所示。

图 20-12

**Step04** 弹出"自定义时间范围"对话框，设置起始、结束的时间，如图20-14所示。

**Step05** 单击"渲染队列"面板中"输出到"后方的蓝色字体，如图20-15所示。

图 20-13                              图 20-14

图 20-15

**Step06** 在"渲染队列"面板中单击"渲染"按钮，开始渲染，如图 20-16 所示。

图 20-16

至此，完成工作文档中部分内容的渲染。

## 20.2.3 输出模块

输出模块设置应用于每个渲染项，并确定如何针对最终输出处理渲染的影片。可使用输出模块设置来指定最终输出的文件格式、输出颜色配置文件、压缩选项以及其他编码选项。同时还可以使用输出模块设置来裁剪、拉伸或收缩渲染的影片。

在"渲染队列"面板中单击"输出模块"后方的蓝色字体，即可打开"渲染设置"对话框，如图 20-17 所示。

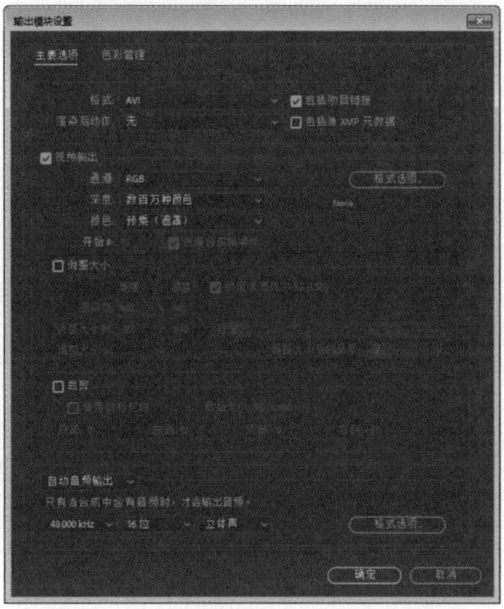

下面对其中的重要选项进行具体介绍。

- 格式：用于设置输出文件或文件序列的格式。
- 渲染后动作：用于指定在渲染合成之后要执行的动作。
- 通道：用于输出影片中包含的输出通道。
- 深度：可指定输出影片的颜色深度。
- 颜色：指定使用 Alpha 通道创建颜色的方式。
- 从开始：指定序列起始帧的编号。

图 20-17

- 格式选项：单击该按钮可打开一个对话框，在对话框中可设置指定格式的选项。
- 调整大小：用于设置输出影片的大小。
- 裁剪：用于在输出影片时裁剪边缘或增加像素行或列。
- 音频输出：可以指定采样率、采样深度和播放格式。

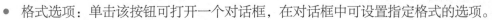

**课堂练习** 渲染小尺寸的视频

本案例主要利用"渲染设置"对话框和"输出到"的设置，导出工作文档中的部分内容，下面对其进行具体的介绍。

**Step01** 打开本章素材"点心 .aep"，如图 20-18 所示。

**Step02** 将"时间轴"面板激活，按 Ctrl+M 组合键，添加到渲染队列，如图 20-19 所示。

扫一扫 看视频

图 20-18　　　　　　　　　　　　　　　　图 20-19

Step03　在"渲染队列"面板中单击"输出模块"后的蓝色文字，如图 20-20 所示。
打开"输出模块设置"对话框，在对话框中勾选"调整大小"，如图 20-21 所示。

图 20-20　　　　　　　　　　　　　　　　图 20-21

Step04　在"输出模块设置"对话框中，设置"调整大小"的宽度和高度，如图
20-22 所示。

Step05　设置输出的位置，单击"渲染"按钮，立即渲染，如图 20-23 所示。

图 20-22　　　　　　　　　　　　　　　　图 20-23

Step06　查看渲染的视频，尺寸减小，如图 20-24 所示。

| 合成 1 | 长度: 00:00:04 | 帧宽度: 1000 |
| AVI 文件 | 大小: 161 MB | 帧高度: 563 |

图 20-24

至此，完成小尺寸的视频渲染操作。

# 20.3　将文件收集到一个位置

在设计制作中，需要将项目文件拷贝到另一台电脑上，还要把之前所用到的素材全部弄到另一台电脑上。拷贝过程可能丢失素材地址本，在 After Effects 软件中，使用收集文件命令，可以将文件收到一个位置，移动后不会丢失。执行"文件＞整理工程（文件）＞收集文件"命令，会打开"收集文件"对话框，在对话框中设置收集的选项，如图 20-25 所示。

下面对其中的重要选项进行具体介绍。

● 收集源文件：下拉列表中有"全部""对于所有合成""对于选定合成""对于队列合成""无（仅项目）"5 个选项。

● 仅生成报告：选择此选项将不复制文件和代理。

● 服从代理设置：对包括代理的合成使用此选项，如果选择此选项，将仅复制合成中使用的文件。如果不选择此选项，将同时复制代理和源文件，之后可以更改收集的版本中的代理设置。

图 20-25

● 减少项目：在"收集源文件"菜单中选择该选项时，从收集的文件中移除所有未使用的素材项和合成。

● 将渲染输出为：用于重定向输出模块，以便将文件渲染到收集的文件指定的文件夹中。此选项可确保在从其他计算机渲染项目时，能够访问已渲染的文件。渲染状态必须有效（"已加入队列""未加入队列""将继续"），输出模块才能将文件渲染到此文件夹。

● 启用"监视文件夹"渲染：使用"收集文件"命令可将项目保存到指定的监视文件夹，然后通过网络启动监视文件夹渲染。

● 计算机的最大数目：用来指定想要分配以渲染收集项目的渲染引擎或 After Effects 许可副本的数目。在此选项下，After Effects 报告将使用多个计算机渲染项目中的多少项。

443

"全部"：软件会收集所有素材文件，包括未使用的素材和代理。"对于所有合成"：软件会收集项目内的任何合成中使用的所有素材文件和代理。"对于所选合成"：软件会收集"项目"面板内当前选定的合成中使用的所有素材文件和代理。"对于队列合成"：软件会收集在"渲染队列"面板中的状态为"已加入队列"的任何合成中直接或间接使用的所有素材文件和代理。"无（仅项目）"：将项目复制到新位置，而不收集任何源素材。

　　一旦开始文件收集，After Effects 会自动创建一个新文件夹，将项目的新副本、素材文件副本、指定的代理文件、一个报告、描述重新创建的项目和渲染合成所需的文件、效果和字体等都放置于新文件夹中，如图 20-26 所示。

（素材）　　　　无标题项目　　　　无标题项目报告

图 20-26

**课堂练习　归档项目素材文件**

　　本案例主要应用收集文件的命令，收集项目素材文件，当拷贝到其他电脑中时，不会出现遗漏素材的情况。

**Step01** 打开本章素材"艺术照 .aep"，如图 20-27 所示。

**Step02** 执行"文件>整理工程（文件）>收集文件"命令，如图 20-28 所示。

图 20-27

图 20-28

**Step03** 打开"收集文件"对话框，设置好相应的参数，如图 20-29 所示。

**Step04** 完成上述步骤后，单击"收集"按钮，弹出"将文件收集到文件中"对话框，选择文件的位置，单击"保存"按钮，如图 20-30 所示。

图 20-29                                    图 20-30

**Step05** 查看收集的效果，如图 20-31 所示。选中生成的文件，按 Ctrl+C 组合键将其复制，如图 20-32 所示。

艺术照文件夹

图 20-31                                    图 20-32

**Step06** 按 Ctrl+V 组合将其粘贴在电脑桌面上即可。
至此，完成文件归档工作。

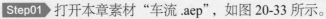

📋 **综合实战** 渲染 WOV 格式的视频文件

利用"渲染列队"面板导出 WOV 格式的文件，下面对其进行具体的介绍。

扫一扫 看视频

**Step01** 打开本章素材"车流 .aep"，如图 20-33 所示。

**Step02** 将"时间轴"面板激活，按 Ctrl+M 组合键，添加到渲染队列，如图 20-34 所示。

**Step03** 在"渲染队列"面板中，单击"输出模块"后的蓝色字体，如图20-35 所示。

图 20-33 图 20-34

**Step04** 打开"输出模块"对话框，在对话框中设置"格式"为"Quick Time"，如图 20-36 所示。

**Step05** 在"渲染队列"面板中，单击"渲染设置"后的蓝色字体，如图 20-37 所示。

**Step06** 打开"渲染设置"对话框，在对话框中设置渲染的开始和结束的时间，如图 20-38 所示。

图 20-35 图 20-37

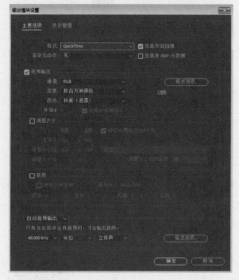

图 20-36 图 20-38

**Step07** 设置文件输出的位置，单击"渲染"按钮即可渲染视频，如图 20-39 所示。

**Step08** 渲染完成后，可查看导出的视频，如图 20-40 所示。

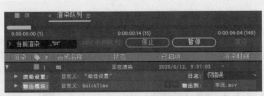

图 20-39                                                          图 20-40

至此，完成 WOV 格式视频的渲染操作。

## 课后作业　渲染序列图片

### 项目需求

将制作的合成视频导出为"jpg"格式，要求体积小，便于携带查看。

### 项目分析

在 After Effects 中合成视频后输出图像序列比直接输出视频文件要小很多，可以节省空间，因此，一般都会选择输出图像序列。本案例导出为 jpg 格式的图像，除此之外还可以导出带透明通道格式，例如 png 和 tga 格式图像。

### 项目效果

项目制作效果如图 20-41 所示。

图 20-41

### 操作提示

Step01 打开渲染队列。

Step02 设置格式。

Step03 渲染序列图片。

# 第21章
# 综合实战案例

**内容导读**

前面几章主要讲解了 After Effects 的功能和操作要领，本章将利用前面所学的知识制作两组视频效果，希望通过这两组实操案例，能够给读者提供一些制作思路和操作技巧，从而能够巩固前面所学的基础内容。

**学习目标**

○ 了解水墨画图片展示效果的制作
○ 了解蝴蝶飞舞的动画效果的制作

After Effects篇

# 21.1 制作水墨图片展示效果

本案例主要利用蒙版命令制作出水墨片展示的效果，下面对其进行具体的介绍。

## 21.1.1 制作水墨背景

下面将利用混合模式、关键帧等制作水墨背景。

Step01 启动 After Effects 软件，新建项目，执行"文件>新建"命令，打开"合成设置"对话框，在对话框中设置参数，单击"确定"按钮，新建合成，如图 21-1、图 21-2 所示。

图 21-1

图 21-2

Step02 执行"文件>导入>文件"命令，导入本章素材"背景 1.jpg""水墨 1.mp4"，并将其拖拽到"时间轴"面板中，调整其大小与位置，如图 21-3 所示。

Step03 选中"水墨 .mp4"图层，设置图层的混合模式为"变暗"，如图 21-4 所示。

图 21-3

图 21-4

449

**Step04** 在 0:00:04:15 处设置"水墨 1.mp4"图层的变换下的不透明度为"100%"单击"时间变化秒表"按钮 ⓞ，插入关键帧，如图 21-5 所示。

图 21-5

**Step05** 在 0:00:05:22 处设置"水墨 1.mp4"图层的变换下的不透明度为"0%"，生成关键帧，如图 21-6、图 21-7 所示。

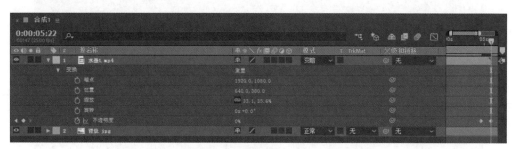

图 21-6

图 21-7

### 21.1.2 添加图片

下面将利用裁剪、替换、蒙版、复制等添加图片。

**Step01** 执行"文件>导入>文件"命令，导入本章素材"书 .jpg"，并将其拖拽到"时间轴"面板中，调整其大小与位置，如图 21-8 所示。

**Step02** 在 0:00:05:22 处选中"书 .jpg"图层，按 Alt+】组合键裁剪，如图 21-9 所示。

**Step03** 使用"钢笔工具" ⬥ 绘制蒙版，如图 21-10 所示。

图 21-8

图 21-9

**Step04** 设置"书.jpg"图层下的蒙版羽化参数为"100.0，100.0像素"，如图21-11所示。

图 21-10

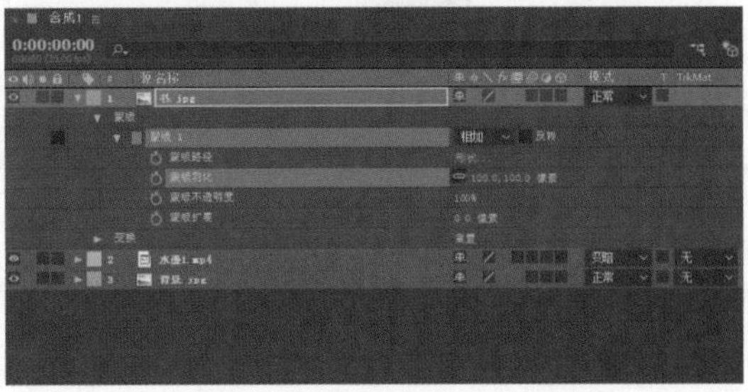

图 21-11

**Step05** 完成上述操作后，在"合成"面板中查看效果，如图21-12所示。

**Step06** 选中"书.jpg"图层，在0:00:00:00处，设置蒙版中的蒙版扩展值为"−230.0像素"，然后单击"时间变化秒表"按钮 ，插入关键帧，如图21-13所示。

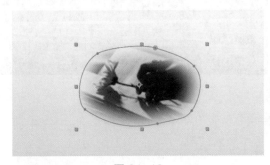

图 21-12

图 21-13

**Step07** 完成上述操作后，在"合成"面板中查看效果，如图21-14所示。

**Step08** 继续选中"书.jpg"图层，在0:00:00:08处，设置蒙版中的蒙版扩展值为"−206.0像素"，生成关键帧，如图21-15所示。

**Step09** 完成上述操作后，在"合成"面板中查看效果，如图21-16所示。

**Step10** 在0:00:01:00处，设置蒙版中的蒙版扩展值为"1.0像素"，生成关键帧，如图21-17所示。

图 21-14

图 21-15

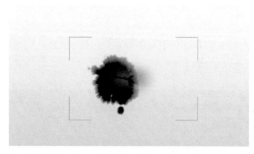

图 21-16

图 21-17

**Step11** 完成上述操作后，在"合成"面板中查看效果，如图 21-18 所示。

**Step12** 继续选中"书.jpg"图层，在 0:00:04:15 处，设置变换中的不透明度值为"100%"，单击前面的"时间变化秒表"按钮，插入关键帧，如图 21-19 所示。

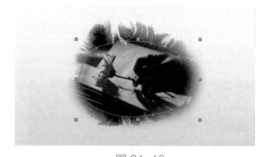

图 21-18

图 21-19

**Step13** 在 0:00:05:22 处设置变换中的不透明度值为"0%"，生成关键帧，如图 21-20 所示。

**Step14** 完成上述操作后，在"合成"面板中查看效果，如图 21-21 所示。

图 21-20

图 21-21

Step15 执行"文件>导入>文件"命令，导入本章素材"灯笼.jpg""小提琴.jpg"导入文档中，如图 21-22 所示。

Step16 在"时间轴"面板中选中"水墨 1.jpg""书.jpg"图层，按 Ctrl+D 组合键，复制图层，并调整复制图层的顺序，如图 21-23 所示。

图 21-22                         图 21-23

Step17 选中复制的"书.jpg"图层，单击鼠标右键，在打开的菜单中选择"重命名"选项，修改图层的名字为"水墨 2.jpg"，如图 21-24 所示。

Step18 在"时间轴"面板中选中复制的"书.jpg"图层，然后选中"项目"面板中"灯笼.jpg"，按住 Alt 键，将"项目"面板中的"灯笼.jpg"拖至复制的"书.jpg"图层，替换图片，如图 21-25 所示。

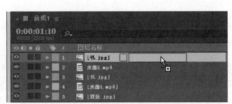

图 21-24                         图 21-25

Step19 "灯笼.jpg"图层有复制的"书.jpg"的属性，效果如图 21-26、图 21-27 所示。

图 21-26                         图 21-27

Step20 完成上述操作后，在"合成"面板中查看效果，如图 21-28 所示。选中"灯笼.jpg"和"水墨 2.jpg"图层，入点移动到 0:00:04:00 处，如图 21-29 所示。

第21章 综合实战案例

图 21-28

图 21-29

**Step21** 选中"灯笼.jpg"和"水墨2.jpg"图层,调整其位置,如图21-30所示。

**Step22** 在0:00:08:15处,依次设置"灯笼.jpg"和"水墨2.jpg"图层中的"变换和位置"属性位置前面的"时间变化秒表"按钮 ,插入关键帧,如图21-31所示。

图 21-30

图 21-31

**Step23** 在0:00:09:22处,别移动"灯笼.jpg"和"水墨2.jpg"图像的位置,生成关键帧,如图21-32、图21-33所示。

图 21-32

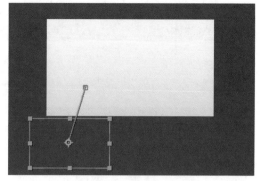

图 21-33

**Step24** 完成上述操作后,在"合成"面板中查看效果,如图21-34、图21-35所示。

**Step25** 将"水墨2.mp4"和"灯笼.jpg"选中,按Ctrl+D组合键,复制图层,调整图层顺序,修改复制的"水墨2.mp4"图层的名称为"水墨3.mp4",如图21-36所示。

**Step26** 在"时间轴"面板中,选中复制的"灯笼.jpg"图层,然后选中"项目"面板中的"小提琴.jpg"素材,按住Alt键,拖拽至"时间轴"中选中图像的上方,松开鼠标,即可将"灯笼.jpg"素材替换成"小提琴.jpg",如图21-37所示。

图 21-34

图 21-35

图 21-36

图 21-37

**Step27** 上步操作效果如图 21-38、图 21-39 所示。

图 21-38

图 21-39

**Step28** 将"小提琴 .jpg"和"水墨 3.mp4"展开，选择"变换"，点击"位置"前面的"时间变化秒表"按钮 ⏱，取消关键帧，如图 21-40 所示。

**Step29** 移动"小提琴 .jpg"和"水墨 3.mp4"位置，如图 21-41 所示。

图 21-40

图 21-41

**Step30** 在 0:00:08:15 处,选择"小提琴 .jpg"和"水墨 3.mp4"图层下的"变换",单击"位置"前面的"时间变化秒表"按钮▢,插入关键帧,如图 21-42 所示。

**Step31** 在 0:00:09:22 处,分别设置"小提琴 .jpg"和"水墨 3.mp4"图层下的"变换"中的"位置"的参数,生成关键帧,如图 21-43 所示。

图 21-42　　　　　　　　　　　图 21-43

**Step32** 完成上述操作后,即可在"合成"面板中预览合成的效果,图像从右上角移至左下角,如图 21-44、图 21-45 所示。

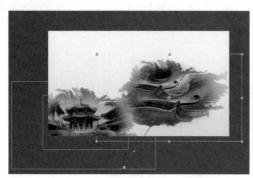

图 21-44　　　　　　　　　　　图 21-45

**Step33** 选中"书 .jpg"和"水墨 1.mp4"图层,按 Ctrl+D 组合键复制图层,调整复制图层的顺序,如图 21-46 所示。

**Step34** 选中上步复制的"水墨 1.mp4"图层,修改其名称为"水墨 4.mp4",如图 21-47 所示。

图 21-46　　　　　　　　　　　图 21-47

**Step35** 执行"文件>导入"命令,导入本章素材"钢琴 .jpg",如图 21-48 所示。

Premiere+After Effects+Photoshop | 站式高效学习一本通

**Step36** 使用上述替换图片的方法，将"书.jpg"素材替换为"钢琴.jpg"，如图 21-49 所示。

图 21-48　　　　　　　　　　　　　　　　　　图 21-49

**Step37** 在"合成"面板中预览效果，如图 21-50 所示。将"钢琴.jpg"和"水墨 4.mp4"，入点移动到 0:00:08:00 时间点处，如图 21-51 所示。

图 21-50　　　　　　　　　　　　　　　　　　图 21-51

**Step38** 在"合成"面板中预览整体的制作效果，如图 21-52 所示。

图 21-52

至此，完成水墨图片展示效果制作。

457

本案例将 3D 效果激活,利用循环表达式制作出蝴蝶飞舞的效果,利用粒子命令制作出蝴蝶尾部粒子的效果,下面对其进行具体的介绍。

### 21.1.1 制作蝴蝶飞舞特效

下面将利用颜色校正、发光、表达式、关键帧等制作蝴蝶飞舞特效。

**Step01** 启动 After Effects 软件,新建项目,执行"文件>新建"命令,打开"合成设置"对话框,在对话框中设置合成,单击"确定"按钮,新建合成,如图 21-53 所示。

**Step02** 执行"文件>导入"命令,导入本章素材"夜晚 .jpg"和"半只蝴蝶 .png"素材,如图 21-54 所示。

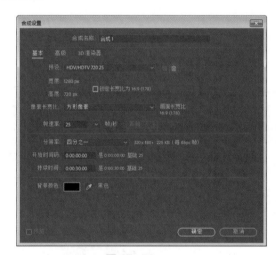

图 21-53 图 21-54

**Step03** 将"项目"面板中的"夜晚 .jpg"和"半只蝴蝶 .png"素材拖入"时间轴"面板中,调整素材的大小及图层顺序,如图 21-55、图 21-56 所示。

图 21-55 图 21-56

**Step04** 选中"半只蝴蝶 .png"图层,执行"效果>颜色校正>三色调"命令,在"效果控件"面板中,设置中间调为蓝色,如图 21-57 所示。在"合成"面板中预览蝴蝶颜色效果,如图 21-58 所示。

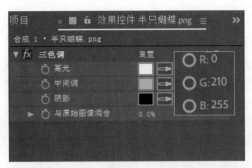

图 21-57　　　　　　　　　　　　　　　　图 21-58

**Step05** 继续选中"半只蝴蝶 .png"图层，执行"效果＞颜色校正＞曲线"，在"效果控件"面板中，调整"RGB"通道的曲线，如图 21-59 所示。在"合成"面板中预览蝴蝶调整效果，如图 21-60 所示。

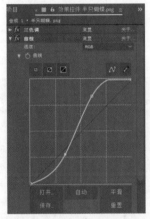

图 21-59　　　　　　　　　　　　　　图 21-60

**Step06** 执行"效果＞风格化＞发光"命令，在"效果控件"面板中设置参数，为蝴蝶翅膀添加发光效果，如图 21-61 所示。在"合成"面板中预览合成效果，如图 21-62 所示。

图 21-61　　　　　　　　　　　　　　图 21-62

**Step07** 按 Ctrl+D 组合键，复制蝴蝶翅膀，使用"选取工具"▶将图像翻转，如图 21-63 所示。在"时间轴"面板中修改图层名称，如图 21-64 所示。

图 21-63

图 21-64

**Step08** 在"时间轴"面板中,单击"右半只蝴蝶.png"图层上的"3D图层"按钮 ⬚, 激活 3D 效果,在 0:00:00:00 处,设置变换中的 Y 轴旋转值为"0x −75°",然后单击其前面 的"时间变化秒表"按钮 ⬚,插入关键帧,如图 21-65 所示。蝴蝶翅膀发生旋转,在"合成" 面板中预览效果,如图 21-66 所示。

图 21-65

图 21-66

**Step09** 在 0:00:01:00 处,设置变换中的 Y 轴旋转值为"0x +75°",生成关键帧,如图 21-67 所示。在"合成"面板中预览效果,如图 21-68 所示。

图 21-67

图 21-68

**Step10** 在 0:00:02:00 处,设置变换中的 Y 轴旋转值为"0x −75°",生成关键帧,如图 21-69 所示。在"合成"面板中预览效果,如图 21-70 所示。

图 21-69           图 21-70

**Step11** 在"时间轴"面板中，单击"左半只蝴蝶.png"图层上的"3D 图层"按钮⬡，激活 3D 效果，在 0:00:00:00 处，设置变换中的 Y 轴旋转值为"0x +75°"，然后单击其前面的"时间变化秒表"按钮 ⬤，插入关键帧，如图 21-71 所示。蝴蝶翅膀发生旋转，在"合成"面板中预览效果，如图 21-72 所示。

图 21-71           图 21-72

**Step12** 在 0:00:01:00 处，设置变换中的 Y 轴旋转值为"0x −75°"生成关键帧，如图 21-73 所示。在"合成"面板中预览效果，如图 21-74 所示。

图 21-73           图 21-74

**Step13** 在 0:00:02:00 处，设置变换中的 Y 轴旋转值为"0x +75°"，生成关键帧，如图 21-75 所示。在"合成"面板中预览效果，如图 21-76 所示。

461

图 21-75

图 21-76

**Step14** 上面内容制作出一次完整蝴蝶的扇动翅膀效果，下面为其添加循环动作的效果。继续选中"左半只蝴蝶 .png"图层，按 Alt 键，单击"Y 轴旋转"前面的"时间变化秒表"按钮，添加表达式，如图 21-77 所示。

图 21-77

**Step15** 在 Y 轴旋转下面的表达式中，单击"表达式语言菜单"按钮，选择"Property > loopOut(type = "cycle"，numKeyframes = 0)"，如图 21-78 所示。

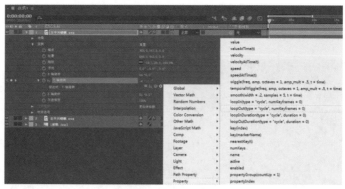

图 21-78

**Step16** 添加循环的表达式，如图 21-79 所示。将"当前时间指示器"移至没有关键帧控制的地方，蝴蝶的左翅膀依然是运动的，效果如图 21-80 所示。

**Step17** 使用上述同样的方法为"右半只蝴蝶 .png"图层添加循环运动的效果，如图 21-81 所示。

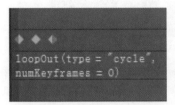

图 21-79 图 21-80

图 21-81

**Step18** 在"合成"面板中右击鼠标，在弹出的菜单栏中选择"新建＞空对象"命令，新建空对象图层，如图 21-82 所示。

**Step19** 单击"空 1"图层上的"3D 图层"按钮 ，激活 3D 效果，如图 21-83 所示。

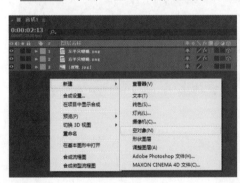

图 21-82 图 21-83

**Step20** 选中"左半只蝴蝶 .png"和"右半只蝴蝶 .png"图层，单击其图层上的"父级关联器"按钮 ，拖拽至"空 1"图层，如图 21-84 所示。使"空对 1"图层是"左半只蝴蝶 .png"和"右半只蝴蝶 .png"，图层的"父图层"效果如图 21-85 所示。

图 21-84

463

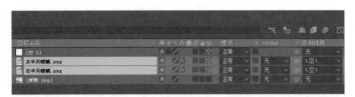

图 21-85

**Step21** 移动蝴蝶和空对象的位置至左下角，如图 21-86 所示。

**Step22** 在 0:00:00:00 处，单击"空 1"图层下，"变换＞位置"前的"时间变化秒表"按钮⏱，插入关键帧，如图 21-87 所示。

图 21-86

图 21-87

**Step23** 在 0:00:05:00 处，设置位置的参数，生成关键帧，用来制作蝴蝶飞舞的路径，如图 21-88 所示。"合成"面板中的预览效果如图 21-89 所示。

图 21-88

图 21-89

**Step24** 使用"选取工具" ▶和"转换顶点工具" ◣可以调整路径，使蝴蝶飞舞的路径更加平滑，如图 21-90 所示。

**Step25** 在 0:00:10:00 和 0:00:15:00 时间点，分别在位置处插入关键帧，然后使用"选取工具" ▶和"转换顶点工具" ◣调整路径，如图 21-91 所示。

图 21-90

图 21-91

**Step26** 在"合成"面板中查看效果，蝴蝶沿着空对象位置的移动而移动，如图21-92、图21-93所示。

图 21-92

图 21-93

**Step27** 设置"空1"图层下变换中的"X轴旋转"和"Y轴旋转"的参数，如图21-94所示。"合成"面板中的预览效果如图21-95所示。

图 21-94

图 21-95

**Step28** 在0:00:00:00时间点，选择"空1"图层，单击变换中"X轴旋转"和"Y轴旋转"前面的"时间变化秒表"按钮，插入关键帧，如图21-96所示。

图 21-96

**Step29** 选中上步插入的关键帧，按Ctrl+C组合键复制关键帧，在0:00:05:00处，按Ctrl+V组合键粘贴图像，如图21-97所示。

**Step30** 在0:00:05:10处，设置"X轴旋转"和"Y轴旋转"参数，调整蝴蝶的运动方向，生成关键帧，如图21-98所示。然后将生成的关键帧复制，在0:00:09:10处粘贴，"合成"面板中的预览效果如图21-99所示。

465

图 21-97

图 21-98

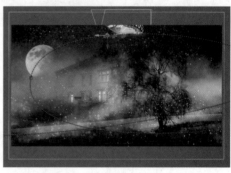

图 21-99

**Step31** 在 0:00:11:00 处，设置"X 轴旋转"参数，调整蝴蝶的运动方向，生成关键帧，如图 21-100 所示。"合成"面板中的预览效果如图 21-101 所示。

图 21-100

图 21-101

**Step32** 在 0:00:15:00 处，再次设置"X 轴旋转"参数，调整蝴蝶的运动方向，生成关键帧，如图 21-102 所示。"合成"面板中的预览效果如图 21-103 所示。

图 21-102

图 21-103

Premiere+After Effects+Photoshop 一站式高效学习一本通

**Step33** 继续选中"空 1"图层，在 0:00:00:00 处，设置变换中"缩放"参数为"65.0，67.6，65.0%"，缩小蝴蝶图像，然后单击其前面的"时间变化秒表"按钮 ，插入关键帧，如图 21-104 所示。

**Step34** 在 0:00:05:00 处，设置变换中"缩放"参数为"30.0，31.2，30.0%"，进一步缩小蝴蝶图像，生成关键帧，如图 21-105 所示。

图 21-104          图 21-105

**Step35** 在"合成"面板中预览效果，如图 21-106 所示。在 0:00:15:00 处，设置变换中"缩放"参数为"75.0，78.0，75.0%"，生成关键帧，如图 21-107 所示。

图 21-106          图 21-107

**Step36** 在"合成"面板中预览效果，如图 21-108 所示。继续选中"空 1"图层，使用"选取工具" 在"合成"面板中调整运动的路径，如图 21-109 所示。

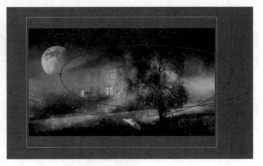

图 21-108          图 21-109

**Step37** 执行"文件＞导入"命令，导入本章素材"整只蝴蝶 .png"，如图 21-110 所示。

**Step38** 选中"左半只翅膀 .png"图层，按 Ctrl+D 组合键复制图层，如图 21-111 所示。

**Step39** 选中上步复制的图层"左半只蝴蝶 .png 2"，然后选中"项目"面板中"整只蝴蝶 .png"，按 Alt 键拖拽"整只蝴蝶 .png"素材，拖拽至"时间轴"面板上的"左半只蝴

467

蝶.png 2"替换图片，"合成"面板预览效果如图 21-112 所示。

图 21-110

图 21-111

图 21-112

### 21.2.2 制作粒子特效

下面将利用 Particular 命令制作粒子特效。

**Step01** 在"时间轴"面板中，右击鼠标，在弹出的菜单栏中选择"新建＞纯色"选项，如图 21-113 所示。

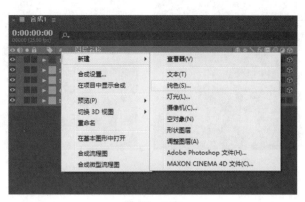

图 21-113

**Step02** 打开"纯色设置"对话框，设置颜色，单击"确定"按钮，创建黑色图层，如图 21-114、图 21-115 所示。

图 21-114                  图 21-115

**Step03** 在"时间轴"面板中将"左半只蝴蝶 .png 2"隐藏,如图 21-116 所示。

**Step04** 选中纯色图层,执行"效果> Trapcode > Particular"命令,为图层添加粒子效果,如图 21-117 所示。

图 21-116                  图 21-117

**Step05** 在"效果控件"面板中,选择"Particular >发射器>发射器类型",将发射器类型设置为"图层",如图 21-118 所示。

**Step06** 选择"Particular >发射器>发射图层"选项,设置发射图层中的图层为"左半只蝴蝶 .png 2",使用"RGB 图层"为"无",如图 21-119 所示。

图 21-118                  图 21-119

**Step07** 完成上述设置后，即可在"合成"面板中预览效果，粒子将会跟随蝴蝶的运动而运动，如图 21-120 所示。

图 21-120

**Step08** 在"效果控件"面板中，选择"Particular ＞发射器"组，设置其中的参数，如图 21-121 所示。

**Step09** 选择"Particular ＞粒子"组，设置其中的颜色和参数，调整粒子，如图 21-122 所示。

**Step10** 在"粒子"组中，设置"生命期不透明"，为粒子添加不透明度，如图 21-123 所示。

图 21-121

图 21-122

图 21-123

**Step11** 选择"Particular ＞物理学"组，设置"重力"的参数，添加重力，使其往下落，如图 21-124 所示。

**Step12** 选择"Particular ＞物理学＞ Air ＞扰乱场"选中，设置扰乱场中的影响大小和影响位置，将其参数稍微调大一些，可是粒子更加活泼，如图 21-125 所示。

**Step13** 完成上述操作后，即可在"合成"面板中查看合成效果，如图 21-126、图 21-127 所示。

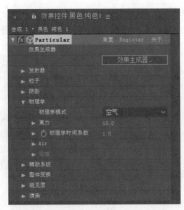

图 21-124

图 21-125

图 21-126

图 21-127

**Step14** 选中"夜晚.jpg"图层，执行"效果>颜色校正>曲线"命令，调整画面的颜色，如图 21-128 所示。在"合成"面板中预览效果，如图 21-129 所示。

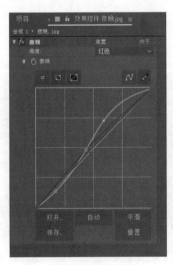

图 21-128

图 21-129

**Step15** 在 0:00:00:00 处，选择"夜晚.jpg"图层，设置变换中缩放的参数，放大图像，然后单击其前面的"时间变化图表"按钮，插入关键帧，如图 21-130 所示。

**Step16** 在 0:00:15:00 处，设置变换中缩放的参数，缩小图像，生成关键帧，如图 21-131 所示。

471

图 21-130

图 21-131

**Step17** 完成上述操作后，即可在"合成"面板中预览效果，如图 21-132、图 21-133 所示。

图 21-132

图 21-133

**Step18** 执行"文件＞导入"命令，导入本章素材"光 .mov"和"星点 .mov"，如图 21-134 所示。

**Step19** 将上步导入的素材拖拽至"时间轴"面板中，设置混合模式为"颜色减淡"，如图 21-135 所示。

图 21-134

图 21-135

**Step20** 调整"光 .mov"和"星点 .mov"大小，如图 21-136 所示。在"合成"面板中预览效果，如图 21-137 所示。

**Step21** 选中"星点 .mov"图层，执行"图层＞时间＞时间伸缩"命令，打开"时间伸缩"对话框，设置新持续时间、延长时间，如图 21-138、图 21-139 所示。

图 21-136

图 21-137

图 21-138

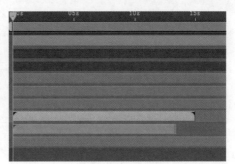

图 21-139

**Step22** 使用上述同样的方法，延长"光 .mov"时间，如图 21-140 所示。

**Step23** 在"合成"面板中，预览 0:00:00:00 ~ 0:00:15:00 的效果，如图 21-141 所示。

图 21-140

图 21-141

**Step24** 继续预览效果，如图 21-142、图 21-143 所示。

图 21-142

图 21-143

至此，完成蝴蝶动画效果的制作。

# 第22章
# Photoshop 新手入门

**内容导读**

本章主要针对 Photoshop 软件中的基础知识进行介绍，包括图像的基础知识，如何新建、打开、置入、保存文件等基础操作，如何利用辅助工具设计作品等。通过本章节的学习，读者可以了解Photoshop 基础知识。

**学习目标**

○ 了解图像的基础知识
○ 掌握文件的基础操作
○ 掌握图像的基本操作
○ 掌握辅助工具的应用

## 22.1　了解 Photoshop

Photoshop CC 软件是 Adobe 公司旗下非常强大的一款图像处理软件，主要处理由像素组成的数字图像，在平面设计、网页设计、三维设计、字体设计、后期处理等领域应用广泛，深受广大设计人员及设计爱好者的喜爱。

### 22.1.1　在平面设计中的应用

平面设计又称视觉传达设计（visual communication design），是指人们为了传递信息所进行的有关图像、文字、图形方面的设计。它具有艺术性和专业性，以"视觉"作为沟通和表现的方式，通过多种方式来创造结合符号、图片以及文字，借此来传达设计者想法或信息的视觉表现。

平面设计是 Photoshop 应用最为广泛的领域。简单地说，平面设计作品的用途就是"传达信息"。但具体来讲，根据其实际应用可以分为广告设计、包装设计、海报设计、书籍装帧设计、VI 设计等。

（1）广告设计

广告设计的任务是根据企业营销目标和广告战略的要求，通过引人入胜的艺术表现，清晰准确地传递商品或服务的信息，树立有助于销售的品牌形象与企业形象。平面广告就其形式而言，只是传递信息的一种方式，是广告主与受众间的媒介，其结果是为了达到一定的商业目的，如图 22-1、图 22-2 所示。

图 22-1

图 22-2

（2）包装设计

包装作为产品的第一形象最先展现在顾客的眼前，被称为"无声的销售员"，顾客只有在被产品包装吸引并进行查阅后，才会决定会不会购买，可见包装设计是非常重要的。不同产品包装的方向和需求是不同的。使用 Photoshop 的绘图功能，可赋予产品不同的质感效果，以凸显产品形象，从而达到吸引顾客的效果，如图 22-3、图 22-4 所示。

（3）海报设计

海报又名招贴或宣传画，属于户外广告，是以文化、产品为传播内容的对外最直接、最形象和最有效的宣传方式。它具有向公众介绍某一物体、事件的特性，分布在各街道、影剧院、展览会、商业闹区、车站等公共场所。海报具有画面大、内容广泛、艺术表现力丰富、远视效果强烈的特点，如图 22-5、图 22-6 所示。

图 22-3

图 22-4

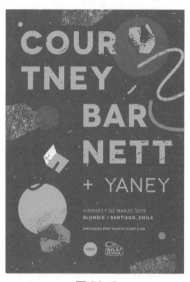

图 22-5

图 22-6

（4）书籍装帧设计

书籍装帧设计是一种视觉传达活动，它以图形、文字、色彩等视觉符号的形式传达出设计者的思想、气质和精神。一本优秀的书从内容到装帧设计都是高度和谐统一的，是艺术与技术完美的结合体。

封面是书籍的门面，它通过艺术形象设计的形式来反映书籍的内容。书籍的封面好坏在一定程度上会直接影响人们对于图书的购买欲，如图 22-7、图 22-8 所示。

图 22-7

图 22-8

（5）VI 设计

VI（Visual Identity）设计，通译为视觉识别系统，是 CIS 系统最具传播力和感染力的部分，是将 CI 的非可视内容转化为静态的视觉识别符号，以丰富多样的应用形式，在最为广泛的层面上进行最直接的传播。设计到位、实施科学的视觉识别系统，是传播企业经营理念、建立企业知名度、塑造企业形象的快捷之径，如图 22-9、图 22-10 所示

图 22-9　　　　　　　　　　　　　　　图 22-10

## 22.1.2 在网页设计中的应用

在现代网络技术快速发展的阶段，网页设计已成为一门独立的技术、一个全新的设计领域，也是平面设计在信息时代多元化发展的一个重要方向。

网络的普及带动了图形意识的发展，不管是网站首页的建设还是链接界面的设计，以及图标的设计和制作，都可以借助 Photoshop 这个强大的工具，让网站的色彩、质感及其独特性表现得更到位，如图 22-11、图 22-12 所示。

图 22-11　　　　　　　　　　　　　　　图 22-12

## 22.1.3 在三维设计中的应用

在三维软件中，如果无法为模型应用逼真的贴图，即便能够制作出精良的模型，也无法得到较好的渲染效果。实际上在制作材质时，除了要依靠软件本身具有的材质功能外，利用 Photoshop 也可以制作出在三维软件中无法得到的合适的材质效果，如图 22-13、图 22-14所示。

图 22-13

图 22-14

Photoshop 具有强大的图像修饰修复、校色调色功能。利用这些功能，可以快速修复破损的老照片，修复人脸上的瑕疵，方便快捷地对图像的颜色进行明暗、色偏的调整和校正，可以将几幅图像通过图层操作、工具应用合成完整传达明确意义的图像，还可以通过滤镜、通道及工具综合应用完成特效制作，如图 22-15、图 22-16 所示。

图 22-15

图 22-16

# 22.2 Photoshop 的工作界面

Photoshop CC 2019 的工作界面主要由菜单栏、选项栏、标题栏、工具箱、状态栏、面板、图像编辑窗口等部分组成。启动 Photoshop CC 软件，打开一幅图像或新建文档后，即可显示出完整的软件界面，如图 22-17 所示。

（1）菜单栏

Photoshop CC 的菜单栏中包含"文件""编辑""图像""图层""文字""选择""滤镜""3D""视图""窗口""帮助"共 11 个菜单，如图 22-18 所示，其中每个菜单里又包含有相应的子菜单。

需要执行某个命令时，首先单击相应的菜单名称，然后从下拉菜单列表中选择相应的命令即可执行操作。

图 22-17

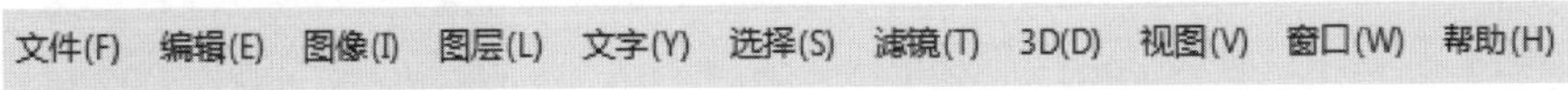

文件(F)　编辑(E)　图像(I)　图层(L)　文字(Y)　选择(S)　滤镜(T)　3D(D)　视图(V)　窗口(W)　帮助(H)

图 22-18

　　一些常用的菜单命令右侧显示有该命令的快捷键，如需执行"图层＞图层编组"命令，按 **Ctrl+G** 组合键，即可对选中的图层快速编组。有意识地记忆一些常用命令的快捷键，可以加快操作速度，提高工作效率。

　　（2）选项栏

　　在工具箱中选择了工具后，工具选项栏就会显示出相应的工具选项，在工具选项栏中可以对当前所选工具的参数进行设置。工具选项栏所显示的内容随选取工具的不同而不同。

　　（3）标题栏

　　打开或新建一个文档后，Photoshop CC 会自动创建一个标题栏。在标题栏中会显示该文件的名称、格式、窗口缩放比例、颜色模式等信息，如图 22-19 所示。

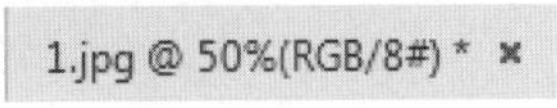

1.jpg @ 50%(RGB/8#)* ✕

图 22-19

　　（4）工具箱

　　Photoshop CC 的工具箱中包含大量的工具，如图 22-20 所示。这些工具可以帮助用户处理图像，是处理图像的好帮手。

图 22-20

**操作提示**

　　单击工具箱顶部的"折叠"按钮 ◄◄，可以将其由双栏变为单栏；单击"折叠"按钮 ►►，即可由单栏变为双栏。

执行"窗口>工具"命令可以显示或隐藏工具箱。选择工具时，直接单击工具箱中需要的工具即可。工具箱中的许多工具并没有直接显示出来，而是以成组的形式隐藏在右下角带小三角形的工具按钮中，使用鼠标按住该工具不放，即可显示该组所有工具。

（5）状态栏

状态栏位于工作界面的最底部，显示当前文档的大小、文档尺寸、窗口缩放比例等信息。单击状态栏右侧的三角形按钮 ，在弹出的菜单中可选择不同的选项在状态栏中显示，如图 22-21 所示。

其中，各命令含义如下所示。

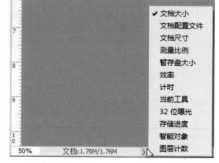

图 22-21

● 文档大小：在图像所占空间中显示当前所编辑图像的文档大小情况。

● 文档配置文件：在图像所占空间中显示当前所编辑图像的模式，如 RGB 模式、灰度模式、CMYK 模式等。

● 文档尺寸：显示当前所编辑图像的尺寸大小。

● 测量比例：显示当前进行测量时的比例尺。

● 暂存盘大小：显示当前所编辑图像占用暂存盘的大小情况。

● 效率：显示当前所编辑图像操作的效率。

● 计时：显示当前所编辑图像操作所用的时间。

● 当前工具：显示当前进行编辑图像时用到的工具名称。

● 32 位曝光：编辑图像曝光只在 32 位图像中起作用。

● 存储进度：显示当前文档尺寸的速度。

● 智能对象：显示当前文件中智能对象的状态。

● 图层计数：显示当前图层和图层组的数量。

（6）面板

面板是 Photoshop CC 软件中最重要的组件之一，默认状态下，面板是以面板组的形式停靠在软件界面的最右侧，单击某一个面板图标，就可以打开对应的面板，如图 22-22 所示。

单击展开面板组左上角的"折叠为图标"按钮 ，可以将面板组收缩为图标，如图 22-23 所示。

面板可以自由地拆开、组合和移动，用户可以根据需要自由地摆放或叠放各个面板，为图像处理提供便利的条件。选择"窗口"菜单中各个面板的名称可以显示或隐藏相应的面板。

图 22-22        图 22-23

（7）图像编辑窗口

文件窗口也就是图像编辑窗口，是 Photoshop CC 设计制作作品的主要场所。针对图像执行的所有编辑功能和命令都可以在图像编辑窗口中显示，通过图像在窗口中的显示效果来判断图像最终输出效果。

默认状态下打开文件，文件均以选项卡的方式存在于界面中，用户可以将一个或多个文件拖出选项卡，单独显示。

## 22.3 图像的基础知识

图像的基础知识包括像素与分辨率、位图与矢量图以及常见的色彩模式。对图像的基础知识的学习和了解，可以帮助用户更好地处理图像。

### 22.3.1 像素与分辨率

像素和分辨率决定了图像尺寸的大小以及清晰程度。图像的像素点越多，图像效果就越好。图像的分辨率越高，图像就越清晰。

（1）像素

像素是组成位图图像的最基本单元，它是一个小的方形的颜色块。一个图像通常由许多像素组成，这些像素被排成横行或纵列，每个像素都是方形的，放大位图图像时，即可以看到像素，如图 22-24、图 22-25 所示。

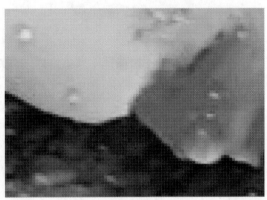

图 22-24 图 22-25

构成一张图像的像素点越多，色彩信息越丰富，效果就越好，然而该图像所占空间也就越大。

（2）分辨率

分辨率在数字图像的显示及打印等方面起着至关重要的作用，常以"宽 × 高"的形式来表示。分辨率对于用户来说显得有些抽象，一般情况下，分为图像分辨率、屏幕分辨率以及打印分辨率。

● 图像分辨率：通常以像素每英寸（PPI）来表示，是指图像中每单位长度含有的像素数目。图像的分辨率和尺寸一起决定文件的大小和输出质量。

● 屏幕分辨率：指显示器分辨率，即显示器上每单位长度显示的像素或点的数量，通常以点／英寸（dpi）来表示。一般显示器的分辨率为 72dpi 或 96dpi。

● 打印分辨率：即激光打印机（包括照排机）等输出设备产生的每英寸油墨点数（dpi）。大部分桌面激光打印机的分辨率为 300 ～ 600dpi，而高档照排机能够以 1200dpi 或更高的分辨率进行打印。

### 22.3.2 位图与矢量图

图像可分为位图和矢量图两种类型，其中位图是 Photoshop CC 中最常见的图片类型，而矢量图是根据几何特性绘制出来的图形。两者虽然可统称为图像，但区别还是很大的。

（1）位图图像

位图图像也称为点阵图像或栅格图像，是由像素的单个点组成的。图像的大小取决于像素数目的多少，图形的颜色取决于像素的颜色，如图 22-26、图 22-27 所示。

图 22-26                                              图 22-27

位图图像可以很容易地在不同软件之间交换文件，而缺点则是在缩放和旋转时会产生图像的失真现象，同时文件较大，对内存和硬盘空间容量的需求也较高。

（2）矢量图像

矢量图像也称为面向对象的图像或绘图图像，在数学上定义为一系列由线连接的点。矢量文件中的每个对象都是一个自成一体的实体，它具有颜色、形状、轮廓、大小和屏幕位置等属性。

矢量图形文件所占的磁盘空间比较少，非常适用于网络传输，也经常被应用在标志设计、插图设计以及工程绘图等专业设计领域。但矢量图的色彩较之位图相对单调，无法像位图般真实地表现自然界的颜色变化，如图 22-28、图 22-29 所示。

### 22.3.3 常见色彩模式

Photoshop 中的颜色模式有八种，分别为位图模式、灰度模式、双色调模式、RGB 颜色模式、CMYK 颜色模式、索引颜色模式、Lab 颜色模式和多通道模式。其中 Lab 包括了 RGB 和 CMYK 色域中所有颜色，具有最宽的色域。接下来将针对不同的颜色模式进行介绍。

（1）位图模式

位图模式使用两种颜色值（黑色或白色）中的一种表示图像中的像素。RGB 颜色模式和位图模式的显示效果如图 22-30、图 22-31 所示。

图 22-28

图 22-29

图 22-30

图 22-31

**操作提示**

若要将一幅彩色图像转换为位图模式，需先将该图像转换为灰度模式，删除掉像素中的色相和饱和度信息，只保留亮度值，然后再转换为位图模式。

（2）灰度模式

灰度模式在图像中使用不同的灰度级。在 8 位图像中，最多有 256 级灰度。灰度图像中的每个像素都有一个 0（黑色）～ 255（白色）之间的亮度值。在 16 位和 32 位图像中，图像的级数比 8 位图像要大得多。RGB 颜色模式和灰度模式的显示效果如图 22-32、图 22-33 所示。

（3）双色调模式

该模式通过 1 ～ 4 种自定油墨创建单色调、双色调（两种颜色）、三色调（三种颜色）和四色调（四种颜色）的灰度图像。

图 22-32                    图 22-33

（4）RGB 颜色模式

RGB 颜色模式是图像处理中最常用的一种模式，也是目前应用最广泛的颜色模式之一。由于 RGB 颜色合成可以产生白色，所以也被称为"加色模式"。"加色模式"一般用于光照、视频和显示器。

新建的 Photoshop 图像的默认模式为 RGB，计算机显示器使用 RGB 模型显示颜色。

（5）CMYK 颜色模式

CMYK 颜色模式是一种印刷模式，以打印在纸上的油墨的光线吸收特性为基础。

（6）索引颜色模式

索引颜色模式是网上和动画中常用的图像模式，相较于其他颜色模式的位图图像，索引颜色模式的位图图像占用更少的空间。RGB 颜色模式和索引颜色模式的显示效果如图 22-34、图 22-35 所示。

图 22-34                    图 22-35

将图像转换为索引颜色模式后，Photoshop 将构建一个颜色查找表（CLUT），用以存放并索引图像中的颜色。若原图像中的某种颜色不在该表中，则程序将选择最接近的一种，或使用仿色以现有颜色来模拟该颜色。

（7）Lab 颜色模式

Lab 颜色由亮度分量和两个色度分量组成，该模式是目前包括颜色数量最广的模式，也是最接近真实世界颜色的一种色彩模式。L 代表光亮度分量，范围为 0 ~ 100；a 分量表示从绿色到红色的光谱变化；b 分量表示从蓝色到黄色的光谱变化。

（8）多通道模式

多通道模式在每个通道中包含 256 个灰阶，对有特殊打印要求的图像非常有用。

**知识点拨**

① 索引颜色和 32 位图像无法转换为多通道模式；

② 若图像处于 RGB、CMYK 或 Lab 颜色模式，删除其中某个颜色通道，图像将会自动转换为多通道模式。

## 22.4 文件的基本操作

在使用 Photoshop 软件处理图像之前，首先应该了解 Photoshop 软件中的一些基本操作，如新建文件、打开置入文件等。了解完基础知识，才可以更好地处理图像。本节将针对 Photoshop 文件的基本操作进行介绍。

### 22.4.1 新建文件

在 Photoshop 软件中，若制作一个新的文件，可以执行"文件＞新建"命令或者按 Ctrl+N 组合键，弹出"新建文档"对话框，如图 22-36 所示。

对话框左侧列出了最近使用的尺寸设置。对话框顶端列出了一些常用工作场景中的不同尺寸设置，选中一个选项卡后，在对话框中会显示预设的尺寸，单击所需选项，在右侧对创建的文档参数进行修改，修改完毕后单击"创建"按钮即可创建新文档。

图 22-36

下面对"新建文档"对话框中的常用选项含义进行介绍。

- 名称：用于设置新建文件的名称，默认为"未标题 -1"。
- 方向：用于设置文档为竖版或横版。
- 分辨率：用于设置新建文件的分辨率大小。同样的打印尺寸下，分辨率高的图像更

485

清楚更细腻。

- 颜色模式：用于设置新建文档的颜色模式。默认为"RGB 颜色模式"。
- 背景内容：用于设置背景颜色。最终的文件将包含单个透明的图层。
- 颜色配置文件：用于选择一些固定的颜色配置方案。
- 像素长宽比：用于选择固定的文件长宽比。

## 22.4.2 打开 / 关闭文件

在 Photoshop 软件中，打开或关闭文件有多种方式。下面将针对不同的打开文件或关闭文件的方式进行介绍。

（1）打开文件

执行"文件>打开"命令或按 Ctrl+O 组合键，在弹出的"打开"对话框中，选中需要打开的文件，单击"打开"按钮即可打开选中的文件，如图 22-37、图 22-38 所示。

图 22-37　　　　　　　　　　　　　　　　图 22-38

若需要打开的文件是最近使用过的，执行"文件>最近打开文件"命令，在弹出的子菜单中，选中需要打开的文件名并单击，即可在 Photoshop 软件中打开该文件，如图 22-39 所示。

除此之外，用户还可以通过下列方式打开文件。

- 执行"文件>打开为"命令，在弹出的"打开"对话框中选中需要打开的文件，设置打开文件所使用的文件格式，单击"打开"按钮即可。

- 执行"文件>打开为智能对象"命令，在弹出的"打开"对话框中，选中需要打开的文件，单击"打开"按钮即可。

图 22-39

- 选中需要打开的文件，将其直接拖拽至 Photoshop 软件的窗口即可。

（2）关闭文件

执行"文件>关闭"命令或按 Ctrl+W 组合键，即可将当前文件关闭；或者鼠标左键单击文档窗口右上角的"关闭"按钮 ✕，将当前文件关闭。

若当前文件被修改过或是新建的文件，在关闭文件的时候，会弹出"Adobe Photoshop"对话框，如图 22-40 所示。单击"是"按钮，可保存对文件的更改后再关闭文件；单击"否"按钮，即不保存文件的更改直接关闭文件。

若想要关闭全部所有文件，执行"文件＞关闭全部"命令或按 Alt+Ctrl+W 组合键即可。

执行"文件＞退出"命令，或单击软件窗口右上角的"关闭"按钮 ×，即可关闭所有文件并退出 Photoshop CC。

图 22-40

### 22.4.3 置入 / 导入文件

置入文件可以将照片、图片或任何 Photoshop 支持的文件作为智能对象添加到文档中。导入文件可以将变量数据组、视频帧到图层、注释、WIA 支持等格式的文件导入 Photoshop 软件中进行编辑。

（1）置入文件

执行"文件＞置入嵌入对象"命令，在弹出的"置入嵌入的对象"对话框中选中需要的文件，单击"置入"按钮即可将选中的文件置入。

除此之外，还可以通过置入链接智能对象功能，置入文件。执行"文件＞置入链接的智能对象"命令，在弹出的"置入链接的对象"对话框中选中需要的文件，单击"置入"按钮即可将选中的文件置入。与"置入嵌入对象"命令不同的是，该命令置入的对象在原文件中修改保存后，会同步更新至使用该对象的文档中。

（2）导入文件

使用导入命令，可导入相应格式的文件，其中包括变量数据组、视频帧到图层、注释、注释、WIA 支持等 4 种格式的文件。操作时执行"文件＞导入"子菜单中的命令即可。

### 22.4.4 保存文件

保存文件是 Photoshop 等软件中非常重要的一步。为防止软件故障或使用者误操作或电脑故障等，在编辑过程中即时保存文件是非常重要的。

执行"文件＞存储"命令或按 Ctrl+S 组合键，即可对文件进行保存，并替换掉上一次保存的文件。若当前文件是第一次保存，则会弹出"另存为"对话框，如图 22-41 所示。在"另存为"对话框中设置完成后单击"保存"按钮即可保存文件。

图 22-41

若要保留修改过的文件，又不想覆盖之前存储过的原文件，可以执行"文件>存储为"命令或按 Ctrl+Shift+S 组合键，在弹出的"另存为"对话框中，重新命名需要保存的文件，并设置文件的路径和类型等，设置完成后，单击"保存"按钮，即可将文件另存为一个新的文件。

**课堂练习　在相框中置入照片**

扫一扫 看视频

　　接下来练习在相框中添加照片。本练习主要运用到的操作命令有：打开文件、导入文件等。

**Step01** 打开 Photoshop 软件，执行"文件>打开"命令，在弹出的"打开"对话框中选中本章素材"相框.png"，单击"打开"按钮，如图 22-42、图 22-43 所示。

图 22-42　　　　　　　　　　　　　　　　图 22-43

**Step02** 执行"文件>置入嵌入对象"命令，在弹出的"置入嵌入的对象"对话框中选中本章素材"狗.jpg"，单击"置入"按钮将选中的文件置入，如图 22-44、图 22-45 所示。

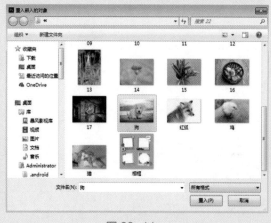

图 22-44　　　　　　　　　　　　　　　　图 22-45

Step03 按住 Shift 键调整素材"狗 .jpg"的大小并放置于合适位置，调整图层顺序置于素材"相框 .png"之下，效果如图 22-46 所示。

Step04 使用相同的方法，置入其他素材图片"红狐 .jpg""鸡 .jpg""猫 .jpg"，并调整大小，效果如图 22-47 所示。

图 22-46          图 22-47

至此，完成相片的置入操作。

# 22.5 图像的基本操作

在 Photoshop 软件的使用过程中，常常会遇到图像尺寸与需要尺寸不符、画布尺寸修改、移动图像等问题，针对这些问题，Photoshop 软件中也有相对应的命令来进行操作。本节将对这些基础操作进行介绍。

## 22.5.1 调整图像尺寸

执行"图像＞图像大小"命令或按 Alt+Ctrl+I 组合键，弹出"图像大小"对话框，如图 22-48 所示。在"图像大小"对话框中设置参数，即可调整图像尺寸。

图 22-48

其中，部分选项的含义如下。

- 缩放样式 ✿：用于调整文档中某些包含图层样式的图层的样式效果。
- 选择尺寸显示单位 ☑：用于设置图像尺寸显示单位。
- 调整为：用于快速选择预设的像素比例。
- 宽度 / 高度：用于设置图像的尺寸。单击"限制长宽比"按钮 🔗，可以在修改图像宽度或者高度时保持宽度和高度的比例不变。
- 分辨率：用于设置图像分辨率大小。
- 重新采样：用于更改图像的像素总数，也就是"图像大小"对话框中显示的宽度和高度的像素数。

### 22.5.2 调整画布尺寸

图 22-49

如需要对画布尺寸进行调整，可执行"图像＞画布大小"命令或按 Alt+Ctrl+C 组合键，弹出"画布大小"对话框，如图 22-49 所示。在"画布大小"对话框中设置参数即可。

在"画布大小"对话框中，常用选项的含义如下。

- "当前大小"选项组：用于显示文档的实际大小以及图像的宽度和高度的实际尺寸。
- 宽度 / 高度：用于设置修改画布的尺寸大小。当输入的"宽度"和"高度"值大于原始画布尺寸时，会增加画布尺寸，如图 22-50、图 22-51 所示；当输入的"宽度"和"高度"值小于原始画布尺寸时，会裁切超出画布区域的图像，如图 22-52、图 22-53 所示。

图 22-50

图 22-51

图 22-52

图 22-53

- 相对复选框：选中该复选框时，"宽度"和"高度"文本框中的数值将代表实际增加或减少的区域的大小，而不是整个文档的大小。
- 定位：用于设置当前图像在修改后画布上的位置。
- 画布扩展颜色：用于填充新画布的颜色。若图像背景颜色为透明，则该选项不可用，新增加的画布也是透明的。

### 22.5.3 移动图像

在 Photoshop 软件中，移动图像或是将其他文档中的图像拖拽到当前文档，都需要使用"移动工具" ⊕，如图 22-54 所示是"移动工具" ⊕ 的选项栏。

图 22-54

在"图层"面板中，选中要移动对象所在的图层，使用"移动工具" ✛ 在图像编辑窗口上拖拽即可移动选中的图层。

也可以直接在图像编辑窗口上选择要移动的图层。勾选"移动工具" ✛ 的选项栏中的"自动选择"选项，在下拉菜单中选择"图层"，使用"移动工具" ✛ 在画布中单击选择需要移动的图层，可以自动选择移动工具下面包含像素的最顶层的图层。若在下拉菜单中选择"组"，在画布中单击时，可以自动选择移动工具下面包含像素的最顶层的图层所在的组。

**操作提示**

选中需要移动的图像后，按键盘上的箭头键将对象微移 1 个像素。按住 Shift 键并按键盘上的箭头键可将对象微移 10 个像素。

## 22.5.4 变换图像

执行"编辑＞变换"命令，在"变换"菜单中可以看到多种变换命令，如图 22-55 所示。通过这些变换命令，可以对选中的对象进行变换操作。

各个变换命令的含义如下。
- 再次：重复执行上次执行的变换命令。
- 缩放：对变换图像进行缩放。
- 旋转：围绕中心点转动变换对象。
- 斜切：在任意方向上倾斜对象。
- 扭曲：在各个方向上伸展变换对象。
- 透视：对变换对象应用单点透视。
- 变形：对变换对象进行扭曲
- 旋转 180°、顺时针旋转 90°、逆时针旋转 90°：通过指定度数，沿顺时针或逆时针方向旋转变换对象。
- 水平翻转、垂直翻转：垂直或水平翻转变换对象。

图 22-55

**知识点拨**

选中对象，按 Ctrl+T 组合键可以快速进入自由变换。

**课堂练习** 制作墙面投影

下面将制作墙面投影练习，本练习中主要运用到的命令有：调整画布尺寸、置入素材、变换图像等。

Step01 打开 Photoshop 软件，执行"文件＞打开"命令，在弹出的"打开"对话框中选中"墙面.jpg"素材，单击"打开"按钮，如图 22-56、

扫一扫 看视频

图 22-57 所示。

图 22-56　　　　　　　　　　　　　　图 22-57

**Step02** 执行"图像>画布大小"命令，在弹出的"画布大小"对话框中设置参数，调整画布尺寸，如图 22-58、图 22-59 所示。

图 22-58　　　　　　　　　　　　　图 22-59

**Step03** 执行"文件>置入嵌入对象"命令，在弹出的"置入嵌入的对象"对话框中选中"怪物 .png"素材文件，单击"置入"按钮将选中的文件置入，如图 22-60 所示。

**Step04** 选中"怪物 .png"图层，按 Ctrl+T 组合键，进入自由变换，单击鼠标右键，在弹出的菜单栏中选择"斜切"选项，如图 22-61 所示。

图 22-60　　　　　　　　　　　　　图 22-61

**Step05** 移动鼠标至"怪物 .png"四周的锚点处，按住拖动调整图像，效果如图 22-62 所示。

**Step06** 在"图层"面板中设置"怪物"图层不透明度为 90%，如图 22-63 所示。

图 22-62 图 22-63

**Step07** 执行"滤镜＞模糊＞高斯模糊"命令，在弹出的"高斯模糊"对话框中设置参数，如图 22-64 所示。

**Step08** 单击"确定"按钮，效果如图 22-65 所示。

图 22-64 图 22-65

至此，完成墙面投影的制作。

## 22.6 辅助工具的应用

辅助工具用于帮助用户拥有更良好的操作体验。Photoshop 软件提供了多种辅助工具，如"缩放工具" 、"抓手工具" 、"吸管工具" 、"标尺工具" 等。这些工具可以帮助用户更好地设计作品。

### 22.6.1 缩放工具

在绘图过程中，用户常常需要根据自身需求放大或缩小图像的显示比例。为方便操作，Photoshop 中提供了"缩放工具" 。"缩放工具" 的选项栏如图 22-66 所示。

图 22-66

单击工具箱中的"缩放工具"按钮 🔍，将鼠标移至图像编辑窗口，此时，鼠标光标为 🔍 状，在图像编辑窗口单击鼠标左键，图像的显示比例放大，如图 22-67 所示。

按住 Alt 键，此时鼠标光标变为 🔍 状，在图像编辑窗口单击鼠标左键，图像的显示比例缩小，如图 22-68 所示。

图 22-67

图 22-68

若要放大或缩小图像某块区域的显示比例，使用"缩放工具" 🔍 在需要缩放的图像区域拖拽即可以该区域为中心缩放图像，如图 22-69、图 22-70 所示。

图 22-69

图 22-70

 **知识延伸**

使用"缩放工具" 🔍 在需要放大或缩小的区域拖拽时，选中"放大"按钮 🔍，按住鼠标左键不动可以放大图像显示比例，向左拖拽鼠标会缩小图像显示比例，向右拖拽鼠标会放大图像显示比例。

按住 Ctrl 键，同时按住 + 键可以放大图像显示比例；同时按住 - 键则可以缩小图像显示比例；按住 Ctrl+0 组合键，图像会自动调整为适应屏幕的最大显示比例；按住 Ctrl+1 组合键，图像按实际像素比例显示。

## 22.6.2 抓手工具

在 Photoshop 软件的实际使用中，"抓手工具" 🖐 常与"缩放工具" 🔍 一起使用，使用频率很高。当放大图像至屏幕不能完全显示后，即可以使用"抓手工具"  在不同的可视区域中拖动图像以便于浏览。

单击工具箱中的"抓手工具" ，单击图像并拖动鼠标，向所需观察的图像区域移动即可，如图 22-71、图 22-72 所示。

图 22-71

图 22-72

在实际操作时，想要快速切换至抓手工具，可以按住空格（Space）键即可进入抓手状态，同时按住鼠标左键拖动鼠标。松开空格键，将会自动切换回之前使用的工具。

### 22.6.3 吸管工具

任何图像都离不开颜色。Photoshop 软件中的"吸管工具" 可以帮助用户采集色样，指定新的前景色或背景色。如图 22-73 所示为"吸管工具" 的选项栏。

图 22-73

其中，各选项的含义如下。

- 取样大小：用于更改吸管的取样大小。"取样点"采集的颜色为所单击像素的精确值。"3×3 平均""5×5 平均""11×11 平均""31×31 平均""51×51 平均""101×101 平均"采集的颜色为所单击区域内指定数量像素的平均值。
- 样本：用于确定取样图层。
- 显示取样环：用于确定是否显示取样环。

 **知识延伸**

使用其他工具编辑图像时，按住 Alt 键可将当前工具快速切换至"吸管工具" 。若想使用"吸管工具" 吸取图像编辑窗口之外的颜色，可以按住鼠标左键将鼠标光标拖动至图像编辑窗口之外。

### 22.6.4 标尺工具

"标尺工具" 可用于测量图像中点与点之前的距离、角度等数据。如图 22-74 所示为"标尺工具" 的选项栏。

图 22-74

其中，各选项的含义如下。

- X/Y：测量的起始坐标。
- W/H：测量的起始点到终点在 X 轴和 Y 轴上移动的水平距离（W）和垂直距离（H）。
- A：相对于轴测量的角度值。
- L1/L2：移动的总长度。测量两点间距离时，L1 表示移动的总长度。
- 使用测量比例：勾选该复选框后，将使用预设的测量比例进行测量。
- 拉直图层：绘制测量线后单击该按钮，画面将以测量线为基准自动旋转。
- 清除：用于清除画面中的测量线。

**操作提示**

使用"标尺工具" ▭ 绘制一条测量线后，若想继续测量长度和角度，可按住 Alt 键，当鼠标光标变为 ⬝状时，按住鼠标左键绘制测量线，绘制完成后，选项栏中将显示两个测量线之间的夹角及长度。

### 22.6.5 裁剪工具

"裁剪工具" ⌗ 可用于调整图像构图以及拉直图像等。在 Photoshop 软件中，"裁剪工具" ⌗ 是非破坏性的。如图 22-75 所示为"裁剪工具" ⌗ 的选项栏。

图 22-75

其中，各选项的含义如下。

- 选择预设长宽比或裁剪尺寸：用于选择裁剪框的比例或大小。
- 高度和宽度互换 ⇄：用于更换高度值和宽度值。
- 清除长宽比值：清除设定的长宽比值。
- 拉直 ▭：用于拉直图像。选中该按钮后鼠标在图像编辑窗口变为 ▭状，按住鼠标左键拖动绘制参考线，即可以绘制的参考线为基准旋转图像。
- 设置裁剪工具的叠加选项 ⊞：用于选择裁剪时显示叠加参考线的视图。
- 设置其他裁切选项 ⚙：用于指定其他裁剪选项。
- 删除裁剪的像素：勾选该复选框，将删除裁剪区域外部的像素；取消勾选该复选框，将在裁剪边界外部保留像素，可用于以后的调整。
- 内容识别：用于填充图像原始大小之外的空隙。
- 复位裁剪框、图像旋转以及长宽比设置 ↺：恢复默认设置。
- 取消当前裁剪操作 ⊘：取消裁剪操作。
- 提交当前裁剪操作 ✓：应用裁剪操作。

**知识延伸**

　　裁剪工具组中的"透视裁剪工具"🔲可以帮助用户修正图片。打开任意图片，激活"透视裁剪工具"🔲，在图像上指定要裁剪的区域，按回车键即可完成透视裁剪操作，如图 22-76、图 22-77 所示。

图 22-76

图 22-77

**综合实战　裁剪照片并另存**

　　下面将综合运用本章所学的知识内容，裁剪 10 寸风景照片并另存。在制作过程中所运用到的命令有：裁剪工具和保存文件。

　　**Step01** 打开 Photoshop 软件，执行"文件＞打开"命令，在弹出的"打开"对话框中选中本章素材"风景照 .jpg"，单击"打开"按钮，如图 22-78 所示。

扫一扫 看视频

　　**Step02** 选择裁剪工具，在选项栏里的"比例"下拉列表中选择"宽 × 高 × 分辨率"，如图 22-79 所示。

图 22-78

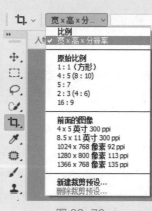

图 22-79

**Step03** 在选项栏中设置参数，如图 22-80 所示。

图 22-80

**Step04** 移动鼠标至裁剪框的任意角，按住 Shift 键拖动鼠标将裁剪框调整至合适大小，如图 22-81 所示。

**Step05** 完成后单击"确定"按钮，效果如图 22-82 所示。

图 22-81　　　　　　　　　　　　　　图 22-82

**Step06** 按 Ctrl+Shift+S 组合键，在弹出的"另存为"对话框中，重新命名需要保存的文件，如图 22-83 所示。

**Step07** 单击"确定"按钮，如图 22-84 所示。

图 22-83　　　　　　　　　　　　　　图 22-84

至此，完成 10 寸照片的裁剪和另存。

---

 **知识点拨**

　　照片的尺寸国内外说法有所不同，国内的叫法是 1 寸、2 寸、3 寸……，数值取的是照片较长的那一边；国际的叫法是 3R、4R、5R……，数值取的是照片较短的那一边。国内照片尺寸标准如表 22-1 所示。

表22-1

| 照片规格 | 尺寸大小/（cm×cm） | 照片规格 | 尺寸大小/（cm×cm） |
|---|---|---|---|
| 1寸 | 2.5×3.5 | 7寸 | 17.8×12.7 |
| 身份证大头照 | 3.3×2.2 | 8寸 | 20.3×15.2 |
| 2寸 | 3.5×5.3 | 10寸 | 25.4×20.3 |
| 小2寸（护照） | 4.8×3.3 | 12寸 | 30.5×20.3 |
| 5寸 | 12.7×8.9 | 15寸 | 38.1×25.4 |
| 6寸 | 15.2×10.2 | | |

# 课后作业　私人定制相框

## 项目需求

受李先生的委托帮其为喜欢的照片添加相框，要求浅色底，边框不要太大，可以放在7寸相框里。

## 项目分析

李先生需要把照片放置于7寸相框里，7寸照片的尺寸是17.8cm×12.7cm，因为要加相框，所以先裁剪至小一点的等比尺寸，然后扩展画布为照片添加浅色画框。

## 项目效果

相框制作效果如图22-85所示。

图22-85

## 操作提示

**Step01** 将素材置入文档中，设置裁剪尺寸（7寸的尺寸长宽各减去0.8cm）。

**Step02** 扩展画布为照片添加画框。

P

# 第23章
# 选区与填色

**★ 内容导读**

对图片进行处理时，第一步就是要选择图片处理区域，这就离不开选区工具的使用。灵活运用选区工具可以提升绘图效率。本章将向读者介绍 Photoshop 软件中的选区工具与填色工具的操作技巧。使用选区工具，可以抠取复杂的图像，以便于更好地处理图像。

**学习目标**

○ 掌握选区工具的应用
○ 掌握选区的编辑操作
○ 掌握填色工具的应用

Photoshop篇

## 23.1 创建选区工具

Photoshop 软件中有多种创建选区的工具，通过这些工具，用户可以创建选区来更好地处理图像。下面将针对这些工具进行介绍。

### 23.1.1 选框工具

利用选框工具组中的工具可以创建规则形状的选区，其中包括"矩形选框工具""椭圆选框工具""单行选框工具""单列选框工具"4 种工具，如图 23-1 所示。

（1）矩形选框工具

"矩形选框工具"◻ 可以绘制矩形选区和正方形选区。单击选中工具箱中的"矩形选框工具"按钮◻，在图像编辑窗口中按住鼠标左键并拖动，释放鼠标左键即可创建矩形选区，如图 23-2 所示。

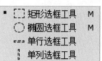

图 23-1

（2）椭圆选框工具

"椭圆选框工具"○ 可以绘制椭圆选区和正圆选区。鼠标右键单击工具箱中的"矩形选框工具"，在弹出的选框工具列表中选择"椭圆选框工具"○，在图像编辑窗口中按住鼠标左键并拖动，释放鼠标左键即可创建椭圆选区，如图 23-3 所示。

图 23-2

图 23-3

与"矩形选框工具"相比，"椭圆选框工具"的选项栏中多了一个"消除锯齿"的选项。勾选该选项可以柔化边缘像素与背景像素之间的颜色过渡，使选区变平滑，如图 23-4、图 23-5 所示分别为未勾选与勾选"消除锯齿"选项的效果。

图 23-4

图 23-5

501

使用"椭圆选框工具"和"矩形选框工具"创建选区时,按住 Alt 键拖动,可建立以起点为中心的选区;按住 Shift 键拖动,可建立正圆或方形选区;按住 Alt+Shift 键拖动,可建立以起点为中心的正圆或方形选区。

（3）单行选框工具、单列选框工具

"单行选框工具" ▰、"单列选框工具" ▮ 可以创建高度或宽度为 1 像素的选区,常用于制作网格效果。单击工具箱中的"单行选框工具" ▰ 或"单列选框工具" ▮,在图像编辑窗口中单击即可创建选区,如图 23-6 所示。

图 23-6

## 23.1.2 套索工具

利用套索工具组中的工具可以创建不规则形状的选区,包括"套索工具" ♀、"多边形套索工具" ♈、"磁性套索工具" ♉ 3 种工具,如图 23-7 所示。

（1）套索工具

"套索工具" ♀ 可以绘制形状不规则的选区。单击工具箱中的"套索工具"按钮 ♀,在图像上按住鼠标左键沿着要选择的区域拖动,绘制完成后,松开鼠标左键,选区将自动闭合,如图 23-8、图 23-9 所示。

图 23-7

图 23-8

图 23-9

（2）多边形套索工具

"多边形套索工具" ✣可以创建不规则形状的多边形选区。单击工具箱中的"多边形套索工具"按钮✣，在图像上确定起点，然后沿着要选择对象的轮廓上单击，确定多边形的其他顶点，在结束处双击即可封闭选区，或者将鼠标光标置于起点处，待光标变为✣状时，单击即可，如图23-10、图23-11所示。

图 23-10

图 23-11

（3）磁性套索工具

"磁性套索工具" ✣可以通过颜色上的差异识别对象的边缘，适用于快速选择与背景对比强烈且边缘复杂的对象。

单击工具箱中的"磁性套索工具"按钮✣，在图像上确定起点，然后沿着图像边缘移动鼠标光标，即可在图像边缘自动生成锚点，如图23-12所示。当起点与终点重合时，光标变为✣状，单击鼠标左键，即可封闭选区，如图23-13所示。

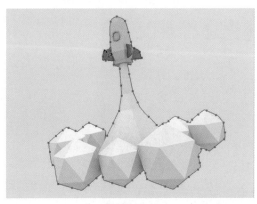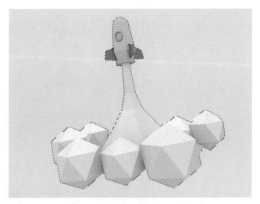

图 23-12

图 23-13

单击"磁性套索工具" ✣，通过在其选项栏设置合适的羽化、对比度、频率等参数，可以更加精确地框选选区，如图23-14所示为"磁性套索工具" ✣的选项栏。

图 23-14

其中，部分选项的含义如下。

- 羽化：用于柔化选区边缘，从而达到渐变自然的效果。

- 宽度：用于指定"磁性套索工具"  在选取时光标两侧的检测范围。
- 对比度：用于指定"磁性套索工具"  在选取时对图像边缘的灵敏度，取值范围为 0 ～ 100%。较高的数值将只检测与其周边对比鲜明的边缘，较低的数值将检测低对比度边缘。
- 频率：用于设置锚点数量，取值范围为 0 ～ 100。数值越大生成的锚点数越多，捕捉到的边缘越准确，能更快地固定选区边框。

> **知识点拨**
>
> 在使用"磁性套索工具"绘制选区时，也可以单击鼠标手动增加锚点；绘制选区过程中，若对绘制的锚点不满意，按 Delete 键即可删除上一个锚点。

### 23.1.3 智能选区工具

Photoshop 软件中包括"快速选择工具" 和"魔棒工具" 两种智能选区工具，这两种工具可以根据图像颜色的变化来创建选区。

（1）快速选择工具

"快速选择工具" 可以利用可调整的圆形画笔笔尖快速创建选区，使用方法简单快捷。使用该工具绘制选区时，选区会向外拓展并自动查找和跟随图像中定义的边缘，如图 23-15 所示。

（2）魔棒工具

"魔棒工具" 可以选取颜色在一定容差范围差值之内的区域。单击工具箱中的"魔棒工具" ，在选项栏中设置合适参数，在图像上单击即可选中选区，如图 23-16 所示。

图 23-15

图 23-16

**操作提示**

若对选中的选区不满意，想扩大或缩小某些区域，单击选项栏中的"添加到选区"按钮 或"从选区减去"按钮 ，添加或减去选区即可。

**课堂练习** 制作夕阳效果

　　下面运用魔棒工具以及调整图层的操作进行拼图练习，具体操作步骤如下。

扫一扫 看视频

**Step01** 打开 Photoshop 软件，执行"文件>打开"命令，打开"夕阳 .jpg"素材，如图 23-17 所示。

**Step02** 将"灯塔 .jpg"素材拖入当前文档中，调整图像大小与位置，按 Enter 键置入嵌入的智能对象，如图 23-18 所示。

图 23-17

图 23-18

**Step03** 在"图层"面板中选中"灯塔"图层，单击鼠标右键，在弹出的菜单栏中执行"栅格化图层"命令，将智能对象栅格化，如图 23-19 所示。

**Step04** 单击工具箱中的"魔棒工具"按钮，单击选项栏中的"添加到选区"按钮，移动鼠标至图像编辑窗口处，在图像天空位置单击，重复多次，选中所有天空背景，如图 23-20 所示。

图 23-19

图 23-20

**Step05** 按 Delete 键删除该选区，按 Ctrl+D 组合键取消选区，如图 23-21 所示。

**Step06** 单击"图层"面板底部的"创建新的填充或调整图层"按钮，在弹出的菜单栏中执行"曲线"命令，新建曲线调整图层，移动鼠标至"图层"面板中调整图层和"灯塔"图层之间，按住 Alt 键单击鼠标左键，创建剪切蒙版，如图 23-22 所示。

图 23-21　　　　　　　　　　　　　　　图 23-22

**Step07** 在"图层"面板中选中调整图层，执行"窗口 > 属性"命令打开"属性"面板，如图 23-23 所示。

**Step08** 在"属性"面板中选择"红"通道，调整曲线，如图 23-24 所示。

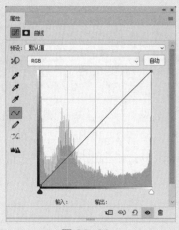
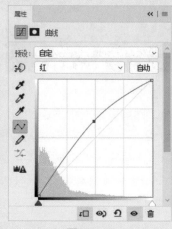

图 23-23　　　　　　　　　　　　　　　图 23-24

**Step09** 使用相同的方法调整"绿"通道曲线和"蓝"通道曲线，如图 23-25、图 23-26 所示。

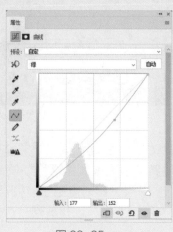
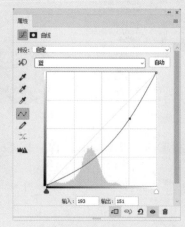

图 23-25　　　　　　　　　　　　　　　图 23-26

**Step10** 在图像编辑窗口中观看效果,如图 23-27 所示。

**Step11** 新建"曲线"调整图层,在"属性"面板中调整参数,如图 23-28 所示。

图 23-27

图 23-28

**Step12** 调整后的效果如图 23-29 所示。

图 23-29

至此,完成夕阳效果的制作。

## 23.2 编辑选区

在使用 Photoshop 软件创建选区后,除了移动选区、反选选区、变换选区、修改选区等操作外,还可以对选区进行存储载入等操作,下面将对其相关知识进行详细介绍。

### 23.2.1 移动选区

选区创建完成后,在选项栏中单击"新选区"按钮 ▢,将鼠标光标置于选区内,鼠标光标变为 ▸ 状时,拖动鼠标即可移动选区,如图 23-30、图 23-31 所示。

在建立选区后单击"移动工具" ✛,当鼠标光标变为 ▸ 形状,同时将选区拖动到另一个图像窗口中,此时该选区内的图像复制到该图像窗口中。

507

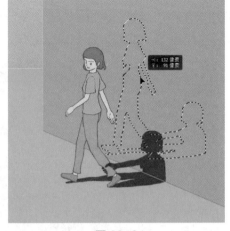

图 23-30 图 23-31

除此之外，还可以使用方向键移动选区。按方向键可以每次以 1 像素为单位移动选区，若按 Shift 键的同时按方向键，则每次以 10 像素为单位移动选区。

## 23.2.2 反选选区

反选选区可以快速选择当前选区外的其他图像区域，而当前选区不再被选择。选区创建完成后，执行"选择＞反选"命令或按 Shift+Ctrl+I 组合键即可选择反向的选区，即原图像中未被选择的部分，如图 23-32、图 23-33 所示。

图 23-32 图 23-33

## 23.2.3 变换选区

利用变换选区功能可以对选区的外观进行缩放、旋转、斜切、扭曲、透视、变形等操作。选区创建后，执行"选择＞变换选区"命令，或在选区上单击鼠标右键，在弹出的菜单中选择"变换选区"选项，此时选区的四周出现调整控制框，如图 23-34 所示。移动控制框上控制点的位置，完成调整后按 Enter 键确认变换即可，如图 23-35 所示。

操作提示

变换选区和自由变换不同，变换选区是对选区进行变化，而自由变换是对选定的图像区域进行变换。

图 23-34

图 23-35

### 23.2.4 修改选区

"修改"命令可对选区进行进一步的细致调整。该组中包含有"边界""平滑""扩展""收缩""羽化"五种命令。

（1）"边界"命令

"边界"命令可将原选区转换为以原选区边界为中心的向内、向外扩张指定宽度的选区。通过该命令可以给图像添加边框等。创建选区后，执行"选择＞修改＞边界"命令，在弹出的"边界选区"对话框中设置宽度，单击"确定"按钮即可以设置的宽度向内外扩张，如图 23-36、图 23-37 所示。

图 23-36

图 23-37

（2）"平滑"命令

"平滑"命令可以调节选区的平滑度，清除选区中杂散像素以及平滑尖角和锯齿。创建选区后，执行"选择＞修改＞平滑"命令，在弹出的"平滑选区"对话框中设置参数，设置完成后单击"确定"按钮即可平滑选区，如图 23-38、图 23-39 所示。

（3）"扩展"命令

"扩展"命令可将原选区以指定参数扩大范围，通过扩展选区命令能精确扩展选区的范围，选区的形状实际上并没有改变。创建选区后，执行"选择＞修改＞扩展"命令，在弹出的"扩展选区"对话框中设置参数，设置完成后单击"确定"按钮，即可将原选区扩大，如图 23-40、图 23-41 所示。

图 23-38          图 23-39

图 23-40          图 23-41

（4）"收缩"命令

"收缩"命令可将原选区以指定参数缩小范围，通过收缩选区命令可去除一些图像边缘杂色，让选区变得更精确，选区的形状也没有改变。创建选区后，执行"选择＞修改＞收缩"命令，在弹出的"收缩选区"对话框中设置参数，设置完成后单击"确定"按钮，即可将原选区缩小，如图 **23-42**、图 **23-43** 所示。

图 23-42          图 23-43

（5）"羽化"命令

"羽化"命令可将选区边缘生成由选区中心向外渐变的半透明效果，模糊选区的边缘。

创建选区后，执行"选择＞修改＞羽化"命令，在弹出的"羽化选区"对话框中设置参数，设置完成后单击"确定"按钮即可，如图 23-44、图 23-45 所示。

图 23-44

图 23-45

## 23.2.5 描边选区

使用"描边"命令可以在选区、路径或图层的边缘绘制边框。创建选区后，执行"编辑＞描边"命令或右键单击选区，在弹出的快捷菜单中执行"描边"命令或按 Alt+E+S 组合键，弹出"描边"对话框，如图 23-46 所示。在"描边"对话框中设置参数，即可为选区添加描边，如图 23-47 所示。

图 23-46

图 23-47

**操作提示**

只有在选择选区工具的情况下，单击鼠标右键才可以弹出与选区编辑相关的菜单栏。

**课堂练习** 为照片添加描边文字效果

下面将利用描边工具来为照片添加描边文字效果，具体操作如下。

Step01 打开 Photoshop 软件，执行"文件＞打开"命令，打开素材文件，如图 23-48 所示。

Step02 使用"横排文字工具"输入文字，如图 23-49 所示。

扫一扫 看视频

图 23-48

图 23-49

**Step03** 在选项栏中单击"切换字符和段落面板"按钮 ▤，在弹出的"字符"面板中设置参数，如图 23-50 所示。

**Step04** 按 Ctrl+J 复制文字图层，右击"爱宠宝贝部落"图层，在弹出的快捷菜单中选择"栅格化文字"选项，如图 23-51 所示。

图 23-50                              图 23-51

**Step05** 执行"编辑>描边"命令，设置参数，如图 23-52 所示。

**Step06** 选择"爱宠宝贝部落 拷贝"图层，单击"字符"面板中"设置文本颜色"按钮 颜色: ▉，在弹出的"拾色器"对话框中选取颜色，如图 23-53 所示。

图 23-52

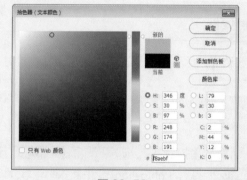
图 23-53

**Step07** 单击"确定"按钮，效果如图 23-54 所示。

图 23-54

至此，完成为照片添加描边文字效果的制作。

## 23.2.6 填充选区

"填充"命令可以为选区或图层填充内容。选区创建完成后，执行"编辑>填充"命令或右键单击选区，在弹出的快捷菜单中执行"填充"命令，弹出"填充"对话框，如图 23-55 所示。在"填充"对话框中设置参数，完成后单击"确定"按钮，即可填充选区，如图 23-56 所示。

图 23-55

图 23-56

## 23.2.7 存储选区

对于创建好的选区，可以将其存储，以便在需要时重新载入使用。使用存储选区命令，可以将当前的选区存放到一个新的 Alpha 通道中。执行"选择>存储选区"命令，打开"存储选区"对话框，如图 23-57 所示，在其中设置选区名称后，单击"确定"按钮即可对当前选区进行存储。

"存储选区"对话框中的选项含义如下。

图 23-57

- 文档：用于选取选区的目标图像，默认是当前图像，若使用"新建"选项，则将其保存到新建的图像中。
- 通道：用于选取选区的目标通道。
- 名称：用于输入要存储选区的名称。
- 操作：用于选择选区运算的操作方式。

### 23.2.8 载入选区

将选区载入图像可以重新使用以前存储过的选区。执行"选择＞载入选区"命令，打开"载入选区"对话框，如图 23-58 所示。

在"文档"下拉列表中选择刚才保存的选区，

图 23-58

在"通道"下拉列表中选择存储选区的通道名称，在"操作"选项区中选择载入选区后与图像中现有选区的运算方式，完成后单击"确定"按钮即可载入选区。

---

扫一扫 看视频

**课堂练习** 制作光盘

下面将综合利用各种选区工具来制作光盘效果。

**Step01** 打开 Photoshop 软件，执行"文件＞新建"命令，新建一个 600 像素 ×600 像素的空白文档，如图 23-59 所示。

**Step02** 将"树.jpg"素材文件拖入当前文档中，调整图像大小与位置，按 Enter 键置入嵌入的智能对象，如图 23-60 所示。

图 23-59

图 23-60

**Step03** 在"图层"面板中选中"树"图层，单击鼠标右键，在弹出的菜单栏中选择"栅格化图层"选项，将图层进行栅格化，如图 23-61 所示。

**Step04** 单击工具箱中的"椭圆选框工具"按钮，移动鼠标至图像编辑窗口中的合适位置，按住 Shift 键拖动鼠标绘制正圆选区，如图 23-62 所示。

**Step05** 移动鼠标至正圆选区内部，按住鼠标拖动即可移动选区位置，如图 23-63 所示。

图 23-61                        图 23-62

**Step06** 移动鼠标至图像编辑窗口，单击鼠标右键，在弹出的菜单栏中执行"选择反向"命令，如图 23-64 所示。

图 23-63

图 23-64

**Step07** 选择树素材的图层，按 Delete 键删除多余的图像，按 Ctrl+D 组合键取消选区，如图 23-65 所示。选择树素材的图层，按 Ctrl+T 组合键自由变换，调整至合适大小。

**Step08** 单击"图层"面板底部的"创建新图层"按钮 ，新建图层。使用"椭圆选框工具"，按住 Shift 键拖动鼠标在图像编辑窗口中绘制正圆选区，如图 23-66 所示。

**Step09** 按 Alt+Delete 组合键为选区填充前景色，按 Ctrl+D 组合键取消选区，如图 23-67 所示。

图 23-65                    图 23-66                    图 23-67

使用"椭圆选框工具",按住 Shift 键拖动鼠标,在图像编辑窗口中绘制正圆选区,如图 23-68 所示。

Step11 选中树素材的图层,按 Delete 键删除多余部分,再选中"图层 1",按 Delete 键删除多余部分,按 Ctrl+D 组合键取消选区,如图 23-69 所示。

图 23-68　　　　　　　　　　　图 23-69

至此,完成光盘效果制作。

# 23.3　选区填色

在 Photoshop 软件中,用户还可以通过工具箱中的"渐变工具"和"油漆桶工具"为选区填色。本节将针对这两种工具进行详细介绍。

## 23.3.1　渐变工具

利用渐变工具可以制作各种颜色间的混合效果。它既可用于填充图像,也可用于填充图层蒙版、快速蒙版和通道等。如图 23-70 所示为"渐变工具" ■的选项栏。

图 23-70

其中,部分常用选项含义如下。

● 渐变颜色:用于显示当前渐变颜色。单击可弹出"渐变编辑器"对话框,如图 23-71 所示。在该对话框中可对渐变的颜色等进行编辑。

● 渐变类型:用于选择渐变的类型,包括"线性渐变" ■、"径向渐变" ■、"角度渐变" ■、"对称渐变" ■、"菱形渐变" ■ 五种。

● 模式:用于设置渐变填充的色彩和底图的混合模式。

● 不透明度:用于控制渐变填充的不透明度。

● 反向:勾选该复选框,将反向渐变效果。

● 仿色:勾选该复选框,可使渐变效果过渡更加平滑。

图 23-71

- 透明区域：勾选该复选框，可以创建包含透明像素的渐变。

## 23.3.2 油漆桶工具

"油漆桶工具" 可以在图像中填充颜色或图案。若创建了选区，填充的区域为当前选区中颜色值与单击像素相似的相邻像素；若未创建选区，填充当前图层中颜色值与单击像素相似的相邻像素。如图 23-72 所示为"油漆桶工具" 的选项栏。

图 23-72

其中，"油漆桶工具" 对话框中的选项含义如下。

- 设置填充区域的源：用于设置填充颜色还是图案。
- 模式：用于设置填充内容的混合模式。
- 不透明度：用于设置填充内容的不透明度。
- 容差：用于设置单击像素相似颜色的程度。容差越小，填充范围越小。
- 消除锯齿：勾选该复选框，可以平滑填充选区的边缘。
- 连续的：勾选该复选框，只填充与单击像素相邻的像素。
- 所有图层：勾选该复选框，可以对所有可见图层中颜色填充颜色。

### 课堂练习 · 为照片添加彩虹效果

下面练习为照片添加渐变效果。这里会用到"渐变工具" 等工具及新建图层等操作，下面对其进行具体的介绍。

扫一扫 看视频

**Step01** 打开 Photoshop 软件，执行"文件>打开"命令，打开本章素材"蓝天.jpg"，如图 23-73 所示。

**Step02** 单击"图层"面板底部的"创建新图层"按钮，新建图层，如图 23-74 所示。

图 23-73

图 23-74

**Step03** 选择"渐变工具"，在选项栏中单击选择"径向渐变"按钮，如图 23-75 所示。

517

图 23-75

**Step04** 单击"渐变颜色"按钮,弹出"渐变编辑器"对话框,单击右侧下拉三角 ✿,选择"特殊效果"选项,弹出"渐变编辑器"对话框,单击"确定"按钮,如图 23-76、图 23-77 所示。

**Step05** 在"渐变编辑器"对话框中选择"罗素彩虹",单击"确定"按钮,如图 23-78 所示。

**Step06** 按住鼠标左键,从下至上绘制渐变,此时照片上会出现一条黑色实线,如图 23-79 所示。

**Step07** 松开鼠标,效果如图 23-80 所示。

**Step08** 在"图层"面板中,将"图层模式"改为"柔光",并单击面板低端的"添加矢量蒙版" ■ 按钮,新建图层蒙版。如图 23-81 所示。

图 23-76

图 23-77

图 23-78

图 23-79

图 23-80

图 23-81

**Step09** 在选项栏中单击选择"线性渐变"按钮,如图 23-82 所示。

图 23-82

**Step10** 单击"渐变颜色"按钮，弹出"渐变编辑器"对话框，单击右侧下拉三角 ✿.选择"复位渐变"弹出"渐变编辑器"对话框，单击"确定"按钮，如图23-83、如图23-84所示。

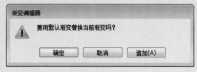

图 23-83　　　　　　　　　　　　　　　　图 23-84

**Step11** 在"渐变编辑器"对话框中选择"黑，白渐变"，单击"确定"按钮，如图23-85所示。

**Step12** 按住鼠标左键，从下至上绘制黑白渐变，如图23-86所示。

图 23-85　　　　　　　　　　　　　　　　图 23-86

**Step13** 调整图层不透明度参数，如图23-87所示。

**Step14** 调整完成后，最终效果如图23-88所示。

图 23-87　　　　　　　　　　　　　　　　图 23-88

至此，为照片添加彩虹效果制作完成。

扫一扫 看视频

下面将综合运用本章所学的知识内容，制作一张名片。制作过程中主要运用到的命令有：各选区工具和渐变工具。具体操作方法如下。

**Step01** 执行"文件＞新建"命令，在弹出的"新建文档"对话框中进行设置，然后单击"创建"按钮，新建文档，如图 23-89 所示。

**Step02** 单击"图层"面板底部的"创建新图层"按钮，新建图层，如图 23-90 所示。

图 23-89　　　　　　　　图 23-90

**Step03** 单击工具箱中的"渐变工具"按钮，单击选项栏中的"点按可编辑渐变"色条，打开"渐变编辑器"对话框，双击"渐变编辑器"对话框中左侧色标，打开"拾色器（色标颜色）"对话框，设置颜色，也可以通过输入 R、G、B 的值精确选取颜色，如图 23-91 所示。

**Step04** 使用上述方法设置右侧色标颜色，如图 23-92 所示。

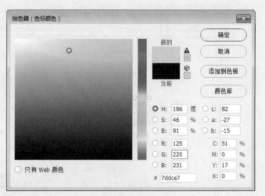

图 23-91　　　　　　　　图 23-92

**Step05** 移动鼠标至图像编辑窗口，在图像左上角单击并拖拽至右下角填充渐变，如图 23-93 所示。

**Step06** 单击工具箱中的"矩形选框工具"按钮，在图像编辑窗口中合适位置绘制矩形选区，如图 23-94 所示。

图 23-93                              图 23-94

**Step07** 移动鼠标至选区内，单击鼠标右键，在弹出的菜单栏中选择"填充"选项，打开"填充"对话框，在"内容"下拉框中选择"白色"选项，如图 23-95 所示。

**Step08** 单击"确定"按钮，效果如图 23-96 所示。

图 23-95                              图 23-96

**Step09** 新建图层，创建选区并填充颜色，效果如图 23-97 所示。

**Step10** 使用相同的方法，新建图层并创建选区，填充颜色，效果如图23-98所示。

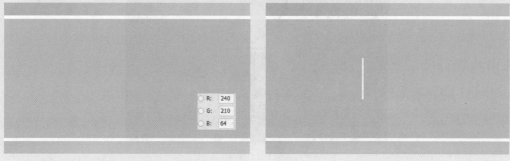

图 23-97                              图 23-98

**Step11** 将"信息 .png"素材拖入当前文档中，调整图像大小与位置，按 Enter 键置入嵌入的智能对象，如图 23-99 所示。

**Step12** 将"标志 .png"素材拖入当前文档中，调整图像大小与位置，按 Enter 键置入嵌入的智能对象，如图 23-100 所示。

图 23-99

图 23-100

至此，完成个人名片制作。

# 课后作业　制作"移花接木"效果

### 项目需求

受黄女士的委托帮其为她的车更换一个森林的背景，为照片添加神秘色彩。

### 项目分析

将黄女士给的爱车图片用选区工具抠选出来，放置于森林照片中，调整颜色、增加阴影，使车和背影更好地融合在一起。

### 项目效果

制作"移花接木"效果如图 23-101 所示。

图 23-101

### 操作提示

Step01 将素材置入文档中。

Step02 使用"多边形套索工具"抠选出汽车。

Step03 通过"亮度/对比度"调整图层调整汽车亮度。

Step04 使用选区工具绘制阴影。

**Ps**

## 第24章
# 路径与钢笔工具

**★ 内容导读**

本章主要对 Photoshop 软件中钢笔工具和路径进行介绍。路径和钢笔工具在实际操作中应用得很频繁，可以说是必学工具之一。通过钢笔工具可以创建出各种路径，并通过路径形成选区，从而方便处理较为复杂的图像。

**学习目标**

○ 掌握钢笔工具的应用
○ 掌握如何创建和调整路径
○ 掌握路径的编辑操作

钢笔工具组是 Photoshop 软件中非常重要的工具组，包含"钢笔工具""自由钢笔工具""弯度钢笔工具""添加锚点工具""删除锚点工具""转换点工具"六种工具，如图 24-1 所示。下面将分别对其使用方法进行介绍。

图 24-1

### 24.1.1 钢笔工具

钢笔工具是最基本的矢量绘图工具，利用钢笔工具可以绘制任意形状的路径。

在工具箱中选择"钢笔工具" ，在图像中单击创建路径起点，此时会出现一个锚点，沿图像所需的轮廓方向单击并按住鼠标不放向外拖动，让曲线贴合图像边缘，直到当光标与创建的路径起点相连接，路径才会自动闭合，如图 24-2、图 24-3 所示。

图 24-2

图 24-3

### 24.1.2 自由钢笔工具

利用自由钢笔工具可以自由、随意地绘制路径。在绘制过程中，不需要手动添加锚点，系统会根据绘制的路径自动添加锚点。选中"自由钢笔工具"时，可以看到其选项栏如图 24-4 所示。

图 24-4

选择"自由钢笔工具" ，在属性栏中勾选"磁性的"复选框将创建连续的路径，同时会随着鼠标的移动产生一系列的锚点，如图 24-5 所示；若取消勾选该复选框，则可创建不连续的路径，如图 24-6 所示。

### 24.1.3 弯度钢笔工具

"弯度钢笔工具" 可以直观地绘制曲线或直线段。通过"弯度钢笔工具"用户无须切换工具就能创建、切换、编辑、添加或删除平滑点或角点。

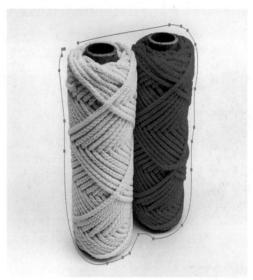

图 24-5

图 24-6

**操作提示**

使用"弯度钢笔工具"时，单击创建锚点，则路径的下一段弯曲；双击创建锚点，路径的下一段则为直线段。在选中"弯度钢笔工具"的情况下，要将平滑锚点转换为角点，或反之，双击该点即可。

### 24.1.4 添加锚点工具

添加锚点工具可以在路径上添加锚点，增强对路径的控制。单击工具箱中的"添加锚点工具"按钮，鼠标移动至路径上，待鼠标变为形状时，单击一次即可添加锚点，添加的锚点以实心显示，如图 24-7、图 24-8 所示。

图 24-7

图 24-8

### 24.1.5　删除锚点工具

删除锚点工具可以删除路径上多余的锚点，从而降低路径的复杂性。单击工具箱中的"删除锚点工具"按钮 ，鼠标移动至要删除的锚点处，待鼠标变为 形状时，单击一次即可删除该锚点。删除锚点后路径的形状也会发生相应变化，如图 24-9、图 24-10 所示。

图 24-9　　　　　　　　　　　　　　　　　图 24-10

**操作提示**

如果在"钢笔工具"或"自由钢笔工具"的选项栏中勾选"自动添加 / 删除"选项，则在单击线段或曲线时，将会添加锚点；单击现有的锚点时，该锚点将被删除。

### 24.1.6　转换点工具

转换点工具可以转换锚点的类型，将锚点在平滑和尖角之间转换。单击工具箱中的"转换点工具"按钮 ，将鼠标移动至要转换锚点处，若该锚点是平滑锚点，单击后则变为尖角锚点，如图 24-11、图 24-12 所示。

图 24-11　　　　　　　　　　　　　　　　　图 24-12

若该锚点是尖角锚点，单击并拖动该锚点即可将该锚点转换为平滑锚点。

单击拖动平滑锚点一侧的控制点，可将该侧线段与移动控制点相连的锚点转换为尖角锚点，如图 24-13、图 24-14 所示。

图 24-13

图 24-14

## 课堂练习　抠选人物素材

下面利用钢笔工具来抠取图片中的人物，具体操作方法如下。

**Step01** 打开 Photoshop 软件，执行"文件＞打开"命令，打开"女
生 .jpg"素材文件，如图 24-15 所示。

扫一扫　看视频

**Step02** 在工具箱中单击"钢笔工具"按钮 ∂，在选项栏中选择"路
径"，在图像编辑窗口中沿着人物边缘拖拽鼠标绘制路径，如图 24-16 所示。

**Step03** 按住 Alt 键，调整锚点控制柄方向，继续绘制路径至闭合，如图 24-17 所示。

图 24-15

图 24-16

图 24-17

**Step04** 使用"路径选择工具" ▶ 选择路径，按 Ctrl+Enter 组合键将路径转换为
选区，如图 24-18 所示。

**Step05** 按 Ctrl+J 组合键复制选区，如图 24-19 所示。

**Step06** 在"图层"面板中选中"背景"图层，单击底部的"删除图层"按钮 🗑，
删除背景图层，如图 24-20、图 24-21 所示。

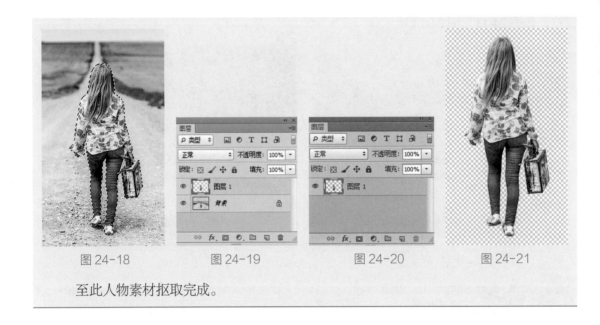

图 24-18　　　　　图 24-19　　　　　图 24-20　　　　　图 24-21

至此人物素材抠取完成。

## 24.2　路径工具

　　路径是指在屏幕上表现为一些不可打印、不能活动的矢量形状，由锚点和连接锚点的线段或曲线构成，其主要作用是帮助用户进行精确定位和调整，同时配合创建不规则以及复杂的图像区域，下面对其相关知识进行详细介绍。

### 24.2.1　路径面板

　　执行"窗口>路径"命令，弹出"路径"面板，从中可以进行路径的新建、保存、复制、填充以及描边等操作，如图 24-22 所示。

　　下面对"路径"面板中的常用选项进行说明。

图 24-22

- 　路径缩略图和路径层名：用于显示路径的大致形状和路径名称，双击名称后可为该路径重命名。
- 　用前景色填充路径 ●：单击该按钮，将使用工具箱中的前景色填充路径。
- 　用画笔描边路径 ○：单击该按钮，将用设置好的画笔工具描边路径。
- 　将路径作为选区载入 ⊙：用于将路径转换为选区。
- 　从选区生成工作路径 ◇：用于将选区转换为路径。
- 　添加蒙版 ▣：用于为当前所选路径创建矢量蒙版。
- 　创建新路径 ⬚：用于创建新路径。
- 　删除当前路径 🗑：用于删除当前选中的路径。

### 24.2.2　路径选择工具

　　路径创建完成后，可以使用路径选择工具组对路径进行调整，该工具组包括"路径选择工具"和"直接选择工具"两种工具。下面对其相关知识进行详细介绍。

使用"路径选择工具"可以选择创建出的路径，也可以用来组合、对齐、分布路径。在工具箱中选择"路径选择工具" ▶，将光标移动到图像窗口中单击路径，即可选择该路径。选择路径后按住鼠标左键不放进行拖动即可改变所选择路径的位置。"路径选择工具"用于选择和移动整个路径。

"直接选择工具"可以直接选择路径中的锚点、线段等，调整路径形状。单击工具箱中的"直接选择工具"按钮 ▶，移动鼠标至路径上方，单击选中锚点即可移动锚点，改变该锚点的方向线等，如图24-23、图24-24所示。

图 24-23

图 24-24

操作提示

英文状态下，按Shift+A组合键可在"路径选择工具"和"直接选择工具"两种工具之间快速切换。

## 24.3 编辑路径

用户除了使用上述两种路径工具来选择图像外，还可以对绘制的路径进行复制、删除、存储、描边及填充操作。下面分别对其操作进行详细介绍。

### 24.3.1 复制路径

路径创建完成后，若需要复制路径，有多种实现的方法，下面将针对复制路径的方法进行介绍。

（1）在当前文档复制路径

● 使用"路径选择工具"选择路径，按住Alt键拖动即可复制路径，如图24-25、图24-26所示。此时复制路径和原路径在同一路径层中。

● 使用"路径选择工具"选择路径，执行"编辑＞拷贝/粘贴"命令或按Ctrl++C、Ctrl+V组合键，可在原地复制路径，此时复制路径和原路径在同一路径层中。

● 在"路径"面板中，选中要复制的路径，拖拽至"创建新路径"按钮 ▣ 上，即可复制路径，此时复制路径和原路径不在同一路径层中。

图 24-25　　　　　　　　　　　　　　图 24-26

● 在"路径"面板中，选中要复制的路径，按住 Alt 键向上或向下拖拽，即可复制路径，此时复制路径和原路径不在同一路径层中。

（2）将路径复制到其他文档

若想将当前文档中的路径复制到其他路径中，使用"路径选择工具"选中要复制的路径或在"路径"面板中选中要复制的路径，执行"编辑＞拷贝"命令或按 Ctrl+C 组合键，在目标文档中执行"编辑＞粘贴"命令或按 Ctrl+V 组合键，即可复制。

## 24.3.2　删除路径

删除路径非常简单，使用"路径选择工具" ▶ 选中要删除的路径，按 Delete 键删除即可。也可以在"路径"面板中选中要删除的路径，单击"删除当前路径"按钮 🗑 即可。

## 24.3.3　存储路径

在 Photoshop 软件中，首次绘制的路径会默认为工作路径，若将工作路径转换为选区并填充选区后，再次绘制路径则会自动覆盖前面绘制的路径，为避免这种情况，方便用户后期调整，可将绘制的路径存储起来。

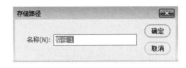

图 24-27

双击"路径"面板中的工作路径，或单击"路径"面板的"扩展按钮" ≡，在弹出的快捷菜单中执行"存储路径"命令，弹出"存储路径"对话框，如图 24-27 所示。设定路径名称后单击"确定"按钮即可存储路径。此时在"路径"面板中可以看到，工作路径变为了"路径 1"，如图 24-28 所示。

图 24-28

> **操作提示**
>
> 鼠标选中"路径"面板中的工作路径，拖动其至"创建新路径"按钮 🗋 上，也可存储工作路径并默认存储名为"路径 1"。

## 24.3.4　描边路径

"描边路径"命令用于绘制路径的边框，可以沿已有的路径为路径边缘添加画笔线条效果，

画笔的笔触和颜色用户可以自定义，可使用的工具包括画笔、铅笔、橡皮擦和图章工具等。

在"路径"面板中选中要描边的路径或用"路径选择工具"选中要描边的路径，右键单击鼠标左键，在弹出的快捷菜单中选择"描边路径"命令，弹出"描边路径"对话框，如图 24-29 所示。选择合适的工具，单击"确定"即可设置路径描边的选项。

图 24-29

**操作提示**

在打开"描边路径"对话框之前，需要先设置绘画工具的选项，才能以设置的选项绘制描边。

## 24.3.5 填充路径

"填充路径"命令用于为开放路径或闭合路径填充颜色或图案。

选中要填充的路径，单击鼠标右键，在弹出的快捷菜单中选择"填充路径"命令，弹出"填充路径"对话框，如图 24-30 所示。在"填充路径"对话框中设置填充的方式，单击"确定"按钮即可，如图 24-31 所示。

图 24-30

图 24-31

**课堂练习 绘制热狗卡通图形**

下面将利用钢笔工具和路径工具绘制卡通图形。具体操作步骤如下。

Step01 打开 Photoshop 软件，执行"文件＞新建"命令，在弹出的"新建文档"对话框中进行设置，然后单击"创建"按钮，新建文档，如图 24-32 所示。

Step02 设置前景色，并填充背景图层，如图 24-33 所示。

Step03 新建图层，选择"钢笔工具"绘制香肠部分，如图 24-34 所示。

Step04 右击空白处，在弹出的快捷菜单中选择"填充路径"选项，弹出"填充路径"对话框，如图 24-35 所示。

Step05 在"内容"下拉框中选择"颜色"选项，弹出"拾色器"对话框，在对话框中选择颜色，如图 24-36 所示。单击"确定"按钮，应用颜色，如图 24-37 所示。

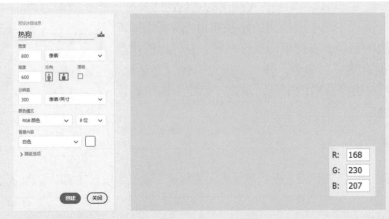

图 24-32                                         图 24-33

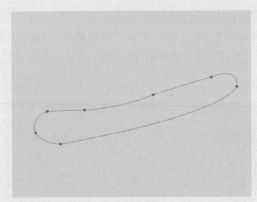

图 24-34                                         图 24-35

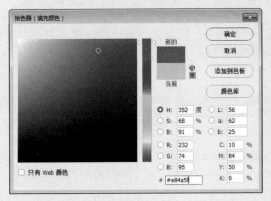

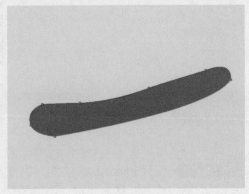

图 24-36                                         图 24-37

**Step06** 按 Ctrl+Enter 组合键建立选区，按 Ctrl+D 组合键取消选区，如图 24-38 所示。

**Step07** 使用相同的方法，继续新建图层绘制面包部分，如图 24-39 所示。

**Step08** 在"图层"面板中调整图层，如图 24-40 所示。

**Step09** 在图层"3"下方新建图层"4"，绘制阴影部分，如图 24-41 所示。

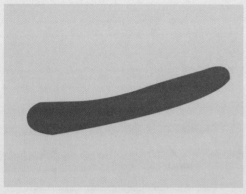

图 24-38 图 24-39

图 24-40

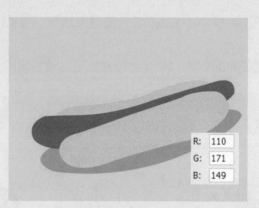

图 24-41

**Step10** 在工具箱中设置前景色，如图 24-42 所示。

**Step11** 选中"画笔工具"，在选项栏中设置参数，如图 24-43 所示。

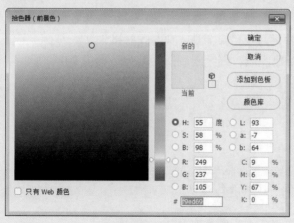

图 24-42

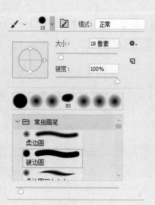

图 24-43

**Step12** 选择"钢笔工具"，绘制沙拉酱部分，如图 24-44 所示。

**Step13** 右击空白处，在弹出的快捷菜单中选择"描边路径"命令，弹出"面板路径"对话框，选择"画笔"选项，如图 24-45 所示。

533

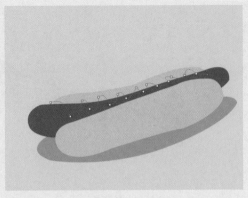

图 24-44 图 24-45

**Step14** 按 Ctrl+Enter 组合键建立选区，按 Ctrl+D 组合键取消选区，如图 24-46 所示。

**Step15** 在图层 "2" 上方新建图层，绘制阴影部分，如图 24-47 所示。

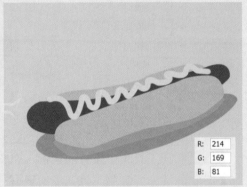

图 24-46 图 24-47

**Step16** 按 Ctrl+Shift+F 组合键建立剪贴蒙版，如图 24-48 所示。

**Step17** 在图层 "3" 上方新建图层，继续绘制阴影部分，如图 24-49 所示。

图 24-48 图 24-49

**Step18** 新建图层，绘制面包的高光部分，如图 24-50 所示。

**Step19** 在图层"2"下方新建图层，绘制香肠的高光部分，如图 24-51 所示。

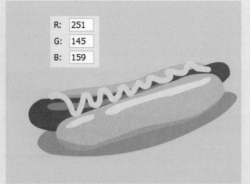

图 24-50

图 24-51

至此，完成卡通图形的制作。

---

**综合实战**　制作汉堡海报

　　下面运用本章所学的知识点，来制作一张汉堡宣传单页。案例中所运用到的命令有钢笔工具、路径工具等。具体操作方法如下。

　　**Step01** 打开 Photoshop 软件，执行"文件>新建"命令，在弹出的"新建文档"对话框中进行设置，然后单击"创建"按钮，新建文档，如图 24-52 所示。

　　**Step02** 单击"图层"面板底部的"创建新图层"按钮，新建图层，如图 24-53 所示。

　　**Step03** 单击工具箱中的"钢笔工具"按钮，在图像编辑窗口中绘制梯形，如图 24-54 所示。

　　**Step04** 按 Ctrl+Enter 组合键将路径转换为选区，按 Alt+Delete 组合键为选区填充前景色，如图 24-55 所示。

　　**Step05** 选中工具箱中的"矩形选框工具"，

图 24-52

图 24-53

移动鼠标至图像编辑窗口，单击鼠标右键，在弹出的菜单栏中执行"选择反向"命令，反向选区，如图 24-56 所示。按 Ctrl+Delete 组合键为选区填充背景色，按 Ctrl+D 组合键取消选区，如图 24-57 所示。

　　**Step06** 将"汉堡 .jpg"素材拖入当前文档中，调整图像大小与位置，按 Enter 键置入嵌入的智能对象，如图 24-58 所示。

　　**Step07** 在"图层"面板中选中汉堡图层，单击鼠标右键，在弹出的菜单栏中执行"栅格化图层"命令，将图层栅格化，如图 24-59 所示。

　　**Step08** 使用"钢笔工具"沿着汉堡外轮廓绘制路径，如图 24-60 所示。按 Ctrl+Enter 组合键将路径转换为选区，如图 24-61 所示。

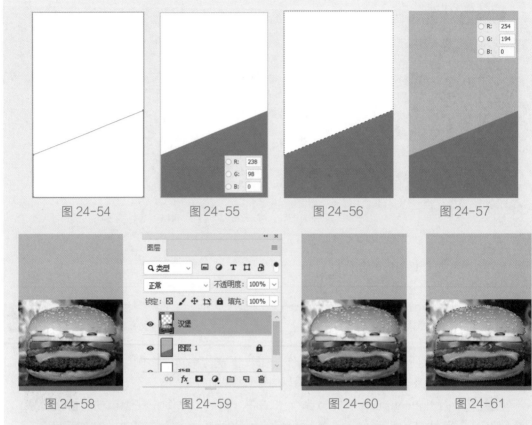

图 24-54　　　　　　图 24-55　　　　　　图 24-56　　　　　　图 24-57

图 24-58　　　　　　图 24-59　　　　　　图 24-60　　　　　　图 24-61

**Step09** 选中工具箱中的"矩形选框工具",移动鼠标至图像编辑窗口,单击鼠标右键,在弹出的菜单栏中执行"选择反向"命令,反向选区,如图 24-62 所示。按Delete 键删除多余内容,按 Ctrl+D 组合键取消选区,如图 24-63 所示。

**Step10** 使用"文字工具" T.输入文字,设置文字的字体、字号,如图 24-64 所示。

**Step11** 选中文字图层,执行"文字 > 创建工作路径"命令,创建文字路径,如图24-65 所示。

图 24-62　　　　　　图 24-63　　　　　　图 24-64　　　　　　图 24-65

**Step12** 单击"图层"面板底部"新建图层"按钮 ,新建图层,在"图层"面板中按住新建图层向下拖动至文字图层下方,如图 24-66 所示。

**Step13** 按 Ctrl+Enter 组合键将路径转换为选区，如图 24-67 所示。

**Step14** 执行"选择＞修改＞扩展"命令，在弹出的扩展选区对话框中设置参数，如图 24-68 所示，完成后单击"确定"按钮，应用扩展效果，如图 24-69 所示。

图 24-66　　　　　图 24-67　　　　　图 24-68　　　　　图 24-69

**Step15** 按 Alt+Delete 组合键为选区填充前景色，按 Ctrl+D 组合键取消选区，如图 24-70 所示。

**Step16** 使用相同的方法制作文字效果，如图 24-71 所示。

**Step17** 使用"文字工具" T.输入文字，设置文字的字体、字号，如图 24-72 所示。

**Step18** 使用"矩形工具"绘制矩形，如图 24-73 所示。

图 24-70　　　　　图 24-71　　　　　图 24-72　　　　　图 24-73

**Step19** 使用"文字工具" T.输入文字，设置文字的字体、字号，如图 24-74、图 24-75 所示，完成后效果如图 24-76 所示。

图 24-74　　　　　图 24-75　　　　　图 24-76

至此，完成汉堡海报的制作。

# 课后作业  制作趣味照片效果

## 项目需求

受张小姐的委托帮其处理一张照片，为枯燥的工作添加一点乐趣，要求将工作的环境和爱宠相结合。

## 项目分析

电脑壁纸选择一张包打开状态的照片和一张猫的照片，抠取猫的部分，删除多余部分，添加阴影部分，使画面更加和谐、真实。

## 项目效果

照片处理最终效果如图 24-77 所示。

图 24-77

## 操作提示

Step01  打开素材文件后，复制一层，置入素材文件。

Step02  使用钢笔工具绘制路径，创建选区，删除多余的部分。

Step03  新建图层，绘制阴影。

Ps

# 第25章
# 绘图工具

**内容导读**

使用 Photoshop 软件处理图像时，难免会利用一些绘图工具来编辑图像，让图像效果变得更为丰富。本章将围绕画笔和形状这两类基本绘图工具展开介绍。通过对本章内容的学习，相信读者能够轻松地绘制出各种漂亮的图形，从而丰富画面效果。

**学习目标**

○ 学会使用画笔工具
○ 学会使用形状工具
○ 了解历史记录画笔工具

## 25.1　画笔工具组

Photoshop 中有很多可以绘制图像的工具，通过这些工具，用户可以更好地绘制与处理图像，下面将对其进行具体的介绍。

### 25.1.1　画笔工具

画笔工具是 Photoshop 软件中应用最广泛的绘画工具之一，使用"画笔工具" ∕可以绘制出多种图形。如图 25-1 所示为"画笔工具"的选项栏。

图 25-1

其中，重要选项的含义如下。

- "画笔预设"选取器 ： 用于选择画笔笔尖，设置画笔的大小和硬度。
- 模式：用于设置绘画颜色与下面现有像素的混合模式。
- 不透明度：用于设置绘画颜色的不透明度。数值越小，透明度越高。
- 流量：用于控制画笔颜色的轻重。数值越大，画笔颜色越重。
- 启用喷枪样式的建立效果 ： 启用该按钮，可将画笔转换为喷枪工作状态，在图像编辑窗口中按住鼠标左键不放，将持续绘制笔迹；若停用该按钮，在图像编辑窗口中按住鼠标左键不放，将只有一个笔迹。
- "设置绘画的对称选项" ： 单击该按钮则有多种对称类型，例如垂直、水平、双轴、对角线、波纹、圆形螺旋线、平行线、径向、曼陀罗。

单击画笔预设右侧的下拉按钮，弹出"画笔预设"选取器，如图 25-2 所示。在"画笔预设"选取器中，可以根据需要选择画笔样式，其中，尖角画笔的边缘较为清晰，柔角画笔的边缘较为模糊。

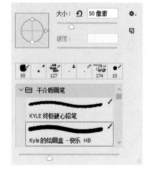

图 25-2

**知识点拨**

若想缩小画笔，按 [ 键即可；若想放大画笔，按 ] 键即可。

### 25.1.2　铅笔工具

"铅笔工具"在功能及运用上与"画笔工具"比较类似，但"铅笔工具"绘制的图像边缘较硬，特别是绘制斜线，锯齿效果会非常明显，并且所有定义的外形光滑的笔刷也会被锯齿化。如图 25-3 所示为"铅笔工具" ∕的选项栏。

图 25-3

Premiere+After Effects+Photoshop ｜站式高效学习｜本通

与"画笔工具"的选项栏相比,"铅笔工具"的选项栏中多了"自动抹除"功能。勾选自动抹掉复选框,铅笔工具会自动选择是以前景色还是背景色作为画笔的颜色。若光标所在的图像位置是前景色的颜色,则绘制的颜色为背景色;若光标所在的图像位置不是前景色的颜色,则绘制的颜色为前景色。

操作提示

无论使用"画笔工具"还是"铅笔工具"绘制图像,画笔的颜色皆默认为前景色。

### 25.1.3 颜色替换工具

颜色替换工具可以将图像中的颜色替换为前景色的颜色,且保留图像的原有材质与明暗,赋予图像更多变化。

设置前景色,单击工具箱中的"颜色替换工具"按钮 ,在选项栏中设置参数,在图像中按住鼠标左键进行涂抹即可实现颜色的替换,如图 25-4、图 25-5 所示。

图 25-4

图 25-5

 **知识点拨**

"颜色替换工具"不能用于替换位图、索引颜色和多通道模式的图像。

**课堂练习** 制作邮票效果

下面将利用画笔工具来制作一张邮票效果,具体的操作步骤如下。

**Step01** 打开 Photoshop 软件,执行"文件>新建"命令,在弹出的"新建文档"对话框中进行设置,然后单击"创建"按钮,新建文档,如图 25-6 所示。

扫一扫 看视频

**Step02** 单击"图层"面板底部"新建图层"按钮 ,新建图层,如图 25-7 所示。

**Step03** 设置前景色为黑色,单击工具箱中的"画笔工具"按钮 ,执行"窗口>画笔设置"命令,打开"画笔设置"面板,在面板中设置"画笔笔尖形状",如图 25-8 所示。

图 25-6　　　　　　　　　　　　　　　　图 25-7

**Step04** 将鼠标光标的十字线放在画布左上方，右击后按住 Shift 键绘制水平邮票边框线，如图 25-9 所示。

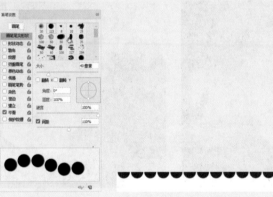

图 25-8　　　　　　　　　　　　　　　　图 25-9

**Step05** 按照同样的操作，完成邮票其他三条边的绘制，结果如图 25-10 所示。

**Step06** 将"鸟 .png"素材拖入当前文档中，调整图像的大小与位置，如图 25-11 所示。

**Step07** 使用"横排文字工具" T输入相关的文字，如图 25-12 所示。

图 25-10　　　　　　　　　图 25-11　　　　　　　　　图 25-12

至此，完成邮票的制作。

### 25.1.4 混合器画笔工具

"混合器画笔工具" 可以模拟真实的绘画技术。如图 25-13 所示为"混合器画笔工具" 的选项栏。

图 25-13

其中，重要选项的含义如下。

- 潮湿：用于控制画笔从画布拾取的油彩量，较高的设置会产生较长的绘画条痕。
- 载入：指定储槽中载入的油彩量，载入速度较低时，绘画描边干燥的速度会更快。
- 混合：控制画布油彩量同储槽油彩量的比例。比例为 100% 时，所有油彩将从画布中拾取；比例为 0% 时，所有油彩都来自储槽。
- 对所有图层取样：拾取所有可见图层中的画布颜色。

### 25.1.5 历史记录画笔工具

"历史记录画笔工具"可以搭配"历史记录"面板使用。它可使当前的图像恢复到某个历史状态，图像中未被修改过的区域将保持不变。执行"窗口>历史记录"命令，打开"历史记录"面板，如图 25-14 所示。

单击"历史记录画笔工具" ，在"历史记录"面板中标记要恢复的步骤，在其选项栏中设置画笔大小、模式、不透明度和流量等参数，如图 25-15 所示。完成后单击并按住鼠标不放，同时

图 25-14

在图像中需要恢复的位置处拖动，光标经过的位置即会恢复为标记步骤中对图像进行操作的效果，而图像中未被修改过的区域将保持不变。

图 25-15

### 25.1.6 历史记录艺术画笔工具

"历史记录艺术画笔工具"使用指定历史记录状态或快照中的源数据，以风格化描边进行绘画，将产生一定的艺术笔触。可以通过尝试使用不同的绘画样式、大小和容差选项，用不同的色彩和艺术风格模拟绘画的纹理，常用于制作富有艺术气息的绘画图像。

📝 课堂练习　制作景深效果

下面练习制作景深效果。这里主要用到"历史记录画笔工具"制作，下面对其进行详细介绍。

**Step01** 打开 Photoshop 软件，执行"文件>打开"命令，打开"花 .jpg"素材图像，如图 25-16 所示。

扫一扫 看视频

**Step02** 在"图层"面板中选中背景图层，按 Ctrl+J 组合键复制，如图 25-17 所示。

图 25-16　　　　　　　　　　　　　　　图 25-17

**Step03** 执行"窗口 > 历史记录"命令，打开"历史记录"面板，如图 25-18 所示。

**Step04** 单击工具箱中的"历史记录画笔工具"按钮 ✍，单击勾选"历史记录"面板中的"打开"前的选框，如图 25-19 所示。

图 25-18　　　　　　　　　　　　　　　图 25-19

**Step05** 选中复制图层，执行"滤镜 > 模糊 > 高斯模糊"命令，打开"高斯模糊"对话框，设置"半径"为"2.0"，如图 25-20 所示。完成后单击"确定"按钮，效果如图 25-21 所示。

图 25-20　　　　　　　　　　　　　　　图 25-21

**Step06** 选择"历史记录画笔工具",在选项栏中设置不透明度为 80%,在花盆和桌子位置处涂抹,恢复清晰效果,如图 25-22 所示。

图 25-22

至此,完成景深效果制作。

## 25.2 形状工具组

Photoshop 软件中包括"矩形工具""椭圆工具""多边形工具""直线工具""自定形状工具"五种形状工具,使用形状工具,可以创建出所有类型的简单和复杂的形状,下面将针对这五种形状工具进行介绍。

### 25.2.1 矩形工具

矩形工具用于在图像编辑窗口中绘制矩形或正方形。

选中"矩形工具" □ 后,在选项栏中设置矩形的填充、描边等参数,在图像编辑窗口中按住鼠标左键进行拖拽即可绘制矩形,如图 25-23 所示。若想绘制正方形,按住 Shift 键拖拽鼠标即可,如图 25-24 所示。

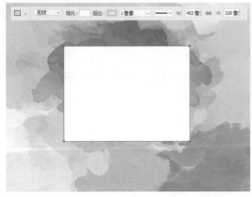

图 25-23

图 25-24

545

使用"矩形工具"绘制形状时，若想以鼠标单击点为中心绘制矩形，按住 Alt 键拖拽鼠标即可。

"圆角矩形工具" ⬜ 是对"矩形工具"的补充，使用该工具可以绘制带有圆角的矩形，使用方法与"矩形工具"类似，但是"圆角矩形工具"的选项栏多一个"半径"参数文本框，用于设置绘制的圆角矩形的圆角半径大小。

### 25.2.2 椭圆工具

椭圆工具可以绘制椭圆形和正圆形。

选中"椭圆工具" ⬭ 后，在选项栏中设置椭圆的描边、填充等参数，在图像编辑窗口中按住鼠标左键进行拖拽即可绘制椭圆形，如图 25-25 所示。按住 Shift 可以绘制正圆形，如图 25-26 所示。

图 25-25

图 25-26

### 25.2.3 多边形工具

多边形工具可以用于绘制多边形和星形。图 25-27 所示为"多边形工具" ⬡ 的选项栏。

图 25-27

单击"设置其他形状和路径选项" ⚙ 按钮，会弹出一个面板，用户可以设置多边形的粗细、颜色、半径参数等，如图 25-28 所示。面板中常用选项的含义如下。

- 星形：勾选该复选框，可绘制出星形，如图 25-29 所示。
- 平滑拐角：勾选该复选框，可以绘制具有平滑拐角效果的多边形或星形。
- 平滑缩进：勾选该复选框，可以使星形的每条边向中心缩进。

### 25.2.4 直线工具

直线工具可以绘制直线段和箭头。如图 25-30 所示为"直线工具" ╱ 的选项栏。

单击"设置其他形状和路径选项"按钮 ⚙，会弹出直线工具的设置面板，如图 25-31 所示。

图 25-28                                         图 25-29

图 25-30

该面板中部分重要选项的含义如下。

- 起点：勾选该复选框，可在直线起点创建箭头。
- 终点：勾选该复选框，可在直线终点创建箭头。
- 宽度：用于设置箭头宽度和绘制直线宽度的比例。
- 长度：用于设置箭头长度和绘制直线长度的比例。
- 凹度：用于设置箭头的凹陷程度。

图 25-31

## 25.2.5 自定义工具

自定形状工具中包括多种形状，方便读者绘制更多丰富的形状。

选中"自定形状工具" ，在选项栏中设置参数后，单击"形状"下拉按钮，打开"自定形状"拾色器，如图 25-32 所示。选择需要的形状，在图像编辑窗口中单击鼠标并拖拽，即可绘制出选中的形状，如图 25-33 所示。

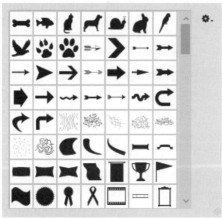

图 25-32                                         图 25-33

下面利用形状工具来制作电脑样机的效果，具体操作方法如下。

**Step01** 打开 Photoshop 软件，执行"文件＞新建"命令，在弹出的"新建文档"对话框中进行设置，然后单击"创建"按钮，新建文档，如图 25-34 所示。

**Step02** 单击"图层"面板底部"新建图层"按钮，新建图层，如图 25-35 所示。

**Step03** 设置前景色，按 Alt+Delete 组合键为新建图层填充颜色，如图 25-36 所示。

**Step04** 单击工具箱中的"圆角矩形工具"按钮，在选项栏中设置参数，如图 25-37 所示。在图像编辑窗口中的合适位置绘制圆角矩形。

**Step05** 使用相同的方法绘制圆角矩形，如图 25-38 所示。

**Step06** 在"图层"面板中选中上层的圆角矩形，按住 Alt 键向上拖动，复制图层，如图 25-39 所示。

图 25-34　　　　　图 25-35

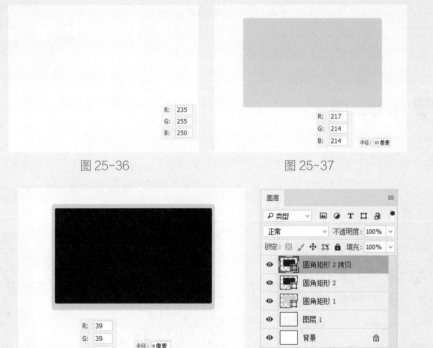

图 25-36　　　　　图 25-37

图 25-38　　　　　图 25-39

**Step07** 选中该复制图层，在"图层"面板中单击鼠标右键，在弹出的菜单栏中执行"栅格化图层"命令，将图层栅格化，如图 25-40 所示。

**Step08** 在"图层"面板中按住 Ctrl 键单击复制图层缩略图，载入选区，设置前景色为黑色，按 Alt+Delete 组合键填充选区，按 Ctrl+D 组合键取消选区，如图 25-41 所示。

图 25-40　　　　　　　　　　　　　　　　图 25-41

**Step09** 单击工具箱中的"多边形套索工具"按钮 ，在图像编辑窗口中绘制选区，如图 25-42 所示，按 Delete 键删除选区内容，按 Ctrl+D 组合键取消选区，效果如图 25-43 所示。

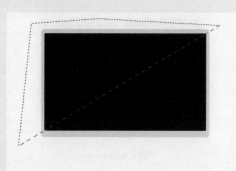

图 25-42　　　　　　　　　　　　　　　　图 25-43

**Step10** 单击工具箱中的"椭圆工具"按钮，在选项栏中设置填充、描边，在图像编辑窗口中合适位置按住 Shift 键绘制正圆，如图 25-44 所示。

**Step11** 使用相同的方法绘制正圆，如图 25-45 所示。

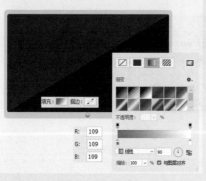

图 25-44　　　　　　　　　　　　　　　　图 25-45

**Step12** 使用"椭圆工具"绘制椭圆，如图 25-46、图 25-47 所示。

图 25-46                                        图 25-47

**Step13** 单击工具箱中的"矩形工具"按钮，在图像编辑窗口中绘制矩形，如图 25-48 所示。

**Step14** 使用"直接选择工具"调整矩形锚点，在弹出的对话框中单击"是"按钮，如图 25-49 所示。

图 25-48                                        图 25-49

**Step15** 按 Ctrl+J 组合键复制矩形图层并将其栅格化，如图 25-50 所示。

**Step16** 单击工具箱中的"多边形套索工具"按钮，在图像编辑窗口中绘制选区，按 Delete 键删除选区内容，按 Ctrl+D 组合键取消选区，效果如图 25-51 所示。

图 25-50                                        图 25-51

**Step17** 在"图层"面板中，单击图层"圆角矩形 2 拷贝"前的"指示图层可见性"按钮 ⊙，隐藏其图层，单击选择图层"圆角矩形 2"，如图 25-52 所示。

**Step18** 执行"文件＞置入嵌入图像"命令，在弹出的对话框中选择图像"壁纸 .jpg"，单击"置入"按钮即可，如图 25-53 所示。

图 25-52

图 25-53

**Step19** 按 Ctrl+Alt+G 组合键创建剪贴蒙版，如图 25-54 所示。

**Step20** 按 Ctrl+T 组合键自由变换图层，调整至合适位置和大小，如图 25-55 所示。

图 25-54

图 25-55

**Step21** 单击图层"圆角矩形 2 拷贝"前的"指示图层可见性" □ 显示该图层，并调整该图层的不透明度，如图 25-56 所示。最终效果如图 25-57 所示。

图 25-56

图 25-57

**Step22** 使用同样的方法绘制平板和手机样机，如图 25-58 所示。

图 25-58

至此，完成电脑样机图形的绘制。

---

**综合实战** | 制作网站广告页面

扫一扫 看视频

下面运用本章所学的知识点来制作水果网站广告页面。案例中所运用到的命令有：自由变换、形状工具、滤镜工具、文字工具等。具体操作方法如下。

**Step01** 打开 Photoshop 软件，执行"文件＞新建"命令，在弹出的"新建文档"对话框中进行设置，然后单击"创建"按钮，新建文档，如图 25-59、图 25-60 所示。

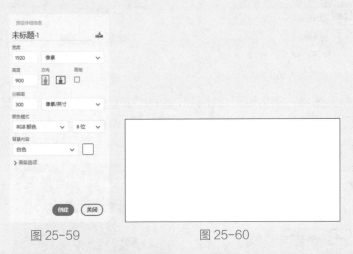

图 25-59                    图 25-60

**Step02** 单击"图层"面板底部"新建图层"按钮，新建图层，如图 25-61 所示。

**Step03** 设置前景色，按 Alt+Delete 组合键为图层填充前景色，如图 25-62 所示。

**Step04** 执行"文件＞置入嵌入对象"命令，置入本章素材"水果 .png"，并调整至合适大小与位置，如图 25-63 所示。

**Step05** 在"图层"面板中选中"水果"图层，按 Ctrl+J 组合键复制图层，按 Ctrl+T 组合键自由变换图层，并调整至合适位置，如图 25-64 所示。

图 25-61

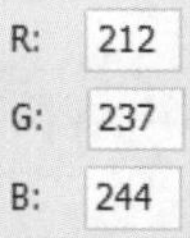

R: 212
G: 237
B: 244

图 25-62

图 25-63

图 25-64

**Step06** 在"图层"面板中选中图层"水果"，按住 Alt 键向下拖拽复制图层，如图 25-65 所示。选中图层"水果 拷贝 2"，单击鼠标右键，在弹出的菜单栏中执行"栅格化图层"命令，将图层栅格化，如图 25-66 所示。

图 25-65

图 25-66

**Step07** 按住 Ctrl 键单击图层"水果 拷贝 2"缩略图，创建选区，如图 25-67 所示。设置前景色为黑色，按 Alt+Delete 组合键为选区填充黑色，按 Ctrl+D 组合键取消选区，如图 25-68 所示。

**Step08** 选中图层"水果 拷贝 2"，执行"滤镜＞模糊＞高斯模糊"命令，打开"高斯模糊"对话框并设置参数，如图 25-69 所示。单击"确定"按钮，效果如图 25-70 所示。

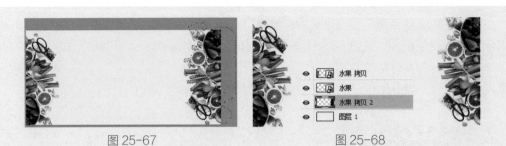

图 25-67　　　　　　　　　　　　　　　图 25-68

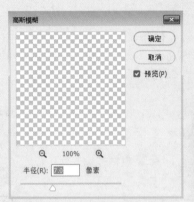

图 25-69　　　　　　　　　　　　　　　图 25-70

**Step09** 使用相同的方法绘制左边水果的阴影，如图 25-71 所示。

**Step10** 单击工具箱中的"矩形工具"按钮□，在选项栏中设置参数后，在图像编辑窗口中合适位置绘制矩形，如图 25-72 所示。

图 25-71　　　　　　　　　　　　　　　图 25-72

**Step11** 执行"文件＞置入嵌入对象"命令，置入本章素材"水果 1.png""水果 2.png""水果 3.png""水果 4.png"，并调整至合适大小与位置，如图 25-73 所示。

**Step12** 使用"横排文字工具" **T** 在图像编辑窗口中输入文字，如图 25-74 所示。

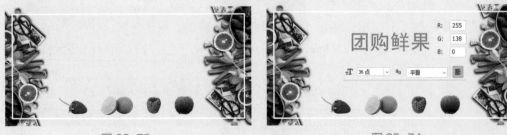

图 25-73　　　　　　　　　　　　　　　图 25-74

**Step13** 使用"圆角矩形"工具在图像编辑窗口中合适位置绘制圆角矩形，如图 25-75 所示。

**Step14** 使用"横排文字工具" **T** 在圆角矩形中合适位置输入文字，如图 25-76 所示。

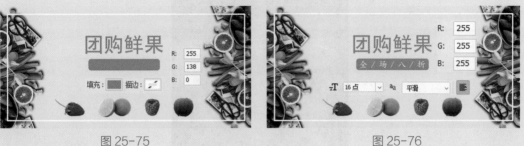

图 25-75　　　　　　　　　　　　　　　　图 25-76

**操作提示**

绘制完圆角矩形后，取消选择后，再使用"横排文字工具"在圆角矩形中输入文字。

**Step15** 使用"横排文字工具"在图像编辑窗口中合适位置输入文字，如图 25-77 所示。最终效果如图 25-78 所示。

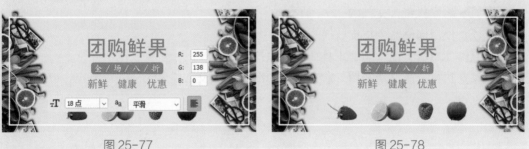

图 25-77　　　　　　　　　　　　　　　　图 25-78

至此，完成水果网页制作。

# 课后作业　制作人物磨皮效果

## 项目需求

受章小姐的委托帮其处理人物的照片，要求去除人物脸上的色斑，皮肤要有质感。

## 项目分析

对于脸上有大面积色斑的图像，一般使用模糊命令，将色斑与皮肤融为一体，然后再使用一些保留细节的命令，为皮肤保留细节。在处理图像时，为了不让人物的五官变得模糊，可以使用蒙版命令进行调整。

## 项目效果

人物照片处理最终效果如图 25-79 所示。

图 25-79

## 操作提示

Step01 将素材置入文档中。

Step02 使用模糊命令将皮肤模糊。

Step03 使用历史记录画笔工具在面部涂抹绘制。

Step04 执行"高反差保留"命令保留面部细节，设置"柔光"混合模式。

# 第26章
# 图像修饰工具

## ★ 内容导读

利用 Photoshop 软件中的一些图像修饰工具可以根据不同需求对图像进行处理，例如修复图像瑕疵、调整图像颜色等。本章将向读者介绍日常工作中常用的一些修饰工具的使用方法，其中包括修复工具、修饰工具、擦除工具等。

## ◐ 学习目标

○ 掌握修复工具的应用
○ 掌握修饰工具的应用
○ 掌握擦除工具的应用

Photoshop 软件中，可以使用"污点修复画笔工具""修复画笔工具""修补工具""内容感知移动工具""红眼工具""仿制图章工具""图案图章工具"等工具修复图像，下面将对其中部分常用工具进行介绍。

## 26.1.1 仿制图章工具

仿制图章工具可以将取样图像应用到其他图像或同一图像的其他位置。在操作前，先从图像中取样，然后将样本应用到其他图像或同一图像的其他部分，该工具在复制对象或移去图像中的缺陷方面作用很大。如图 26-1 所示是"仿制图章工具"的选项栏。

图 26-1

其中，部分重要选项含义如下。
- 切换"画笔设置"面板 ☑：用于打开或关闭"画笔设置"面板。
- 切换仿制源面板 ☐：用于打开或关闭"仿制源"面板。
- 对齐：勾选该复选框，可以连续对像素进行取样，即使松开鼠标按钮，也不会丢失当前取样点；若取消勾选，则会在每次停止并重新开始绘制时使用初始取样点中的样本像素。
- 样本：用于从指定的图层中进行数据取样。

单击"仿制图章工具"按钮 ☐，在选项栏中设置参数，按住 Alt 键，在图像中单击取样，释放 Alt 键，在需要修复的图像区域单击即可仿制出取样处的图像，如图 26-2、图 26-3 所示。

图 26-2

图 26-3

**操作提示**

取样点即为复制的起始点。选择不同的笔刷直径会影响绘制的范围，不同的笔刷硬度会影响绘制区域的边缘融合效果。

## 26.1.2 图案图章工具

图案图章工具可以复制预设好的图案或自定义图案，并应用到图像中，可用于创建特殊效果、背景网纹等。如图 26-4 所示为"图案图章工具"的选项栏。

图 26-4

在选项栏中，若勾选对齐复选框，每次单击拖拽得到的图像效果是图案重复衔接拼贴；若取消对齐复选框，多次复制时会得到图像的重叠效果。

打开素材文件，使用"矩形选框工具"选取要定义为图案的图像区域，执行"编辑>定义图案"命令，打开"图案名称"对话框，为选区命名并保存，选中"图案图章工具" ✖️，在选项栏中的"图案"下拉列表中选择定义的图案，将鼠标移到图像窗口中，按住鼠标左键并拖动，即可使用定义的图案覆盖当前区域的图像，如图 26-5、图 26-6 所示。

图 26-5

图 26-6

**操作提示**

使用"矩形选框工具"选取要定义的图像区域时，在属性栏里需设置羽化值为 0 像素。

## 26.1.3 污点修复画笔工具

污点修复画笔工具可以将图像的纹理、光照和阴影等与所修复的图像进行自动匹配，且不需要进行取样定义样本，只需要确定需要修复的图像位置，调整好画笔大小，然后在需要修复的位置单击并拖动鼠标，释放鼠标即可修复图像中的污点，快速除去图像中的瑕疵。如图 26-7 所示为"污点修复画笔工具"的选项栏。

图 26-7

其中，主要选项含义如下。

- 类型：用于设置修复类型，包括"内容识别""创建纹理""近似匹配"三种。
- 对所有图层取样：勾选该复选框，可扩展取样范围至图像中所有可见图层。

559

单击工具箱中的"污点修复画笔工具"  ，在图像上需要修复的位置单击，即可修复图像，如图 26-8、图 26-9 所示为修复前后对比效果。

图 26-8

图 26-9

### 26.1.4 修复画笔工具

修复画笔工具与仿制图章工具使用方法类似，都需要先取样，再用取样点的样本图像来修复图像，但"修复画笔工具"可将样本像素的纹理、光照、透明度和阴影与所修复的像素进行匹配，从而使修复后的像素不留痕迹地融入图像的其余部分。如图 26-10 所示为该工具的选项栏。

图 26-10

在该选项栏中，选中"取样"单选按钮表示"修复画笔工具"对图像进行修复时以图像区域中某处颜色作为基点。选中"图案"单选按钮可在其右侧的列表中选择已有的图案用于修复。

单击工具箱中的"修复画笔工具"按钮  ，按 Alt 键在源区域单击，对源区域进行取样，然后在目标区域单击并拖动鼠标，即可将取样的内容复制到目标区域中，如图 26-11、图 26-12 所示。

图 26-11

图 26-12

下面將利用以上所介紹的修復畫筆工具來對圖像中的小動物進行克隆複製。

**Step01** 執行"文件＞打開"命令，打開"小鳥 .jpg"素材圖像，如圖 26-13 所示。

掃一掃 看視頻

**Step02** 選擇修復畫筆工具，按】鍵調整畫筆，使畫筆的十字線位於小鳥中心，如圖 26-14 所示。

圖 26-13

圖 26-14

**Step03** 按 Alt 鍵在源區域單擊，對源區域進行取樣，在目標區域並拖動鼠標，將其移至新區域，如圖 26-15、圖 26-16 所示。

圖 26-15

圖 26-16

**Step04** 選擇"快速選擇工具"在模糊的區域創建選區，如圖 26-17 所示。

**Step05** 選擇"歷史記錄畫筆工具"在選區內進行塗抹，按 Ctrl+D 取消選區，如圖 26-18 所示。

**Step06** 按 Ctrl++ 組合鍵放大圖像，選擇"歷史記錄畫筆工具"在樹枝銜接處進行塗抹，如圖 26-19、圖 26-20 所示。

**Step07** 按 Ctrl+- 組合鍵縮小圖像，最終效果如圖 26-21 所示。

图 26-17

图 26-18

图 26-19

图 26-20

图 26-21

至此，完成动物克隆处理的操作。

## 26.1.5 修补工具

修补工具可以用其他区域或图案中的像素来修复选中的区域。与修复画笔工具类似，修补工具也可将样本像素的纹理、光照、透明度和阴影与所修复的像素进行匹配。如图 26-22 所示为"修补工具"◎的选项栏。

图 26-22

其中，若选择"源"单选按钮，则修补工具将从目标选区修补源选区；若选择"目标"单选按钮，则修补工具将从源选区修补目标选区。

单击工具箱中的"修补工具"按钮◎，在需要修补的地方单击鼠标左键并拖动绘制选区，单击选项栏中的"从目标修补源"按钮 源，将鼠标置于选区上，当鼠标变为 状时，移动选区至要复制的区域，即可修补原来选中的内容，如图 26-23、图 26-24 所示。

图 26-23

图 26-24

## 26.1.6 红眼工具

红眼现象是指人物图像中眼睛泛红的情况，一般是由于使用闪光灯或在光线昏暗处进行人物拍摄造成的。针对这种情况，Photoshop 软件中提供了"红眼工具"，以去除人物眼中的红点，恢复眼睛光感。

单击工具箱中的"红眼工具"按钮 ，在选项栏中设置瞳孔大小，设置其瞳孔的变暗程度，数值越大颜色越暗，然后单击人物眼睛即可，如图 26-25、图 26-26 所示。

图 26-25

图 26-26

563

扫一扫 看视频

下面将利用以上所介绍的修复工具来对人物的皮肤进行修复美化。

**Step01** 执行"文件＞打开"命令，打开"女士 .jpg"素材图像，如图 26-27 所示。

**Step02** 在"图层"面板中选中背景层，按 Ctrl+J 组合键复制一层，如图 26-28 所示。

图 26-27          图 26-28

**Step03** 选择"修补工具" ，修补人物面部中的大瑕疵，效果如图 26-29 所示。

**Step04** 选择"污点修复画笔工具" ，快速除去人物脸部中的小瑕疵，如图 26-30 所示。

图 26-29          图 26-30

**Step05** 使用上述方法，快速除去颈部的瑕疵，如图 26-31 所示。

**Step06** 调整后，最终效果如图 26-32 所示。

图 26-31

图 26-32

至此，完成人物皮肤的修复。

---

**操作提示**

在使用"污点修复画笔工具" 的过程中，英文状态下，可以使用【和】快捷键调整画笔大小，方便更好地修复图像。

---

# 26.2 修饰工具

在 Photoshop 软件中可以使用"模糊工具""锐化工具""涂抹工具""减淡工具""加深工具""海绵工具"等修饰工具对图像的细节进行调整，下面将对其进行介绍。

## 26.2.1 模糊工具

模糊工具可以柔化图像边缘或减少细节，产生一种模糊效果，以凸显图像的主体部分，如图 26-33 所示为"模糊工具"的选项栏。

图 26-33

其中，部分选项含义如下。
- "画笔"下拉列表：用于设置涂抹画笔的直径、硬度以及样式。
- "强度"：用于设置模糊的强度，数值越大，模糊效果越明显。
单击工具箱中的"模糊工具"按钮 ，在选项栏中设置参数，按住鼠标左键在需要模糊的区域涂抹即可，如图 26-34、图 26-35 所示。

## 26.2.2 锐化工具

锐化工具的作用与模糊工具相反，"锐化工具"可以增加图像中像素边缘的对比度和相

图 26-34 图 26-35

图 26-36

邻像素间的反差，提高图像清晰度或聚焦程度，从而使图像产生清晰的效果，如图 26-36 所示为"锐化工具"的选项栏。

"锐化工具"的选项栏中比"模糊工具"的选项栏中多了一个"保护细节"的复选框，勾选该复选框，将对图像的细节进行保护。

单击工具箱中的"锐化工具"按钮△，按住鼠标左键在图像中需要进行锐化的区域来回拖动即可，如图 26-37、图 26-38 所示。

图 26-37 图 26-38

## 26.2.3 涂抹工具

涂抹工具可以模拟手指涂抹绘制的效果，提取最先单击处的颜色与鼠标拖动经过的颜色相融合挤压，以产生模糊的效果。如图 26-39 所示为"涂抹工具"的选项栏。

图 26-39

在"涂抹工具"  的选项栏中，若勾选"手指绘画"复选框，单击鼠标拖拽时，将使用前景色与图像中的颜色相融合；若取消该复选框，则使用开始拖拽时的图像颜色。

**课堂练习 制作毛茸茸爪印**

本案例主要使用涂抹工具来制作毛茸茸效果的爪印，下面对其进行具体的介绍。

**Step01** 执行"文件>新建"命令，新建 800 像素 ×600 像素的文档，并填充颜色，如图 26-40 所示。

**Step02** 选择"自定义形状工具"，在"形状"下拉框选择"爪印（猫）"进行绘制，如图 26-41 所示。

R: 252
G: 251
B: 218

R: 255
G: 207
B: 223

图 26-40　　　　　　　　　　图 26-41

**Step03** 右击图层"形状 1"后的空白部分，在弹出的快捷菜单中选择"栅格化图层"选项，将其栅格化处理，如图 26-42 所示。

**Step04** 执行"滤镜>杂色>添加杂色"命令，在弹出的"添加杂色"对话框中设置参数，如图 26-43 所示。

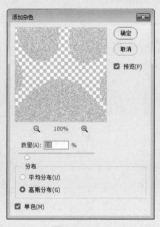

图 26-42　　　　　　　　　　图 26-43

**Step05** 具体应用效果如图 26-44 所示。

**Step06** 执行"滤镜>模糊>高斯模糊"命令，在弹出的"高斯模糊"对话框中设置参数，如图 26-45 所示。

图 26-44

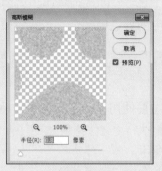

图 26-45

**Step07** 执行"滤镜>模糊>径向模糊",在弹出的"径向模糊"对话框中设置参数,如图 26-46 所示。

**Step08** 应用效果如图 26-47 所示。

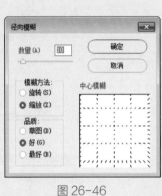

图 26-46

图 26-47

**Step09** 选择"涂抹工具",设置参数并在边缘处进行涂抹,如图 26-48 所示。新建透明图层,如图 26-49 所示。

图 26-48

图 26-49

**Step10** 单击前景色色块，在弹出的"拾色器"对话框中设置颜色，如图 26-50 所示。

**Step11** 选择"画笔工具"，在属性栏中设置参数，如图 26-51 所示。

**Step12** 在图层"1"中绘制阴影部分，如图 26-52 所示。

**Step13** 使用相同的方法，新建图层"2"，设置前景色为白色，绘制高光部分，如图 26-53 所示。

**Step14** 调整图层不透明度，如图 26-54、图 26-55 所示。

图 26-50

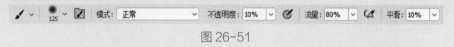

图 26-51

图 26-52

图 26-53

图 26-54

图 26-55

至此，毛茸茸爪印效果处理完成。

### 26.2.4 减淡工具

"减淡工具"可以使图像的颜色更加明亮。使用"减淡工具"可以改变图像特定区域的曝光度，从而使得图像该区域变亮。如图 26-56 所示为"减淡工具"的选项栏。

图 26-56

其中，部分常用选项含义如下。
- 范围：用于设置要减淡的色调范围，包括阴影、中间调、高光三种。
- 曝光度：用于设置减淡的强度，数值越大，减淡效果越明显。
- 保护色调：勾选该复选框后，可以保护图像的色调不受影响。

单击工具箱中的"减淡工具"按钮 ✎，在需要进行减淡处理的位置单击并涂抹即可，如图 26-57、图 26-58 所示。

图 26-57　　　　　　　　　　　　　图 26-58

### 26.2.5 加深工具

加深工具可以通过降低图像区域的曝光度来使图像变暗。如图 26-59 所示为"加深工具"的选项栏，与"减淡工具"类似。

图 26-59

单击工具箱中的"加深工具" ◔ 按钮，在需要进行加深处理的位置单击并涂抹即可，如图 26-60、图 26-61 所示。

### 26.2.6 海绵工具

"海绵工具"可以增加或减少图像的饱和度。当增加颜色的饱和度时，其灰度就会减少；饱和度为 0% 的图像为灰度图像。如图 26-62 所示为"海绵工具"的选项栏。

其中，部分选项的含义如下。
- 模式：用于设置增加或减少饱和度，包括"加色"和"减色"两种。选择"加色"则增加图像饱和度；选择"减色"则降低图像饱和度。

图 26-60

图 26-61

图 26-62

- 流量：用于指定"海绵工具"流量。
- 自然饱和度：勾选该复选框，可以在增加图像饱和度时避免颜色过度饱和出现溢色现象。

单击工具箱中的"海绵工具"按钮 ●，在选项栏中设置"加色"及其他参数，在图像中的合适位置单击并涂抹即可，如图 26-63、图 26-64 所示。

图 26-63

图 26-64

课堂练习 修饰图像

本案例主要使用修饰工具来调整图像效果，下面对其进行具体的介绍。

扫一扫 看视频

**Step01** 执行"文件＞打开"命令，打开素材"花 .jpg"图像，如图 26-65 所示。

**Step02** 按 Ctrl+J 组合键复制图层，如图 26-66 所示。

**Step03** 单击工具箱中的"减淡工具" ● 按钮，在选项栏中设置范围、曝光度等参数后，移动画笔至图像中的花朵位置进行涂抹，减淡花朵颜色，如图 26-67 所示。

图 26-65　　　　　　　　　　　　　　图 26-66

Step04 选择"快速选择工具"创建背景选区，如图 26-68 所示。

图 26-67　　　　　　　　　　　　　　图 26-68

Step05 单击工具箱中的"减淡工具"按钮，在背景选区内进行涂抹，减淡背景颜色，如图 26-69 所示。

Step06 单击工具箱中的"模糊工具"按钮，在选项栏中设置范围、曝光度等参数后，在背景选区内进行涂抹，按 Ctrl+D 取消选区，如图 26-70 所示。

图 26-69　　　　　　　　　　　　　　图 26-70

至此，完成图像修饰。

## 26.3  擦除工具组

Photoshop 软件中可以使用"橡皮擦工具""背景橡皮擦工具""魔术橡皮擦工具"等工具擦除并修饰图像，下面将针对这三种工具进行介绍。

### 26.3.1  橡皮擦工具

橡皮擦工具可用于擦除图像的颜色，如图 26-71 所示为"橡皮擦工具"的选项栏。

图 26-71

其中，部分常用选项含义如下。

- 模式：包括"画笔""铅笔""块"三种，可以设置橡皮擦样式。
- 不透明度：用于设置擦除强度，数值越高，擦除强度越高。但当模式是"块"时，该选项不可用。
- 流量：用于设置橡皮擦工具的流量。

在背景图层或锁定透明度的图层中进行擦除，擦的区域将变为背景色；若在普通图层中进行擦除，则擦除的区域变为透明，如图 26-72、图 26-73 所示。

图 26-72                                          图 26-73

### 26.3.2  背景橡皮擦工具

"背景橡皮擦工具"可以擦除图像上指定颜色的像素，如图 26-74 所示为"背景橡皮擦工具"的选项栏。

图 26-74

其中，部分常用选项含义如下。

- 限制：用于设置擦除背景的限制类型。"连续"只擦除与取样颜色连续的区域；"不连续"擦除容差范围内所有与取样颜色相同或相似的区域；"查找边缘"选项擦除与取样颜色连续的区域，同时能够较好地保留颜色反差较大的边缘。
- 容差：用于设置颜色的容差范围，取值范围为 0 ～ 100%。数值越小被擦除的图像  **573**

颜色与取样颜色越接近，擦除的范围越小；数值越大则擦除的范围越大。

- 保护前景色：勾选该选项，可以防止擦除与前景色颜色相同的区域。

单击工具箱中的"背景橡皮擦工具" ，设置前景色与背景色分别为保留部分与擦除部分的颜色，在选项栏中设置参数，在要擦除的区域单击鼠标并涂抹即可，如图26-75、图26-76所示。

图 26-75

图 26-76

### 26.3.3 魔术橡皮擦工具

"魔术橡皮擦工具"可以快速擦除与单击处颜色相似的像素从而得到透明区域，如图26-77所示为"魔术橡皮擦工具"的选项栏。

图 26-77

其中，部分常用选项含义如下。

- 消除锯齿：勾选该复选框，将得到较平滑的图像边缘。
- 连续：勾选该复选框，仅擦除与单击处相接的像素；若取消勾选该复选框，将擦除图像中所有与单击处相似的像素。
- 对所有图层取样：勾选该复选框，可扩展擦除工具范围至所有可见图层。

使用"魔术橡皮擦工具" 可以一次性擦除图像或选区中颜色相同或相近的区域，让擦除部分的图像呈透明效果。该工具都能直接对背景图层进行擦除操作，而无须进行解锁。使用魔术橡皮擦擦除图像的效果，如图26-78、图26-79所示。

图 26-78

图 26-79

**综合实战** 为人物换脸

  下面运用本章所学的知识点来为人物进行换脸处理。案例中所运用到的命令有：套索工具、蒙版工具、画笔工具、混合画笔工具、色彩平衡等。具体操作方法如下。

扫一扫 看视频

**Step01** 执行"文件＞打开"命令，打开"男宝.jpg"素材图像，如图 26-80 所示。

**Step02** 在"图层"面板中选中背景层，按 Ctrl+J 组合键复制图层，如图 26-81 所示。

图 26-80         图 26-81

**Step03** 选中复制图层，执行"滤镜＞模糊＞高斯模糊"命令，打开"高斯模糊"对话框，设置参数如图 26-82 所示，完成后单击"确定"按钮，效果如图 26-83 所示。

图 26-82         图 26-83

**Step04** 选择"套索工具"在属性栏中设置参数，把人物五官框选出来创建选区，如图 26-84 所示。

**Step05** 按 Ctrl+J 组合键复制选区形成新图层，如图 26-85 所示。

**Step06** 执行"文件＞置入嵌入图像"命令，在弹出的"置入嵌入的对象"对话框中置入"男宝 2.jpg"素材图像，如图 26-86 所示。

**Step07** 移动图层"男宝 2"至"图层 2"下方，如图 26-87 所示。

图 26-84　　　　　　　　　　　　　　　　图 26-85

图 26-86　　　　　　　　　　　　　　　　图 26-87

**Step08** 此时画面如图 26-88 所示。

**Step09** 按 Ctrl+T 组合键自由变换，调整至合适大小和位置，如图 26-89 所示。

图 26-88　　　　　　　　　　　　　　　　图 26-89

**Step10** 单击"图层"面板底部的"添加矢量蒙版"创建蒙版，如图 26-90 所示。

**Step11** 设置前景色为黑色，选择"画笔工具"，擦除如图 26-91 所示。

**Step12** 按 Ctrl+Shift+Alt+E 组合键盖印图层，如图 26-92 所示。

**Step13** 选择"混合画笔工具"，在属性栏中设置参数，如图 26-93 所示。

**Step14** 在人物脸部进行修复涂抹，使其过渡更加自然，如图 26-94 所示。

**Step15** 选择"套索工具"在人物脸部发青的部分框选创建选区，如图 26-95 所示。

图 26-90　　　　　　　　　　　　图 26-91　　　　　　　　　　　　图 26-92

图 26-93

图 26-94　　　　　　　　　　　　图 26-95

**Step16** 按 Ctrl+B 组合键，在弹出的"色彩平衡"对话框中调整参数，如图 26-96 所示。

**Step17** 按 Ctrl+D 组合键取消选区，最终效果如图 26-97 所示。

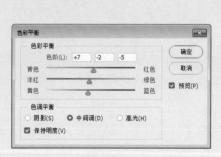　　　　　　　　　　　

图 26-96　　　　　　　　　　　　图 26-97

至此，完成人物换脸操作。

## 课后作业　调整照片色调

### 项目需求

受李先生的委托帮其拍的照片进行调色处理，要求图像颜色亮一点，有景深效果。

### 项目分析

对于颜色深、画面较平的照片，可以先用减淡工具将其色调变得亮一点，使照片变得有层次感和景深效果，可以使用模糊工具。

### 项目效果

调整照片效果如图 26-98 所示。

图 26-98

### 操作提示

Step01 将素材置入文档中。

Step02 使用"减淡工具" 🔍 提亮照片。

Step03 使用"模糊工具" 🌢 增加景深对比。

Step04 使用"海绵工具" 🌑 调整颜色。

# 第27章

# 文字的应用

## ⭐ 内容导读

文字是设计中非常重要的组成部分，常常起到画龙点睛的作用，它能辅助传递图像的相关信息，更好地传达设计理念。在 Photoshop 软件中，读者可以使用文字组中的工具在图像中添加文字信息，也可以通过"文字"面板和"段落"面板对文字和段落文字格式进行设置。本章将对文字工具的使用方法进行详细介绍。

## 🎯 学习目标

○ 掌握文字工具的使用方法
○ 掌握文字的编辑
○ 掌握文字图层的编辑处理

Photoshop 软件中包括"横排文字工具""直排文字工具""直排文字蒙版工具""横排文字蒙版工具"四种文字工具。通过这四种文字工具，读者可以在当前文档中创建文字，然后对其进行编辑完善，下面将对如何创建文字进行介绍。

### 27.1.1　创建水平与垂直文字

选中文字工具，在选项栏中设置文字的字体和字号，然后在图像编辑窗口中合适位置单击，此时在图像中出现相应的文本插入点，输入文字即可。

Photoshop 软件中，文本的排列方式包含横排文字和直排文字两种，"横排文字工具" **T** 可以创建水平方向排列的文字，"直排文字工具" **IT** 可以创建垂直方向排列的文字，如图 27-1、图 27-2 所示。

图 27-1

图 27-2

文字输入完成后，若想退出文字编辑状态，单击选项栏中的 ✔ 按钮或按 Ctrl+Enter 组合键或按数字键盘上的 Enter 键或切换其他工具或将鼠标移动到远离文本的区域，当鼠标变成 ▷ 状时单击即可。

**操作提示**

若要调整已经创建好的文本排列方式，可以单击文本工具选项栏中的"切换文本取向" **⊥** 按钮，或执行"文字 > 取向（水平或垂直）"命令即可。

### 27.1.2　创建段落文字

若需要输入较多的文字，可以通过创建段落文字的方式来进行输入，与点文字相比，段落文字会基于文本框的尺寸自动换行且可以调整文字区域大小。

单击工具箱中的"横排文字工具"按钮 **T**，在图像编辑窗口中的合适位置单击并拖拽绘制文本框，文本插入点会自动插入到文本框前端，然后在文本框中输入文字，当文字到达文本框的边界时会自动换行。如果文字需要分段，按 Enter 键即可，如图 27-3、图 27-4 所示。

图 27-3

图 27-4

若输入的文字过多而超出文本框范围，会导致文字内容不能完全显示在文本框中，此时可以将鼠标指针移动到文本框四周的控制点上拖动鼠标调整文本框大小，使文字全部显示在文本框中。

### 27.1.3 创建文字型选区

文字工具组中还包含"直排文字蒙版工具" 和"横排文字蒙版工具" 两种工具。通过这两种工具，可以沿文字边缘创建文字选区，如图 27-5、图 27-6 所示。

图 27-5

图 27-6

**操作提示**

使用文字蒙版工具创建选区时，"图层"面板中不会生成文字图层，因此输入文字后，不能再编辑输入文字内容。

### 27.1.4 创建路径文字

路径文字可以创建沿着路径排列文字，改变路径形状时，文字的排列方式也随之发生变化，如图 27-7、图 27-8 所示。

**操作提示**

若想移动文字起始位置，单击工具箱中的"路径选择工具"或"直接选择工具"，将鼠标移动至路径文字上，待鼠标变为  状时，单击并拖拽鼠标即可。

图 27-7                          图 27-8

课堂练习    添加照片水印

本案例主要使用文字蒙版工具为照片添加水印，下面对其进行具体的介绍。

Step01 执行"文件＞新建"命令，打开"新建文档"对话框，在对话框中设置参数，单击"创建"按钮，新建文档，如图 27-9、图 27-10 所示。

扫一扫 看视频

图 27-9                          图 27-10

Step02 单击工具箱中的"横排文字蒙版工具"按钮，在选项栏中设置参数，在图像编辑窗口中合适位置输入文字，如图 27-11 所示。

Step03 按 Ctrl+Enter 组合键，结束文字的输入，建立选区，如图 27-12 所示。

图 27-11                          图 27-12

**Step04** 在工具箱中任选一个选择工具，在图像编辑窗口中单击鼠标右键，在弹出的菜单栏中执行"描边"命令，如图 27-13 所示。

**Step05** 在弹出的"描边"对话框中设置参数，如图 27-14 所示，完成后单击"确定"按钮。

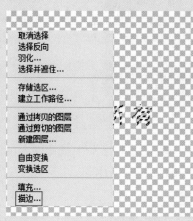

图 27-13                    图 27-14

**Step06** 按 Ctrl+D 组合键取消选区，效果如图 27-15 所示。按 Ctrl+T 组合键自由变换文字，如图 27-16 所示。

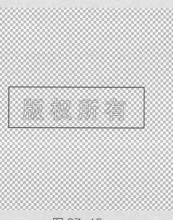

图 27-15                    图 27-16

**Step07** 执行"编辑＞定义图案"命令，在弹出的"图案名称"对话框中设置名称，完成后单击"确定"按钮，如图 27-17 所示。

图 27-17

**Step08** 执行"文件＞打开"命令，打开本章素材文件"女孩 .jpg"，如图 27-18 所示。按 Ctrl+J 组合键复制图层。

图 27-18

Step09 执行"编辑>填充"命令，在弹出的"填充"对话框中选择保存的图案，如图 27-19 所示。完成后单击"确定"按钮，效果如图 27-20 所示。

图 27-19

图 27-20

至此，添加照片水印制作完成。

## 27.2 设置文字

文字创建完成后，可以通过"字符"面板和"段落"面板对文字属性进行设置，使其更能展现出用户想要表达的主题，使整个作品更美观。下面将针对如何设置文字进行介绍。

### 27.2.1 文字效果

在创建文字时，可以为其添加独特的文字效果，使文字效果更加丰富多彩，下面进行具体介绍。

（1）调整文字颜色

在 Photoshop 软件中，既可以设置整个文本的颜色，也可以针对单个字符的颜色进行设置。

选择需要调整颜色的文字，在选项栏中单击颜色色块，在弹出的"拾色器"对话框中设置颜色即可，如图 27-21、图 27-22 所示。

图 27-21

图 27-22

（2）添加文字效果

在 Photoshop 软件中，若想为文字添加加粗、斜体等效果，可以在"字符"面板中单击文字效果按钮组 T T TT Tr T¹ T₁ T̲ T̅ 中相应的选项即可，如图 27-23、图 27-24 所示。

图 27-23

图 27-24

## 27.2.2 文字格式

执行"窗口＞字符"命令，打开"字符"面板，如图 27-25 所示，在该面板中可以对文字进行设置，例如字体、字号、行间距、竖向缩放、横向缩放、比例间距、字符间距和字体颜色等。

图 27-25

其中，部分重要选项作用如下。

设置行距：用于设置文字行之间的间距。

设置两个字符间的字距微调：用于微调字符与字符之间的间距。

设置所选字符的字距调整：用于设置文和文字之间的间距。

- 设置所选字符的比例间距：按指定的百分比值减少字符周围的空间，字符本身并不会被伸展或挤压。当向字符添加比例间距时，字符两侧的间距按相同的百分比减小，百分比越大，字符间压缩就越紧密。

- 垂直缩放：用于设置文字垂直缩放比例。

- 水平缩放：用于设置文字水平缩放比例。

- 设置基线偏移 ⏟ᴬ₊ᴬ：用于设置文字基线的偏移量。
- 颜色：用于设置文字颜色。
- 设置文字样式 𝐓 𝑇 𝑇𝑇 Tᵣ T¹ T₁ T̲ 𝐓̄：用于设置文字样式。
- 设置消除锯齿的方法 ⓐₐ：用于设置消除锯齿的方法，包括"无""锐利""犀利""平滑""浑厚"五种。

图 27-26

### 27.2.3 设置段落格式

不同的段落格式具有不同的文字效果，执行"窗口＞段落"命令，打开"段落"面板，如图 27-26 所示，该面板中可对段落属性进行设置。

下面针对"段落"面板中的部分重要选项进行介绍。

- "对齐方式"按钮组 ▤▤▤▤ ▤▤▤▤：用于设置段落对齐方式，从左到右依次为"左对齐文本""居中对齐文本""右对齐文本""最后一行左对齐""最后一行居中对齐""最后一行右对齐""全部对齐"。
- "缩进方式"按钮组："左缩进"按钮 ▸▤ 用于设置段落文本向右（横排文字）或向下（直排文字）的缩进量；"右缩进"按钮 ▤◂ 用于设置段落文本向左（横排文字）或向上（直排文字）的缩进量；"首行缩进"按钮 ▸▤ 用于设置首行缩进量。
- "添加空格"按钮组："段前添加空格" ▾▤ 和"段后添加空格" ▤▴ 按钮用于设置段落与段落之间的间隔距离。
- "避头尾法则设置"选项：用于将换行集设置为宽松或严格。
- "间距组合设置"选项：用于设置内部字符集间距。
- "连字"复选框：勾选该复选框可将文字的最后一个英文单词拆开，形成连字符号，而剩余的部分则自动换到下一行。

扫一扫 看视频

本案例主要使用文字相关的知识制作明信片，下面对其进行具体的介绍。

**Step01** 执行"文件＞新建"命令，打开"新建文档"对话框，在对话框中设置参数，单击"创建"按钮，新建文档，如图 27-27、图 27-28 所示。

**Step02** 执行"文件＞置入嵌入对象"命令，将本章素材"相遇 .jpg"置入文档中，并调整至合适位置，如图 27-29 所示。

**Step03** 单击工具箱中的"横排文字工具"按钮，在选项栏中设置参数后，在画面中合适位置输入文字，如图 27-30 所示。

**Step04** 使用相同的方法输入其他文字，如图 27-31、图 27-32 所示。

**Step05** 选中画面最下方的文字，执行"窗口＞字符"命令，打开"字符"面板，在字符面板中设置参数，如图 27-33 所示。效果如图 27-34 所示。

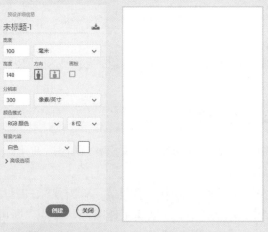

图 27-27　　　　　　　图 27-28

图 27-29　　　　　图 27-30　　　　　图 27-31　　　　　图 27-32

**Step06** 单击工具箱中的"直线工具"按钮，在选项栏中设置参数，按住 Shift 键在图像编辑窗口中合适位置绘制直线，如图 27-35 所示。选中所有图层，在选项栏中单击"垂直中心对齐"按钮，效果如图 27-36 所示。

图 27-33　　　　　图 27-34　　　　　图 27-35　　　　　图 27-36

至此，完成明信片的制作。

文字是一种比较特殊的图层，用户可以将其栅格化或将其转换为路径、形状等来进行编辑。

### 27.3.1 将文字转换为工作路径

在 Photoshop 软件中，将输入的文字转换为工作路径后，可以对其进行移动、变形等操作，使其呈现更多效果。

在图像编辑窗口中输入文字后，选中文字图层，单击鼠标右键，从弹出的快捷菜单中执行"创建工作路径"命令或执行"文字>创建工作路径"命令，即可将文字转换为文字形状的路径，如图 27-37 所示。此时可以使用"直接选择工具" 调整文字路径，制作更丰富的效果，如图 27-38 所示。

图 27-37

图 27-38

 **知识点拨**

将文字转换为工作路径后，原文字图层保持不变并可继续进行编辑。

### 27.3.2 栅格化文字图层

创建文字图层后，若想对其应用滤镜、绘制等操作，需要通过栅格化命令将路径转换为普通图层后再进行操作。但栅格化图层后，文字图层将由矢量对象变为像素图像，不再具有文字特性。

选中要栅格化的文字图层，执行"文字>栅格化文字图层"命令或执行"文字>栅格化文字图层"命令即可将其栅格化，如图 27-39、图 27-40 所示。

图 27-39

图 27-40

**操作提示**

在"图层"面板中选中文字图层，单击鼠标右键，在弹出的快捷菜单中选择"栅格化文字"命令也可以栅格化文字图层。

### 27.3.3 变形文字

Photoshop 软件中为用户提供了多种文字变形样式，通过这些变形样式，可以对文字的水平形状和垂直形状进行调整，使其效果更为多样化。

文字创建完成后，执行"文字>文字变形"命令或单击选项栏中的创建文字变形按钮 ⚊，打开"变形文字"对话框，如图 27-41 所示。

其中，各选项含义如下。

● 样式：用于设置文字变形样式，包括扇形、下弧、上弧、拱形、凸起、贝壳、花冠、旗帜、波浪、鱼形、增加、鱼眼、膨胀、挤压和扭转 15 种。

● 水平 / 垂直：用于调整变形文字的方向。如图 27-42、图 27-43 所示分别为水平和垂直的效果。

图 27-41

图 27-42

图 27-43

● 弯曲：用于指定对图层应用的变形程度。如图 27-44、图 27-45 所示分别为"弯曲"是 −50% 和 50% 时的效果。

图 27-44

图 27-45

589

● 水平扭曲：用于设置文字在水平方向上的扭曲程度。如图 27-46、图 27-47 所示分别为"水平扭曲"是 −50% 和 50% 时的效果。

图 27-46

图 27-47

● 垂直扭曲：用于设置文字在垂直方向上的扭曲程度。如图 27-48、图 27-49 所示分别为"垂直扭曲"是 −50% 和 50% 时的效果。

图 27-48

图 27-49

📄 **课堂练习**　制作变形文字

扫一扫 看视频

本案例主要使用变形文字工具来制作变形文字，下面对其进行具体的介绍。

**Step01** 执行"文件＞打开"命令，打开"背景 .jpg"素材图像，如图 27-50 所示。

**Step02** 选择"横排文字工具"，输入两组文字，如图 27-51 所示。

**Step03** 选择文字图层"Happy"，右击鼠标，在弹出的快捷菜单中选择"变形文字"命令，在弹出的"文字变形"对话框中设置参数，如图 27-52 所示。

**Step04** 设置效果如图 27-53 所示。

**Step05** 选择文字图层"Birthday"，右击鼠标，在弹出的快捷菜单中选择"变形文字"命令，在弹出的"文字变形"对话框中设置参数，如图 27-54 所示。

**Step06** 设置效果如图 27-55 所示。

图 27-50

图 27-51

R: 166
G: 172
B: 236

图 27-52

图 27-53

图 27-54

图 27-55

**Step07** 选择文字图层"Birthday"，右击鼠标，在弹出的快捷菜单中选择"混合选项"命令，在弹出的"图层样式"对话框中设置参数，如图 27-56 所示。

**Step08** 选择文字图层"Birthday"，右击鼠标，在弹出的快捷菜单中选择"拷贝图层样式"选项；选择文字图层"Happy"，右击鼠标，在弹出的快捷菜单中选择"粘贴图层样式"选项，如图 27-57 所示。

**Step09** 最终效果如图 27-58 所示。

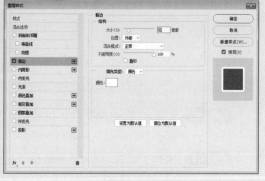

图 27-56

图 27-57

图 27-58

至此，完成变形文字的制作。

---

综合实战　制作霓虹字体海报

扫一扫 看视频

　　下面运用本章所学的知识点来制作霓虹字体海报。操作过程中所使用到的命令主要有：滤镜工具、文字工具、形状工具、图层样式等，具体操作步骤如下。

**Step01** 执行"文件＞新建"命令，打开"新建文档"对话框，在对话框中设置参数，单击"创建"按钮，新建文档，如图 27-59、图 27-60 所示。

图 27-59　　　　　　　　　　图 27-60

**Step02** 设置前景色为黑色，背景色为白色，单击"图层"面板底部的"创建新图层"按钮，新建图层，如图 27-61 所示。

**Step03** 执行"滤镜＞渲染＞云彩"命令，按 Alt+Ctrl+F 组合键两次重复执行"云彩"命令，效果如图 27-62 所示。

**Step04** 新建图层，单击该图层缩览图，在弹出的"图层样式"对话框中设置参数，如图 27-63 所示。

图 27-61　　　　　　　　　　　图 27-62

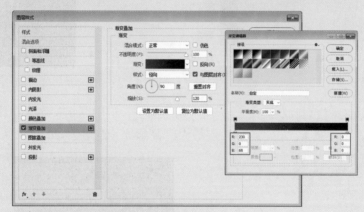

图 27-63

**Step05** 单击"确定"按钮，在图像编辑窗口拉从上到下渐变线，效果如图 27-64、图 27-65 所示。

**Step06** 选择"图层 2"右击鼠标，在弹出的快捷菜单中选择"栅格化图层样式"命令，设置图层混合模式为"正片叠底"，如图 27-66 所示。

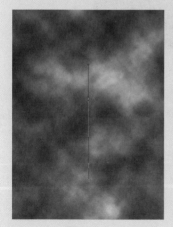　　　　

图 27-64　　　　　　　　图 27-65　　　　　　　　图 27-66

**Step07** 按Ctrl+J组合键两次复制该图层，设置"图层2拷贝"图层混合模式为"叠加"，如图27-67所示。

**Step08** 按Ctrl+T组合键自由变换图形，调整"图层2拷贝2"和"图层2拷贝"如图27-68、图27-69所示。

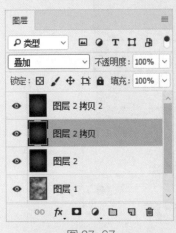

图 27-67

图 27-68

图 27-69

**Step09** 选择"横排文字工具"，输入两组文字，选中两组文字，在属性栏中单击"水平居中对齐"按钮 ，在"字符"面板中设置参数，如图27-70、图27-71所示。

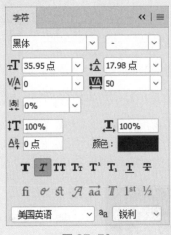

图 27-70

图 27-71

**Step10** 选择文字图层"SHENG"，右击鼠标，在弹出的快捷菜单中选择"混合选项"命令，弹出"图层样式"对话框，在"描边"选项中设置参数，如图27-72、图27-73所示。

**Step11** 选择文字图层"SHENG"，调整填充参数，如图27-74所示。

**Step12** 选择文字图层"SHENG"，右击鼠标，在弹出的快捷菜单中选择"拷贝图层样式"命令；选择文字图层"DE"，右击鼠标，在弹出的快捷菜单中选择"粘贴图层样式"命令，如图27-75、图27-76所示。

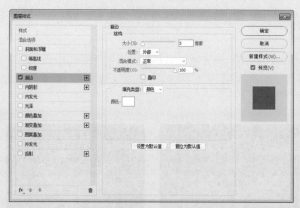

图 27-72　　　　　　　　　　　图 27-73

图 27-74　　　　　　图 27-75　　　　　　

图 27-76

**Step13** 按住 Shift 键选中两个文字图层，单击面板底部的"创建新组"按钮 □，如图 27-77 所示。

**Step14** 右击鼠标，在弹出的快捷菜单中选择"混合选项"命令，弹出"图层样式"对话框，在"外发光"选项中设置参数，如图 27-78 所示。

图 27-77　　　　　　　　　　　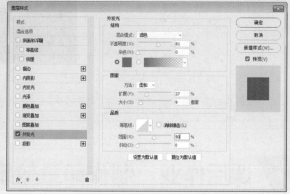

图 27-78

**Step15** 应用效果如图 27-79 所示。

Step16 新建图层,选择"自定义形状工具",在属性栏"形状"对话框中选择"皇冠1"进行绘制,如图27-80所示。

Step17 选择文字图层"SHENG",右击鼠标,在弹出的快捷菜单中选择"拷贝图层样式"命令;选择图层"形状1",右击鼠标,在弹出的快捷菜单中选择"粘贴图层样式"命令,如图27-81所示。

图 27-79

图 27-80

图 27-81

Step18 移动图层"形状1"至组"1",自动应用该图层样式,如图27-82、图27-83所示。

图 27-82

图 27-83

至此,完成霓虹字体海报的制作。

 **课后作业 制作印章效果**

### 项目需求

受魏先生的委托为一个工艺品大赛制作印章效果图,要求印章样式为圆形。

## 项目分析

制作圆形印章效果，首先需要绘制等圆的圆弧，在圆弧上创建路径文字，中下方放置五角星。

## 项目效果

制作印章如图 27-84 所示。

图 27-84

## 操作提示

Step01 绘制圆弧，创建路径文字与点文字。
Step02 利用选区创建外圆边框。
Step03 利用选区创建五角星。

# 第28章
# 图层的应用

### 📌 内容导读

图层在 Photoshop 软件中起到了非常重要的作用，它是 Photoshop
软件中处理图像时必备的承载体。本章主要针对图层的应用来进行介
绍，通过本章的学习，读者可以了解图层的相关知识，并能做到熟练
地操作图层。

### 🎯 学习目标

○ 了解图层的基本操作
○ 掌握图层混合模式的应用
○ 掌握图层样式的应用

# 28.1 图层面板的基本操作

图层是 Photoshop 软件的核心，任何操作都需要通过图层来实现，图层的基本操作主要包括新建图层、选择图层、复制和重命名图层、删除图层、调整图层顺序等操作，下面将对其进行具体的介绍。

## 28.1.1 选择图层

在对图层进行编辑之前，需要先选中图层作为当前工作图层。在"图层"面板中单击图层，即可选择图层；或在图像上单击鼠标右键，在弹出的快捷菜单中选择相应的图层名称也可选择该图层。

**操作提示**

按 Alt+】组合键可切换为相邻的上一个图层，按 Alt+【组合键可切换为相邻的下一个图层。

选择一个图层，按住 Shift 键，单击列表中另一端的图层，即可选中这两个图层及其之间的图层，如图 28-1 所示。按住 Ctrl 键单击要选择的图层，即可选择如图 28-2 所示的不连续的图层。

**操作提示**

按住 Ctrl 键选择图层时，单击图层名称即可。若单击图层缩览图，将载入该图层选区。

图 28-1        图 28-2

## 28.1.2 复制图层

复制图层在使用 Photoshop 软件的过程中应用广泛，该操作可以避免因操作失误造成的图像效果的损失。在 Photoshop 软件中，复制图层有多种方式，下面分别进行介绍。

（1）在"图层"面板复制图层

在"图层"面板中选中要复制的图层，按住鼠标左键拖动至"创建新图层"按钮 ，或按住 Alt 键拖动要复制的图层，即可复制所选图层。

（2）使用快捷键复制图层

选中要复制的图层，按 Ctrl+J 组合键即可在原地复制选中的图层。

（3）执行命令复制图层

选中要复制的图层，执行"图层>复制图层"命令，弹出"复制图层"对话框，如图 28-3 所示。

图 28-3

其中，部分常用选项作用如下。

- 为：用于设置复制的新图层的名称。
- 文档：用于确定复制图层的目标文档。
- 画板：若当前文档中存在多个画板，可设置复制图层所在的画板。
- 名称：用于设置新建目标文档的名称。

（4）在图像编辑窗口拖动复制

在图像编辑窗口中选中要复制的图层，按住 Alt 键拖动鼠标即可复制图层。若要复制图层至其他文档，单击工具箱中的"移动工具"按钮✛，按住鼠标左键拖动要复制的图层至目标文档即可。

### 28.1.3 创建与删除图层

新建或打开 Photoshop 文件后，可以在其中进行新建或删除图层的操作，下面进行介绍。

新建图层的操作比较简单，单击"图层"面板中的"创建新图层"按钮 🗅，即可在当前图层上面新建一个图层，新建的图层会自动成为当前图层。

也可以执行"图层＞新建＞图层"命令，在弹出的"新建图层"对话框中设置新建图层的名称、颜色等参数，如图 28-4 所示，设置完成后单击"确定"按钮即可创建新图层。

图 28-4

---

 **知识延伸**

Photoshop 软件中，除了新建的普通图层，还可以创建文字图层、形状图层、填充或调整图层等。

① 文字图层。使用"文字工具"**T.** 在图像中输入文字，完成后即可创建文字图层。

② 形状图层。使用形状工具组中的形状工具在图像编辑窗口中绘制形状，即会自动生成形状图层。

③ 填充或调整图层。单击"图层"面板底部的"创建新的填充或调整图层"按钮 ◑.，在弹出的菜单中选择相应的命令，设置适当调整参数后单击"确定"按钮，即可在"图层"面板中创建调整图层或填充图层。

④ 背景图层。在 Photoshop 文件中没有背景图层的情况下，执行"图层＞新建＞图层背景"命令，即可将当前图层转换为背景图层。

---

在使用 Photoshop 软件进行设计的过程中，为了减少图像文件占用的磁盘空间，在编辑图像时，对于不需要的图层，可以执行"图层＞删除＞图层"命令将其删除；也可以单击"图层"面板上的"删除图层"按钮 🗑 或者按 Delete 键删除图层。

### 28.1.4 锁定图层

为了保护图层，防止误操作损坏图层内容，Photoshop 软件中提供了"锁定透明像素""锁定图像像素""锁定位置""防止在画板和画框内外自动嵌套""锁定全部"五种锁定方式来锁定图层，如图 28-5 所示。

下面对这五种锁定方式进行介绍。

- 锁定透明像素▨：单击该按钮后，可将编辑范围限制为图层的不透明区域，图层中的透明区域将被保护不可编辑。

- 锁定图像像素✐：单击该按钮后，任何绘图、编辑工具和命令都不能在图层上进行操作，选择绘图工具后，鼠标指针将显示为禁止编辑形状◎。

- 锁定位置✛：单击该按钮后，图层不能被移动、旋转或变换。

图 28-5

- 防止在画板和画框内外自动嵌套▢：单击该按钮后，将锁定视图中指定的内容，以禁止在画板内部和外部自动嵌套，或指定给画板内的特定图层，以禁止这些特定图层的自动嵌套。

- 锁定全部🔒：单击该按钮后，将完全锁定图层，不能对图层进行任何操作。

## 28.1.5 链接图层

为便于同时对多个图层进行移动、变换、复制等操作，可以将这些图层链接在一起。选中要链接的多个图层，单击"图层"面板底部的"链接图层"按钮🔗即可链接选中的图层。若要取消链接图层，选中要取消链接的图层，单击"图层"面板上的"链接图层"按钮🔗即可。

## 28.1.6 栅格化图层

在使用 Photoshop 软件的过程中，若想对文字、形状、智能对象等包含矢量数据的图层进行编辑，需要先将其栅格化，再进行相应的操作。

选中要栅格化的图层，执行"图层>栅格化"命令下的子命令，如图 28-6 所示，即可将相应的图层栅格化。也可以在"图层"面板中单击鼠标右键，在弹出的快捷菜单中执行"栅格化"命令，将图层栅格化，如图 28-7 所示。

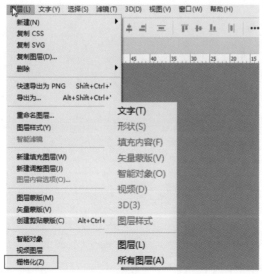

图 28-6

图 28-7

**601**

下面将利用"复制图层""链接图层"等命令制作壁纸。

**Step01** 执行"文件>新建"命令，新建 600 像素 ×800 像素的文档，如图 28-8 所示。

**Step02** 设置背景色，并选择"油漆桶工具"填充，如图 28-9 所示。

**Step03** 选择"自定形状工具"，在属性栏设置填充颜色为白色，在"形状"下拉框中选择"花形装饰 2"，按住 Shift 键等比绘制，如图 28-10 所示。

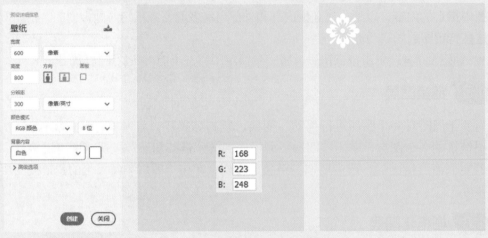

图 28-8　　　　　　图 28-9　　　　　　图 28-10

**Step04** 在图像编辑窗口按住 Alt 键拖动复制该图层形状 2 次，如图 28-11 所示。

**Step05** 新建图层，选择"自定形状工具"，在属性栏设置填充颜色，在"形状"下拉框中选择"五角星"，按住 Shift 键等比绘制，如图 28-12 所示。

**Step06** 在图像编辑窗口按住 Alt 键拖动复制该图层形状，如图 28-13 所示。

图 28-11　　　　　　图 28-12　　　　　　图 28-13

**Step07** 按住 Shift 键，全选形状图层，单击属性栏中的"垂直居中对齐"按钮和"水平居中分布"按钮 ↔，如图 28-14 所示。

Step08 选择图层"形状 2"，在图像编辑窗口按住 Alt 键拖动复制该图层形状 3 次，如图 28-15 所示。

Step09 选择图层"形状 1"，在图像编辑窗口按住 Alt 键拖动复制该图层形状 2 次，如图 28-16 所示。

图 28-14　　　　　　　　　　图 28-15　　　　　　　　　　图 28-16

Step10 单击"移动工具"，按住鼠标左键，框选第二排图层形状，如图 28-17 所示。

Step11 单击属性栏中的"垂直居中对齐"按钮 ↔ 和"水平居中分布"按钮 ↔，如图 28-18 所示。

Step12 选中全部图层，右击鼠标，在弹出的快捷菜单中选择"链接图层"命令，如图 28-19 所示。

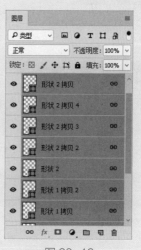

图 28-17　　　　　　　　　　图 28-18　　　　　　　　　　图 28-19

Step13 在图像编辑窗口按住 Alt 键向下拖动复制该图层形状 2 次，如图 28-20 所示。

Step14 单击"移动工具"按住鼠标左键，框选全部图层形状，如图 28-21 所示。

**Step15** 向上水平移动，效果如图 **28-22** 所示。

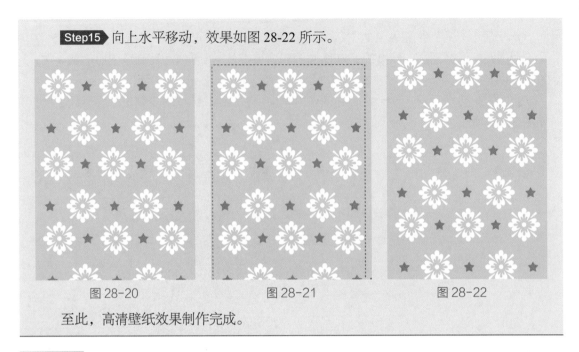

图 28-20　　　　　　　图 28-21　　　　　　　图 28-22

至此，高清壁纸效果制作完成。

## 28.1.7　将背景图层转换为普通图层

Photoshop 软件中的背景图层处于锁定不可编辑状态，若想对其进行操作，可以将其转换为普通图层。

选中背景图层，执行"图层>新建>背景图层"命令，或在"图层"面板中双击背景图层，打开"新建图层"对话框，单击"确定"按钮，即可将背景图层转换为普通图层。

**操作提示**

按住 Alt 键双击"图层"面板中的背景图层，可直接将背景图层转换为普通图层。

## 28.1.8　重命名图层

在使用 Photoshop 软件的过程中，为便于操作管理，可以对图层的名称进行修改。打开"图层"面板，在要重命名的图层名称上双击，图层名称呈蓝色可编辑状态，如图 **28-23** 所示。输入新的图层名称，按 Enter 键确认或在空白处单击即可重命名该图层，如图 **28-24** 所示。

图 28-23　　　　　　图 28-24

## 28.1.9 合并图层

一个 Photoshop 文档中一般包含了许多图层，图层越多，文件越大，运行速度也会变慢。因此，当最终确定了文档内容后，为了缩减文档，提高软件运行速度，可以合并图层，减少图层数量，下面将对其进行介绍。

（1）合并图层

合并图层命令可以合并选中的图层。选中要合并的图层，执行"图层＞合并图层"命令或按 Ctrl+E 组合键，即可合并图层，合并后的图层使用上层图层的名字，如图 28-25、图 28-26 所示。

（2）合并可见图层

合并可见图层命令可以合并所有可见图层，而隐藏的图层保持不动。执行"图层＞合并可见图层"命令或按

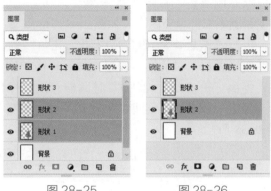

图 28-25　　　　　　图 28-26

Shift+Ctrl+E 组合键即可合并可见图层，合并后的图层使用最下层图层的名字，如图 28-27、图 28-28 所示。

（3）向下合并图层

向下合并图层可将当前图层合并到与其相连的下一层图层。选中要合并的图层，执行"图层＞向下合并"命令或按 Ctrl+E 组合键，即可向下合并图层，合并后的图层使用下层图层的名字，如图 28-29、图 28-30 所示。

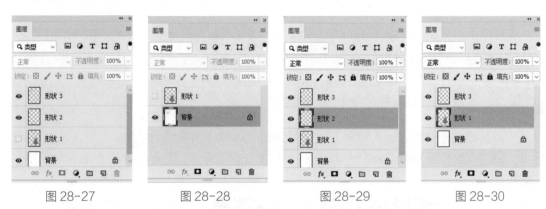

图 28-27　　　　　图 28-28　　　　　图 28-29　　　　　图 28-30

（4）拼合图像

拼合图像就是将所有可见图层进行合并，而丢弃隐藏的图层。执行"图层＞拼合图像"命令，软件会将所有可见图层合并到背景中并扔掉隐藏的图层。在拼合图像并进行存储操作后，将不能再恢复到未拼合时的状态。

## 28.1.10 盖印图层

盖印图层是将之前对图像进行处理后的效果以图层的形式复制在了一个新图层上，且保持原始图层不变，便于继续进行编辑，这种方式既方便了用户操作，也节省了时间。

若要盖印所有图层，按 Shift+Ctrl+Alt+E 组合键，即可将可见图层中的内容盖印到新图层中；若要盖印选中的多个图层，按 Ctrl+Alt+E 组合键即可。

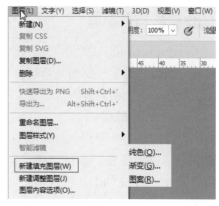

图 28-31

## 28.1.11 填充图层

填充图层是一种带蒙版的图层，其中包括纯色、渐变和图案三种填充内容，如图 28-31 所示。

执行"图层＞新建填充图层＞纯色"命令，弹出"新建图层"对话框，设置参数后单击"确定"按钮，弹出"拾色器（纯色）"对话框，设置颜色后单击"确定"按钮即可创建纯色填充图层，如图 28-32、图 28-33 所示。

图 28-32

图 28-33

也可以单击"图层"面板底部的"创建新的填充或调整图层"按钮 ◐，在弹出的菜单栏中选择"纯色"命令，同样可以创建填充图层。

📝 **课堂练习** 制作创意照片墙

下面将利用"置入嵌入对象""盖印图层"等命令制作创意照片墙。

**Step01** 打开素材文件"大象 .jpg"，如图 28-34 所示。按 Ctrl+J 组合键复制图层，如图 28-35 所示。

扫一扫 看视频 　　图 28-34 　　　　　　图 28-35

**Step02** 执行"文件＞置入嵌入对象"命令，置入本章素材文件"墙.jpg"，并调整至合适大小和位置，如图 28-36 所示。

**Step03** 单击工具箱中的"矩形工具"按钮□，填充颜色为黑色，在图像编辑窗口中的合适位置绘制矩形，如图 28-37 所示。

图 28-36

图 28-37

**Step04** 在"图层"面板中双击"矩形"图层空白处，打开"图层样式"对话框，在"高级混合"选项中设置参数，如图 28-38 所示。

**Step05** 在"描边"选项中设置参数，如图 28-39 所示。

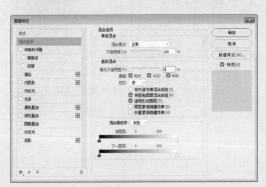
图 28-38

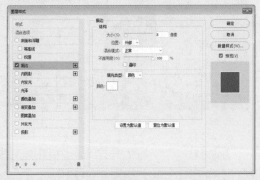
图 28-39

**Step06** 在"投影"选项中设置相关参数，如图 28-40 所示。

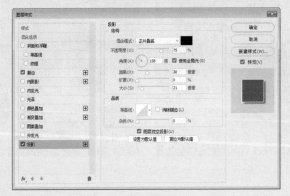
图 28-40

Step07 完成后单击"确定"按钮，效果如图 28-41 所示。

Step08 按住 Alt 键，拖动复制矩形，如图 28-42 所示。

图 28-41　　　　　　　　　　　　　　　图 28-42

Step09 按 Ctrl+T 组合键自由变换对象，调整至合适大小，如图 28-43 所示。

Step10 使用相同的方法，复制其他矩形，如图 28-44 所示。

图 28-43　　　　　　　　　　　　　　　图 28-44

Step11 选择右上角图形所在图层，按 Ctrl+T 组合键自由变换对象，将中心点移到右上角旋转图像，如图 28-45 所示。

Step12 使用相同的方法，调整部分矩形，营造掉落的现象，如图 28-46 所示。

图 28-45　　　　　　　　　　　　　　　图 28-46

Step13 按 Shift+Ctrl+Alt+E 组合键盖印图层，如图 28-47 所示。

**Step14** 单击面板底部的"创建新的填充或调整图层"按钮 ○,在弹出的快捷菜单中选择"渐变叠加"制作暗角效果,在弹出的"渐变填充"对话框中设置参数,如图28-48、图28-49所示。

图 28-47　　　　　　　　　图 28-48　　　　　　　　　图 28-49

**Step15** 调整图层不透明度,如图 28-50 所示。

**Step16** 最终效果如图 28-51 所示。

图 28-50　　　　　　　　　　　图 28-51

至此,完成创意照片墙的制作。

# 28.2　编辑图层

本节主要针对图层的不透明度、混合模式和图层样式进行讲解。图层的不透明度影响图层上图像的透明效果,混合模式可以调整当前图层与下层图层的混合效果,图层样式则可以为图层添加投影、内发光、斜面和浮雕等效果,下面将对其进行介绍。

## 28.2.1　图层不透明度

图层的不透明度直接影响当前图层的透明效果,数值越低,图层越透明。在"图层"面板的"不透明度"数值框中输入相应的数值或直接拖动滑块即可,如图 28-52、图 28-53 所示分别为"不透明度"数值为 50% 和 100% 的效果。

图 28-52 图 28-53

## 28.2.2 图层混合模式

在"图层"面板中用户可以方便地设置图层的混合模式，确定当前图层中的图像如何与其下层图层中的图像进行混合，从而创建各种特殊效果。

混合模式一般默认为正常模式，除正常模式外，Photoshop 软件中还提供了溶解、变暗、正片叠底、颜色加深、线性加深、深色、变亮、滤色、颜色减淡、线性减淡（添加）、浅色、叠加、柔光、强光、亮光、线性光、点光、实色混合、差值、排除、减去、划分、色相、饱和度、颜色和明度等多种混合模式。在"图层"面板中选中一个图层，单击"设置图层的混合模式"下拉按钮 <u>正常 ∨</u>，在弹出的下拉列表中选择混合模式，如图 28-54 所示，即可对图层应用混合模式效果。

下面将针对这些混合模式的效果进行介绍。

● 正常：Photoshop 软件中默认的混合模式。选择该模式，图层叠加无特殊效果，降低"不透明度"或"填充"数值后才可以与下层图层混合，如图 28-55 所示。

图 28-54

● 溶解：在图层完全不透明的情况下，溶解模式与正常模式所得到的效果是相同的。若降低图层的不透明度时，图层像素不是逐渐透明化，而是某些像素透明，其他像素则完全不透明，从而得到颗粒化效果，如图 28-56 所示。

● 变暗：该模式将对上下两个图层相对应像素的颜色值进行比较，取较小值得到自己各个通道的值，因此叠加后图像效果整体变暗，如图 28-57 所示。

图 28-55 图 28-56 图 28-57

- 正片叠底：该模式可用于添加阴影和细节，而不会完全消除下方的图层阴影区域的颜色，如图 28-58 所示。任何颜色与黑色正片叠底产生黑色。任何颜色与白色正片叠底保持不变。
- 颜色加深：通过增加图像间的对比度使基色变暗以反映混合色，与白色混合后不产生变化，如图 28-59 所示。
- 线性加深：通过减少亮度使基色变暗以反映混合色，与白色混合后不产生变化，如图 28-60 所示。

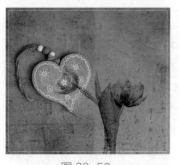

图 28-58                    图 28-59                    图 28-60

- 深色：比较混合色和基色的所有通道的数值总和，然后显示数值较小的颜色，如图 28-61 所示。
- 变亮：选择基色或混合色中较亮的颜色作为结果色，比混合色暗的像素将被替换，比混合色亮的像素保持不变，如图 28-62 所示。
- 滤色：查看每个通道的颜色信息，并将混合色的互补色与基色复合，结果色总是较亮的颜色。用黑色过滤时颜色保持不变。用白色过滤将产生白色，如图 28-63 所示。

图 28-61                    图 28-62                    图 28-63

- 颜色减淡：通过减弱图像间的对比度使基色变亮以反映混合色，与黑色混合后不产生变化，如图 28-64 所示。
- 线性减淡（添加）：通过增强亮度使基色变亮以反映混合色，与黑色混合后不产生变化，如图 28-65 所示。
- 浅色：比较混合色和基色的所有通道的数值总和，然后显示数值较大的颜色，如图 28-66 所示。
- 叠加：对颜色进行正片叠底或过滤，具体取决于基色。保留底色的高光和阴影部分，底色不被取代，而是和上方图层混合来体现原图的亮度和暗部，图案或颜色在现有像素上叠加，同时保留基色的明暗对比，如图 28-67 所示。

图 28-64

图 28-65

图 28-66

- 柔光：使颜色变暗或变亮，具体取决于混合色。若混合色比 50% 灰色亮，则图像变亮；若混合色比 50% 灰色暗，则图像变暗，如图 28-68 所示。
- 强光：对颜色进行正片叠底或过滤，具体取决于混合色。若混合色比 50% 灰色亮，则图像变亮；若混合色比 50% 灰色暗，则图像变暗，如图 28-69 所示。

图 28-67

图 28-68

图 28-69

- 亮光：通过增加或减小对比度来加深或减淡颜色，具体取决于混合色。若混合色比 50% 灰色亮，则通过减小对比度使图像变亮；若混合色比 50% 灰色暗，则通过增加对比度使图像变暗，如图 28-70 所示。
- 线性光：通过减小或增加亮度来加深或减淡颜色，具体取决于混合色。若上方图层颜色比 50% 的灰度亮，则图像增加亮度；反之图像变暗，如图 28-71 所示。
- 点光：根据混合色替换颜色。若混合色比 50% 灰色亮，则替换比混合色暗的像素，而不改变比混合色亮的像素；若混合色比 50% 灰色暗，则替换比混合色亮的像素，而比混合色暗的像素保持不变，如图 28-72 所示。

图 28-70

图 28-71

图 28-72

- 实色混合：应用该模式后将使两个图层叠加后具有很强的硬性边缘，如图 28-73 所示。

- 差值：比较每个通道中的颜色信息，从基色中减去混合色，或从混合色中减去基色，具体取决于哪一个颜色的亮度值更大。与白色混合将反转基色值；与黑色混合则不产生变化，如图 28-74 所示。
- 排除：创建一种与"差值"模式相似但更加柔和的图像效果，与白色混合将反转基色值，与黑色混合则不发生变化，如图 28-75 所示。

图 28-73

图 28-74

图 28-75

- 减去：比较每个通道中的颜色信息，并从基色中减去混合色，如图 28-76 所示。
- 划分：比较每个通道中的颜色信息，并从基色中划分混合色，如图 28-77 所示。
- 色相：该模式的应用将采用底色的亮度、饱和度以及上方图层中图像的色相作为结果色，如图 28-78 所示。

图 28-76

图 28-77

图 28-78

- 饱和度：用基色的明亮度和色相以及混合色的饱和度创建结果色，在饱和度为 0 的区域上用此模式绘画不会产生任何变化。如图 28-79 所示。
- 颜色：用基色的明亮度以及混合色的色相和饱和度创建结果色。这样可以保留图像中的灰阶，并且对于给单色图像上色和给彩色图像着色都会非常有用，如图 28-80 所示。
- 明度：用基色的色相和饱和度以及混合色的明亮度创建结果色，如图 28-81 所示。

图 28-79

图 28-80

图 28-81

## 28.2.3 图层样式

图层样式可以简单快捷地改变图层外观，制作多种多样的效果，且操作简单、易于修改，下面对其进行介绍。

双击图层名称右侧的空白区域，可以打开"图层样式"对话框，如图 28-82 所示。Photoshop 为用户提供了斜面和浮雕、描边、内阴影、内发光、光泽、渐变叠加、图案叠加、外发光、投影共 9 种样式。

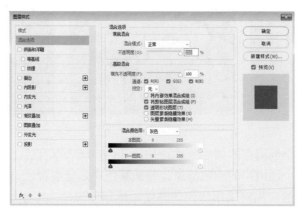

图 28-82

其中，各图层样式的应用如下。

- 斜面和浮雕：该样式可以增加图像边缘的明暗度，为图层增加高光和阴影，使图像产生立体感。
- 描边：该样式可以使用颜色、渐变或图案描绘图像的轮廓。
- 内阴影：该样式可以在紧靠图层内容的边缘内添加阴影，使图层产生凹陷效果。
- 内发光：在图像边缘的内部添加发光效果。
- 光泽：在图像上填充明暗度不同的颜色并在颜色边缘部分产生柔化效果，常用于制作光滑的磨光或金属效果。
- 渐变叠加：该样式可以在当前图层上叠加渐变色。
- 图案叠加：该样式可以在当前图层上叠加图案。
- 外发光：在图像边缘的外部添加发光效果。
- 投影：该样式可模拟出图层受光后产生的投影效果，从而增加图像的层次感。

---

📋 **课堂练习** 制作古书效果

扫一扫 看视频

下面将利用图层样式命令制作仿古图书的效果。具体操作方法如下。

**Step01** 打开素材文件"桌子.jpg"，如图 28-83 所示。

**Step02** 执行"文件＞置入嵌入对象"命令，置入本章素材文件"书.jpg"，并调整至合适大小和位置，如图 28-84 所示。

**Step03** 使用"钢笔工具"绘制路径，如图 28-85 所示。按 Ctrl+Enter 组合键将路径转换为选区，如图 28-86 所示。

Premiere+After Effects+Photoshop 一站式高效学习一本通

图 28-83

图 28-84

图 28-85

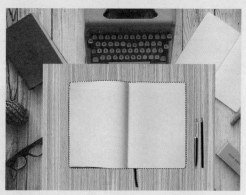

图 28-86

Step04 按 Ctrl+J 组合键复制选区，隐藏"书"图层，如图 28-87 所示。

Step05 在"图层"面板中双击"图层 1"图层空白处，打开"图层样式"对话框，设置投影参数，如图 28-88 所示。

图 28-87

图 28-88

Step06 完成后单击"确定"按钮，效果如图 28-89 所示。

Step07 单击"图层"面板中"创建新的填充或调整图层"按钮 ◙，在弹出的菜单栏中执行"纯色"命令，在弹出的"拾色器（纯色）"对话框中设置颜色，如图 28-90 所示。

图 28-89　　　　　　　　　　　　图 28-90

**Step08** 完成后单击"确定"按钮，效果如图 28-91 所示。

**Step09** 移动鼠标至"图层"面板中"图层 1"和"颜色填充 1"图层之间，待鼠标变为 ↲□ 时按住 Alt 键，单击创建剪切蒙版，并调整混合模式为"柔光"，如图 28-92 所示。

图 28-91　　　　　　　　　　　　图 28-92

**Step10** 上一步骤效果如图 28-93 所示。

**Step11** 置入本章素材文件"花纹 .jpg"，使用相同的方法创建剪切蒙版及设置"柔光"混合模式，效果如图 28-94 所示。

图 28-93　　　　　　　　　　　　图 28-94

至此，完成古书效果的制作。

**综合实战** 制作手持老照片效果

下面运用本章所学的知识点来将图片处理成老照片的效果。操作过程中所使用到的命令主要有：形状工具、滤镜工具、自由变换、蒙版工具等，具体操作如下。

**Step01** 打开本章素材文件"故宫.jpg"，如图 28-95 所示。

**Step02** 使用工具箱中的"矩形选框"，在图像编辑窗口中绘制矩形选框，如图 28-96 所示。

图 28-95

图 28-96

**Step03** 按 Ctrl+J 组合键复制选区内容，如图 28-97 所示。

**Step04** 选中复制的图层，执行"图像>调整>去色"命令，去除图像颜色，如图 28-98 所示。

图 28-97

图 28-98

**Step05** 选中复制图层，按 Ctrl+T 组合键自由变换对象，单击鼠标右键，在弹出的菜单栏中执行"变形"命令，如图 28-99 所示。

**Step06** 对图像进行变形处理，如图 28-100 所示。完成后按 Enter 键应用变换。

**Step07** 在"图层"面板中双击"图层 1"图层空白处，打开"图层样式"对话框，设置描边参数，如图 28-101 所示。完成后单击"确定"按钮，效果如图 28-102 所示。

图 28-99

图 28-100

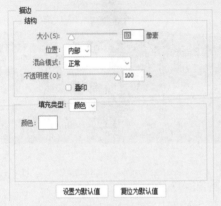

图 28-101

图 28-102

**Step08** 单击"图层"面板底部的"创建新的填充或调整图层"按钮 ，在弹出的菜单栏中执行"照片滤镜"命令，如图 28-103 所示。

**Step09** 执行"窗口＞属性"命令，打开"属性"面板，设置照片滤镜参数，如图 28-104 所示。

图 28-103                    图 28-104

**Step10** 移动鼠标至"图层"面板中"图层 1"和"照片滤镜 1"图层之间，待鼠标变为 状时按住 Alt 键单击，创建剪切蒙版，如图 28-105 所示。效果如图 28-106 所示。

图 28-105

图 28-106

**Step11** 选中"图层 1"图层,将本章素材"划痕 .jpg"拖拽至文档中,并调整至合适大小,如图 28-107 所示。

**Step12** 使用相同的方式创建剪切蒙版,并设置"划痕"图层的混合模式为"叠加",如图 28-108 所示。

图 28-107

图 28-108

**Step13** 此时效果如图 28-109 所示。

**Step14** 将素材"手 .png"拖拽至文档中,并调整至合适大小与位置,如图 28-110 所示。

图 28-109

图 28-110

**Step15** 单击"图层"面板底部"创建新图层"按钮,新建图层,如图 28-111 所示。

**Step16** 使用"画笔工具"在手指与照片接触的部位绘制阴影,如图 28-112 所示。

图 28-111                        图 28-112

**Step17** 选中"图层 2"图层，在"图层"面板中设置不透明度为"50%"，如图 28-113 所示。

**Step18** 按 Ctrl+J 组合键复制图层"背景"，如图 28-114 所示。

图 28-113                        图 28-114

**Step19** 执行"滤镜＞模糊＞高斯模糊"命令，在弹出的"高斯模糊"对话框中设置参数，如图 28-115 所示。

**Step20** 最终效果如图 28-116 所示。

图 28-115                        图 28-116

至此，完成手持老照片效果的制作。

# 课后作业 制作水珠效果

## 项目需求

为素材文件添加水珠的效果，要求水珠自然真实。

## 项目分析

本项目可以通过滤镜里的云彩和图章命令来制作水滴样式，通过调整图层样式完善水珠效果，使其更加自然真实。

## 项目效果

制作最终效果如图 28-117 所示。

图 28-117

## 操作提示

**Step01** 打开本章素材文件，复制背景图层，填充白色。

**Step02** 执行"滤镜＞渲染＞分层云彩"命令。

**Step03** 执行"执行＞滤镜库＞素描＞图章"命令。

**Step04** 用魔棒工具调整。

**Step05** 图层样式添加斜面和浮雕、内阴影、光泽、投影参数。

# 第29章
# 通道与蒙版

## ⭐ 内容导读

本章主要针对 Photoshop 软件中的通道和蒙版进行介绍，通道是可以存储图像颜色信息和选区信息等不同类型信息的灰度图像，蒙版可以保护被遮蔽的工作区域，使其免受操作的影响。深入理解通道和蒙版功能，可以帮助用户更好地处理图像。

## ⚡ 学习目标

○ 了解通道面板
○ 了解蒙版的类型
○ 掌握通道的编辑与创建
○ 掌握蒙版的编辑操作

## 29.1　认识通道

通道是存储不同类型信息的灰度图像，它可以帮助用户调整颜色、存储选区等。利用通道，用户可以非常简单地制作出很复杂的选区，如抠选半透明物品等。

打开一个图像文件，执行"窗口>通道"命令，打开"通道"面板，如图29-1所示。当前图像颜色模式为"RGB 颜色"模式。

下面将针对"通道"面板中的部分选项进行介绍。

● 指示通道可见性 ：用于显示或隐藏通道。

将通道作为选区载入 ：单击该按钮可将当前通道转换为选区。白色部分表示选区之内，黑色部分表示选区之外，灰色部分则是半透明效果。

● 将选区存储为通道 ：单击该按钮可将图像中选区之

图 29-1

外的图像转换为一个蒙版的形式，将选区保存在新建的 Alpha 通道中。

● 创建新通道 ：用于创建一个空白的 Alpha 通道，通道显示为全黑色。

● 删除当前通道 ：用于删除当前选中的通道。

## 29.2　通道类型

Photoshop 软件中包含多种通道类型，主要有颜色通道、专色通道和 Alpha 通道。颜色通道和专色通道主要针对颜色信息，Alpha 通道针对选区，下面对各个类型的通道进行介绍。

### 29.2.1　颜色通道

颜色通道是用于描述图像色彩信息的彩色通道，图像的颜色模式决定了通道的数量。每个单独的颜色通道都是灰度图像，仅代表这个颜色的明暗变化。

Photoshop 软件会根据图像的颜色模式自动生成颜色通道。在"RGB 颜色"模式下，"通道"面板中显示 RGB、红、绿、蓝四个通道，如图29-2所示；在"CMYK 颜色"模式下，"通道"面板中显示 CMYK、青色、洋红、黄色、黑色五个通道，如图29-3所示。

图 29-2

图 29-3

623

## 29.2.2 Alpha 通道

　　Alpha 通道主要用于存储选区，它相当于一个 8 位的灰阶图，用 256 级灰度来记录图像中的透明度信息。Alpha 通道缩览图中的白色部分表示选区之内，黑色部分表示选区之外，灰色部分则是半透明效果。

　　单击"通道"面板中的"创建新通道"按钮即可创建一个空白的 Alpha 通道，如图 29-4 所示。若图像中存在选区，单击"通道"面板中的"将选区存储为通道"按钮可将选区保存到 Alpha 通道中，如图 29-5 所示，保存选区后可随时重新载入该选区或将该选区载入其他图像中。

图 29-4　　　　　　　　　　图 29-5

## 29.2.3 专色通道

　　专色通道是一种比较特殊的通道，可用于存储专色。它可以使用除青色、洋红、黄色和黑色以外的颜色来绘制图像，常用于需要专色印刷的印刷品。

　　单击"通道"面板中的"菜单"按钮，在弹出的菜单中执行"新建专色通道"命令，弹出"新建专色通道"对话框，如图 29-6 所示。在"新建专色通道"对话框中设置专色通道的名称、颜色等参数，单击"确定"按钮，即可创建专色通道，如图 29-7 所示。

图 29-6　　　　　　　　　　图 29-7

**操作提示**

除了默认的颜色通道外，每一个专色通道都有相应的印版，在打印输出一个含有专色通道的图像时，必须先将图像模式转换到多通道模式下。

**课堂练习 更换玻璃杯背景**

下面利用复制通道等操作将带有背景的玻璃杯素材图片拼接到主图中。

扫一扫 看视频

**Step01** 打开素材文件"背景 .jpg"，如图 29-8 所示。按 Ctrl+J 组合键复制图层，如图 29-9 所示。

**Step02** 将素材"杯子 .jpg"置入该文档中，如图 29-10 所示。

**Step03** 执行"窗口>通道"命令，弹出"通道"面板，如图 29-11 所示。

图 29-8

图 29-9

图 29-10

图 29-11

**Step04** 选中蓝通道，按住鼠标左键拖拽至"创建新通道"按钮上，复制通道，如图 29-12 所示。

**Step05** 选中复制通道，单击"通道"面板底部的"将通道作为选区载入"按钮，将通道转换为选区，如图 29-13 所示。

图 29-12　　　　　　　　　　　图 29-13

**Step06** 单击选中"通道"面板中的RGB通道，打开"图层"面板，单击底部的"添加图层蒙版"按钮 ▣ 创建图层蒙版，如图 29-14 所示。效果如图 29-15 所示。

图 29-14　　　　　　　　　　　图 29-15

**Step07** 选中图层蒙版，设置前景色为黑色，使用画笔工具在图像编辑窗口中涂抹，隐藏底部，如图 29-16 所示。

**Step08** 按 Ctrl+B 组合键，在弹出的"色彩平衡"对话框中设置参数，最终效果如图 29-17 所示。

图 29-16　　　　　　　　　　　图 29-17

至此，完成玻璃杯背景的更换。

## 29.3 认识并了解蒙版的类型

蒙版是一种非破坏性的编辑方式，它可以遮盖住部分图像，使其避免因为使用橡皮擦或剪刀、删除等造成的失误操作。

在 Photoshop 软件中，常用的蒙版包括剪贴蒙版、图层蒙版、矢量蒙版三种。下面将针对这三种蒙版进行具体的介绍。

### 29.3.1 剪贴蒙版

剪贴蒙版是使用处于下方图层的形状限制上方图层的显示区域状态，剪贴蒙版由两部分组成：一部分为基底图层，用于定义显示图像的范围或形状；另一部分为内容图层，用于定义最终表现的图像内容。

剪贴蒙版创建后，基底图层名称下会有一条下划线，上方的内容图层缩览图前方会出现图标。创建剪贴蒙版有三种方式，下面进行具体介绍。

① 选中要被剪贴的图层即内容图层，执行"图层>创建剪贴蒙版"命令或按 Ctrl+ Alt+G 组合键，即可使相邻的下方图层为基底图层创建剪贴蒙版，如图 29-18、图 29-19 所示。

图 29-18      图 29-19

② 在"图层"面板中选中要被剪贴的图层即内容图层，单击鼠标右键，在弹出的快捷菜单中执行"创建剪贴蒙版"命令，即可使相邻的下层图层为基底图层创建剪贴蒙版，如图 29-20、图 29-21 所示。

图 29-20      图 29-21

③ 在"图层"面板中选中要被剪贴的图层即内容图层，按住 Alt 键，移动鼠标至要被剪贴的图层与其相邻的下层图层之间，待鼠标变为 ⬚ 状时，单击鼠标左键，即可创建剪贴蒙版，如图 29-22、图 29-23 所示。

图 29-22　　　　　　　　　　　图 29-23

在使用剪贴蒙版处理图像时，内容图层一定位于基底图层的上方，才能对图像进行正确剪贴。创建剪贴蒙版后，若想释放剪贴蒙版，按 Ctrl+Alt+G 组合键或按住 Alt 键，移动鼠标至内容图层与基底图层之间，待鼠标变为 ⬚ 状时，单击鼠标左键即可。

### 29.3.2　图层蒙版

图层蒙版可以在不损坏图像的前提下，将部分图像隐藏，并可根据需要修改隐藏的部分，它并不是直接编辑图层中的图像，而是通过使用画笔工具在蒙版上涂抹，控制图层区域的显示或隐藏，常用于制作图像合成。

（1）创建图层蒙版

选中要添加图层蒙版的图层，单击"图层"面板底端的"添加图层蒙版"按钮 ▣ ，即可为选中的图层添加图层蒙版，如图 29-24 所示。设置前景色为黑色，使用"画笔工具" ✎ 在图层蒙版上进行绘制即可隐藏绘制区域的内容，如图 29-25 所示。

图 29-24

图 29-25

（2）编辑图层蒙版

图层蒙版可以在不同的图层之间进行复制和移动。若想要复制图层蒙版，在"图层"面板中选中蒙版缩览图，按住 Alt 键并拖拽至要复制的图层即可，如图 29-26 所示。若想要移动图层蒙版，在"图层"面板中选中蒙版缩览图，将图层蒙版拖拽至要移动的图层即可，如图 29-27 所示。

图 29-26

图 29-27

停用和启用蒙版能帮助用户对图像使用蒙版前后的效果进行更多的对比观察。若想暂时停用图层蒙版，可选中图层蒙版缩览图，单击鼠标右键，在弹出的快捷菜单中执行"停用图层蒙版"命令，或按住 Shift 键的同时，单击图层蒙版缩览图，此时图层蒙版缩览图中会出现一个红色的"×"标记，被蒙版隐藏的区域即可显示出来，如图 29-28 所示。

若需要重新启用图层蒙版，右击图层蒙版缩览图，在弹出的快捷菜单中执行"启用图层蒙版"命令，或按 Shift 键的同时单击图层蒙版缩览图，即可启用图层蒙版，如图 29-29 所示。

图 29-28

图 29-29

应用蒙版就是将蒙版与原图像合并成一个图像，其中白色区域对应的图像保留，黑色区域对应的图像被删除，灰色区域对应的图像部分被删除，其功能类似于合并图层。选中图层蒙版缩览图，单击鼠标右键，在弹出的快捷菜单中执行"应用图层蒙版"命令即可。

（3）删除图层蒙版

若想删除创建的图层蒙版，选中要删除的图层蒙版缩览图，单击"图层"面板底部的"删除图层"按钮 🗑 或者选中图层，执行"图层>图层蒙版>删除"命令即可。

## 29.3.3 矢量蒙版

矢量蒙版用来控制图像的显示区域，它只能作用于当前图层。矢量蒙版既可以通过形状工具创建，也可以通过路径来创建。

矢量蒙版创建完成后，依然可以通过"直接选择工具" ▶ 对路径进行调整，从而使蒙版区域更精确。下面对其进行介绍。

选中要创建矢量蒙版的图层，单击工具箱中的"钢笔工具"按钮，在图像中合适位置绘制路径，执行"图层>矢量蒙版>当前路径"命令，即可以当前绘制的路径创建一个矢量蒙版，如图 29-30、图 29-31 所示。

图 29-30

图 29-31

单击工具箱中的"直接选择工具"按钮，选中路径，可以调整路径范围，从而调整矢量蒙版，如图 29-32、图 29-33 所示。

图 29-32

图 29-33

若想删除矢量蒙版，在矢量蒙版缩览图上单击鼠标右键，在弹出的菜单中执行"删除矢量蒙版"命令，或执行"图层>矢量蒙版>删除"命令即可。

---

📑 **课堂练习** 制作九宫格拼图

扫一扫 看视频

接下来利用蒙版制作九宫格拼图，这里会用到"矩形工具"以及创建图层蒙版等操作。

**Step01** 执行"文件>新建"命令，新建 930 像素 ×930 像素的文档，如图 29-34 所示。

**Step02** 选择"矩形工具"在图像编辑窗口双击，在弹出的"创建矩形"对话框中设置参数，单击"确定"按钮，如图 29-35 所示。

图 29-34                    图 29-35

**Step03** 调整矩形位置，按住 Alt 键拖动复制矩形，如图 29-36 所示。

**Step04** 选中三个矩形，在属性栏中单击"顶对齐"按钮 ┰ 和"水平居中分布"按钮 ┿┿，如图 29-37 所示。

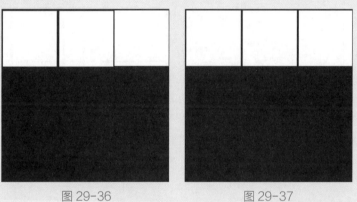

图 29-36                    图 29-37

**Step05** 按 Ctrl+' '组合键，显示网格，按 Ctrl+T 自由变换图形，使中心点居中对齐网格中心点，调整完成后按 Enter 键即可，调整效果如图 29-38 所示。

**Step06** 右击鼠标，在弹出的快捷菜单中选择"链接图层"命令，如图 29-39 所示。

图 29-38                    图 29-39

**Step08** 按住 Shift 键，选中全部矩形，按 Ctrl+T 自由变换图形，使中心点居中对齐网格中心点，调整完成后按 Enter 键即可，调整效果如图 29-41 所示。

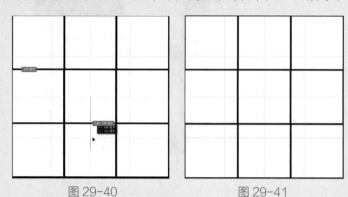

图 29-40　　　　　　　　　图 29-41

**Step09** 选中图层"背景"，执行"图像＞画布大小"命令，在弹出的"画布大小"对话框中设置参数，单击"确定"按钮，如图 29-42、图 29-43 所示。

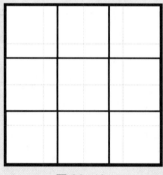

图 29-42　　　　　　　　　图 29-43

**Step10** 按 Ctrl+'' 组合键，隐藏网格。设置前景色，选择"油漆桶工具"在图像编辑窗口单击填充，如图 29-44 所示。

**Step11** 按住 Shift 键选中全部图层，单击面板底部的"创建新组"按钮 □，如图 29-45 所示。

图 29-44　　　　　　　　　图 29-45

**Step12** 执行"文件＞置入嵌入图像"命令，置入素材图像"宠物.jpg"，如图 29-46 所示。

**Step13** 按 Ctrl+ Alt+G 组合键创建剪贴蒙版，按 Ctrl+T 自由变换图形，按住 Shift+Alt 组合键等比放大图像，调整完成后按 Enter 键即可，调整效果如图 29-47 所示。

图 29-46　　　　　　　　　　图 29-47

**Step14** 双击组"1"空白处，弹出"图层样式"对话框，在"投影"选项中设置参数，如图 29-48、图 29-49 所示。

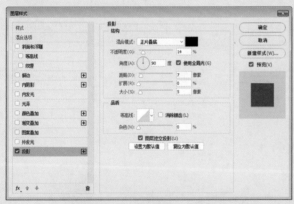

图 29-48

图 29-49

至此，完成九宫格拼图效果的制作。

---

**综合实战** 制作漂流瓶中的世界效果

下面运用本章所学的知识点来制作一个漂流瓶中的世界效果。操作过程中所使用的命令主要有图层蒙版、滤镜工具等，具体操作如下。

**Step01** 打开素材文件"瓶.jpg"，如图 29-50 所示。按 Ctrl+J 组合键复制图层，如图 29-51 所示。

**Step02** 置入素材文件"绿植.jpg"，如图 29-52 所示。调整至合适大小及位置，按 Enter 键应用变换，如图 29-53 所示。

图 29-50

图 29-51

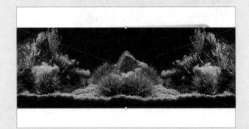

图 29-52

图 29-53

Step03 在"图层"面板中选中"绿植"图层,单击底部的"添加图层蒙版"按钮
◼️,添加图层蒙版,如图 29-54 所示。

Step04 选中蒙版缩览图,设置前景色为黑色,使用"画笔工具"在图像编辑窗口
中涂抹,隐藏多余部分,如图 29-55 所示。

图 29-54

图 29-55

Step05 置入本章素材文件"天空 .jpg",并调整至合适大小及位置,如图 29-56
所示。

Step06 在"图层"面板中选中"天空"图层,单击底部的"添加图层蒙版"按钮
◼️,添加图层蒙版,如图 29-57 所示。

Step07 选中蒙版缩览图,设置前景色为黑色,使用"画笔工具"在图像编辑窗口
中涂抹,隐藏多余部分,如图 29-58 所示。

图 29-56　　　　　　　　　　　　　　　　图 29-57

Step08 在"图层"面板中选中"绿植"和"天空"图层，设置不透明度为"90%"，如图 29-59 所示。

图 29-58　　　　　　　　　　　　　　　　图 29-59

Step09 调整不透明度后效果如图 29-60 所示。

Step10 使用相同的方法置入素材"鹿""象"和"鸟"，并通过图层蒙版去掉多余部分，如图 29-61 所示。

图 29-60　　　　　　　　　　　　　　　　图 29-61

Step11 在"图层"面板中选中"象"图层，单击"图层"面板底部的"创建新的填充或调整图层"按钮，在弹出的菜单栏中执行"曲线"命令，如图 29-62 所示。

Step12 执行"窗口＞属性"命令打开"属性"面板，调整曲线，如图 29-63 所示。

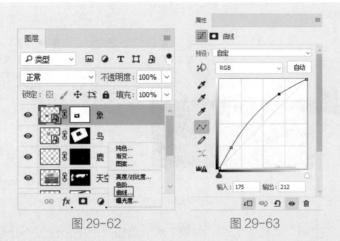

图 29-62                            图 29-63

Step13 移动鼠标至图层"曲线 1"和"象"之间，按住 Alt 键单击创建剪切蒙版，如图 29-64 所示，效果如图 29-65 所示。

图 29-64                            图 29-65

Step14 在"图层"面板中选中"背景"图层，按 Ctrl+J 组合键复制图层，按 Ctrl+Shift+】组合键将复制图层移动至最上层，并调整其混合模式为"柔光"，不透明度为"80%"，如图 29-66 所示。

Step15 按住 Shift 键选中所有图层，单击面板底部的"创建新组"按钮，按 Ctrl+Shift+Alt+E 组合键盖印图层，隐藏组"1"，如图 29-67 所示。

图 29-66                            图 29-67

**Step16** 执行"窗口＞通道"命令，弹出"通道"面板，在"通道"面板中，复制"红通道"，如图 29-68 所示。

**Step17** 按 Ctrl+M 组合键，在弹出的"曲线"对话框中调整参数，如图 29-69 所示。

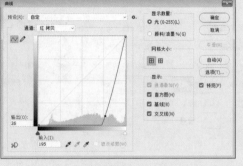

图 29-68                    图 29-69

**Step18** 效果如图 29-70 所示。

**Step19** 设置前景色为黑色，选择画笔工具，在瓶中部分进行涂抹至全黑，如图 29-71 所示。

图 29-70                    图 29-71

**Step20** 在"通道"面板中，按住 Ctrl 键载入选区，如图 29-72 所示。

**Step21** 选择"套索工具"，在图形编辑窗口右击弹出快捷菜单，选择"选择反向"命令，如图 29-73 所示。

图 29-72                    图 29-73

**Step22** 单击"RGB"通道，在"图层"面板底部单击"添加图层蒙版"按钮，如图 29-74 所示。

**Step23** 置入本章素材文件"背景 .jpg"，并调整至合适大小及位置，如图 29-75 所示。

图 29-74

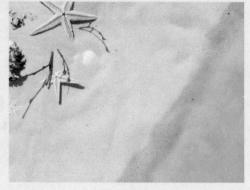

图 29-75

**Step24** 调整图层顺序，如图 29-76 所示。

**Step25** 选择"图层1"，调整至合适大小及位置，双击"图层1"，弹出"图层样式"对话框，在"投影"选项中设置参数，如图 29-77 所示。效果如图 29-78 所示。

图 29-76

图 29-77

**Step26** 选择"套索工具"框选处于海水位置的瓶子部分，创建选区，如图 29-79 所示。

图 29-78

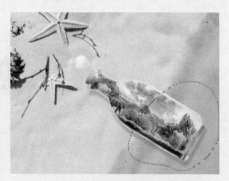

图 29-79

**Step27** 执行"滤镜＞模糊＞高斯模糊",在弹出的"高斯模糊"对话框中设置参数,如图 29-80 所示。

**Step28** 按 Ctrl+M 组合键,在弹出的"曲线"对话框中设置参数,如图 29-81 所示。

图 29-80

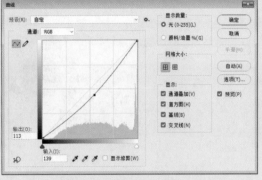

图 29-81

**Step29** 按 Ctrl+D 组合键,取消选区,最终效果如图 29-82 所示。

图 29-82

至此,完成漂流瓶中的世界效果的制作。

## 课后作业 制作冰鲜水果图样

### 项目需求

受水果店老板之托帮其制作一张冰鲜水果图,要求突出水果的新鲜感,使人有购买欲。

### 项目分析

选择冰块和水果照片,通过蒙版和通道把水果和冰块抠取出来,然后把水果放至冰块里,给顾客呈现一种锁住新鲜、锁住水分的感觉。

## 项目效果

冰鲜水果图样效果如图 29-83 所示。

图 29-83

## 操作提示

Step01 打开并置入本章素材文件。

Step02 通过蒙版和通道抠取素材元素。

# 第30章
# 色彩与色调的调整

## ★ 内容导读

本章主要针对色彩和色调进行讲解。色彩是图像的重要构成部分，是图像设计中必不可少的元素。Photoshop 提供了多种调节图像色彩色调的命令，用户可以利用这些命令来对图像的亮度、饱和度等进行调整，从而使图像更加丰富多彩。

## ひ 学习目标

○ 掌握基本调色命令
○ 掌握高级调色命令
○ 了解特殊调色命令

利用"曲线""色阶""亮度 / 对比度""自然饱和度"等一些色彩调整命令，可以更好地调整图像的色彩和色调。下面将针对这些比较基本的调色命令进行介绍。

## 30.1.1　曲线

"曲线"命令是通过调整曲线来实现对图像的明暗、亮度和对比度的综合调整，使图像色彩更加协调。如图 30-1、图 30-2 所示为通过"曲线"命令调整前后的效果。

图 30-1　　　　　　　　　　　　　　　　　　图 30-2

执行"图像 > 调整 > 曲线"命令或按 Ctrl+M 组合键，打开"曲线"对话框，如图 30-3 所示。

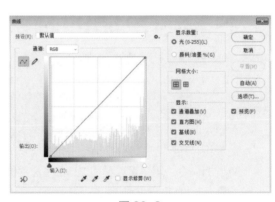

图 30-3

其中，部分重要选项的含义如下。

- 预设：用于选择预设的曲线效果来对图像进行调整。
- 通道：可选择需要调整的通道。
- 编辑点以修改曲线 ～：单击该按钮后，可以以拖动曲线上控制点的方式改变曲线形状，从而调整图像。
- 通过绘制来修改曲线 ✐：单击该按钮后，移动鼠标至曲线上，按住鼠标左键可以自由地绘制曲线。绘制完成后，单击"编辑点以修改曲线"～按钮可以显示控制点。

- 曲线编辑框：曲线的水平轴表示原始图像的亮度，即图像的输入值；垂直轴表示处理后新图像的亮度，即图像的输出值；曲线的斜率表示相应像素点的灰度值。在曲线上单击可创建控制点。
- 通道叠加：勾选该复选框可在复合曲线上显示颜色通道。
- 直方图：勾选该复选框后，可在曲线上显示直方图。
- 基线：勾选该复选框后，可显示基线，以45°角的线条作为参考，显示原始图像的颜色和色调。
- 交叉线：勾选该复选框后，移动曲线上控制点时可显示交叉线。

## 30.1.2 色阶

"色阶"命令可以调整图像的亮度强弱，以校正图像的色调范围和色彩平衡。如图30-4、图30-5所示为通过"色阶"命令调整前后的效果。

图 30-4

图 30-5

执行"图像>调整>色阶"命令或按 Ctrl+L 组合键，打开"色阶"对话框，如图30-6所示。

其中，部分常用选项含义如下。

- 预设：用于选择预设的色阶调整选项来对图像进行调整。
- 通道：用户可以根据需要选择相应的通道，来调整整体通道或者单个通道。
- 输入色阶：用于调整图像阴影、中间调和高光。将滑块向左拖动，可变亮图像；向右拖动滑块，可变暗图像。

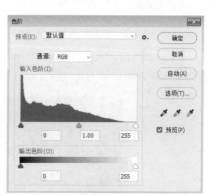
图 30-6

- 输出色阶：用于设置图像亮度，从而更改对比度，与其下方的两个滑块对应。黑色滑块表示图像的最暗值，白色滑块表示图像的最亮值，拖动滑块调整最暗和最亮值，从而实现亮度和对比度的调整。

## 30.1.3 亮度 / 对比度

"亮度 / 对比度"命令可以增加或降低图像中的低色调、半色调和高色调图像区域的对 **643**

比度，将图像的色调增亮或变暗。如图 30-7、图 30-8 所示为通过"亮度 / 对比度"命令调整前后的效果。

图 30-7　　　　　　　　　　　　　　　　　　　图 30-8

执行"图像>调整>亮度 / 对比度"命令，打开"亮度 / 对比度"对话框，如图 30-9 所示，在该对话框中可对图像的亮度和对比度进行调整。

图 30-9

📑 **课堂练习**　校正偏灰图像

下面利用"亮度 / 对比度"和"色阶"命令为偏灰的图像校色。具体操作如下。

**Step01** 打开素材文件"风景 .jpg"，如图 30-10 所示。按 Ctrl+J 组合键复制图层，如图 30-11 所示。

扫一扫 看视频

图 30-10　　　　　　　　　　　　　　　图 30-11

**Step02** 执行"图像>调整>亮度 / 对比度"命令，打开"亮度 / 对比度"对话框，设置参数，如图 30-12 所示。

**Step03** 效果如图 30-13 所示。

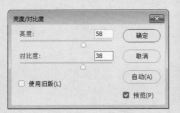

图 30-12                    图 30-13

**Step04** 选择"套索工具",在属性栏中设置参数,框选图像上半部分,创建选区,如图 30-14 所示。

**Step05** 按 Ctrl+L 组合键,弹出"色阶"对话框,设置参数如图 30-15 所示。

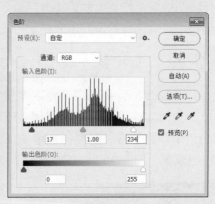

图 30-14                    图 30-15

**Step06** 按 Ctrl+D 组合键取消选区,如图 30-16 所示。

图 30-16

至此,完成图像校正操作。

### 30.1.4 自然饱和度

"自然饱和度"命令可在颜色接近完全饱和时避免颜色修剪，有效防止颜色过于饱和而出现溢色现象。如图 30-17、图 30-18 所示为通过"自然饱和度"命令调整前后的效果。

图 30-17

图 30-18

执行"图像＞调整＞自然饱和度"命令，打开"自然饱和度"对话框，如图 30-19 所示，在该对话框中可对图像的自然饱和度进行调整。

### 30.1.5 色相 / 饱和度

"色相 / 饱和度"命令可以调整图像像素的色相、饱和度及明度，从而实现图像色彩的变化。还可以通过给像素定义新的色相和饱和度，实现为灰度图像上色的功能，或创作单色调效果。如图 30-20、图 30-21 所示为通过"色相 / 饱和度"命令调整前后的效果。

图 30-19

图 30-20

图 30-21

执行"图像＞调整＞色相 / 饱和度"命令或者按 Ctrl+U 组合键，打开"色相 / 饱和度"对话框，如图 30-22 所示。

在该对话框中，若选择"全图"选项可一次调整整幅图像中的所有颜色；若选中其他选项，则色彩变化只对当前选中的颜色起作用。若勾选"着色"复选框，则通过调整色相和饱和度，能让图像呈现多种富有质感的单色调效果。

## 30.1.6 色彩平衡

"色彩平衡"命令可以调整图像整体色彩平衡，只作用于复合颜色通道，可以根据颜色的补色原理，增加或减少颜色，改变图像色调，使整体色调更平衡。如图 30-23、图 30-24 所示为通过"色彩平衡"命令调整前后的效果。

执行"图像＞调整＞色彩平衡"命令或按 Ctrl+B 组合键，打开"色彩平衡"对话框，如图 30-25 所示。

图 30-22

图 30-23

图 30-24

其中，部分重要选项的作用如下。

● 色彩平衡：用于调整图像色彩，滑块向哪方拖动，即可增加该方向对应的颜色，同时减少其补色。

● 色调平衡：用于选择色彩平衡的范围，包括"阴影""中间调""高光"三个选项。选中某一个单选按钮，就可对相应色调的像素进行调整。勾选"保持明度"复选框可以保持图像明度不变。

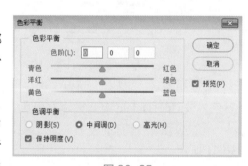

图 30-25

📋 **课堂练习** 为黑白照片上色

下面利用"色彩平衡"命令来为黑白照片上色。具体操作如下。

**Step01** 打开素材文件"人像 .jpg"，如图 30-26 所示。按 Ctrl+J 组合键复制图层，如图 30-27 所示。

**Step02** 单击"图层"面板底部的"创建新的填充或调整图层"按钮 ●，在弹出的菜单栏中选择"色彩平衡"命令，在"图层"面板中新建调整图层，如图 30-28 所示。

扫一扫 看视频

图 30-26 图 30-27

**Step03** 选中"色彩平衡 1"图层,执行"文件>属性"命令,打开"属性"面板,调整色彩平衡参数,如图 30-29 所示。

图 30-28 图 30-29

**Step04** 在"图层"面板中选中图层"色彩平衡 1"的蒙版缩略图,设置背景色为黑色,按 Ctrl+Delete 组合键填充黑色,如图 30-30 所示。

**Step05** 设置前景色为白色,使用"画笔工具" ✎在人物头发处涂抹,效果如图 30-31 所示。

图 30-30 图 30-31

**Step06** 使用相同方法，新建调整图层"色彩平衡2"，在"属性"面板中设置参数，如图30-32所示。填充蒙版为黑色，并使用白色画笔涂抹皮肤部位，效果如图30-33所示。

图 30-32                              图 30-33

**Step07** 新建调整图层"色彩平衡3"，在"属性"面板中设置参数，如图30-34所示。填充蒙版为黑色，使用白色画笔涂抹出上衣部位，效果如图30-35所示。

图 30-34                              图 30-35

**Step08** 新建调整图层"色彩平衡4"，在"属性"面板中设置参数，如图30-36所示。填充蒙版为黑色，并使用白色画笔涂抹出草地部位，效果如图30-37所示。

图 30-36                              图 30-37

**Step09** 新建调整图层"色彩平衡 5",在"属性"面板中设置参数,如图 30-38 所示。填充蒙版为黑色,并使用白色画笔涂抹出嘴唇部位,效果如图 30-39 所示。

图 30-38　　　　　　　　　　　　　　　图 30-39

**Step10** 新建调整图层"色彩平衡 6",在"属性"面板中设置参数,如图 30-40 所示。填充蒙版为黑色,并使用白色画笔涂抹出树林部位,效果如图 30-41 所示。

图 30-40　　　　　　　　　　　　　　　图 30-41

**Step11** 新建调整图层"色彩平衡 7",在"属性"面板中设置参数,如图 30-42 所示。填充蒙版为黑色,并使用白色画笔涂抹出鞋子部位,效果如图 30-43 所示。

图 30-42　　　　　　　　　　　　　　　图 30-43

**Step12** 新建调整图层"色彩平衡 8",在"属性"面板中设置参数,如图 30-44 所示。填充蒙版为黑色,并使用白色画笔涂抹出眼睛部位,效果如图 30-45 所示。

图 30-44                                    图 30-45

至此,完成为黑白照片上色的操作。

# 30.2 高级调色命令

本节主要介绍"去色""匹配颜色""替换颜色""可选颜色""阴影/高光"等命令。通过这些命令,可以对图像中的色彩或图像中的单独一种色彩进行调整。

## 30.2.1 去色

"去色"命令可以去掉图像的颜色,将图像中所有颜色的饱和度变为 0,使图像显示为灰度,但每个像素的亮度值不会改变。

执行"图像>调整>去色"命令或按 Shift+Ctrl+U 组合键,即可去掉图像颜色,如图 30-46、图 30-47 所示。

图 30-46                                    图 30-47

若正在处理多层图像，则"去色"命令仅转换所选图层。

## 30.2.2 匹配颜色

"匹配颜色"命令可以将一个图像中的颜色与另一个图像的颜色进行匹配，快速修正图像偏色等问题。如图 30-48、图 30-49 所示为通过"色彩平衡"命令调整前后的效果。

图 30-48

图 30-49

选中一张图像，执行"图像＞调整＞匹配颜色"命令，打开"匹配颜色"对话框，如图 30-50 所示。调整参数后，单击"确定"按钮即可。

## 30.2.3 替换颜色

"替换颜色"命令可以用其他颜色替换图像中选定区域的颜色，来调整色相、饱和度和明度。如图 30-51、图 30-52 所示为通过"替换颜色"命令调整前后的效果。

执行"图像＞调整＞替换颜色"命令，打开"替换颜色"对话框，如图 30-53 所示。

使用对话框中的吸管选取要替换颜色的区域，调整色相、饱和度和明度参数，完成后单击"确定"按钮即可。

图 30-50

图 30-51

图 30-52

## 30.2.4 可选颜色

"可选颜色"命令可以校正颜色的平衡，针对性地修改某种印刷色的数量。如图 30-54、图 30-55 所示为通过"可选颜色"命令调整前后的效果。

执行"图像＞调整＞可选颜色"命令，打开"可选颜色"对话框，如图 30-56 所示。用户可以根据需要选择合适的颜色进行调整。

若选中"相对"单选按钮，则表示按照总量的百分比更改现有的青色、洋红、黄色或黑色的量；若选中"绝对"单选按钮，则按绝对值进行颜色值的调整。

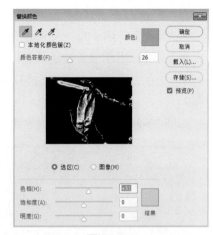

图 30-53

图 30-54

图 30-55

## 30.2.5 通道混合器

"通道混合器"命令可以将图像中某个通道的颜色与其他通道中的颜色进行混合来调整图像色彩。执行"图像＞调整＞通道混合器"命令，打开"通道混合器"对话框，如图 30-57 所示。

图 30-56

图 30-57

其中，部分常用选项含义如下。

653

- 输出通道：在该下拉列表中可以选中某个通道进行混合。
- 源通道：用于设置源通道在输出通道中占的百分比。
- 常数：用于设置输出通道的灰度。若为负值则增加黑色，正值则增加白色。
- 单色：勾选该复选框后将对所有输出通道应用相同的设置，创建该色彩模式下的灰度图。

如图 30-58、图 30-59 所示为通过"通道混合器"命令调整前后的效果。

图 30-58

图 30-59

### 课堂练习　校正图像偏色操作

下面利用"可选颜色"命令来为偏色的图像校色。具体操作如下。

**Step01** 打开素材文件"房子 .jpg"，如图 30-60 所示。按 Ctrl+J 组合键复制图层，如图 30-61 所示。

扫一扫 看视频　　　图 30-60

图 30-61

**Step02** 执行"图像>调整>可选颜色"命令，打开"可选颜色"对话框，选择"黄色"设置调整参数，如图 30-62 所示。

**Step03** 选择"绿色"设置调整参数，如图 30-63 所示。

**Step04** 选择"蓝色"设置调整参数，如图 30-64 所示。

**Step05** 调整完成的最终效果如图 30-65 所示。

图 30-62

图 30-63

图 30-64

图 30-65

至此，完成图像偏色校正操作。

### 30.2.6 照片滤镜

"照片滤镜"命令可以模拟传统光学滤镜效果，使图像呈现不同的色调。执行"图像＞调整＞照片滤镜"命令，打开"照片滤镜"对话框，如图 30-66 所示。

该对话框中的"颜色"可以自定义颜色滤镜，浓度可以控制着色强度。如图 30-67、图 30-68 所示为通过"照片滤镜"命令调整前后的效果。

图 30-66

图 30-67

图 30-68

## 30.2.7 阴影 / 高光

"阴影 / 高光"命令可以根据图像中阴影或高光的像素色调增亮或变暗，非常适合校正强逆光而形成剪影的照片，也适合校正由于太接近相机闪光灯而有些发白的焦点。如图 30-69、图 30-70 所示为通过"阴影 / 高光"命令调整前后的效果。

图 30-69

图 30-70

执行"图像＞调整＞阴影 / 高光"命令，打开"阴影 / 高光"对话框，如图 30-71 所示。"阴影"选项区中可以调整阴影的亮度，"高光"选项区中可以调整高光的亮度。

## 30.2.8 曝光度

"曝光度"命令可以通过调整图像的曝光度，修复图像曝光过度或曝光不足等问题。执行"图像＞调整＞曝光度"命令，打开"曝光度"对话框，如图 30-72 所示。

图 30-71

图 30-72

打开要调整的图像，在"曝光度"对话框中调整参数后，单击"确定"按钮即可。如图 30-73、图 30-74 所示为通过"曝光度"命令调整前后的效果。

图 30-73

图 30-74

课堂练习　制作美味食物效果

下面利用相关调色命令来对食物照片的色调进行调整。

Step01　打开素材文件"食物 .jpg"，如图 30-75 所示。按 Ctrl+J 组合键复制图层，如图 30-76 所示。

扫一扫 看视频

图 30-75

图 30-76

Step02　执行"图像>调整>曲线"命令，打开"曲线"对话框，如图 30-77 所示。

Step03　调整曲线，如图 30-78 所示。

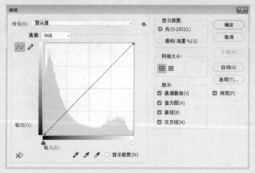

图 30-77

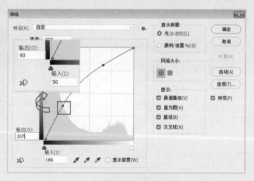

图 30-78

657

**Step04** 调整通道为"红"通道，调整曲线如图 30-79 所示。

**Step05** 调整通道为"绿"通道，调整曲线如图 30-80 所示。

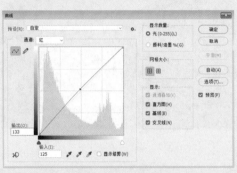

图 30-79

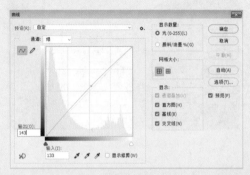

图 30-80

**Step06** 调整通道为"蓝"通道，调整曲线如图 30-81 所示。完成后单击"确定"按钮，效果如图 30-82 所示。

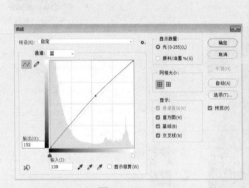

图 30-81

图 30-82

**Step07** 执行"图像＞调整＞照片滤镜"命令，打开"照片滤镜"对话框，并设置合适的参数，如图 30-83 所示。完成后单击"确定"按钮，效果如图 30-84 所示。

图 30-83

图 30-84

至此，完成美味食物的制作。

## 30.3 特殊调色命令

Photoshop 软件中还包括"反相""渐变映射""色调均化""阈值""色调分离"等一些特殊的调色命令，用户可以通过这些命令，使图像生成特殊的颜色效果。下面对其进行介绍。

### 30.3.1 反相

"反相"命令可以将图像中的颜色替换为相应的补色，制作出负片效果。执行"图像＞调整＞反相"命令或按 Ctrl +I 组合键即可反相图像。如图 30-85、图 30-86 所示为通过"反相"命令调整前后的效果。

图 30-85　　　　　　　　　　　　　　　图 30-86

### 30.3.2 渐变映射

"渐变映射"命令可以将相等的图像灰度范围映射到指定的渐变填充色。执行"图像＞调整＞渐变映射"命令，打开"渐变映射"对话框，如图 30-87 所示。单击渐变颜色条，将会弹出"渐变编辑器"对话框，用户可设置相应的渐变以确立渐变颜色，如图 30-88 所示。

图 30-87　　　　　　　　　　　　　　　图 30-88

659

### 30.3.3 色调均化

"色调均化"命令可以重新分布图像中像素的亮度值，平均整个图像的亮度色调。执行"图像＞调整＞色调均化"命令，即可对图像进行色调均化，如图 30-89、图 30-90 所示为通过"色调均化"命令调整前后的效果。

图 30-89

图 30-90

### 30.3.4 阈值

"阈值"命令可以将彩色图像或灰度图像转换为只有黑白色调的图像。所有比阈值亮的像素转换为白色，所有比阈值暗的像素转换为黑色。执行"图像＞调整＞阈值"命令，打开"阈值"对话框，如图 30-91 所示。

图 30-91

在该对话框中可拖动滑块以调整阈值色阶，完成后单击"确定"按钮即可。如图 30-92、图 30-93 所示为通过"阈值"命令调整前后的效果。

图 30-92

图 30-93

### 30.3.5 色调分离

"色调分离"命令可以将图像中有丰富色阶渐变的颜色进行简化，从而让图像呈现出木刻版画或卡通画的效果。色阶值越小，图像色彩变化越强烈；色阶值越大，色彩变化越轻微。如图 30-94、图 30-95 所示为通过"色调分离"命令调整前后的效果。

 图 30-94                           图 30-95

执行"图像>调整>色调分离"命令，打开"色调分离"对话框，如图 30-96 所示。

图 30-96

在该对话框中拖动滑块调整参数，其取值范围为 2 ~ 255，数值越小，分离效果越明显。

---

📋 **课堂练习**    制作日系小清新风格

下面利用"渐变映射"命令调整风景图片的色调，将其处理成小清新风格。

**Step01** 打开素材文件"铁轨.jpg"，如图 30-97 所示。按 Ctrl+J 组合键复制图层，如图 30-98 所示。

图 30-97                           图 30-98                    扫一扫 看视频

**Step02** 执行"图像＞调整＞渐变映射"命令，打开"渐变映射"对话框，如图 30-99 所示。单击颜色条，打开"渐变编辑器"对话框，如图 30-100 所示。

图 30-99

图 30-100

**Step03** 双击第一个"色标"按钮，打开"拾色器（色标颜色）"对话框，设置颜色参数，如图 30-101 所示。完成后单击"确定"按钮。

**Step04** 在"渐变编辑器"中设置其他颜色，如图 30-102 所示。完成后单击"确定"按钮即可。

图 30-101

图 30-102

**Step05** 完成后效果如图 30-103 所示，在"图层"面板中设置混合模式为"柔光"，效果如图 30-104 所示。

图 30-103

图 30-104

**Step06** 单击"图层"面板底部的"创建新的填充或调整图层"按钮 ◎，在弹出的菜单栏中执行"亮度/对比度"命令，新建"亮度/对比度"调整图层，如图 30-105 所示。

**Step07** 打开"属性"面板，在属性面板中调整参数，如图 30-106 所示。

图 30-105

图 30-106

**Step08** 完成后效果如图 30-107 所示。

**Step09** 使用相同的方法新建"可选颜色"调整图层，如图 30-108 所示。

图 30-107

图 30-108

**Step10** 在"属性"面板中设置参数，如图 30-109 所示，完成后效果如图 30-110 所示。

图 30-109

图 30-110

至此，完成日系小清新风格的制作。

**综合实战**　制作工笔山水画

下面运用本章所学的知识点，将普通照片处理成手绘风格的效果。操作过程中所使用的命令主要有：自由变换、形状工具、滤镜工具、文字工具等，具体操作如下。

**Step01** 打开本章素材文件"山水.jpg"，如图 30-111 所示。按 Ctrl+J 组合键复制图层，如图 30-112 所示。

扫一扫 看视频

图 30-111

图 30-112

**Step02** 按 Ctrl+Shift+U 组合键去色，效果如图 30-113 所示。

**Step03** 按 Ctrl+J 组合键复制图层，如图 30-114 所示。

图 30-113

图 30-114

**Step04** 按 Ctrl +I 组合键反相图像，如图 30-115 所示。

**Step05** 在"图层"面板中设置混合模式为"颜色减淡"，如图 30-116 所示。

图 30-115　　　　　　　　　　　　图 30-116

**Step06** 执行"滤镜＞其他＞最小值"命令，在弹出的"最小值"对话框设置参数，如图 30-117、图 30-118 所示。

图 30-117　　　　　　　　　　　　图 30-118

**Step07** 按住 Shift 键，选中"图层 1"和"图层 1 拷贝"，按 Ctrl+E 合并图层，如图 30-119 所示。

**Step08** 单击"图层"面板底部的"创建新的填充或调整图层"按钮，在弹出的快捷菜单中选择"纯色"，在弹出的拾色器中设置参数，点击"确定"按钮，如图 30-120 所示。

图 30-119　　　　　　　　　　　　图 30-120

**Step09** 设置该图层的混合模式为"正片叠底",如图 30-121、图 30-122 所示。

图 30-121 图 30-122

**Step10** 执行"滤镜>滤镜库"命令,弹出的提示框默认按 Enter 键即可,在弹出的"滤镜库"对话框中选择"纹理化",效果如图 30-123 所示。效果如图 30-124 所示。

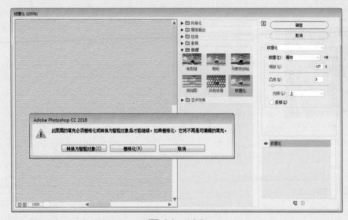

图 30-123

**Step11** 选择"图层 1",单击"套索工具"框选创建选区,如图 30-125 所示。

图 30-124 图 30-125

**Step12** 按 Ctrl+M 组合键,在弹出的"曲线"对话框中设置参数,如图 30-126 所示。

**Step13** 按 Ctrl+D 组合键取消选区，如图 30-127 所示。

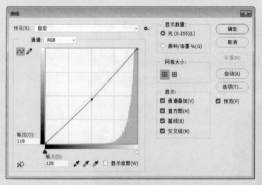

图 30-126

图 30-127

**Step14** 选择图层"颜色填充 1"，单击面板底部的"创建新的填充或调整图层"按钮，在弹出的快捷菜单中选择"色阶"命令，在弹出的"属性"面板中设置参数，如图 30-128 所示。

**Step15** 选择"直排文字工具"输入文字，效果如图 30-129 所示。

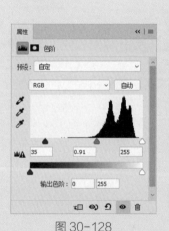

图 30-128

图 30-129

至此，完成工笔画制作。

## 📖 课后作业 将照片处理成夕阳效果

### 项目需求

根据李老爷子的要求，现需要将他提供的照片进行调色，要求是调出夕阳西下的效果。

### 项目分析

夕阳属于黄色调，可以先执行渐变映射，制作出夕阳西下的色调，然后用蒙版画笔调整，更改图层混合模式，制作出晚霞的效果。

## 项目效果

照片调色最终效果如图 30-130 所示。

图 30-130

## 操作提示

**Step01** 打开本章素材文件。

**Step02** 执行渐变映射命令，图像混合模式改为"柔光"，制作出夕阳西下的色调。

**Step03** 复制更改透明度，创建蒙版画笔调整。

**Step04** 设置图层的混合模式为"滤色"，调整云彩的颜色，制作出晚霞的效果。

Photoshop篇

# 第31章
# 滤镜的应用

⭐ **内容导读**

滤镜是 Photoshop 软件中功能非常强大的组件，不仅可以用于修复图像，还可以制作各种效果。Photoshop 软件提供了多种滤镜功能，其中包括滤镜库、液化、模糊滤镜组等。通过本章的学习，可以帮助用户制作更为绚丽的图像效果。

🎯 **学习目标**

○ 了解滤镜的种类
○ 掌握独立滤镜的应用
○ 掌握各种滤镜组的应用

滤镜是一种特殊的图像效果处理技术，它以一定的算法对图像中的像素进行分析和处理，从而完成对图像的部分或全部像素属性参数的调节或控制。使用滤镜可以使图像更加丰富和生动。

### 31.1.1 滤镜的种类和用途

Photoshop 软件中的滤镜主要分为内置滤镜和外挂滤镜两种。内置滤镜是 Photoshop 软件中自带的滤镜，外挂滤镜则是其他公司开发的需要手动安装的滤镜，如图 31-1 所示为"滤镜"菜单。

其中，"风格化""扭曲""渲染"等滤镜组可以创建具体的图像特效，"模糊""锐化""杂色"等滤镜组则可以编辑图像效果。

### 31.1.2 滤镜库

Photoshop 软件的滤镜库中包括风格化、画笔描边、扭曲、素描、纹理和艺术效果六组常用的滤镜，可以方便用户快速找到需要的滤镜。

执行"滤镜＞滤镜库"命令，打开"滤镜库"对话框，如图 31-2 所示。在该对话框中，用户可以根据需要设置图像的效果。

图 31-1　　　　　　　　　　　　　　　　图 31-2

下面针对"滤镜库"对话框中的部分常用选项进行介绍。

- 预览窗口：用于预览滤镜效果。单击底部的"缩放按钮" ⊟⊞，可以缩放预览窗口图像缩放比例。
- 滤镜列表：用于选择滤镜。单击需要的滤镜即可在预览窗口中观看相应的效果。
- 滤镜参数选项组：用于设置当前所应用滤镜的各种参数值和选项，如图 31-3 所示。
- 滤镜效果图层组：用于新建、删除、显示或隐藏滤镜效果等，可以实现多滤镜的叠加应用，如图 31-4 所示。

图 31-3　　　　　　　　　　　　　　　　图 31-4

## 31.2　独立滤镜

Photoshop 软件中常用的独立滤镜有"自适应广角""镜头校正""液化""消失点"等，下面将对其进行详细的介绍。

### 31.2.1　自适应广角

"自适应广角"滤镜可以校正由于使用广角镜头而造成的镜头扭曲。用户可以快速拉直在全景图或采用鱼眼镜头和广角镜头拍摄的照片中看起来弯曲的线条。执行"滤镜＞自适应广角"命令，打开"自适应广角"对话框，如图 31-5 所示。

图 31-5

其中部分工具作用如下。

- 约束工具 ：用于绘制线条拉直图像。按住 Shift 键单击可添加水平或垂直约束，按住 Alt 键单击可删除约束。
- 多边形约束工具 ：用于绘制多边形拉直图像。单击初始起点可结束约束，按住 Alt 键单击可删除约束。
- 移动工具 ：用于在画布中移动图像位置。
- 抓手工具 ：放大图像的显示比例后，可使用该工具移动图像，以观察图像的不同区域。
- 缩放工具 ：用于缩放窗口的显示比例。单击可放大，按住 Alt 键单击可缩小。

671

## 31.2.2 镜头校正

"镜头校正"滤镜可以修复常见的镜头瑕疵。执行"滤镜＞镜头校正"命令，打开"镜头校正"对话框，如图 31-6 所示。

图 31-6

其中，部分工具作用如下。

- 移去扭曲工具 ：向中心拖动或脱离中心以校正失真，如桶形失真、枕形失真等。
- 拉直工具 ：绘制一条线将图形拉直到新的横轴或纵轴。
- 移动网格工具 ：拖动以移动对齐网络。
- 抓手工具 ：放大图像的显示比例后，可使用该工具移动图像，以观察图像的不同区域。
- 缩放工具 ：用于缩放窗口的显示比例。

## 31.2.3 液化

"液化"滤镜可以对图像进行收缩、膨胀扭曲以及旋转等变形处理，还可以定义扭曲的范围和强度，创建艺术效果。执行"滤镜＞液化"命令，打开"液化"对话框，如图 31-7 所示。选中左侧工具后，可在右侧属性栏中对工具进行设置。

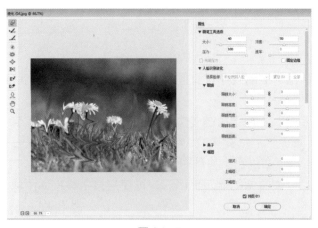

图 31-7

其中，部分常用选项含义如下。

- 向前变形工具：用于移动图像像素，得到变形的效果。
- 重建工具：用于恢复图像原始状态。
- 平滑工具：用于平滑调整后的图像边缘。
- 顺时针旋转扭曲工具：选中该工具，在图像中单击或移动鼠标，图像会被顺时针旋转像素，按住 Alt 键单击或移动鼠标可以逆时针旋转像素。
- 脸部工具：该工具会自动识别人的五官和脸型，便于用户对图像中的人物面部进行调整。

## 31.2.4 消失点

"消失点"滤镜可以在不调整图像透视角度的前提下，对图像进行绘制、仿制、复制或粘贴以及变换等操作。

执行"滤镜＞消失点"命令，打开"消失点"对话框，如图 31-8 所示。

图 31-8

其中，部分常用选项含义如下。

- 编辑平面工具：用于选择、编辑、移动平面和调整平面的大小。
- 创建平面工具：用于创建透视平面。
- 选框工具：用于在透视平面中绘制选区，同时移动或仿制选区。按住 Alt 键拖移选区可将区域复制到新目标；按住 Ctrl 键拖移选区可用源图像填充该区域。
- 图章工具：单击该工具按钮，按住 Alt 键在透视平面内单击设置取样点，在其他区域拖拽复制即可仿制图像。按住 Shift 键单击可将描边扩展到上一次单击处。
- 画笔工具：用于在平面中绘画。
- 变换工具：用于缩放、旋转和翻转当前浮动选区。
- 吸管工具：选择颜色用于绘画。
- 测量工具：用于测量平面中项目的距离和角度。

下面利用"人脸识别液化"功能来调整人物五官，具体操作如下。

**Step01** 打开素材文件"人脸.jpg"，如图 31-9 所示。按 Ctrl+J 组合键复制图层，如图 31-10 所示。

扫一扫 看视频 图 31-9

图 31-10

**Step02** 执行"滤镜＞液化"命令，打开"液化"对话框，单击对话框中的"脸部工具" 按钮，在图像预览窗口中调整"眼睛"参数数值，如图 31-11 所示，效果如图 31-12 所示。

图 31-11

图 31-12

**Step03** 在"液化"对话框中调整"鼻子"参数数值，效果如图 31-13 所示。

**Step04** 继续在"液化"对话框中调整"嘴唇"参数数值，效果如图 31-14 所示。

图 31-13

图 31-14

**Step05** 继续在"液化"对话框中调整"脸部形状"参数数值，如图 31-15 所示。

**Step06** 选中"液化"对话框中的"向前变形工具" ，在人物面部轮廓上拖拽进行修饰，完成后单击"确定"按钮，最终效果如图 31-16 所示。

图 31-15

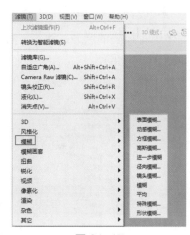

图 31-16

至此，完成人物面部调整操作。

# 31.3 校正类滤镜

校正类滤镜包括"模糊""锐化""杂色"三组，可用于编辑图像效果，本节将对其进行具体介绍。

## 31.3.1 模糊滤镜组

"模糊"滤镜组可以减少相邻像素间颜色的差异，柔化图像，常用于修饰图像。执行"滤镜＞模糊"命令，在弹出的菜单中选择需要的滤镜命令即可，如图 31-17 所示。其中，各个滤镜作用如下。

● 表面模糊：该滤镜对边缘以内的区域进行模糊，在保留边缘的同时模糊图像，常用于创建特殊效果并消除杂色或颗粒。

● 动感模糊：沿指定方向以指定强度进行模糊。动感模糊会把当前图像的像素向两侧拉伸，在对话框中可以对角度以及拉伸的距离进行调整。

● 方框模糊：该模糊根据相邻像素的平均颜色值来模糊图像，生成类似方块状的特殊模糊效果。

图 31-17

● 高斯模糊：高斯是指对像素进行加权平均时所产生的钟形曲线。该滤镜可根据数值快速地模糊图像，并产生一种朦胧效果。

● 进一步模糊：通过平衡已定义的线条和遮蔽区域的清晰边缘旁边的像素，使变化显得柔和。效果比"模糊"滤镜强 3 ~ 4 倍。

675

- 径向模糊：模拟相机缩放或旋转产生的模糊效果。
- 镜头模糊：模仿镜头景深效果，模糊图像区域。
- 模糊：在图像中有显著颜色变化的地方消除杂色。通过平衡已定义的线条和遮蔽区域的清晰边缘旁边的像素，使变化显得柔和。
- 平均：找出图像或选区的平均颜色，然后用该颜色填充图像或选区以创建平滑的外观。
- 特殊模糊：该滤镜能找出图像的边缘并对边界线以内的区域进行模糊处理，在模糊图像的同时仍具有清晰的边界。
- 形状模糊：以指定的形状作为模糊中心创建模糊。

### 31.3.2 锐化滤镜组

"锐化"滤镜组可以通过增强图像相邻像素间的对比度，使图像轮廓分明、纹理清晰，以校正模糊图像。执行"滤镜＞锐化"命令，在弹出的菜单中选择需要的滤镜命令即可，如图31-18所示。其中，各个滤镜作用如下。

- USM锐化：通过增加图像像素的对比度，达到锐化图像的目的。
- 防抖：用于弥补相机运动导致的图像抖动虚化。
- 进一步锐化：通过增加图像像素间的对比度使图像清晰。锐化效果较"锐化"滤镜更为强烈。
- 锐化：通过增加图像像素间的对比度使图像清晰化，锐化效果微小。
- 锐化边缘：对图像中具有明显反差的边缘进行锐化处理。
- 智能锐化：可以设置锐化算法或控制在阴影和高光区域中进行的锐化量，以获得更好的边缘检测并减少锐化晕圈。

### 31.3.3 杂色滤镜组

"杂色"滤镜组可以给图像添加一些随机产生的干扰颗粒，创建不同寻常的纹理或去掉图像中有缺陷的区域。执行"滤镜＞杂色"命令，在弹出的菜单中选择需要的滤镜命令即可，如图31-19所示。

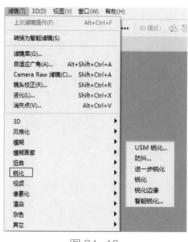

图31-18

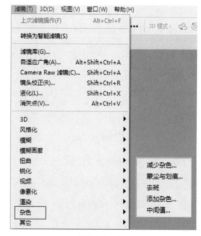

图31-19

其中，各个滤镜作用如下。

- 减少杂色：用于去除图像中的杂色。
- 蒙尘和划痕：通过将图像中有缺陷的像素融入周围的像素，达到除尘和涂抹的效果，减少杂色。
- 去斑：检测图像的边缘（发生显著颜色变化的区域）并模糊除边缘外的所有选区。"去斑"滤镜可以在去除杂色的同时保留细节。
- 添加杂色：用于在图像中添加像素颗粒，添加杂色，常用于添加纹理效果。
- 中间值：通过混合选区中像素的亮度来平滑图像中的区域，减少图像的杂色。

**课堂练习** 制作下雨效果

下面利用"动感模糊""添加杂色"等滤镜功能来制作雨天效果，具体操作如下。

扫一扫 看视频

**Step01** 打开素材文件"阴天.jpg"，如图31-20所示。按Ctrl+J组合键复制图层，如图31-21所示。

图31-20　　　　　　　　　　图31-21

**Step02** 单击"图层"面板底部的"创建新图层"按钮，新建图层，如图31-22所示。

**Step03** 设置前景色为黑色，按Alt+Delete组合键为新建的图层填充前景色，如图31-23所示。

图31-22　　　　　　　　　　图31-23

**Step04** 选中图层2，执行"滤镜>杂色>添加杂色"命令，在弹出的"添加杂色"对话框中设置参数后，单击"确定"按钮，效果如图31-24所示。

**Step05** 选中图层2，执行"滤镜＞模糊＞高斯模糊"命令，在弹出的"高斯模糊"对话框中设置参数后，单击"确定"按钮，效果如图31-25所示。

图 31-24

图 31-25

**Step06** 选中图层2，执行"滤镜＞模糊＞动感模糊"命令，在弹出的"动感模糊"对话框中设置参数后，单击"确定"按钮，效果如图31-26所示。

**Step07** 选中图层2，按Ctrl+L组合键打开"色阶"对话框，设置参数后，单击"确定"按钮，效果如图31-27所示。

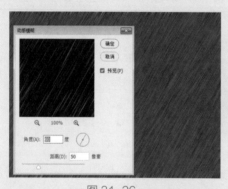

图 31-26

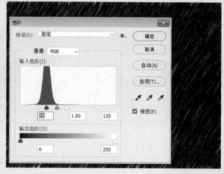

图 31-27

**Step08** 选中图层2，在"图层"面板中设置混合模式为"滤色"，不透明度为"60%"，如图31-28所示，效果如图31-29所示。

图 31-28

图 31-29

至此，完成下雨效果的制作。

## 31.4 特效类滤镜

特效类滤镜包括"风格化""画笔描边""素描""纹理""艺术效果"等滤镜组。这些滤镜组可以为图像添加特殊的效果，下面进行具体介绍。

### 31.4.1 风格化滤镜组

"风格化"滤镜组通过置换像素和查找并增加图像的对比度，创建绘画式或印象派艺术效果。执行"滤镜＞风格化"命令，弹出的子菜单如图 31-30 所示。

其中，各个滤镜作用如下。

● 查找边缘：查找图像对比度强烈的边界并对其描边，突出边缘。

● 等高线：查找图像的主要亮度区域，并为每个颜色通道勾勒主要亮度区域的转换，执行完等高线命令后，计算机会把当前文件图像以与等高线图中的线条类似的形式出现。

● 风：通过添加细小水平线的方式模拟风的动感效果。

● 浮雕效果：通过勾勒图像轮廓、降低周围色值的方式产生把图像里的图片凸出的视觉效果。

● 扩散：通过移动像素模拟通过磨砂玻璃观察物体的效果。

图 31-30

● 拼贴：将图像分解为小块并使其偏离原位置，产生类似于由许多画在瓷砖上的小图像拼成的效果。

● 曝光过度：混合正片和负片图像，模拟底片曝光的效果。

● 凸出：通过将图像分解为多个大小相同且重叠排列的立方体，创建特殊的 3D 纹理效果。

● 油画：创建具有油画效果的图像。

---

📑 **课堂练习** 制作彩铅绘图效果

下面利用"查找边缘"滤镜及混合模式来制作彩铅绘图效果，具体操作如下。

**Step01** 打开本章素材文件"花 .jpg"，如图 31-31 所示。按 Ctrl+J 组合键复制图层。

扫一扫 看视频

**Step02** 选中复制图层，执行"滤镜＞风格化＞查找边缘"命令，效果如图 31-32 所示。

**Step03** 选中添加效果的图层，在"图层"面板中设置混合模式为"变亮"，如图 31-33 所示。效果如图 31-34 所示。

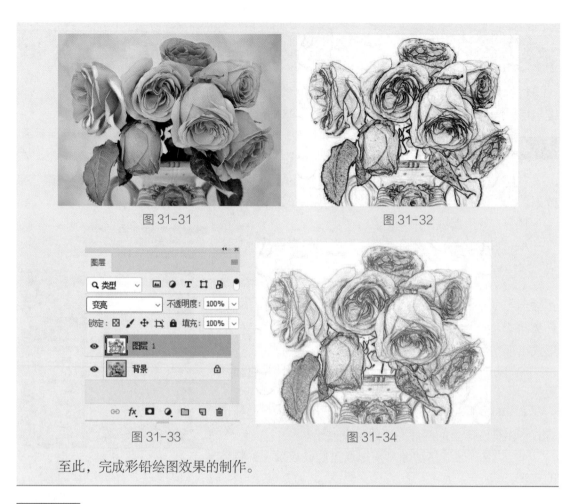

图 31-31　　　　　　　　　　　　　图 31-32

图 31-33　　　　　　　　　　　　　图 31-34

至此，完成彩铅绘图效果的制作。

### 31.4.2 画笔描边滤镜组

"画笔描边"滤镜组可以模拟不同画笔或油墨来绘制图像，使图像产生各种绘画效果。执行"滤镜＞滤镜库"命令，打开"滤镜库"对话框，在滤镜列表中可选择相应的"画笔描边"滤镜，如图 31-35 所示。

其中，各个滤镜作用如下。

- 成角的线条：模拟使用画笔按某一角度在画布上用油画颜料所涂画出的斜线的效果，产生斜画笔风格的图像。

- 墨水轮廓：以钢笔画的风格在图像颜色边界处模拟油墨绘制图像轮廓。

- 喷溅：模拟喷溅效果。在相应的对话框中可设置喷溅的范围、喷溅效果的轻重程度。

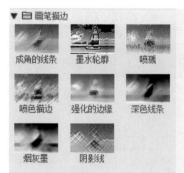

图 31-35

- 喷色描边：模拟喷溅与成角的混合效果。

- 强化的边缘：用于强化图像边缘。

- 深色线条：用短而密的线条绘制图像中的深色区域，长而白的线条绘制浅色区域。

- 烟灰墨：模拟蘸满油墨的画笔在宣纸上绘画的效果。

- 阴影线：创建具有十字交叉线网格风格的图像。

### 31.4.3 素描滤镜组

"素描"滤镜组可以根据图像中高色调、半色调和低色调的分布情况，将纹理添加到图像上，使图像产生素描、速写、3D等效果。执行"滤镜>滤镜库"命令，打开"滤镜库"对话框，在滤镜列表中可选择相应的"素描"滤镜，如图31-36所示。

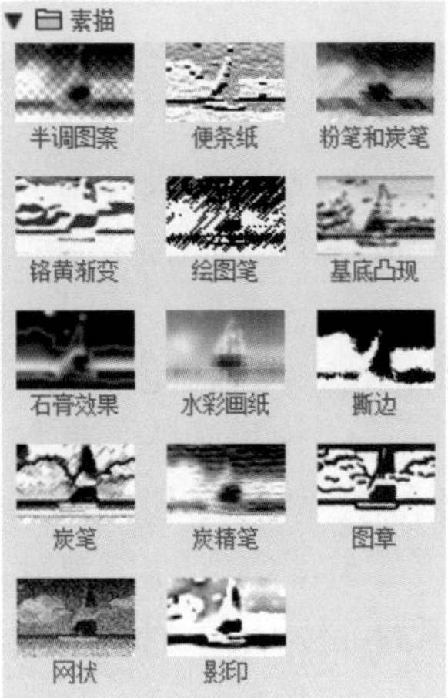

其中，各个滤镜作用如下。

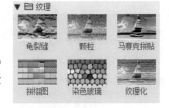

- 半调图案：保持连续的色调范围的同时，模拟半色调网屏的效果。
- 便条纸：使图像以前景色和背景色混合产生凹凸不平的草纸画效果，使图像简单化。
- 粉笔和炭笔：重绘高光和中间调，并使用粗糙粉笔绘制纯中间调的灰色背景。阴影区域用黑色对角炭笔线条替换。炭笔用前景色绘制，粉笔用背景色绘制。
- 铬黄渐变：模拟液态金属效果，高光在反射表面上是高点，阴影是低点。
- 绘图笔：使用细的线状的油墨描边捕捉原图像的细节，模拟钢笔画素描效果，图像中没有轮廓，只有变化的笔触效果。
- 基底凸现：使用光照强调表面变化的效果，模拟粗糙的浮雕效果。

图 31-36

- 石膏效果：模拟立体石膏压模成像效果。
- 水彩画纸：利用有污点的、像画在潮湿的纤维纸上的涂抹，使颜色流动并混合。
- 撕边：模拟粗糙、撕破的纸片效果。
- 炭笔：创建色调分离的图像效果。
- 炭精笔：在图像上模拟用浓黑和纯白的炭精笔在纸上绘画的效果。
- 图章：简化图像，突出主题，模拟橡皮或木质图章创建的效果。
- 网状：模拟胶片乳胶的可控收缩和扭曲的效果，使图像在阴影呈结块状，在高光呈轻微颗粒化。
- 影印：模拟影印的效果。

### 31.4.4 纹理滤镜组

"纹理"滤镜组可以为图像添加纹理，使图像更有质感。执行"滤镜>滤镜库"命令，打开"滤镜库"对话框，在滤镜列表中可选择相应的"纹理"滤镜，如图31-37所示。

其中，各个滤镜作用如下。

图 31-37

- 龟裂缝：通过使图像产生龟裂纹理，制作出具有浮雕样式的立体图像效果。
- 颗粒：在图像中随机添加不同种类的颗粒来创建颗粒效果。
- 马赛克拼贴：模拟马赛克拼成图像的效果。
- 拼缀图：类似于马赛克拼贴效果但更具立体感。
- 染色玻璃：将图像分割成不规则的多边形色块，产生视觉上的彩色玻璃效果。
- 纹理化：在图像上添加纹理效果，使图像看起来富有质感。

### 31.4.5 艺术效果滤镜组

"艺术效果"滤镜组可以让普通图像更具艺术效果。执行"滤镜>滤镜库"命令，打开"滤镜库"对话框，在滤镜列表中可选择相应的"艺术效果"滤镜，如图31-38所示。

其中，各个滤镜作用如下。

- 壁画：模拟壁画的粗犷效果。
- 彩色铅笔：使用彩色铅笔在纯色背景上绘制图像。
- 粗糙蜡笔：模拟蜡笔在带纹理的背景上绘图的效果。
- 底纹效果：在带纹理的背景上绘制图像，然后将最终图像绘制在该图像上。
- 干画笔：使用干画笔技术（介于油彩和水彩之间）绘制图像边缘，模拟颜色快用完的毛笔的绘图效果。
- 海报边缘：增加图像对比度并沿边缘的细微层次加上黑色，产生招贴画边缘效果的图像。
- 海绵：使用颜色对比强烈、纹理较重的区域创建图像，模拟海绵浸湿的效果。

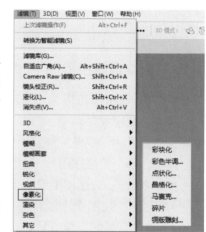

图 31-38

- 绘画涂抹：模拟手指在不同类型的画笔绘制的画纸上涂抹的效果。
- 胶片颗粒：将平滑图案应用于阴影和中间色调，产生胶片颗粒状纹理的图像效果。
- 木刻：使图像好像由边缘粗糙的剪纸片组成，高对比度的图像看起来呈剪影状，而彩色图像看上去是由几层彩纸组成的。
- 霓虹灯光：模拟灯光照射的效果。
- 水彩：模拟水彩绘图效果，使用蘸了水和颜料的中号画笔绘制以简化细节。
- 塑料包装：模拟塑料光泽效果，强调表面细节并具有立体感。
- 调色刀：减少图像细节，增强写意效果。
- 涂抹棒：模拟粗糙物体在图像进行涂抹的效果以柔化图像。亮区变得更亮，但会失去细节。

### 31.4.6 像素化滤镜组

"像素化"滤镜组可以通过将图像中相似颜色值的像素转换为单元格的方法，使图像分块或平面化。执行"滤镜>像素化"命令，在弹出的菜单中选择需要的滤镜命令即可，如图31-39所示。

其中，各个滤镜作用如下。

- 彩块化：使纯色或相近颜色的像素结成相近颜色的像素块。
- 彩色半调：分离图像中的颜色，模拟在图像的每个通道上使用放大的半调网屏的效果。
- 点状化：分解图像中的颜色为随机分布的网点。
- 晶格化：集中图像中颜色相近的像素到一个多边形网格中，产生晶格化效果。

图 31-39

- 马赛克：将图像分解成许多规则排列的小方块，模拟马赛克效果。
- 碎片：将图像中的像素复制四遍，然后将它们平均位移并降低不透明度，从而形成一种不聚焦的"四重视"效果。
- 铜版雕刻：将图像转换为黑白区域的随机图案或彩色图像中完全饱和颜色的随机图案。

## 31.4.7 渲染滤镜组

"渲染"滤镜组可以使图像产生具有三维造型或光线照射的效果。执行"滤镜＞渲染"命令，在弹出的菜单中选择需要的滤镜命令即可，如图31-40所示。

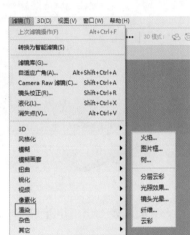

其中，各个滤镜作用如下。

- 火焰：为选定的路径添加火焰效果，火焰效果沿着路径分布。
- 图片框：为图像添加边框。
- 树：在图像上添加树。
- 分层云彩：使用介于前景色和背景色之间的值生成云彩图案。
- 光照效果：在图像上创建各种光照效果，或加入纹理浮雕效果，使平面图像产生三维立体的效果。
- 镜头光晕：模拟镜头产生的眩光效果。
- 纤维：模拟编织纤维效果。
- 云彩：使用前景色和背景色之间的随机值生成云彩效果，可在空白透明层上工作。

图 31-40

### 📋 课堂练习　制作水粉画效果

下面利用"纹理化""成角的线条""绘画涂抹"等滤镜来制作水粉画效果。具体操作如下。

**Step01** 打开素材文件"女人 .jpg"，如图 31-41 所示。按 Ctrl+J 组合键复制图层。

图 31-41

扫一扫 看视频

**Step02** 选中复制的"图层 1",执行"滤镜＞滤镜库"命令,打开"滤镜库"对话框,选择"艺术效果"下的"绘画涂抹"效果,设置参数如图 31-42 所示。

**Step03** 设置完成后预览效果如图 31-43 所示。

**Step04** 单击"滤镜库"对话框中的"新建效果图层"按钮,选择"画笔描边"下的"成角的线条"效果并设置参数,完成后预览效果如图 31-44 所示。

图 31-42

图 31-43

图 31-44

**Step05** 使用相同的方法继续添加"纹理"下的"纹理化"效果,设置参数,如图 31-45 所示。

**Step06** 完成后单击"确定"按钮,最终效果如图 31-46 所示。

图 31-45

图 31-46

至此,完成水粉画效果的制作。

---

**综合实战** 制作线稿效果

下面运用本章所学的知识点,将彩色图片效果转换成线稿效果。操作过程中所使用的工具主要有:"动感模糊""添加杂色"等。具体操作如下。

**Step01** 打开素材文件"风车 .jpg",如图 31-47 所示。按 Ctrl+J 组合键复制图层,如图 31-48 所示。

图 31-47                    图 31-48

**Step02** 使用相同的方法，继续复制图层，如图 31-49 所示。

**Step03** 选中 "图层 1 拷贝" 图层，执行 "图像＞调整＞去色" 命令，去除图像颜色，效果如图 31-50 所示。

图 31-49                    图 31-50

**Step04** 选中去色图层，按 Ctrl+J 组合键复制图层，设置混合模式为 "颜色减淡"，如图 31-51 所示，效果如图 31-52 所示。

图 31-51                    图 31-52

**Step05** 按 Ctrl+I 组合键反相，效果如图 31-53 所示。

**Step06** 执行 "滤镜＞其他＞最小值" 命令，打开 "最小值" 对话框，设置参数，如图 31-54 所示。

图 31-53

图 31-54

Step07 完成后单击"确定"按钮，效果如图 31-55 所示。

Step08 单击"图层"面板底部的"创建新图层"按钮，创建新图层并填充黑色，执行"滤镜>杂色>添加杂色"命令，在弹出的"添加杂色"对话框中设置参数后，单击"确定"按钮，效果如图 31-56 所示。

图 31-55

图 31-56

Step09 选中该图层，执行"滤镜>模糊>动感模糊"命令，在弹出的"动感模糊"对话框中设置参数后，单击"确定"按钮，效果如图 31-57 所示。

Step10 在"图层"面板中设置混合模式为滤色，并调整图层大小，如图 31-58 所示。

图 31-57

图 31-58

至此，完成线稿效果的制作。

# 课后作业　制作下雪场景

## 项目需求

应陈女士要求，需将她提供的图片进行处理，要求为图片添加下雪效果，雪景自然真实，不遮挡原素材效果。

## 项目分析

本项目可以通过添加杂色、动感模糊、阈值和高斯模糊效果制作雪花颗粒，通过调整图层混合模式将雪花与原素材文件融合。

## 项目效果

图片最终效果如图 31-59 所示。

图 31-59

## 操作提示

**Step01** 打开本章素材文件，复制背景图层，新建图层填充黑色。

**Step02** 依次执行"添加杂色""动感模糊""阈值""高斯模糊"命令，制作飘雪效果。

**Step03** 设置新建图层混合模式为"滤色"，即可与原景融合产生下雪效果。

# 第32章
# 综合实战案例

**★ 内容导读**

通过之前章节的学习，相信读者对 Photoshop 软件的大部分功能都有所了解。本章将综合运用所学的相关知识点，制作两组案例。希望读者能够通过案例的制作，来复习巩固之前所学内容。

**ℭ 学习目标**

○ 制作创意照片效果
○ 设计茶叶海报

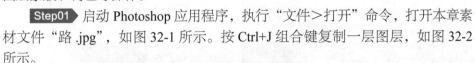

## 32.1 制作创意照片效果

本案例将介绍创意照片的合成，这里会用到画笔工具等工具及调整图层、图层蒙版、调色等操作。

扫一扫 看视频

**Step01** 启动 Photoshop 应用程序，执行"文件>打开"命令，打开本章素材文件"路.jpg"，如图 32-1 所示。按 Ctrl+J 组合键复制一层图层，如图 32-2 所示。

图 32-1                            图 32-2

**Step02** 执行"文件>置入嵌入对象"命令，置入本章素材文件"海豚.jpg"，并调整至合适大小与位置，如图 32-3 所示。

**Step03** 选中置入的海豚图层，单击"图层"面板底部的"添加图层蒙版"按钮▢，为海豚图层添加图层蒙版，如图 32-4 所示。

图 32-3                            图 32-4

**Step04** 在工具箱中选中"画笔工具"，设置前景色为黑色，在属性栏中设置画笔为柔边缘，调整不透明度和流量参数，在图层蒙版多余位置处涂抹，隐藏多余部分，效果如图 32-5 所示。

**操作提示**

使用画笔工具在图层蒙版中涂抹时，可以根据需要调整不透明度和流量，使过渡自然。

**Step05** 选中海豚图层，在"图层"面板中右击鼠标，在弹出的快捷菜单中选择"栅格化图层"命令，效果如图 32-6 所示。

图 32-5　　　　　　　　　　　　　　　　图 32-6

**Step06** 选中海豚图层，执行"图像>调整>匹配颜色"命令，在弹出的"匹配颜色"对话框中设置参数，如图 32-7 所示。完成后单击"确定"按钮，效果如图 32-8 所示。

图 32-7　　　　　　　　　　　　　　　　图 32-8

**Step07** 执行"文件>置入嵌入对象"命令，置入本章素材文件"树林 .jpg"，并调整至合适大小与位置，如图 32-9 所示。

**Step08** 选中置入的树林图层，使用"钢笔工具"沿河流绘制路径，如图 32-10 所示。

图 32-9　　　　　　　　　　　　　　　　图 32-10

**Step09** 按 Ctrl+Enter 组合键将路径转换为选区，如图 32-11 所示。

**Step10** 在工具箱中选择选区工具，在选区上右击，在弹出的快捷菜单中选择"选择反向"命令，效果如图 32-12 所示。

图 32-11　　　　　　　　　　　　图 32-12

**Step11** 在"图层"面板中单击"添加图层蒙版"按钮，创建图层蒙版，如图 32-13 所示，效果如图 32-14 所示。

图 32-13　　　　　　　　　　　　图 32-14

**Step12** 选中树林图层的蒙版缩略图，使用画笔工具在图像编辑窗口中涂抹，使边缘过渡自然，效果如图 32-15 所示。

**Step13** 选中海豚图层，在"图层"面板中右击鼠标，在弹出的快捷菜单中选择"栅格化图层"命令，将图层栅格化。选中树林图层，执行"图像>调整>匹配颜色"命令，在弹出的"匹配颜色"对话框中设置参数，如图 32-16 所示。

图 32-15　　　　　　　　　　　　图 32-16

**Step14** 完成后单击"确定"按钮，效果如图 32-17 所示。

**Step15** 执行"文件>置入嵌入对象"命令，置入本章素材文件"城堡 .jpg"，并调整至合适大小与位置，如图 32-18 所示。选中城堡图层，在"图层"面板中右击鼠标，在弹出的快捷菜单中选择"栅格化图层"命令，将图层栅格化。

图 32-17

图 32-18

**Step16** 选中置入的树林图层，使用"钢笔工具"沿城堡绘制路径，如图 32-19 所示。

**Step17** 按 Ctrl+Enter 组合键将路径转换为选区，如图 32-20 所示。

图 32-19

图 32-20

**Step18** 在"图层"面板中单击"添加图层蒙版"按钮，创建图层蒙版，如图 32-21 所示，效果如图 32-22 所示。

图 32-21

图 32-22

**Step19** 按 Ctrl+T 组合键调整城堡大小及位置。调整完成后执行"图像>调整>匹配颜色"命令，在弹出的"匹配颜色"对话框中设置参数，如图 32-23 所示。完成后单击"确定"

按钮，效果如图 32-24 所示。

图 32-23                             图 32-24

**Step20** 在工具箱中选中"画笔工具"，设置前景色为黑色，在属性栏中设置画笔为柔边缘，调整不透明度和流量参数，在城堡图层蒙版多余位置处涂抹，隐藏多余部分，效果如图 32-25 所示。

**Step21** 按 Ctrl+Alt+Shift+E 组合键盖印图层，如图 32-26 所示。

图 32-25                             图 32-26

**Step22** 单击"图层"面板底部的"创建新的填充或调整图层"按钮 ◎，在弹出的快捷菜单中选择"照片滤镜"命令，新建照片滤镜调整图层，在"属性"面板中选择合适的滤镜预设，如图 32-27 所示。效果如图 32-28 所示。

图 32-27                             图 32-28

至此，完成创意照片的合成。

本案例将介绍茶叶海报的制作，这里会用到"渐变工具""文字工具""矩形工具"等工具以及图层蒙版、剪贴蒙版等操作。

**Step01** 启动 Photoshop 应用程序，执行"文件＞打开"命令，打开本章素材文件"纸.jpg"，如图 32-29 所示。按 Ctrl+J 组合键复制一层图层，如图 32-30 所示。

**Step02** 执行"文件＞置入嵌入对象"命令，置入本章素材文件"茶壶.jpg"，并调整至合适大小与位置，如图 32-31 所示。

| 图 32-29 | 图 32-30 | 图 32-31 |

**Step03** 置入本章素材文件"墨痕.png"，并调整至合适大小与位置，如图 32-32 所示。

**Step04** 在"图层"面板中选中"茶壶"图层，按 Ctrl+J 组合键复制一层图层，并调整至最上层，如图 32-33 所示。

**Step05** 在"图层"面板中按住 Ctrl 键单击"墨痕"图层缩览图，创建选区，如图 32-34 所示。

| 图 32-32 | 图 32-33 | 图 32-34 |

**Step06** 在"图层"面板中选中"茶壶 拷贝"图层，单击"图层"面板底部的"添加图层蒙版"按钮 ▫，创建图层蒙版，如图 32-35 所示。

**Step07** 在"图层"面板中隐藏"茶壶"图层和"墨痕"图层，设置"茶壶 拷贝"图层的混合模式为强光，如图 32-36 所示，效果如图 32-37 所示。

图 32-35

图 32-36

图 32-37

**Step08** 置入本章素材文件"烟雾 .jpg"，并调整至合适大小与位置，如图 32-38 所示。

**Step09** 在"图层"面板中设置"烟雾"图层的混合模式为滤色，效果如图 32-39 所示。

图 32-38

图 32-39

**Step10** 选中"烟雾"图层，单击"图层"面板底部的"添加图层蒙版"按钮 ▢，创建图层蒙版，如图 32-40 所示。

**Step11** 选中"烟雾"图层蒙版缩略图，设置前景色为黑色，使用"画笔工具"在图像编辑窗口中合适位置涂抹，使烟雾效果自然，如图 32-41 所示。

图 32-40

图 32-41

**Step12** 在"图层"面板中选中"茶壶 拷贝"图层和"烟雾"图层，单击"图层"面板底部的"链接图层"按钮 ☞，链接图层，如图 32-42 所示。

**Step13** 选中"文字工具" **T**，在选项栏中设置参数后，在图像编辑窗口中输入文字，如图 32-43 所示。

图 32-42　　　　　　　　　　图 32-43

**Step14** 在"图层"面板中选中文字图层，按住 Alt 键向下拖拽复制图层，如图 32-44 所示。

**Step15** 选中文字拷贝图层，执行"滤镜 > 模糊 > 高斯模糊"命令，在弹出的对话框中单击"转换为智能对象"按钮，打开"高斯模糊"对话框，并设置参数，如图 32-45 所示。

**Step16** 完成后单击"确定"按钮，在"图层"面板中设置该图层不透明度为 50%，并调整位置，效果如图 32-46 所示。

图 32-44　　　　　　　　　图 32-45　　　　　　　　图 32-46

**Step17** 在"图层"面板中双击文字图层空白位置，打开"图层样式"对话框，单击"描边"复选框，打开对应的选项卡，并设置参数，如图 32-47 所示。

**Step18** 在"图层样式"对话框中设置"投影"参数，如图 32-48 所示。

**Step19** 完成后单击"确定"按钮，效果如图 32-49 所示。

**Step20** 置入本章素材文件"茶叶 .jpg"，并调整至合适大小与位置，如图 32-50 所示。

**Step21** 按住 Alt 键在"茶叶"图层和文字图层之间单击，创建剪贴蒙版，效果如图 32-51 所示。

图 32-47

图 32-48

图 32-49

图 32-50

图 32-51

**Step22** 选中"文字工具" **T**，在选项栏中设置参数后，在图像编辑窗口中输入文字，如图 32-52 所示。

**Step23** 输入文字，如图 32-53 所示。

**Step24** 置入本章素材文件"墨痕 2.png"，并调整至合适大小与位置，如图 32-54 所示。

图 32-52

图 32-53

图 32-54

**Step25** 使用"文字工具" **T** 输入文字，并调整参数，如图 32-55、图 32-56 所示。

697

**Step26** 使用相同的方法输入文字，如图 32-57 所示。

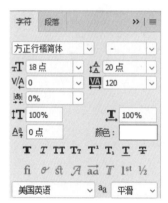

图 32-55

图 32-56

图 32-57

至此，完成茶叶海报的制作。